中国石油勘探开发研究院四川盆地研究中心
2018—2020年青年科技论文选集

四川盆地天然气研究

Study on natural gas in Sichuan Basin

郭振华　李文正　姚倩颖　卢斌　夏钦禹 等 编

石油工业出版社

内 容 提 要

本书主要从四川盆地研究中心2018年至2020年报告或发表的40多篇青年科技论文中优选出来的，反映了17位青年科技工作者，以四川盆地为主要研究对象所取得的地质新认识、天然气开发新规律、物探科技攻关新技术、页岩气研究新进展等方面的成果。

本书可供石油行业科研及生产单位的勘探开发技术研究人员、石油院校地质勘探、开发与工程等相关专业的师生阅读和参考。

图书在版编目（CIP）数据

四川盆地天然气研究/郭振华等编. — 北京：石油
工业出版社，2022.12
ISBN 978-7-5183-5698-0

Ⅰ．①四… Ⅱ．①郭… Ⅲ．①四川盆地 – 天然气 – 研
究 Ⅳ．①TE64

中国版本图书馆CIP数据核字（2022）第195079号

出版发行：石油工业出版社
（100011 北京安定门外安华里2区1号楼）
网　址：www.petropub.com
电　　话：（010）64523719
经　　销：全国新华书店
印　　刷：北京晨旭印刷厂

2022年12月第1版　2022年12月第1次印刷
880×1230毫米　开本：1/16　印张：17.25
字数：500千字

定价：128.00元
（如发现印装质量问题，我社图书营销中心负责调换）

编 委 会

序　言

党的二十大提出要先立后破，建设新能源体系，积极稳妥推进碳达峰碳中和。天然气作为清洁低碳的化石能源，必将在我国能源绿色低碳转型和高质量发展中发挥重要的桥梁和支撑作用。能源安全是我国实施"碳达峰"和"碳中和"目标过程中必须平衡好的重大战略问题。持续加大天然气勘探开发力度，确保国内天然气储产量快速增长，是"把能源的饭碗牢牢端在自己手里"的内在必然要求。

四川盆地天然气资源类型多样、资源富集程度高、分布层系多、勘探开发潜力大，是新时期我国天然气增储上产的重要基地；同时，多期构造调整与多种圈闭类型给勘探开发带来较大挑战，急需要地质与工程技术领域广大科技人员加强资料分析、攻关关键科学问题，努力在"认识、技术与资料"三个盲区通过创新，发现前人漏掉或丢掉的气藏，以做大四川盆地天然气增储上产的蛋糕。为加强科技人员服务现场的力度，加快科研成果向服务生产转化的节奏，中国石油勘探开发研究院于2018年初成立四川盆地研究中心，抽调一批初出茅庐和已有出色成绩的青年才俊到四川盆地一线，围绕勘探开发生产实践遇到的关键问题开展应用研究，有力支撑西南油气田增储上产建设。本论文集就是这批青年才俊在过去几年中通过科技攻关和技术服务取得的多项天然气地质与开发理论和技术进步的结晶，也真实地记录了这批青年科技人员为四川盆地天然气规模增储上产建设做出的巨大贡献。我引以为傲的注意到，在常规天然气勘探领域，他们瞄准天然气勘探重大领域尚未破译的关键基础问题开展系统研究，取得重要认识进展，开拓了找气勘探新区带和新目标，对若干突破发挥了重要支撑作用，主要包括前震旦系—古生界原型盆地分布与成藏条件、高过成熟烃源岩资源潜力评价、超深古老碳酸盐岩成储机理、碳酸盐岩成藏机理与富集规律等。在常规天然气开发领域，他们敢于攻关制约天然气高效开发的关键技术难题，开展从机理探秘、到气水分布精细描述、再到开发方案优化的系统研究，取得系列进展，有力支撑了四川盆地天然气老区稳产与新区快速上产。主要包括裂缝表征与预测、水侵机理与水侵模式、复杂类型气藏可动用储量评价、提高气田采收率、气田开发模式与开发规律等。在页岩气勘探开发领域，他们围绕制约页岩气规模效益开发的关键难题开展攻关，也取得了令人称美的成绩，有力支撑了西南油气田页岩气效益开发与快速上产。主要包括综合地质研究、有利区优选、评价井部署、开发方案编制、实施效果跟踪评价等。上述工作受到西南油气田公司高度评价。

《四川盆地天然气研究》青年科技论文集是在2018—2020年三届青年科技交流会科技论文基础上，通过精选编辑而成。该论文集汇集了天然气勘探、天然气开发、页岩气开发三大领域的相关研究成果，也突出记录了地震与测井技术成果。该论文集所展示的成果贴近生产，在服务四川盆地增储上产建设中取得了很好的应用成效，为西南油气田分公司三百亿方大气区建设做出了值得记忆的重要贡献。

中国工程院院士

赵文智

2022.11

前　言

当今世界气候变化已经成为全人类面临的重要问题，其中清洁能源的使用与二氧化碳等温室气体的减排，对维系地球生命系统十分关键。在此背景下，世界各国以全球协约的方式减排温室气体，由此，我国也提出了 2030 年碳达峰和碳中和的目标。要实现这一目标，大力发展天然气已成为当务之急。纵观中国含油气盆地，蕴藏天然气资源最丰富的盆地，主要有四川盆地、鄂尔多斯盆地、塔里木盆地、南海珠江口盆地，其中天然气地质条件复杂、工程技术难度大、资源类型多、发展前景较好的当属四川盆地。

四川盆地是我国天然气开发最早的含油气盆地。据《华阳国志》记载，四川天然气的开发最早可以追溯到先秦时期。战国时期，秦孝文王以李冰为蜀守开凿盐井，并于盐井中发现了天然气，称其为"火井"。据考证，四川邛崃火井镇应该是人类最早发现并利用天然气的地方之一。西晋张华《博物志》中也记载："临邛火井一所，纵广五尺，深二三丈，井在县南百里。昔时人以竹木投以取火，诸葛丞相往视之，后火转盛热，以盆盖井上，煮盐得盐；人以家火即灭。"东晋常璩的《华阳国志》也写道"临邛有火井，入夜光映半天，民欲其用，以火种投井中。顷许地吼如雷而火焰出，取水煮之，一斛水得盐五斗，一本万利也！"，此景象一直延续到明末清初。清朝对四川盐业与火井的开发更是超前，《四川省志·盐业志》记载自贡盐场钻出了数千口天然气井，其中磨子井产气量最大，素有"火井王"之称。这些都展示出四川盆地天然气开采的历史悠久。中华人民共和国成立以来，四川盆地也是最早的天然气生产基地，20 世纪 50—80 年代发现了威远、纳溪、卧龙河、五百梯等规模型气田，20 世纪末至 21 世纪初又发现了罗家寨、渡口河、普光、龙岗、元坝等大型碳酸盐岩气藏，以及平落坝、新场、洛带、八角场、广安、合川、安岳等碎屑岩气藏。近十多年来不仅发现了最古老的安岳特大型碳酸盐岩气藏、蓬莱碳酸盐岩大气区、金秋—天府侏罗系致密砂岩气区，而且页岩气勘探与开发获得巨大突破，发现了涪陵、长宁、威远、泸州、渝西等多个页岩气大气田。四川盆地天然气的发展从此走上了增储上产的快速发展之路。四川盆地研究中心则在这一历史背景下应运而生。

四川盆地研究中心自 2018 年 1 月 12 日成立以来，主要聚焦四川盆地天然气勘探、天然气高效开发、页岩气快速上产三大领域的相关研究。主要开展针对这三方面的区域地质、风险勘探、开发方案、稳产技术、产能建设，以及相关生产服务方面的基础研究与技术攻关。这三年来，四川盆地研究中心依托靠前服务生产，扎实努力工作，全员积极进取，成果显著，涌现了一大批青年人才，在基础地质研究上有新认识，在风险勘探上有新突破，在气田稳产上产上有新方案，在页岩气地质工程一体化上产上有新理论、新方法与新技术。这些全新的地质认识、有效的技术方法，每年以四川盆地研究中心青年科技交流会的形式进行了展示，也通过发表科技论文进行了一定的宣传。但是，还是希望通过编辑论文选集的方式，集中展现四川盆地研究中心青年科技工作者的聪明才智与科技成果。

本书主要从四川盆地研究中心 2018 年至 2020 年报告或发表的 40 多篇青年科技论文中优选出来的，反映了 17 位青年科技工作者，以四川盆地为主要研究对象所取得的地质新认识、天然气开发新规律、物探科技攻关新技术、页岩气研究新进展等方面的成果。天然气基础地质研究成果主要突出海相碳酸盐岩地层、沉积与岩相古地理、储层与天然气地质条件等研究新进展；天然气开发研究成果主要突出气田储层的精细描述技术与方法；页岩气研究成果主要突出有效页岩气储层的形成环境、储层发育规律、流体识别技术等。

本书由郭振华、李文正、姚倩颖、卢斌、夏钦禹等整理编撰。其中前言由李熙喆、李伟编写，常规天然气基础地质研究论文由李文正、张建勇、谢武仁、江青春、郝毅、王坤、谷明峰、武赛军、田瀚等完成，常规天然气开发技术研究论文由郭振华、田瀚、李新豫、何巍巍、张强等完成，页岩气地质与技术研究论文由卢斌、梁峰、杜炳毅、张琴等完成。全文统稿由李伟、姚倩颖、夏钦宇等完成。由于编者水平有限，难免出现不妥之处，在此诚请本书的读者提出宝贵意见和建议，以便出版下一阶段青年论文选集时进一步完善。

编者

2022 年 11 月

四川盆地天然气研究

Study on natural gas in Sichuan Basin

Contents

中国主要克拉通盆地深层白云岩优质储层发育主控因素及分布

张建勇 [1,2]　倪新峰 [1,2]　吴兴宁 [1]　李文正 [1]　郝　毅 [1]　陈娅娜 [1]

吕学菊 [1]　谷明峰 [1]　田　瀚 [1]　朱　茂 [1]

（1. 中国石油杭州地质研究院　浙江杭州　310023；2. 中国石油天然气集团公司

碳酸盐岩储集层重点实验室　浙江杭州　310023）

摘　要： 克拉通盆地深层白云岩是中国陆上未来天然气勘探的重要领域。通过统计分析四川、塔里木、鄂尔多斯等中国主要克拉通盆地，明确深层白云岩主要类型为颗粒白云岩、微生物白云岩及结晶白云岩，孔隙类型以裂缝—孔洞型和裂缝—孔隙型为主。指出有利沉积微相是孔隙形成的物质基础，早期溶蚀作用是孔隙形成的必要条件，准同生—浅埋藏期等早期白云石化作用有利于准同生期形成的孔隙保存，表生岩溶及构造破裂起到改善储层物性的作用。明确了深层优质白云岩储层仍具有相控性，深层白云岩储层继承性大于改造性，其纵向分布不是受深度控制而是早期沉积旋回控制，横向分布不是受岩溶作用控制而是受高能沉积相带控制。认为未来深层优质白云岩储层的勘探主要为"台内裂陷两侧"及碳酸盐岩缓坡。

关键词： 克拉通盆地；深层；白云岩储层；四川盆地；塔里木盆地；鄂尔多斯盆地

Main Controlling Factors and Distribution of High Quality Reservoirs of Deep Buried Dolomite of China Main Craton Basins

Zhang Jianyong[1,2], Ni Xinfeng[1], Wu Xingning[1], Li Wenzheng[1], Hao Yi[1], Chen Yana[1],
Lü Xueju[1], Gu Mingfeng[1], Tian Han[1], Zhu Mao[1]

(1. *PetroChina Hangzhou Research Institute of Geology, Hangzhou, Zhejiang* 310023;
2. *CNPC Key Laboratory of Carbonate Reservoir, Hangzhou, Zhejiang* 310023)

Abstract: Deep dolomite in cratonic basin is an important field for future natural gas exploration in china, Through statistical analysis, it is clear that the main types of deep dolomite are granular dolomite, microbial dolomite and crystalline dolomite, the pore types are mainly fractured fissure cavity and fractured pore type. It is pointed out that favorable sedimentary microfacies are the material basis for pore formation, early dissolution is a necessary condition for pore formation, dolomitization is beneficial to preservation of early pores, epigenetic karstification and structural fracture to improve reservoir property. Definite, the deep quality dolomite reservoirs are still facies controlled, the deep dolomite reservoir is more inherited than transformed, the vertical distribution is not controlled by depth, but controlled by early sedimentary cycles, the lateral distribution is not controlled by karstification, but controlled by high-energy sedimentary facies belts. It is considered that the exploration of deep quality dolomite reservoirs in the future will be mainly "both sides of the inner rift of platform" and carbonate Ramps.

Key words: Craton Basin; deep layers; dolomite reservoir; Sichuan Basin; Tarim Basin; Ordos Basin

　　20 世纪 60 年代以来，国内外学者对碳酸盐岩压实作用开展了大量研究，得出了深度与孔隙度的压力曲线，认为 3500m 左右岩石孔隙度将低于 3%，不具备勘探价值[1-12]。中国含油气盆地以叠

基金项目：中国石油天然气股份公司重大科技专项（2014E-32）；国家科技重大专项（2017ZX05008-005）联合资助。

第一作者简介：张建勇（1978—），男，博士，2008 年毕业于中科院兰州地质所地球化学专业，高级工程师，主要从事油气地质及沉积储层研究。

E-mail：zhangjy_hz@petrochina.com.cn

合盆地为主，海相碳酸盐岩主要发育在叠合盆地下构造层，年代老、埋深大，因此中国并不存在现今意义上的"克拉通盆地"，所谓的克拉通盆地指元古宙到中生代强烈造山运动之前的碳酸盐岩原型盆地[13]。本文之所以特别强调"克拉通盆地深层"，是因为中国海相碳酸盐岩储层的发育规模不受叠合盆地上构造层盆地范围限制，而受下构造层克拉通盆地发育时期的沉积格局影响。近年来克拉通盆地深层（东部盆地埋深大于 3500m，西部盆地埋深大于 4500m）碳酸盐岩油气勘探获得多个领域的重大突破，普光气田、龙岗气田、元坝气田、安岳气田以及目前获得突破的川西地区二叠系等一系列的气田或气藏埋深均超过了 4500m，根据埋藏史恢复，这些储层在地质历史时期埋深曾超过 8000m（部分达到 10000m）。经历如此大的埋深，目前仍保存较高的孔隙度，储层段孔隙度平均可达 5%以上，最大值甚至可达 28%，其勘探深度已经远远超过 3500m 下限[14]。中国克拉通盆地碳酸盐岩分布范围较广，总面积超过 $300×10^4 km^2$，克拉通盆地深层储层主要发育在石灰岩岩溶储层和白云岩储层中，特别是基质孔隙发育的深层碳酸盐岩储层主要岩性均为白云岩。四川盆地深层碳酸盐岩气田 95%以上的天然气储量富集于白云岩储层中，近期探明储量 $8000×10^8 m^3$ 以上的安岳气田也全部分布于震旦系灯影组和寒武系龙王庙组白云岩中；鄂尔多斯盆地奥陶系深层油气也主要富集于白云岩储层中；塔里木盆地寒武系肖尔布拉克组颗粒滩白云岩勘探潜力大。克拉通盆地深层白云岩勘探前景良好，本文意在通过对四川、塔里木、鄂尔多斯等中国主要克拉通盆地深层白云岩储层的特征描述、成因分析，以期厘清深层优质储层形成的主控因素并预测其分布规律，为克拉通盆地深层白云岩储层油气勘探提供参考。

1 克拉通盆地深层白云岩储层特征

1.1 岩石类型以颗粒白云岩、微生物白云岩及结晶白云岩为主

克拉通盆地深层碳酸盐岩岩石类型多样，但根据四川盆地、鄂尔多斯盆地以及塔里木盆地 4000 余块不同类型岩石物性统计，储层主要发育在颗粒白云岩、藻（包括蓝细菌）白云岩以及结晶白云岩中（图 1）。

对四川盆地、鄂尔多斯盆地以及塔里木盆地深层碳酸盐不同类型岩石分为 6 类（颗粒白云岩、微生物白云岩、结晶白云岩、泥晶白云岩、颗粒灰岩、泥晶灰岩）进行统计。为了便于统计，对一些过渡岩类未进行细分统计而是将其统计到了这六大类中，如将灰质颗粒白云岩归为颗粒白云岩类，将白云质颗粒灰岩归为颗粒灰岩类。

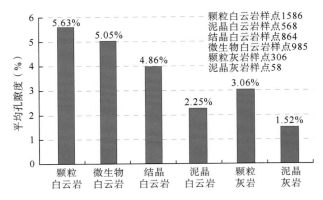

图 1　深层碳酸盐岩不同类型岩石平均孔隙度柱状图

（1）颗粒白云岩：主要包括粒屑云岩、生物碎屑云岩、经过成岩改造但还存在颗粒幻影的残余颗粒云岩，以及相应的灰质云岩。该类岩石孔隙类型主要为粒间溶孔、粒内溶孔以及晶间孔（图2a、b）。

（2）微生物白云岩：因为不同学者对微生物

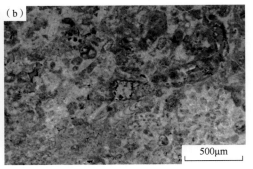

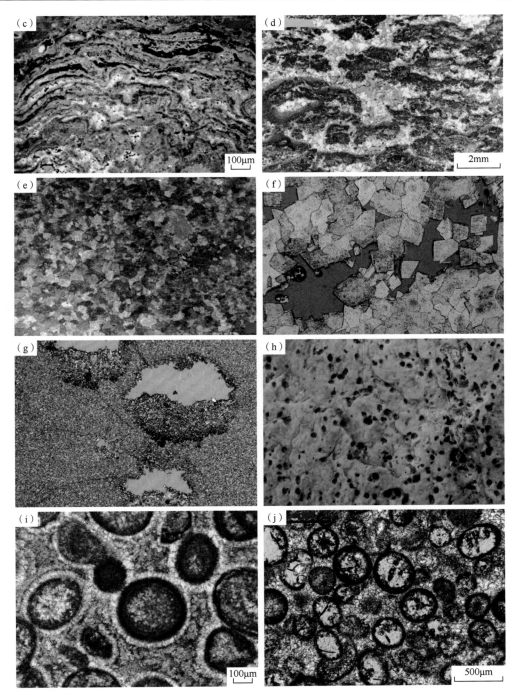

图 2 深层白云岩岩石类型照片

（a）砂屑白云岩，发育栉壳状白云石胶结物，残余粒间孔发育，磨溪 13 井，4615.09m，龙王庙组，蓝色铸体片，单偏光；（b）生物碎屑白云岩，粒内溶孔（生物体腔扩溶孔）发育，磨溪 42 井，4656.25m，栖霞组，蓝色铸体片，单偏光；（c）藻叠层白云岩，藻格架残余扩溶孔发育，磨溪 17 井，5067.35m，灯影组，蓝色铸体片，单偏光；（d）藻格架云岩，残余格架孔发育，塔里木盆地苏盖特布拉克剖面，肖尔布拉克组，蓝色铸体片，单偏光；（e）细晶白云岩，晶间孔发育，汉深 1 井，4982.45m，栖霞组，蓝色铸体片，单偏光；（f）粗晶白云岩，晶间孔发育，英买 4 井，5120.8m，奥陶系鹰山组，红色铸体片，单偏光；（g）含膏泥晶云岩，石膏结核及斑块发生溶解形成膏模孔，陕 133 井第 3 筒岩心，下奥陶统马家沟组五段，红色铸体片，单偏光；（h）黄灰色膏质泥晶云岩，蜂窝状或米粒状的膏模孔发育，新鲜面上见石膏半充填，牙哈 10 井，4-10/25，寒武系，岩心照片；（i）云质鲕粒灰岩，部分鲕粒及第一期胶结物被云化，颗粒呈松散堆积，龙岗 1 井，飞仙关组，茜素红染色，单偏光；（j）亮晶鲕粒灰岩，粒状方解石胶结物，铸膜孔，广探 1 井，3761.26m，飞仙关组，单偏光，蓝色铸体，混合液染色

白云岩分类不一，为了便于统计，本文所统计的"微生物白云岩"主要是四川盆地震旦系、鄂尔多斯盆地奥陶系以及塔里木盆地奥陶系、寒武系与"藻"相关的白云岩，如藻黏结白云岩、藻屑

白云岩以及藻纹层白云岩等。该类岩石的孔隙主要为藻溶蚀格架孔、窗格孔等（图2c、d）。

（3）结晶白云岩：重结晶作用强烈，达到粉晶—粗晶，原岩结构或幻影凭常规技术手段已无法识别，发育晶间孔（图2e、f）。

（4）泥晶白云岩：指经历成岩作用较弱，不具颗粒结构和微生物岩特征的泥晶结构的白云岩，大部分孔隙不发育，但在石膏结核发育的泥晶白云岩中常发育膏模孔（图2g、h）。

（5）颗粒灰岩：主要包括粒屑灰岩和生物碎屑灰岩，深层颗粒灰岩大部分胶结作用强烈而导致岩性致密，但部分地区部分层段发育粒内溶孔（图2i、j）。

（6）泥晶灰岩：指经历的成岩作用较弱，不

具颗粒结构和微生物岩特征的泥晶结构的石灰岩，本文将无颗粒结构的亮晶灰岩也统计到了该类型中。

1.2 孔隙类型以裂缝—孔洞型和裂缝—孔隙型为主

深层白云岩薄片、岩心观察可见孔隙型及孔洞型两类储层（图3a至d），孔隙型白云岩以基质孔为主，包括粒间孔、体腔孔及铸模孔；而孔洞型白云岩孔隙则为基质孔扩孔而成，孔隙大于2mm。孔隙度及渗透率统计（图3e）表明，孔隙型白云岩渗透率与孔隙度具有较好的相关性（图3c和e中黄线所示），孔洞型白云岩具有较高的孔隙度（图3a、d和e中红线所示），除此之外也发育裂缝型储层（图3b和e中绿线所示范围）。

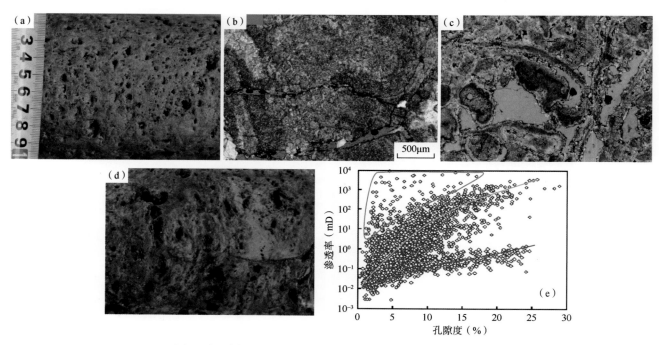

图3　深层白云岩孔隙类型照片及孔隙度—渗透率关系图

（a）颗粒白云岩，溶蚀孔洞发育，洞径2~10mm，面孔率14%，四川盆地磨溪13井，4607.54m，龙王庙组，岩心照片；（b）藻凝块泥晶白云岩，裂缝内充填少量亮晶白云石及沥青，四川盆地磨溪8井，灯影组二段，蓝色铸体片，单偏光；（c）亮晶砂屑生屑白云岩，粒间孔、体腔孔及铸模孔发育，四川盆地七里8井，4996.30m，石炭系黄龙组，红色铸体片，单偏光；（d）藻凝块云岩，溶蚀孔洞及裂缝发育，高石1井，4975.2m，灯影组四段，岩心照片；（e）四川盆地深层白云岩渗透率与孔隙度关系图

从现有勘探和研究资料看，以四川盆地安岳气田龙王庙组为例，白云岩储层主要有两种储集空间配置类型，即裂缝—孔洞型和裂缝—孔隙型并形成相应的储层类型。统计表明，裂缝—孔洞型储层的孔隙度一般大于4.0%，储集空间以溶蚀孔洞为主体，占总孔的70%以上，粒间孔、晶间孔占30%以下；压汞曲线上表现为双平台特征，

初始进汞压力一般小于0.3MPa，压力小于5MPa的低平台段汞饱和度达75%~85%，高平台段占15%~25%，表明其双重孔隙介质并以大孔洞、大喉道为主的特点（图4）。而裂缝—孔隙型储层的孔隙度一般介于2.0%~4.0%，储集空间以粒间孔、粒内孔为主，占总孔隙70%以上，溶蚀孔洞占总孔隙的30%以下；压汞曲线显示为斜率较低的单

斜型，初始进汞压力约 3.0MPa，压力增加后，进汞量上升较快，当压力达 30.0MPa，进汞饱和度可达到约 60%，表现为小孔隙、小喉道为主的特征，压力进一步增加到 100.0MPa，进汞饱和度则可达 80%以上，说明存在一定量的微孔。以发育裂缝—孔洞型储层为主的磨溪地区龙王庙组产能一般可达 $100×10^4m^3/d$，而以裂缝—孔隙型储层为主的高石梯地区产能一般每天只有几千立方米到几万立方米，说明深层白云岩储层型与单井产量密切相关[15]。

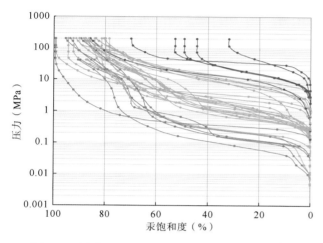

图 4　不同类型深层白云岩毛细管压力曲线图[15]
粉红线为 $\phi \geq 7\%$ 的样品，橙黄色线为 $4\% < \phi < 7\%$ 的样品，绿线为 $2\% < \phi < 4\%$ 的样品，蓝线为 $\phi < 2\%$ 的样品

2 克拉通盆地深层优质白云岩储层成因

2.1 有利沉积微相是孔隙形成的物质基础

深层不同类型白云岩储层孔隙度统计表明，储层主要发育于微生物白云岩、颗粒白云岩以及结晶白云岩中，颗粒白云岩代表了滩相沉积环境，微生物白云岩代表了生物建隆（生物礁或生物丘）发育的沉积环境，结晶白云岩为颗粒白云岩或微生物白云岩经强烈重结晶作用而成，泥晶白云岩中仅代表潮坪相具膏模孔的泥粉晶白云岩孔隙发育，即储层具有明显的相控特征（图 1）。

从储层纵向叠置样式看，储层纵向发育也具有明显的相控特征。以四川盆地龙王庙组滩相白云岩储层发育规律为例，单个颗粒滩旋回的下部一般为砾屑白云岩，中部则主要为砂屑白云岩，顶部则过渡为泥晶—粉晶白云岩，即单个砂屑—砾屑颗粒滩旋回表现为颗粒粒径自下而上逐渐变

小的特征；如果两个以上颗粒滩旋回叠置，则底部的颗粒滩，因受大气淡水淋滤溶蚀作用影响较弱，颗粒原始结构保存完成，主要表现为早期亮晶白云岩胶结作用，孔隙不发育；而上部颗粒滩旋回，古地貌稍高，暴露更频繁，大气淡水淋滤溶蚀作用影响较强，颗粒原始结构多数被破坏，形成粒间扩溶孔、粒内溶孔，但一般保留孔隙组构选择性特征，旋回下部原始沉积物为砾屑（砾屑颗粒被选择性溶蚀）则发育溶蚀孔洞，中上部原始沉积物为砂屑（砂屑颗粒被选择性溶蚀）则发育粒间孔，顶部为泥晶白云岩（岩性致密，颗粒不发育）则孔隙不发育。储层孔隙类型的这种与颗粒类型和海平面变化相关的纵向叠置规律，说明原始组构类型直接决定了孔隙的类型，另一方面证明了龙王庙组储层虽然埋深大、年代老，经历了复杂成岩作用叠加，但仍具有明显的相控性[15]。

2.2 早期溶蚀作用是孔隙形成的必要条件

如前文所述，深层白云岩储层孔隙的发育首先受沉积微相控制（图 5），四川盆地灯影组微生物白云岩：泥晶白云岩/藻泥晶白云岩，致密无孔；树枝石和均一石，致密无孔；凝块石/与微生物相关的颗粒白云岩，无孔或少量基质孔；藻纹（叠）层/藻格架白云岩，孔隙型，面孔率为 5% ~ 8%；

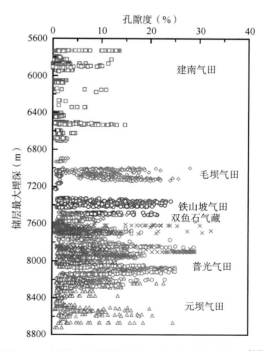

图 5　四川盆地不同深度白云岩孔隙度分布图[16]

而藻纹（叠）层/藻格架白云岩，孔隙—孔洞型，面孔率为8%～12%，相控特征明显。除相控特征之外，早期大气淡水溶蚀作用是孔隙形成必要条件，无论是在四川盆地、塔里木盆地，还是鄂尔多斯盆地，在岩心薄片中发现的大量选择性的粒内孔、铸模孔、纤状—栉壳状胶结（图2a），可以证明深层普遍保存了大气淡水溶蚀作用形成的早期孔隙。

除此之外，优质储层明显发育在向上变浅的高频旋回的顶部，这种高频旋回周期一般为几千年，高频旋回末期短暂的暴露形成了大量孔隙，这类早期孔隙在一定条件下保存在深埋时期，仍明显受高频旋回控制。以四川盆地灯影组为例，磨溪108井灯四段为台地边相沉积，取心段可划分为2个长期旋回及9个短期旋回，单个短期旋回自下而上依次为：致密的泥晶白云岩、致密无孔的树枝石和均一石、少量基质孔的凝块石、孔隙型藻纹层/藻叠层/藻格架白云岩（孔隙度为5%～8%）、孔隙—孔洞型藻纹层/藻叠层/藻格架白云岩（面孔率为8%～12%），孔隙主要发育在短期旋回顶部的藻纹层/藻叠层/藻格架白云岩中。孔隙发育同时受海平面变化影响，中期旋回顶部孔隙度明显高于底部（图6），即孔隙发育程度主要受控与沉积微相和海平面下降造成的早期溶蚀作用。

前人大量数据统计表明深层白云岩储层孔隙度与埋深并没有相应关系，从5000多米到8000多米均是高孔隙度与低孔隙度并存（图5），也从侧面印证，深层白云岩孔隙的形成主要在早期，而晚期主要是对早期孔隙的改造[16]。

2.3　准同生期白云石化作用有利于早期孔隙的保存

深层白云岩储层主要发育在颗粒滩、碳酸盐岩建隆以及蒸发潮坪环境，主要存在撒布哈（Sabkha）蒸发泵白云石化作用和渗透回流白云石化作用，这两种成岩作用为准同生期的白云石化作用，早于埋藏压实作用[17-24]。塔里木盆地、四川盆地及鄂尔多斯盆地的深层白云储层中颗粒白云岩、微生物白云岩多数白云石具有较低的有序度，一般0.45～0.6，其稀土元素具有正Y异常、负Eu异常及负Ce异常特征（图7），表明了其与海水相关的快速白云石化作用，也进一步证明深层白云岩储层的大部分白云岩的白云石化作用发生在准同生期。

准同生期的白云石化作用不会增加白云岩的孔隙，如果是致密的泥晶灰岩，即便发生白云石化作用，形成的泥晶白云岩依然致密；但是早期的白云石化对准同生期或浅埋藏期形成孔隙的保存具有重要意义，白云石化作用将溶蚀残余文石和方解石转化为白云石，岩石抗压强度和脆性增加，使得压实作用及压溶作用变弱，进而使得埋藏过程中方解石胶结物的生成量减少，从而保障了准同生期或浅埋藏期形成大量溶蚀孔洞或粒间孔持续保存下来；没有发生白云石化作用的灰岩则经历了较强压溶作用，进而形成大量胶结物，充填孔隙；因此，准同生—浅埋藏期的白云石化作用是早期孔隙保存的关键因素。

2.4　表生岩溶作用及构造破裂改善储层物性

深层经历了复杂的构造运动，部分深层白云岩曾经历了表生岩溶作用，如四川盆地龙王庙组和灯影组、鄂尔多斯盆地马家沟组、塔里木盆地肖尔布拉克组和鹰山组等，多期表生岩溶作用对早期形成的孔隙进行了叠加改造，表生岩溶的作用虽然一定程度上改善了储层物性，但决定储层规模的先决条件准同生期—浅埋藏期形成的规模分布的高孔、高渗层，多期的构造运动也有利于构造缝的发育从而改善储层渗透性[25-27]。

3　克拉通盆地深层优质白云岩储层演化模式

中国陆上克拉通盆地均发育在叠合盆地的下构造层，经历了复杂的成岩作用，完整的碳酸盐岩成岩序列主要有8种成岩作用：（1）颗粒滩沉积（生物建造）作用；（2）海水胶结作用；（3）准同生期大气淡水淋滤溶蚀作用；（4）准同生期白云石化作用；（5）表生岩溶作用；（6）热液矿物充填作用；（7）埋藏溶蚀作用；（8）构造碎裂作用；将8种成岩作用可归结为准同期成孔、表生岩溶改造增孔、埋藏热液充填减孔、埋藏溶蚀—沥青充填孔隙保持及构造破裂改善物性5个阶段。但不同盆地、不同层系或者不同岩性，各成岩阶段对储层的影响程度不同。如四川盆地寒武

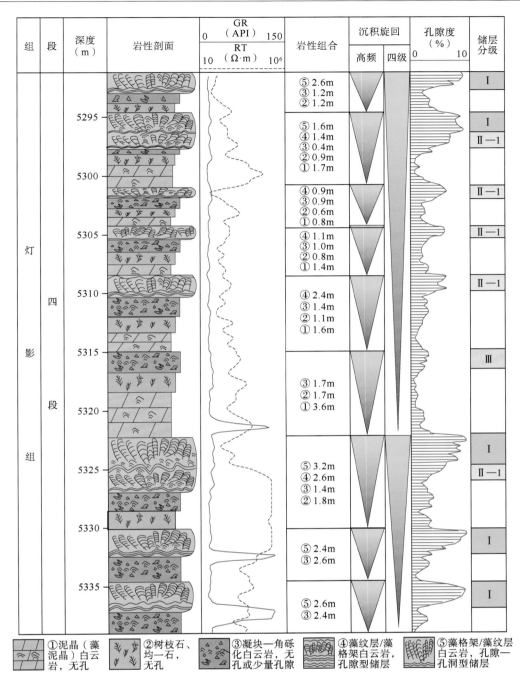

图 6 磨溪 108 井灯影组沉积旋回与储层综合柱状图

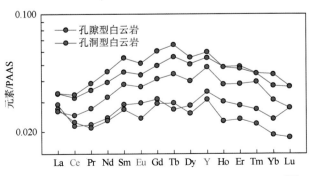

图 7 龙王庙组不同类型白云岩稀土元素配分曲线[15]

系龙王庙组滩相白云岩储层的孔隙主要形成于"沉积—准同生期成孔阶段"，表生岩溶阶段孔隙增加不到全部孔隙的5%，"热液充填阶段"和"埋藏溶蚀—沥青充填阶段"均表现为孔隙的减少，构造破裂阶段的建设性作用明显，主要是渗透率增加明显，断裂沟通多个滩体，因此虽然在岩心、薄片等小尺度上表现为非均质性，但从几十米到几千米的宏观尺度上又上表现为均质性，即"微观非均质，宏观视均质"。滩相白云岩储层演化模式，已有专文[15]论述，本文不再赘述。深层白云岩另一种主要岩石类型则为微生物白云岩，微生物白云岩根据受表生作用强弱，其演化模式也不尽相同，本文据此建立了弱表生作用微生物白云岩储层演化模式和强表生作用微生物白云岩储层演化模式，分别以四川盆地震旦系灯影组二段和四段为例，进行论述。

3.1 弱表生作用微生物白云岩储层演化模式

四川盆地高石梯—磨溪地区灯影组二段广泛发育微生物（蓝细菌）白云岩，灯二段与其上覆地层灯三段为连续沉积，距震旦系顶部不整合面200～300m，表生岩溶弱，孔隙主要形成于准同生

阶段，储层演化主要经历了准同生溶蚀缝洞形成、葡萄花边胶结物充填、热液矿物充填、沥青充填、构造成缝5个阶段（图8）。

准同生成孔阶段：灯二段主要储集空间是溶蚀缝洞，溶蚀缝洞为高频微生物丘旋回暴露后首先产生收缩缝或干裂缝，尔后淡水沿上述缝隙大规模扩溶而形成的大致顺层的缝洞系统，这种缝洞系统已具有岩溶特点，上述储集空间可达10%～40%。

葡萄花边白云岩胶结减孔阶段：缝洞形成后，在地表大气淡水和混合水环境发生严重的准同生期葡萄花边状白云石胶结作用，使缝洞急剧减少，残余缝洞面孔率较少约20%。

（a）准同生期形成溶蚀缝洞及葡萄花边状白云石胶结物半充填　　（b）海西期被热液粗晶白云石充填　　（c）燕山—喜马拉雅期沥青充填及微裂缝

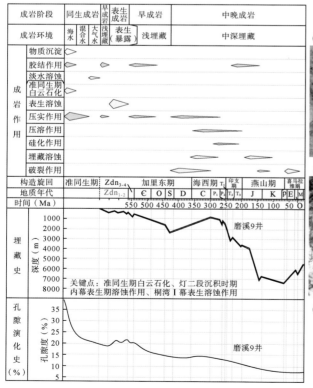

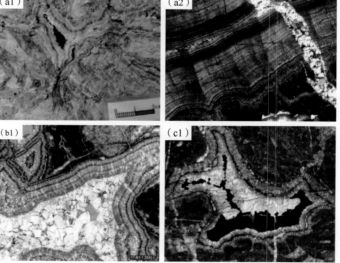

（a1）丘滩体形成后经准同生溶蚀形成大量缝洞；（a2）缝洞中充填葡萄花边状白云石胶结物；（b1）缝洞中心充填热液白云石；（c1）部分热液白云石充填物被溶蚀，后充填沥青，喜马拉雅期产生微裂隙

图8　四川盆地高石梯地区灯二段弱表生作用微生物白云岩储层演化模式

海西期热液矿物充填减孔阶段：该阶段的主要充填物为粗粒明亮的白云石，少量自形石英，减孔约 5%，使孔隙度降至 15% 或以下。

燕山期沥青充填减孔阶段：该阶段与龙王庙组储层演化类似，沥青充填导致储层进一步致密化进一步降低约 5%，大部分储层孔隙度降 10% 以下。

喜马拉雅期构造成缝阶段：该阶段由于构造破裂作用，形成大量裂缝和断层，渗透率增加明显，不同丘滩体相互沟通，增加了不同储集体间连通性，有利于单井高产。

沉积相和成岩作用共同控制该类储层形成与演化，有利相带（微生物丘滩）保障了储层形成的物质基础，是储层发育的根本因素；准同生期的溶蚀作用是储集空间形成的关键因素，即微生物丘滩体经过岩溶作用改造后可以形成规模型储层；而胶结作用（如早期多世代白云石胶结物）、鞍状白云石、石英等热液矿物充填则破坏了储层；喜马拉雅期构造运动产生的裂缝对储层起到连通、输导作用，是气层高产的关键因素之一。

3.2 强表生作用微生物白云岩储层演化模式

四川盆地灯影组四段顶部为风化壳，接受剥蚀的时间 10Ma 左右，因此灯四段表生岩溶作用较强，但如前文所述储层发育依然具有相控性（图6），优质储层主要发育在台地边缘丘滩，除了经历类似灯二段准同期的成岩作用，灯四段储层演化还经历了桐湾期风化壳岩溶成孔→海西期埋藏热液矿物充填（粗晶白云石和石英充填）→燕山期沥青充填→喜马拉雅期构造碎裂（裂缝）4 个阶段（图 9）。

（1）桐湾期风化壳岩溶成孔阶段：灯四段微生物白云岩及泥晶白云岩沉积后或经历短暂的埋藏压实后，由于桐湾运动Ⅱ幕的影响而暴露地表，遭受剥蚀和大气淡水淋滤溶蚀，形成大量溶孔溶洞及洞穴。从岩心尺度看，溶孔溶洞直径为 1～6mm 为主，面孔率为 2%～15%；野外未发现洞穴，但钻探过程中常遇放空和漏失，显示缝洞体系的存在，成像测井也证实存在大型洞穴，洞高一般为 0.5～6m。该时期形成的孔洞穴构成了储集

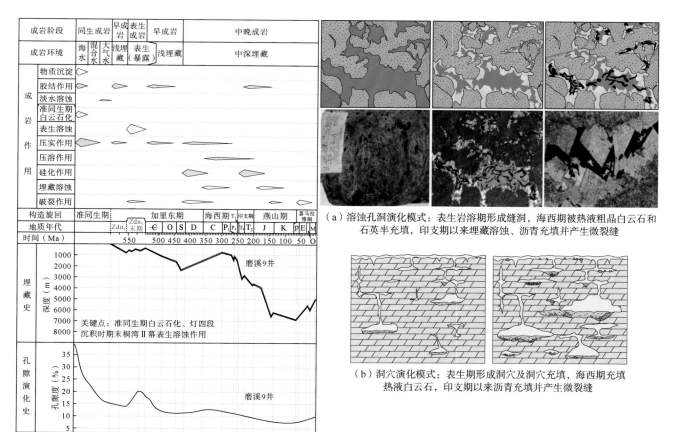

（a）溶蚀孔洞演化模式：表生岩溶期形成缝洞，海西期被热液粗晶白云石和石英半充填，印支期以来埋藏溶蚀、沥青充填并产生微裂缝

（b）洞穴演化模式：表生期形成洞穴及洞穴充填，海西期充填热液白云石，印支期以来沥青充填并产生微裂缝

图 9　四川盆地高石梯地区灯四段强表生作用微生物白云岩储层演化模式

空间的主体，估计总孔隙度为 5%～30%。

（2）海西期埋藏热液矿物充填减孔阶段：该阶段主要热液充填矿物有粗晶白云石和粒状石英，而且石英的充填比白云石更严重，是造成储集空间减少的主要因素。据测井评价，硅质含量与储层产能呈明显的负相关性。薄片统计显示，该阶段充填物含量为 2%～15%，致使总孔隙度降至 3%～15%。

（3）燕山期沥青充填减孔阶段：海西期残留孔洞进入印支期，伴随烃类充注产生微弱有机酸溶蚀，至燕山期，由于烃类裂解产生大量沥青，其对缝洞的充填不容忽视，成像测井和薄片观察显示，沥青充填可减孔 2%～5%，因此，孔隙度降至 2%～10%。

（4）喜马拉雅期成缝阶段：喜马拉雅期强烈的构造挤压形成大量微裂隙，与灯二段类似，裂缝形成网络体系，极大地改善了储层渗透性和连通性，有利于单井高产。

4 克拉通盆地深层优质白云岩储层分布规律

如前文论述，克拉通盆地深层优质白云岩储层具有明显的相控性，相控型白云岩主要发育在 3 类沉积环境：台地边缘（台内裂陷边缘）、碳酸盐岩缓坡及蒸发台地。

4.1 台内裂陷边缘发育优质丘滩相白云岩储层

台地边缘发育可形成镶边台地，发育优质丘滩相白云岩储层，但是无论是四川盆地二叠系、震旦系还是塔里木盆地震旦系，台地边缘相带大多俯冲到造山带之下，深而复杂，现有勘探技术无法支撑。台内裂陷周缘同样发育丘滩储层，其演化控制多套生储盖组合的形成，四川盆地震旦系灯影组"德阳—安岳台内裂陷"灯四段贯穿盆地南北，两侧台缘带发育优质丘滩白云岩储层，勘探潜力巨大（图 10a）；除此之外，塔里木盆地灯影组发育多个台内裂陷，裂陷内充填泥质烃源岩，裂陷周缘发育丘滩白云岩储层，是未来重要勘探方向（图 10b）。

4.2 碳酸盐岩缓坡滩相白云岩储层

碳酸盐岩缓坡是颗粒滩储层规模发育重要环境，目前勘探成功的典型碳酸盐岩缓坡滩相白云岩发育在四川盆地寒武系龙王庙组。龙王庙组解剖表明，由于碳酸盐岩缓坡坡度小，海平面微小的升降震荡可导致颗粒滩在横向上发生大范围的迁移，因此多期叠置迁移的高能滩体宽度大，横向几千米乃至几十千米范围内的滩体可追踪对比，由于内缓坡沉积古地貌稍高，准同生期频繁暴露，进而形成了准层状大面积连片分布的颗粒滩储层。龙王庙组地层厚度 100m，垂向上发育 3 期滩体，龙王庙组颗粒滩储层以砂屑白云岩为主，滩体累计厚度 20～80m，颗粒滩储层厚度为 10～60m，龙王庙组颗粒滩分布面积近 $2×10^4 km^2$，仅磨溪区块 800km^2 探明储量即达到 4400×10^{8}m^3，储量丰度大于 $5×10^8 m^3/km^2$。近期研究表明，塔里木盆地下寒武统肖尔布拉克组同样为碳酸盐岩缓坡沉积，颗粒滩面积达 $3×10^4 km^2$，是塔里木盆地未来深层重要勘探领域。

5 结　论

统计规律表明，深层白云岩主要类型为颗粒白云岩、微生物白云岩及结晶白云岩，孔隙类型以裂缝—孔洞型和裂缝—孔隙型为主，储层纵向上发育的优劣不受深度控制，而是受颗粒滩、微生物丘等有利沉积相的微相纵向序列控制。

基于系统分析，指出有利沉积微相是深层孔隙形成的物质基础，准同生期大气淡水溶蚀作用是孔隙形成的必要条件，准同生期（或浅埋藏期）白云石化作用有利于早期孔隙的保存，表生岩溶作用及构造破裂可以改善储层物性但并不决定储层的优劣和规模。

深层白云岩位于叠合盆地下构造层，完成的演化序列主要经历 8 种成岩作用，即 5 个演化阶段，但深层白云岩储层的基本特征和分布的继承性大于改造性，有利沉积相带仍是深层白云岩油气勘探中寻找优质规模储层的重要方向，未来深层油气勘探寻找规模高效油气藏的领域为台内裂陷边缘微生物白云岩—颗粒滩白云岩以及碳酸盐岩内缓坡—中缓坡颗粒白云岩。

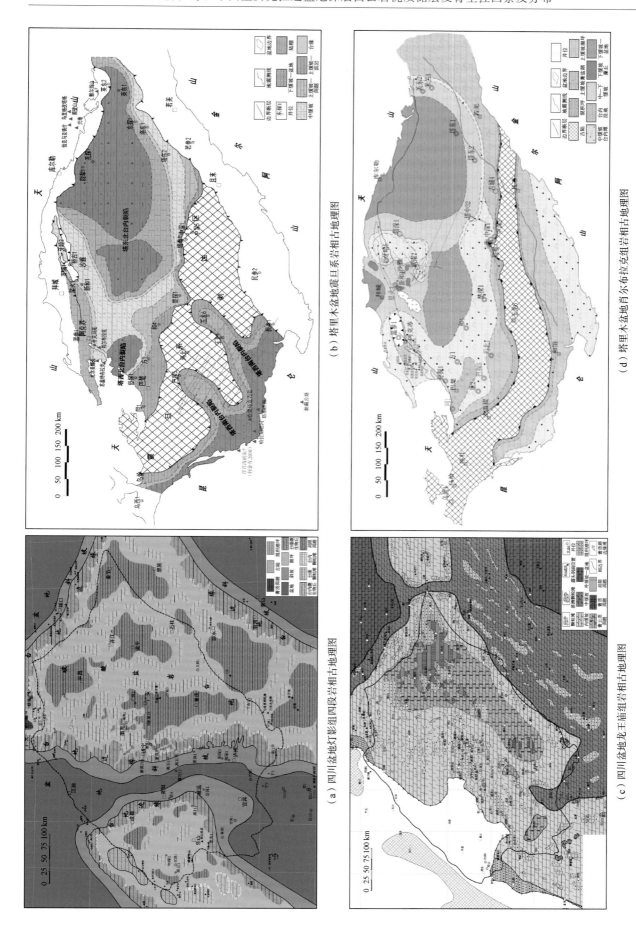

（a）四川盆地灯影组四段岩相古地理图

（b）塔里木盆地震旦系岩相古地理图

（c）四川盆地龙王庙组岩相古地理图

（d）塔里木盆地肖尔布拉克组岩相古地理图

图 10　四川盆地及塔里木盆地台内裂陷边缘丘滩及碳酸盐岩缓坡滩分布图

参考文献

[1] Alla J R，Wiggims W D. Dolomite reservoirs-geochemical techniques for evaluating origin and distribution[J]. AAPG Short Course Note Series，1993，36（1）：129.

[2] Atwater G I，Miller E E. The effect of decrease in porositywith depth on future development of oil and gas reserves in south Louisian[J]. AAPG Bulletin，1965，49（2）：334.

[3] Choquette P W，Pray L C. Geologic nomenclature and classification of porosity in sedimentary carbonates[J]. AAPG Bulletin，1970，90（1）：91-114.

[4] Ehrenberg S N，Eberli G P，Keramati M，et al. Porositypermeability relationships in interlayered limestone dolostone reservoirs[J]. AAPG Bulletin，2006，90（1）：91-114.

[5] Hallev R B，Schmoker J W. Higlrporosity Cenozoic carbonate rocks of South Florida：Progressive loss of porosity with depth[J]. AAPG Bulletin，1983，67（2）：191-200.

[6] Hill C A. H$_2$S-relate porosity and sulfuric acid oil-field karst[C]// Budd D A，Saller H，Harris P M. unconformities in carbonate strata — their kecognition and the significance of associated porosity. Tulsa：AAPG Memoir，61：301-306.

[7] Lucia F J. Carbonate reservoir characterization：An interarated approach and future research needs[M]. Berlin：Springer，2007.

[8] Schmoker J W. Empiricalrelation between carbonate porosity and thermal maturity：An approach to regional porosity prediction[J]. AAPG Bulletin，1984，68（11）：1697-1730.

[9] Schmoker J W，Halley R B. Carbonate porosity versus depth：a predictable relation for South Florida[J]. AAPG Bulletin，1982，66（12）：2561-2570.

[10] Scholle P A. Chalk diagenesis and its relation to petroleum exploration：Oil from chalks，modern miracle[J]. AAPG Bulletin，1977，61（7）：982-1009.

[11] Warren J. Dolomite：occurrence，evolution and economicull association[J]. Earth Science Reviews，2000，65（1）：1-81.

[12] 张博全，关振良，潘琳. 鄂尔多斯盆地碳酸盐岩的压实作用[J]. 地球科学（中国地质大学学报），1995，20（3）：299-305.

[13] 赵文智，汪泽成，张水昌，等. 中国叠合盆地深层海相油气成藏条件与富集区带[J]. 科学通报，2007，52（增刊）：9-17.

[14] 马永生，蔡勋育，赵培荣，等. 深层超深层碳酸盐岩优质储层发育机理和三元控储模式——以四川普光气田为例[J]. 地质学报，2010，84（8）：1087-1094.

[15] 张建勇，罗文军，周进高，等.四川盆地安岳特大型气田下寒武统龙王庙组优质储层形成的主控因素[J]. 天然气地球科学，2015，26（11）：2063-2074.

[16] Hao Fang. On the potentials and mechanisms for development of deep to Ultra deep high-quality carbonate reservoirs[C]. Hangzhou：the 4th International Symposium on Carbonate Sedimentology and Hydrocarbon Reservoir Research，2016.

[17] Hsu K J，Siegenthaler C. Preliminary experiments on hydrodynamic movement induced by evaporation and their bearing on the dolomite problem[J]. Sedimentology，1969，12（1）：11-25.

[18] Adams J F，Rhodes M L. Dolomitization by seepage refluxion[J]. AAPG Bulletin，1960，44（2）：1912-1920.

[19] Weyl P K. Porosity through dolomitization：Conservation of mass requirements[J]. Journal of Sedimentary Petrology，1960，30（1）：85-90.

[20] Sandberg P A. An oscillating trend in Phanerozoic non-skeletal carbonate mineralogy[J]. Nature，1983，30（5）：19-22.

[21] James N P，Choquette P W. Limestones：The sea floor diagenetic environment[J]. Diagenesis：Geoscience Canada Serial，1983，10（2）：162-179.

[22] 周进高，郭庆新，沈安江，等. 四川盆地北部孤立台地边缘飞仙关组鲕滩储集层特征及成因[J]. 海相油气地质，2012，17（2）：57-62.

[23] 张建勇，周进高，潘立银. 川东北孤立台地飞仙关组优质储层形成的主控因素——大气淡水淋滤及渗透回流白云石化[J]. 天然气地球科学，2013，24（1）：9-18.

[24] 张建勇，郭庆新，寿建峰，等. 新近纪海平面变化对白云石化的控制及对古老层系白云岩成因的启示[J]. 海相油气地质，2013，18（4）：46-52.

[25] 赵文智，沈安江，胡安平，等. 塔里木、四川和鄂尔多斯盆地海相碳酸盐岩规模储层发育地质背景初探[J]. 岩石学报，2015，31（11）：3495-3508.

[26] 任军峰，杨文敬，丁雪峰，等. 鄂尔多斯盆地马家沟组白云岩储层特征及成因机理[J]. 成都理工大学学报（自然科学版），2016，43（3）：274-281.

[27] 周进高，姚根顺，杨光，等. 四川盆地安岳大气田震旦系—寒武系储层的发育机制[J]. 天然气工业，2015，35（1）：36-44.

四川盆地磨溪地区龙王庙组储层特征、类型及成因分析

谢武仁 [1,2]　李熙喆 [2]　杨　威 [2]　马石玉 [2]　万玉金 [2]
郭振华 [2]　张满郎 [2]　苏　楠 [2]　武赛军 [2]

（1. 成都理工大学能源学院　四川成都　610059；2. 中国石油勘探开发研究院　河北廊坊　065007）

摘　要： 利用四川盆地磨溪地区 12 口井岩心、8 口井成像测井资料、14 口井的测井评价等资料，系统分析磨溪地区龙王庙组储层特征，划分了储层类型，探讨了储层形成主控因素，预测了优质储层展布。结果表明：（1）川中磨溪地区龙王庙组储层主要岩石类型为中—粗晶砂屑白云岩，储层中—小洞发育，见到大量的构造缝和水平缝，整体表现为中低孔、中—高渗特征；（2）龙王庙组储层类型可划分为溶蚀孔洞型、溶蚀孔隙型和基质孔隙型 3 种类型，其中高角度构造缝、水平缝、网状成岩缝和缝合线 4 种裂缝与 3 种储集类型形成整体连通的缝洞体系；（3）优质储层主要在细—中晶砂屑白云岩颗粒滩相中发育，颗粒滩后期经历 3 期岩溶作用，特别是表生期"顺层"溶蚀使溶蚀孔、洞型储层横向叠置连片，大面积分布，延伸 5 ~ 20km，井间连通性好，形成了孔洞发育的优质储层。

关键词： 磨溪地区；颗粒滩；溶蚀作用；裂缝类型；储层展布

Study on the Characteristics, Types and Formation of the Shore Dolomite Reserviors in Cambrian Longwangmiao Member of Moxi Area, Sichan Basin

Xie Wuren[1,2], Li Xizhe[2], Yang Wei[2], Ma Shiyu[2], Wan Yujin[2], Guo Zhenhua[2],
Zhang Manlang[2], Su Nan[2], Wu Saijun[2]

(1. *Chendu University of Technology, Sichuan, Chendu* 610059; 2. *Research Institute of Petroleum Exploration & Development, PetroChina, Hebei, Langfang* 065007)

Abstract: Based on the data of 12 drilling cores, 8 imaging logs and 14 traditional logs in Moxi Area, Central Sichuan Basin, the major factors controlling the reservoir formation and favorable reservoir distribution are discussed in this paper through systematical analysis on the reservoir characteristics and types in Longwangmiao member. The Longwangmiao reservoirs primarily consist of medium-coarse grained dolomite, and dissolved pores are widely distributed in Moxi Area, Sichuan Basin. Generally, the reservoirs are characterized by medium-high permeability, and can be divided into 3 reservoir types including dissolved hole type, dissolved pore type and matrix pore type. High-dip structural fractures, horizontal fractures, net-like diagenetic fractures and stylolites are also developed in Moxi Area, which have close relationship with the 3 reservoir types and formed connected pore-system. The large-scale shore dolomite in Moxi Area has experienced 3-stage karstification, and especially the surface dissolution stage has a significant influence on the large-scale hole-type reservoirs which extends over 5~20km in horizontal. The good connectivity between wells is favorable for high-quality reservoirs in Sichuan Basin.

Key words: Moxi Area; graind shore; dissolution; fracture system; reservoir distribution

四川盆地寒武系龙王庙组经历了将近 60 年的天然气勘探，一直没有取得大的突破，直至 2012 年在川中磨溪地区取得天然气勘探的巨大发现，该地区龙王庙组百万立方米井超 10 口，目前探明

基金项目：国家科技重大专项（2016ZX05007002-001）和中国科学院 A 类战略性先导科技专项（XDA14010403）资助。
第一作者简介：谢武仁（1980—），男，博士，2009 年毕业于成都理工大学矿产普查与勘探专业，高级工程师，主要从事石油天然气地质综合研究工作。
E-mail：xwr69@petrochina.com.cn

储量 $4400 \times 10^8 m^3$，成为一个特大型整装海相碳酸盐岩大气田（图1）。2012年以前主要是集中在乐山—龙女寺古隆起开展沉积、油气运移和聚集等方面的研究[1-14]。磨溪地区龙王庙组取得突破后，大量的钻井和岩心资料揭示，该地区龙王庙组为一套厚层状砂屑白云岩颗粒滩沉积，颗粒滩厚度在 $20 \sim 70m$ 之间。2012年至2016年的研究表明，四川盆地震旦纪—早寒武世发生桐湾构造运动，受该构造运动影响形成了川中古隆起和绵竹—长宁大型克拉通内裂陷。其中，川中沉积古隆起，在震旦纪灯影组沉积时期开始具有雏形，早寒武世沧浪铺组沉积时期继续发育，表现为水下古隆起，核部在高石梯—磨溪地区，龙王庙组沉积时期，该古隆起依旧存在，古地貌相对较高，形成了高石梯—磨溪地区大面积分布的颗粒滩。该套颗粒滩的

横向规模大、层位稳定性和连续性最好，海平面的相对变化和沉积水体能量高低决定了龙王庙组颗粒滩的发育特征和叠置样式[10, 15-19]。川中地区属于刚性基底，促使古隆起区形成整体宽缓稳定的展布形态[9, 17]，这样宽缓的海底古隆起地貌，一方面为海底高能相带沉积提供较强的水动能条件，同时平缓的古地形有助于川中地区形成连续性好且分布广泛的颗粒滩，有利于同生期大气淡水溶蚀作用形成粒间溶孔和粒内溶孔[8-9, 14-22]。该套颗粒滩储层具有带状分布的特征，溶蚀孔洞和裂缝发育，微观上储层非均值性强，但在裂缝类型与期次和储层的类型划分等方面的研究相对较薄弱。本文通过12口井岩心资料、14口测井资料，对该地区龙王庙组储层特征进行研究，结合生产需要进行储层类型划分，探讨了该套滩相储层的成因。

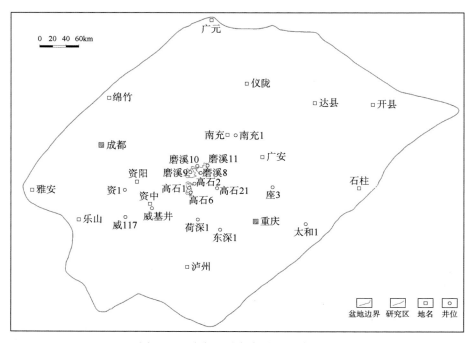

图1　四川盆地川中磨溪地区位置图

1 储层基本特征

1.1 岩石类型

　　龙王庙组优质储层岩石类型以砂屑白云岩、细—粗晶白云岩为主，包括中—粗晶白云岩、含砂屑粉晶白云岩、泥—粉晶含砂屑白云岩和鲕粒白云岩[18, 23-26]。

　　砂屑白云岩：砂屑颗粒分选好，岩心观察中多发育中小溶洞及针孔（图2d）。细晶白云岩：晶

粒白云石呈嵌晶状发育，晶粒粒径为 $0.1 \sim 0.25mm$，磨溪地区细晶白云岩发育中小溶孔（图2a、e）。中—粗晶白云岩：晶粒粒径为 $0.25 \sim 1mm$，磨溪地区中—粗晶白云岩发育大中溶孔（图2b、f）。其中细—中晶白云岩，包括粗晶白云岩，皆具有颗粒幻影，岩石原始组构是颗粒，后期经历成岩作用，形成中晶、细晶、粗晶白云岩。含砂屑粉晶白云岩：砂屑含量为 $25\% \sim 50\%$，砂屑颗粒间多为粉晶白云石充填，岩心上发育溶蚀针孔。鲕粒白云岩：多以薄层形式夹于砂屑白云岩中，

粒间常可见第一期亮晶胶结物，晚期胶结多被溶解，因而鲕粒云岩中的粒间（溶）孔极发育（图2c）。

1.2 储集空间

1.2.1 溶蚀孔洞特征

龙王庙组储集空间为溶洞、粒间溶孔、晶溶孔及晶间孔，其中溶洞在取心井均见到。

1）溶洞

以中—小洞为主，为龙王庙组储层主要储集空间。龙王庙组溶洞包括两类：一类为基质溶孔（通常为粒间孔）继续溶蚀扩大而成，受地表暴露作用明显，溶洞主要发育在砂屑白云岩中；另一类为沿裂缝局部溶蚀扩大而成，多与抬升期构造缝有关，溶洞呈"串珠"状分布，不受原岩影响。磨溪地区12口取心井均发育溶洞储层段（图2a、b），其中大洞（≥10mm）、中洞（5～10mm）和小洞（2～5mm）分别占总洞数3.47%、9.96%、86.57%（图3）。岩心溶洞发育段平均洞密度在23～215个/m之间，磨溪204井岩心见40.22 m溶洞发育段，发育7400个溶洞，洞密度达183个/m（图3）。

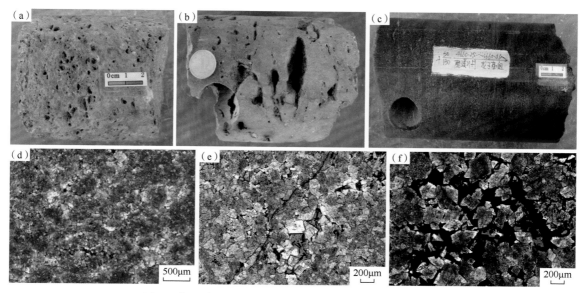

图 2 龙王庙组典型储层岩石类型岩心与薄片鉴定照片

（a）磨溪13井，4607.68m，细晶白云岩；（b）磨溪204井，4667.27m，中—粗晶白云岩；（c）磨溪21井，4660.25m，鲕粒白云岩；
（d）磨溪17井，4623.24m，砂屑白云岩；（e）高石10井，4624.2 m，细晶白云岩；（f）磨溪202井，4660.3m，中—粗晶白云岩

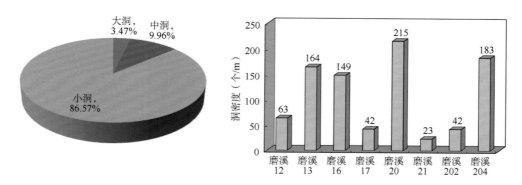

图 3 磨溪地区龙王庙组取心段洞类型和洞密度分布图

2）孔隙（粒间溶孔、晶间溶孔、晶间孔）

粒间溶孔主要发育于砂屑云岩和残余砂屑白云岩中，是在高能环境下淘洗干净的粒间孔隙经历成岩期溶蚀改造叠合形成，镜下见到白云石胶结物溶蚀，孔隙内常被晚期白云石和沥青半充填；晶间溶孔发育于重结晶强烈、原岩组构遭到严重破坏的细晶及中—粗晶云岩中，为晶间孔隙部分发生溶蚀形成，常见沥青充填；晶间孔多出现在早成岩期形成的花斑状白云岩中，部分发育溶洞内充填的晶粒白云岩中（图2e、f）。

1.2.2 储层裂缝

1）发育 3 种裂缝类型

磨溪地区龙王庙组发育缝合线、成岩缝和构造缝 3 种裂缝（表 1）。

缝合线形成于沉积成岩期的压实—压溶作用，后期溶蚀扩大，局部见黄铁矿、沥青半充填（图 4a）。成岩缝是白云岩化过程中，方解石向白云石的晶格转化，体积变化，导致不规则的微裂缝产生，后期溶蚀扩大，沥青半充填（图 4b）。构造缝一般比较平直，多以直立构造缝出现，显微构造下缝壁不平直且呈港湾状，甚至有溶洞串接。构造缝包括高角度、低角度和水平缝等，在磨溪 12 井、磨溪 13 井和磨溪 204 井等井区发育，缝密度 0.6 ~ 1.2 条/m。磨溪地区高角度构造缝包括两类：一是形成于加里东末期的高角度构造缝，岩石破碎，角砾化，部分充填粉末状泥晶云岩、碳质泥岩及煤屑（图 4c）；二是形成于喜马拉雅期的高角度构造缝，形成时期最晚，切割其

他类型裂缝，规模大，一般无充填（图 4d、e）。水平构造缝主要形成于印支期，与大规模扩容孔相伴生，沿裂缝溶孔、溶洞呈"串珠"状分布（图 4f）。

2）裂缝与储层关系

不同岩石类型因其成分、结构和构造不同，力学性质各异，在相同的构造应力作用下，裂缝发育程度不同。根据岩心观察，龙王庙组裂缝普遍发育，其中溶蚀孔洞发育的中—粗晶砂屑白云岩中裂缝发育程度较弱，主要发育大型高角度构造缝；相反孔洞不是很发育的泥晶白云岩和粉晶白云岩中裂缝相对发育，见大量的水平缝和成岩缝。分析中—粗晶砂屑白云岩中裂缝不发育可能有以下两个方面原因：（1）溶蚀孔洞发育的地方，能够有效缓解构造应力变化，裂缝相对不容易形成；（2）构造运动之前形成的水平缝和低角度缝后期遭受溶蚀，目前以溶蚀孔、洞的形式出现而非裂缝。

表 1　磨溪区块龙王庙组地层岩心观察天然裂缝类型与期次划分

发育时期	裂缝类型	裂缝充填程度与发育规模	取心段内发育程度
喜马拉雅期	高角度构造缝	无充填，延伸长	偶见
印支期	水平构造缝	与大规模扩容相伴生，与油气大规模充注相关	偶见
加里东末期	高角度构造缝	白云石、方解石部分充填	局部发育
	网状成岩缝	多组交切、沥青充填	普遍
沉积期	缝合线	泥质、黄铁矿充填	普遍

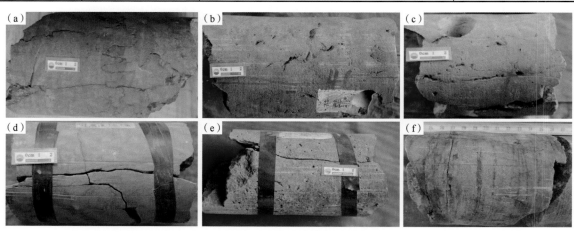

图 4　磨溪地区龙王庙组裂缝类型

（a）磨溪 12 井，1-36/107，高角度缝切穿缝合线，缝合线半充填；（b）磨溪 12 井，2-46/96，溶洞分布与成岩缝扩溶；（c）磨溪 12 井，1-14/96，高角度缝穿且低角度缝，裂缝扩溶，溶洞沿裂缝分布；（d）磨溪 17 井，4-33/39，一组高角度缝；（e）磨溪 204 井，发育垂直缝；（f）磨溪 13 井，4631.03 ~ 4631.16m，水平微裂缝发育

1.3　储层物性

磨溪地区龙王庙组储层孔隙度相对较低，基质

渗透率差，储层孔隙度在 2.00% ~ 18.48% 之间，平均为 4.27%（小柱样）；基质渗透率分布在 0.001 ~ 1mD（71.6%）之间，渗透率大于 0.1mD 的占 34.5%，

平均为 1.59mD。储层段岩心全直径孔隙（平均孔隙度为 4.81%）明显大于小样孔隙度。储层段全直径样品统计分析（图 5），其中孔隙度 2.0%～4.0% 的样品占总样品的 37.8%，孔隙度 4.0%～6.0%的样品占总样品的 41.73%，孔隙度大于 6.0%的样品占总样品的 20.47%，孔隙度主要分布在 4.0%～6.0%（占样品总数的 41.73%）之间。岩心储层段全直径样品分析渗透率在 0.0101～78.5mD 之间，单井平均渗透率在 0.534～17.73mD 之间，总平均渗透率 3.91mD，平均渗透率为 1.39mD（图 5）。

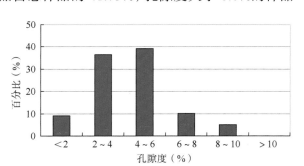 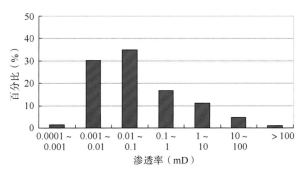

图 5　龙王庙组储层岩心（全直径）孔隙度、渗透率频率直方图

2　储层类型划分及缝洞体系

2.1　储层分类评价标准

根据储集空间差异，结合孔隙度与排驱压力、中值压力、最大喉道半径、中值喉道半径关系分析，将龙王庙组储层划分为溶蚀孔洞型、溶蚀孔隙型和基质孔隙型 3 种类型，建立了龙王庙组储层类型划分标准（表 2）。

2.2　主要储集类型特征

2.2.1　溶蚀孔洞型储层

宏观上孔洞发育，溶洞占主导地位，电成像图上为暗黑色斑块，垂直缝发育岩石类型为细—中晶砂屑云岩，以中小洞为主，粒间溶孔发育，成像测井图上为暗黑色斑块，CT 扫描显示以大孔、中洞为特征，核磁共振谱呈现多峰特征（图 6）。以较高孔隙度为特征，平均孔隙度分布在 6%～14% 之间，渗透率高、可动流体饱和度高（>65%）。储层中的孔隙及喉道之间搭配关系良好，以粗孔隙喉道为主，中值喉道半径一般大于 1μm，最大喉道半径一般大于 10μm。饱和度中值孔隙喉道宽度（R_{c50}）为 1.202～4.845μm，平均为 2.357μm；最大孔隙喉道宽度为 4.629～75μm，平均为 35.147μm；排驱压力一般小于 0.1MPa，多分布在 0.01～0.18MPa 之间，平均为 0.077MPa；饱和度中值压力一般小于 1MPa，多分布在 0.15～0.62MPa 之间，平均为 0.379MPa。毛细管压力曲

表 2　磨溪地区龙王庙组储层孔喉结构分类评价表

储层类型	溶蚀孔洞型	溶蚀孔隙型	基质孔隙型
岩石类型	残余砂屑白云岩、细—中晶白云岩	粉—细晶白云岩	泥—粉晶白云岩
洞密度	溶洞发育，>20 个/m	针孔发育，偶见溶洞	孔洞不发育
裂缝特征	垂直缝	水平缝、垂直缝	水平缝、成岩缝
沉积相	主要在滩主体	主要在滩边缘	滩边缘
孔隙度（%）	6～14	4～8	2～4
排驱压力（MPa）	0.005～0.1	0.01～0.5	0.1～5
中值压力（MPa）	0.05～1	0.5～8	5～120
中值半径（μm）	>1	0.05～1	0.01～0.1
退出效率（%）	>25	15～25	10～15
毛细管压力曲线特征	中值喉道半径大	孔喉分选较好，中值喉道半径小	孔喉分选以细—微孔喉为主

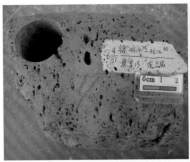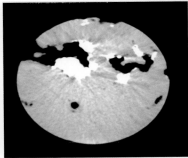

（a）磨溪13井，4614.8m，亮晶砂屑白云岩　　（b）岩心CT扫描孔洞显示图片（磨溪13井，4621.57～4621.78m，面孔率14.91%，渗透率0.6mD）

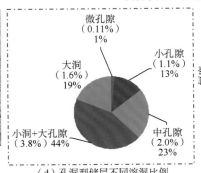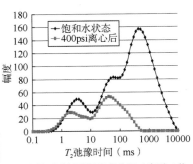

（c）磨溪12井，4629.75m，粒间孔，4倍　　（d）孔洞型储层不同溶洞比例　　（e）核磁共振孔洞发育特征（磨溪13井，6-10号样，4615.8m，大孔洞发育，孔隙度11.2%，渗透率3.63mD）

图6　龙王庙组溶蚀孔洞型储层特征

线呈凹状台阶型，具有明显的粗歪度特征。孔喉分选较好，大孔喉所占百分比最大，反映储层孔隙类型较单一。

2.2.2　溶蚀孔隙型储层

宏观上针孔发育，偶见溶洞，电成像图上为暗黑色麻点，水平缝和垂直缝发育岩石类型为细—粉晶砂屑云岩，粒间溶孔和晶间孔发育，见针状溶孔，偶见溶洞；成像测井图上呈现为均匀分布的暗黑色斑点（图7）。CT扫描显示以小孔、小洞为特征，核磁共振呈现多峰特征。该类储层平均孔隙度为 4%～8%，渗透率低、可动流体饱和度较大（45%~65%）[8]。储层孔隙及喉道之间搭配关系较好，以中等孔隙喉道为主，中值喉道半径一般为 0.05～1μm。饱和度中值孔隙喉道宽度（R_{c50}）一般为 0.123～1.671μm，平均为 0.463μm；最大孔隙喉道宽度为 0.405～75μm，平均为 8.506μm；排驱压力一般为 0.01～0.5MPa，多分布在 0.05～1MPa 之间；中值压力一般小于 0.5～8MPa，多分布在 0.45～6.1MPa 之间；毛细管压力曲线呈双台阶型，较低排驱压力和饱和度中值压力，具有明显的粗歪度特征，发育大、小两类孔喉系统，曲线平直段出现在大孔喉段，表明大孔喉分选较好。

2.2.3　基质孔隙型储层

宏观上未见孔洞，测井解释为有效储层，水平缝和成岩缝发育岩石类型为泥—粉晶砂屑云岩、泥晶含砂屑白云岩，水平缝、成岩缝及缝合线发育；岩心未见孔洞，测井解释为有效储层（图8）。储层以低孔隙度为特征，平均孔隙度为2%～4%，渗透率较高、可动流体饱和度较低（30%～45%）。储层孔隙及喉道之间搭配关系较差，以中—小孔隙喉道为主，中值喉道半径一般为0.01～0.1μm。储层饱和度中值孔隙喉道宽度（R_{c50}）一般为0.015～0.194μm，平均为0.059μm；排驱压力一般为0.1～5.0MPa，多分布在0.3～6.2MPa之间；中值压力多分布在3.786～50MPa之间；典型毛细管压力曲线呈近似直线型，排驱压力中等，中值压力较高，主要特点是孔喉分布频带宽，几乎无峰值，分选差。此类毛细管曲线代表的储层有时表现出较高的孔隙度，但喉道明显偏细，其储渗能力相对降低，仍可以具备一定的产能。

2.3　优质储层主要为溶蚀孔洞型和溶蚀孔隙型

溶蚀孔洞型储层发育大型垂直缝，垂向上沟通储层，主要发育在龙王庙组的中部（图9）；

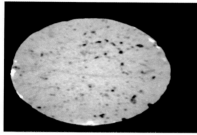

（a）磨溪13井，4594.8m，　　　　　（b）岩心CT扫描孔洞显示图片（磨溪13井，4610m，
泥—粉晶砂屑白云岩　　　　　　　　　　面孔率2.04%，孔隙度4.7%，渗透率0.18mD）

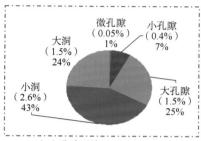
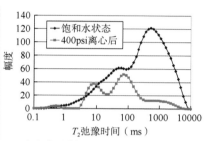

（c）磨溪17井，4609.58m，4倍，　　　（d）孔隙型储层不同溶洞比例　　　（e）核磁共振孔洞发育特征（磨溪13井，
砂屑白云岩　　　　　　　　　　　　　　　　　　　　　　　　　　　　　5-24号样，4610.4m，孔隙度6.1%，
渗透率0.009mD）

图 7　龙王庙组溶蚀孔隙型储层特征

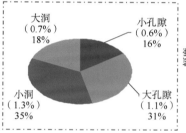
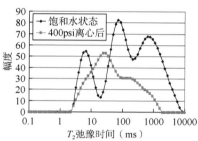

磨溪13井，4578.8m，花斑状白云岩构造成岩缝　　　磨溪13井，4616.22m，基质孔隙型储层，有少量微裂缝，面孔率1.15%，孔隙度3.88%

图 8　龙王庙组基质孔隙型储层特征

溶蚀孔隙型储层水平缝和垂直缝发育，主要在龙王庙组上部和中下部发育；基质孔隙型储层岩石类型为泥晶砂屑白云岩，缝合线发育，见水平缝，主要在龙王庙组顶部和底部发育。不稳定试井解释储层物性以中—高渗为主，KH 值 183 ~ 19000mD·m，渗透率 3.24 ~ 925mD，是岩心分析渗透率的 1 ~ 2 数量级，说明裂缝十分发育。

3　储层成因分析与分布

3.1　优质储层主要在中—粗晶砂屑白云岩颗粒滩相中发育

1）中—粗晶砂屑白云岩物性好，溶蚀孔洞发育

通过 12 口井取心井的物性资料统计（样品数 158 个），龙王庙组储渗性能较好的储层岩石是中—粗晶砂屑白云岩，平均孔隙度为 5.46%，其次为粉—细晶白云岩，平均孔隙度为 3.67%，泥—粉晶白云岩评价孔隙度为 1.56%。岩心观察发现龙王庙组孔洞发育与岩石颗粒粗细有直接关系，中—粗晶砂屑白云岩发育大孔洞，粉—细晶白云岩发育针状溶蚀孔洞，泥晶白云岩、粉晶白云岩等很少见到溶蚀孔洞。对孔洞形成原因分析认为，中—粗晶颗粒白云岩沉积时期砂屑颗粒保留的原始孔隙大，后期经受岩溶作用，原生孔隙被溶蚀成大孔大洞，在后期受成岩重结晶作用影响，形成中—粗晶白云岩。如磨溪 204 井从 4650 ~ 4680m 岩心上观察到了整段均为孔洞发育层；粉—细晶白云岩沉积时仅保留一部分原始孔隙，后期岩溶过程中，普遍出现针状溶蚀孔洞发育段；泥—粉晶白云岩在沉积过程中，受压实作用的影响，只保留很少的孔，若有裂缝，也能形成有效储层。

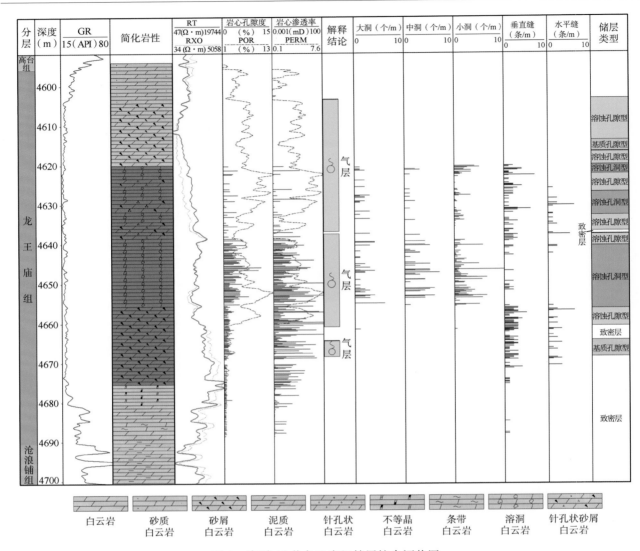

图 9　磨溪 12 井龙王庙组储层综合评价图

2）颗粒滩相为最有利的沉积相带，颗粒滩厚度决定储层厚薄

研究区龙王庙组主要发育颗粒滩、滩间海和潟湖 3 种沉积微相，储层主要发育在颗粒滩相中[14, 19, 27]。通过 335 块岩石样品储层物性统计发现，储层储集性能最好的是颗粒滩微相，其孔隙度平均值为 2.40%，渗透率平均值为 4.26mD[18]。颗粒滩分布决定了储层垂向和平面的分布，储层发育程度与滩体厚度具正相关关系，滩体规模越大，储层越发育，累计厚度越大。龙王庙组滩体累计厚度最大的磨溪 12 井（图 9），滩体厚为 76m，储层累计厚度达到 54m；滩体累计厚度最小的安平 1 井，滩体厚度为 15m，储层累计厚度为 11.8m，储层发育规模明显小于磨溪 12 井。

3.2　龙王庙组颗粒滩经历三期岩溶作用，形成孔洞发育的优质储层

1）针状溶蚀孔与第一期同生期—准同生期溶蚀密切相关

准同生期溶蚀作用是龙王庙组产生大量溶孔溶洞的关键因素[26]。磨溪地区岩心见到大量针状溶孔，主要在粗晶砂屑白云岩发育，分布比较均匀，碳、氧同位素分析发现孔洞型白云岩具有相对低的 $\delta^{13}C$ 值、$\delta^{18}O$ 值、Sr 含量以及相对高的 Fe、Mn 含量，指示了溶蚀孔洞是白云岩经大气淡水进一步淋滤溶蚀而成，与同生期—准同生期溶蚀作用有较大的关系[1, 3, 23, 26]。岩心上的溶洞内充填晶粒白云岩，碳、氧同位素显示大气淡水成岩流体特征[14]。磨溪地区龙王庙组受寒武系海退的影响，

颗粒滩暴露或接近海平面附近遭受到大气淡水的淋漓改造，形成最原始的溶蚀孔（图10）。

2）大型溶蚀孔洞与第二期风化壳岩溶作用有关

古地貌不仅对颗粒滩的发育起到控制作用，同时对岩溶储层的发育也起到至关重要的作用，其影响古降水流平衡面、地下水的深度和水动力大小[4]。加里东运动造成四川盆地西部抬升，磨溪地区位于古地貌高部位，磨溪13、磨203等取心井上见到大量的洞，这些洞分布不均匀，大小不一，主要是受加里东期风化壳岩溶作用影响产生。加里东晚幕构造抬升事件[6, 11, 20]，导致磨溪地区西北部龙王庙组缺失或直接出露，遭受到大气淡水的改造，区内西北部的地表水经由龙王庙组露头

区或高台组剥蚀区下渗补给，并沿龙王庙组先期层状孔隙层流动，溶蚀改造龙王庙组滩相储层，形成各具特征、差异显著溶洞发育的岩溶储层，同时储层孔洞呈现顺层排列特征[18, 21]。龙王庙组见到显著的风化壳岩溶标志（图11）：（1）岩心见到洞穴堆积岩，如磨溪17井4620～4626.2m井段为泥岩夹岩溶角砾岩，角砾大小不一、呈棱角—次棱角状；（2）磨溪17井岩心见蓝灰色泥岩，镜下见陆源石英，说明沉积期间该地区离物源区较近，为周缘地区剥蚀充填形成[25]；（3）岩心上溶蚀孔洞发育，见大孔大洞，如磨溪13井取心段溶洞极发育，呈蜂窝状，最大洞径10cm×15cm。

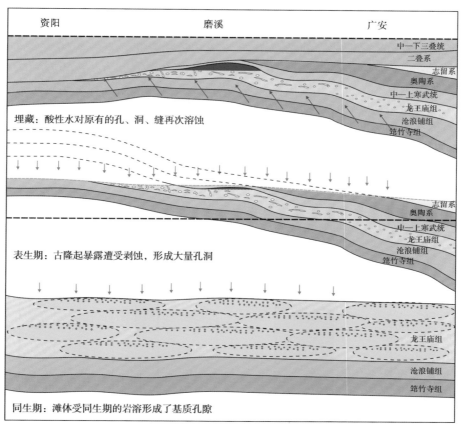

图10 四川盆地川中地区龙王庙组三期溶蚀作用模式图

3）晚期的扩溶缝、孔与第三期埋藏溶蚀相关

龙王庙组在海西期和印支期，开始沉降，筇竹寺组烃源岩开始生烃，有机酸顺着断层进入储层，促使早期形成的孔、洞、缝再次发生扩容，进一步改善储层。龙王庙组埋藏溶蚀以下特点：（1）溶蚀作用主要发生在颗粒或晶粒间，形成粒间或晶间溶孔、溶洞，而粒内溶蚀不发育；

（2）构造破裂缝的溶蚀，形成溶缝；（3）晚期胶结物的溶蚀，孔洞、裂缝内细—中晶白云石充填物的溶蚀。

3.3 储层分布

通过磨溪地区12井取心井资料的详细观察和25口钻井储层测井解释结果对比分析，龙王庙组

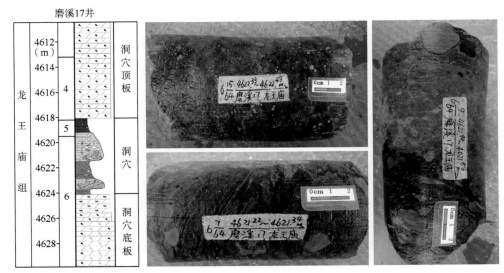

图 11   磨溪 17 井龙王庙组溶蚀孔洞充填泥砾

储层纵向上主要发育在中上部颗粒滩中（图 12），如磨溪 10 井在中上部发育两套厚层的颗粒滩，厚为 41m，测井解释储层为 43m，其储层与颗粒滩纵上分布趋于一致。龙王庙组单井储层累计厚度为 3.1～64.5m，单井储层厚度算术平均值为 39.1m。储层发育受相控，同时还受颗粒滩自旋回沉积特征控制，如磨溪 10 井每一个颗粒滩自旋回的上部为砾屑云岩，向下过渡为砂屑云岩，底部为浅灰色泥—粉晶白云岩，即颗粒滩自旋回具有颗粒自上而下逐渐变小的特征，在颗粒滩旋回的

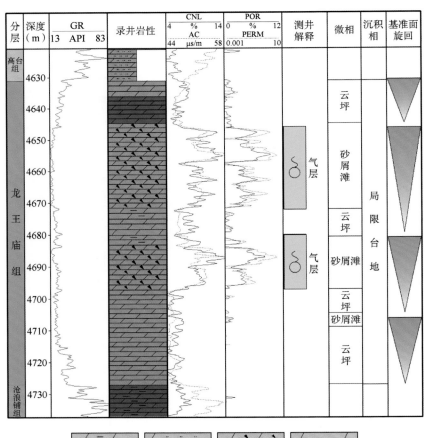

泥质白云岩   白云质粉砂岩   砂屑白云岩   粉砂质白云岩

图 12   磨溪 10 井龙王庙组沉积相与储层综合评价图

底部，距离层序界面较远，大气淡水溶蚀作用影响较弱，则孔隙不发育；即便大气淡水溶蚀作用可以影响到位于颗粒滩自旋回的不同位置，其孔隙特征也不相同，颗粒粒度较粗的上部以发育溶蚀孔洞为主，粒度较细的中部则发育粒间孔（针孔为主），而颗粒滩旋回的底部颗粒不发育则主要发育缝合线与裂缝形成的网状裂缝系统。

磨溪地区龙王庙组 3 种类型储层垂向上叠置，溶蚀孔、洞型储层的大面积分布，延伸 5～20km，井间连通性好。其中，溶蚀孔洞型储层厚度为 0～37m，溶蚀孔隙型储层厚度为 0～36m，基质孔隙型储层厚度为 1～19m。溶蚀孔洞型与溶蚀孔隙型储层占较大比例，溶蚀孔洞型和溶蚀孔隙型储层

占储层总厚度百分比在 0～90%之间，平均值为58%。通过地震、24 口钻井资料和孔渗数值模拟等资料研究，发现磨溪地区发育两个滩体厚值区，受滩体分布的控制，储层平面上呈现两个相对较发育区（图 13），一个在磨溪 9 井—磨溪 12 井—磨溪 10 井一带，储层厚度在 40～50m 之间；另外一个发育区为磨溪 8 井—磨溪 11 井一带，储层厚度在 40～60m 之间；其中磨溪 21 井—磨溪 19 井—磨溪 17 井一带储层发育相对差。从有效储层厚度/地层厚度值来看，有效储层厚度/地层厚度值介于12%～65%，平均为 42.70%。平面上磨溪 12 井—磨溪 9 井区、磨溪 8 井—磨溪 17 井—磨溪 11 井区为龙王庙组两个有效储层厚度/地层厚度值高值区，一般在 50%以上。

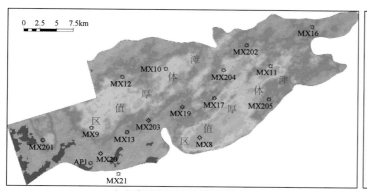

（a）磨溪地区颗粒滩属性预测图

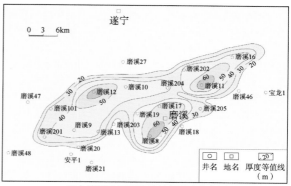

（b）磨溪地区颗粒滩储层厚度分布图

图 13　龙王庙组滩体与储层平面分布图

4　结　论

（1）四川盆地川中磨溪地区龙王庙组储层岩石类型以砂屑白云岩和细晶白云岩为主，包括中—粗晶白云岩、含砂屑粉晶白云岩和泥—粉晶含砂屑白云岩；砂屑白云岩储层孔隙度相对较低，基质渗透率差，发育缝合线、成岩缝和构造缝 3 种裂缝，溶蚀孔洞发育，以中—小洞为主。

（2）龙王庙组滩相白云岩储层根据孔洞发育，划分为溶蚀孔洞型、溶蚀孔隙型和基质孔隙型。溶蚀孔洞型储层：宏观上孔洞发育，溶洞占主导地位，电成像图上为暗黑色斑块；溶蚀孔隙型：宏观上针孔发育，偶见溶洞，电成像图上为暗黑色麻点；基质孔隙型：宏观上未见孔洞，测井解释为有效储层。其中溶蚀孔洞型和溶蚀孔隙型为最有利储层，这两种储层和裂缝匹配，形成整体连通的缝洞体系。

（3）砂屑白云岩经历准同生期、表生期和埋藏期三期溶蚀作用，针状溶蚀孔与第一期同生期—准同生期溶蚀密切相关，大型溶蚀孔洞与第二期风化壳岩溶作用有关，晚期的扩溶缝、孔与第三期埋藏溶蚀相关；细—中晶砂屑白云岩颗粒滩相形成溶蚀孔洞型、溶蚀孔隙型和基质孔隙型 3 种储集类型，形成缝洞发育的优质储层；3 种类型储层横向叠置连片，大面积分布，延伸 5～20km，井间连通性好。

参考文献

[1]　代林呈，王兴志，杜双宇，等.四川盆地中部龙王庙组滩相储层特征及形成机制[J].海相油气地质，2006，21（1）：19-28.

[2]　杜金虎，邹才能，徐春春，等.川中古隆起龙王庙组特大型气田战略发现与理论技术创新[J].石油勘探与开发，2014，41（3）：268-277.

[3]　高树生，胡志明，安为国，等.四川盆地龙王庙组气藏白云岩储层孔洞缝分布特征[J].天然气工业，2014，34（3）：103-109.

[4] 韩剑发，孙崇浩，王振宇，等. 塔中隆起碳酸盐岩叠合复合岩溶模式与油气勘探[J]. 地球科学，2017，42（3）：410-421.

[5] 黄建国. 上扬子区（四川盆地）寒武系的含盐性与地质背景[J]. 岩相古地理，1993，13（5）：44-56.

[6] 金民东，曾伟，谭秀成，等. 四川磨溪—高石梯地区龙王庙组滩控岩溶型储集层特征及控制因素[J]. 石油勘探与开发，2014，41（6）：650-660.

[7] 李伟，余华琪，邓鸿斌. 四川盆地中南部寒武系地层划分对比与沉积演化特征[J]. 石油勘探与开发，2012，39（6）：681-690.

[8] 刘树根，宋金民，赵异华，等. 四川盆地龙王庙组优质储层形成与分布的主控因素[J]. 成都理工大学学报（自然科学版），2014，41（6）：657-669.

[9] 刘树根，孙玮，宋金民，等. 四川盆地海相油气分布的构造控制理论[J]. 地学前缘，2015，22（3）：147-160.

[10] 马腾，谭秀成，李凌，等. 四川盆地及邻区下寒武统龙王庙组颗粒滩沉积特征与空间分布[J]. 古地理学报，2015，17（2）：213-228.

[11] 梅庆华，何登发，文竹，等. 四川盆地乐山—龙女寺古隆起地质结构及构造演化[J]. 石油学报，2014，35（1）：11-25.

[12] 宋文海. 对四川盆地加里东期古隆起的新认识[J]. 天然气工业，1987，7（3）：6-17.

[13] 宋文海. 乐山—龙女寺古隆起大中型气田成藏条件研究[J]. 天然气工业，1996，16（增刊）：13-26.

[14] 田艳红，刘树根，宋金民，等. 四川盆地中部地区下寒武统龙王庙组储层成岩作用研究[J]. 成都理工大学学报（自然科学版），2014，41（6）：671-683.

[15] 魏国齐，沈平，杨威，等. 四川盆地震旦系大气田形成条件与勘探远景区[J]. 石油勘探与开发，2013，40（2）：129-138.

[16] 魏国齐，杨威，杜金虎，等. 四川盆地震旦纪—早寒武世克拉通内裂陷地质特征及勘探意义[J]. 天然气工业，2014，35（1）：1-12.

[17] 刑凤存，侯明才，林良彪，等. 四川盆地晚震旦世—早寒武世构造运动记录及动力学成因讨论[J]. 地学前缘，2015，22（1）：116-125.

[18] 邢梦妍，胡明毅，高达，等. 高磨地区龙王庙组滩相储层特征及主控因素[J]. 桂林理工大学学报，2017，37（1）：37-46.

[19] 徐春春，沈平，杨跃明，等. 乐山—龙女寺古隆起震旦系—下寒武统龙王庙组天然气成藏条件与富集规律[J]. 天然气工业，2014，34（3）：1-7.

[20] 徐世琦，洪海涛，师晓蓉. 乐山—龙女寺古隆起与下古生界含油气性的关系探讨[J]. 天然气勘探与开发，2002，25（3）：10-15.

[21] 杨雪飞，王兴志，杨跃明，等. 川中地区下寒武统龙王庙组白云岩储层成岩作用[J]. 地质科技情报，2015，34（1）：35-41.

[22] 姚根顺，周进高，邹伟宏，等. 四川盆地下寒武统龙王庙组颗粒滩特征及分布规律[J]. 海相油气地质，2013，18（4）：1-8.

[23] 张建勇，罗文军，周进高. 四川盆地安岳特大型气田下寒武统龙王庙组优质储层形成的主控因素[J]. 天然气地球科学，2015，16（11）：2063-2074.

[24] 张满郎，谢增业，李熙喆，等. 四川盆地寒武纪岩相古地理特征[J]. 沉积学报，2010，28（1）：128-139.

[25] 周慧，张宝民，李伟，等. 川中地区龙王庙组洞穴充填物特征及油气地质意义[J]. 成都理工大学学报（自然科学版），2016，43（2）：188-198.

[26] 周进高，房超，季汉成，等. 四川盆地下寒武统龙王庙组颗粒滩发育规律[J]. 地质勘探，2014，34（8）：27-36.

[27] 邹才能，杜金虎，徐春春，等. 四川盆地震旦系—寒武系特大型气田形成分布、资源潜力及勘探发现[J]. 石油勘探与开发，2014，41（3）：278-293.

鄂西—渝东地区克拉通内裂陷分布特征
及油气勘探意义

李文正[1,2]　张建勇[1,2]　李浩涵[3]　王小芳[1,2]　邹　倩[4]　姜　华[4]
付小东[1]　王鹏万[1]　徐政语[1]　马立桥[1]

（1. 中国石油杭州地质研究院　浙江杭州　310023；2. 中国石油天然气集团公司碳酸盐岩储集层重点实验室
浙江杭州　310023；3. 中国地质调查局油气资源调查中心　北京　100083；4. 中国石油勘探开发
研究院　北京　100083）

摘　要：本文利用野外露头与钻井资料，结合震旦系—寒武系展布与岩相组合特征研究，提出鄂西—渝东地区发育"城口—巴东—五峰"克拉通裂陷：（1）裂陷呈"沙漏"状近南北向展布，东西宽60~280km，南北长约400km；（2）裂陷形成于震旦纪陡山沱组沉积时期，灯影组沉积时期裂陷继承性发育，早寒武世早期为裂陷发育的鼎盛期，衰亡于早寒武世中晚期，消亡于中寒武世；（3）受裂陷演化控制，裂陷内发育陡山沱组、筇竹寺组厚层优质烃源岩，其两侧发育灯影组、龙王庙组优质丘滩相及颗粒滩相白云岩储层，其中灯影组储层厚55~100m，龙王庙组厚22~57m。指出巫溪—奉节地区位于灯影组、龙王庙组丘滩相储集体叠合发育区，毗邻生烃中心，易形成旁生侧储、下生上储的有效成藏组合，应作为川东地区下一步勘探的靶区。

关键词：鄂西—渝东地区；克拉通内裂陷；岩相古地理；陡山沱组；灯影组；龙王庙组

Distribution Characteristics of Intracratonic Rift and Its Exploration Significance in Western Hubei and Eastern Chongqing Area

Li Wenzheng[1,2], Zhang Jianyong[1,2], Li Haohan[3], Wang Xiaofang[1,2], Zou Qian[4], Jiang Hua[4],
Fu Xiaodong[1], Wang Pengwan[1], Xu Zhengyu[1], Ma Liqiao[1]

(1. PetroChina Hangzhou Research Institute of Geology, Hangzhou, Zhejiang 310023; 2. CNPC Key Laboratory of Carbonate Reservoir, Hangzhou, Zhejiang 310023; 3. Oil & Gas Survey, China Geological Survey, Beijing 100083; 4. Research Institute of Petroleum Exploration & Development, PetroChina, Beijing 100083)

Abstract: Based on the field outcrop and drilling data, combined with the stratigraphic distribution and lithofacies associations of Sinian-Cambrian, it is proposed that "Chengkou-Badong-Wufeng" intracratonic rift develops in western Hubei-eastern Chongqing. The rift shows an "hourglass" shape, spreading from south to north with a width of 60~280km from east to west and a length of about 400km from north to south. The rift was formed in Doushantuo period of Sinian, and developed in succession in Dengying period. In the early stage of Early Cambrian, it was the peak period of rifting development, and it declined in the middle and late stage of Early Cambrian, and died out in the Middle Cambrian. Under the control of the evolution of the rift, there are thick and high quality source rocks in the Doushantuo Formation and Qiongzhusi Formation. The Dengying formation and Longwangmiao Formation have high quality mound-shoal facies and grain shoal facies dolomite reservoirs on both sides of the rift, among which the Dengying Formation has a reservoir thickness of 55~100m and the Longwangmiao Formation has a reservoir thickness of 22~57m. It is pointed out that Wuxi-Fengjie area is located in the superimposed development area of mounds and shoals reservoir of Dengying and Longwangmiao Formations, adjacent to hydrocarbon generation center, which is easy to form two effective accumulation combination, one is the side

基金项目：国家科技重大专项（2016ZX05004-002、2017ZX05008-005）及中国石油重大科技项目（2018A-0105、2019B-0405）联合资助。

第一作者简介：李文正（1988—），男，硕士，工程师，主要从事碳酸盐岩沉积储层及构造热演化方面的研究工作。
E-mail：liwz_hz@petrochina.com.cn

product and side reservoir migrates toward the sides, the other is lower product and upper reservoir migrates vertically. And it should be the target area for further exploration in East Sichuan.

Key words: Western Hubei and Eastern Chongqing area; Intracratonic rift; lithofacies paleogeography; Doushantuo formation; Dengying formation; Longwangmiao formation

近年来，应用最新的钻井及地震资料成果，发现在四川盆地中西部地区发育一个北西—南东向展布的"凹槽"，学者称之为"德阳—安岳"裂陷槽、"绵阳—长宁"拉张槽或侵蚀槽[1-5]。虽然其成因、构造属性、沉积演化仍存在争议，但"凹槽"控源、控储、控藏的作用毋庸置疑，川中高石梯—磨溪地区震旦系—寒武系勘探获得重大突破即为最直接的证据。因此，寻找台内负向构造单元意义重大[6]，无论是四川盆地，还是塔里木或者鄂尔多斯盆地都在积极的搜寻古裂陷、海槽、台洼等负向构造单元以谋取油气勘探突破[7-10]。

前人对中国南方扬子台地震旦系—寒武系岩石地层、生物地层、层序地层、岩相古地理做了大量研究[11-16]，取得了丰硕成果。但针对鄂西—渝东地区克拉通内裂陷的研究却鲜有报道，仅有少数学者认为在中上扬子之间鄂西—渝东地区震旦纪发育斜坡—台沟（盆）深水相沉积[17-19]，并进行了简要的岩相描述，未对这一负向构造单元的特征与分布进行深入研究。基于此，笔者利用30余条野外露头、最新钻井资料，结合"德阳—安岳"台内裂陷最新研究成果，对鄂西—渝东地区岩相组合、沉积演化进行了系统的研究和思考，提出城口—巴东—五峰地区发育陡山沱组沉积时期—龙王庙组沉积时期继承性克拉通内裂陷。因此本文将对"城口—巴东—五峰"裂陷的地质特征、形成演化、油气地质意义进行研究，从而为四川盆地川东地区今后的油气勘探评价进行指导。

1　区域地质背景

研究区包括陕南、湖北中南部、湖南中北部、川渝及黔东地区，北以安康—襄阳为界，南邻秀山—安化一线，西接广安—重庆地区，东至随州—岳阳一带，处于中上扬子中部地区（图1）。澄江运动扬子台地基底形成以后，震旦纪开始扬子区进入了相对稳定的地台发展阶段，沉积建造以碳酸盐岩为主，经历了晚震旦世—早寒武世早期由拉张向热沉降的转化，以及早寒武世晚期到早奥陶世成熟被动大陆边缘的演化过程[20]。本区

震旦系—寒武系地层发育齐全，因不同地层分区命名不同[16]，为便于研究对比，本文在前人研究的基础上[21-23]，将震旦系地层自下而上命名为陡山沱组、灯影组；下寒武统命名为麦地坪组、筇竹寺组、沧浪铺组、龙王庙组。

2　"城口—巴东—五峰"裂陷提出的依据

2.1　地层厚度依据

利用钻井、露头资料，结合少量地震资料研究表明，陡山沱组在四川盆地内部残余厚度较小，一般20~60m，岩性为砂岩、含砾砂岩、页岩夹白云岩。而在鄂西—渝东地区陡山沱组残余地层较大，尤其是城口—巴东—五峰地区，厚度可达120~400m，岩性为黑色泥页岩、灰、灰黑色泥质白云岩，常夹硅磷质结合和团块[19]。另外，在湖南安化以南地区，陡山沱组地层厚度很小，为20~30m，岩性为碳硅质页岩夹硅质岩。

裂陷内灯影组地层厚度较薄，如图2所示，灯影组在鄂参1—秭地1井区厚度较薄，其中鄂参1井厚98m，以薄层泥晶云岩、石灰岩为主，属于深水陆棚相沉积。裂陷两侧灯影组地层厚度明显增大，如裂陷西侧利1井地层厚度为890m，裂陷东侧宜地4井厚596m，其岩性主要为凝块云岩、藻云岩与颗粒云岩。与灯影组地层厚度分布截然不同，下寒武统沧浪铺组+筇竹寺组+麦地坪组地层厚度在"城口—巴东—五峰"裂陷内大，两侧小。如女基—利1井区下寒武统沧浪铺组+筇竹寺组+麦地坪组厚度为300~366m，至鄂参1井地层厚度急增至1409m；再向东至宜昌地区的宜地4井减薄至407m。这种与灯影组地层厚度呈明显互补关系的现象可与德阳—安岳裂陷充填演化进行很好的对比[1,2]。

2.2　岩相古地理证据

陡山沱组沉积时期是南沱冰期结束后的第一次海侵，研究区内主要发育盆地相、深水陆棚相、浅水陆棚相与滨岸—潮坪相沉积（图3a）。盆地相

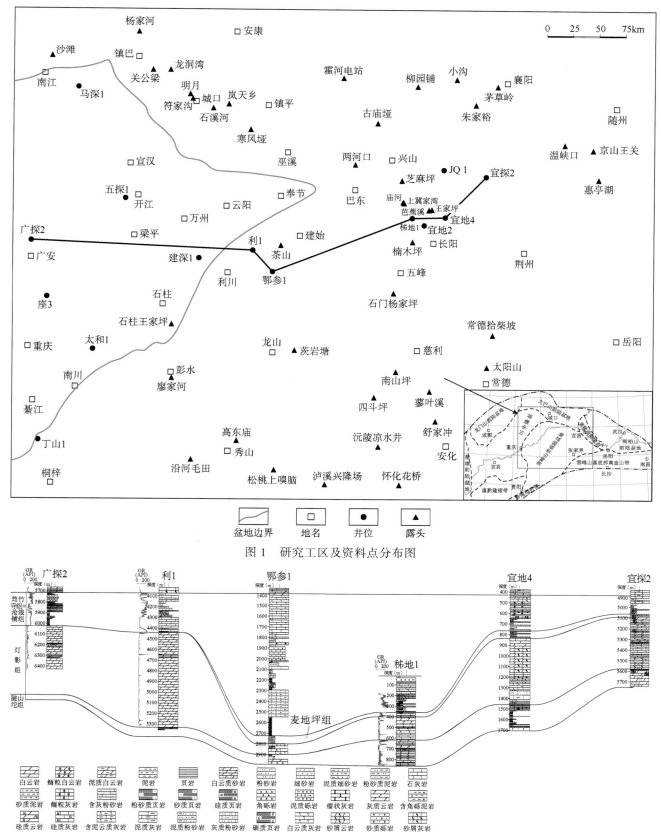

图 1　研究工区及资料点分布图

图 2　广探 2 井—利 1 井—鄂参 1 井—秭地 1 井—宜地 4 井—宜探 2 井震旦系—寒武系地层对比图（剖面位置参见图 1）

主要分布在秀山及安化以南地区，岩性为碳硅质页岩及硅质岩，厚度薄，如秀山高东庙剖面陡山沱组仅厚 16.8m。深水陆棚相主要分布在城口—巴东—五峰地区，厚 200～480m，岩性以黑色泥页

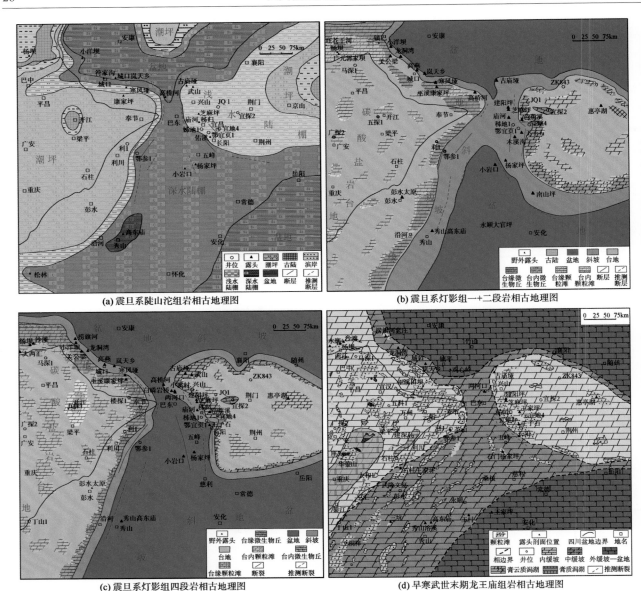

(a) 震旦系陡山沱组岩相古地理图

(b) 震旦系灯影组一+二段岩相古地理图

(c) 震旦系灯影组四段岩相古地理图

(d) 早寒武世末期龙王庙组岩相古地理图

图 3　鄂西—渝东地区震旦系—寒武系岩相古地理图

岩为主，夹有少量深灰色薄层泥晶白云岩及硅质云岩（图 4a）。浅水陆棚相主要分布在宜昌—荆门地区，在裂陷西侧呈窄条状南北向展布，岩性上以灰黑色碳质页岩、灰色泥岩夹粉砂质泥岩、含磷粉砂岩为主，夹有薄层含碳泥质白云岩以及钙质泥岩（图 4b），厚度一般在 200～260m 之间。围绕汉南、孝昌、开江古陆广泛发育滨岸—潮坪相沉积，岩性以紫红色砂岩和石英砂砾岩、灰绿色和紫红色泥岩、泥质粉砂岩，发育交错层理与板状斜层理（图 4c）。

灯影组沉积时期沉积格局从陡山沱组沉积时期陆棚为主的沉积体系转变为碳酸盐岩台地沉积体系，为扬子地台第一次碳酸盐岩的发育期。研究区内灯一—二段、灯三—四段皆表现为被"城口—巴东—五峰"台内裂陷分割的碳酸盐岩台地，台地具有镶边台地沉积特征（图 3b、c）。裂陷区内发育斜坡—盆地相沉积，岩性主要为深灰色石灰岩、角砾状石灰岩及薄层致密泥晶白云岩（图 4d、e）。裂陷两侧为台地相沉积，裂陷边缘古地貌较高，水体能量强，发育高能台缘丘滩相，如川东渔渡关公梁剖面、巫溪寒风垭剖面（图 4f）、利 1 井及鄂西三峡芭蕉溪剖面（图 4g）、神农架古庙垭剖面、宜地 4 井（图 4h）等，岩性以藻纹层云岩、砂屑云岩为主。

早寒武世麦地坪组沉积时期是在晚震旦世灯影组沉积时期海退后又一次的大海侵背景下发育的，分布较局限，厚 10～150m。麦地坪组主要分布在城口—巴东—五峰地区，岩性以含磷黑色页

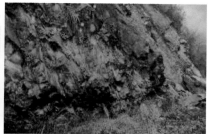

（a）深水陆棚相：城口符家沟剖面，
陡山沱组黑色页岩　　（b）浅水陆棚相：秭归上冀家湾剖面，陡山沱组，
黑色泥页岩与薄层云质砂岩　　（c）滨岸潮坪相：南江杨坝剖面，陡山沱组，
中层状砂岩，交错层理发育

（d）斜坡—盆地相：庙河剖面，
灯影组角砾状灰岩　　（e）斜坡—盆地相：龙洞湾剖面，
灯影组角砾灰岩，见冲刷面　　（f）台缘相：宜地4井，灯影组井深941m，
砂屑云岩，溶孔溶洞发育

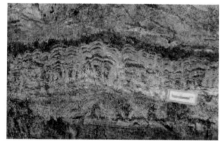

（g）台缘相：寒风垭剖面，灯影组，藻云岩　　（h）台缘相：芭蕉溪灯影组，藻云岩　　（i）中缓坡：两河口剖面，龙王庙组，泥晶灰岩

（j）内缓坡：宜昌王家坪剖面，龙王庙组，粉—细晶云岩，溶蚀孔洞准层状分布

图4　野外及镜下典型相特征照片

岩、硅质岩为主，为深水陆棚相沉积[17]。筇竹寺组沉积时期沉积格局未发生变化，城口—巴东—五峰仍为深水陆棚沉积，以碳质页岩夹硅质岩和灰绿色页岩夹泥灰岩为主。围绕鄂中古陆依次发育浅水陆棚、潮坪相沉积[14]。沧浪铺组沉积时期为陆源碎屑陆棚及碳酸盐岩混合沉积向碳酸盐岩台地沉积过渡的阶段，城口—巴东—五峰地区逐渐从早期深水陆棚相沉积逐渐变换为浅水陆棚沉积，其两侧逐渐发育碳酸盐岩潮坪相沉积[14]。龙王庙组沉积时期主要发育中缓坡相及浅缓坡相沉积，中缓坡主要发育在中上扬子之间"城口—巴

东—五峰"一带的相对低洼区，岩性主要为石灰岩（图4i），如石柱王家坪剖面龙王庙组地层厚度约120m，仅在顶部发育两层白云岩段，累计厚度3m；石门杨家坪剖面龙王庙组地层厚约260m，下部为浅灰色薄层状泥晶灰岩，上部为泥晶灰岩夹泥质泥晶白云岩，偶夹颗粒白云岩。内缓坡相主要发育在四川盆地内及宜昌地区，位于中缓坡洼地的两侧，白云化程度相对中缓坡高，岩性以砂屑白云岩为主，溶蚀孔洞发育（图3d、图4j）。相对于中缓坡，石灰岩仅发育在龙王庙组的下段，如宜地2井，龙王庙组地层厚约200m，其中白云

岩段发育在中上部，累计厚度约 120m。

3 城口—巴东—五峰裂陷分布特征及演化

　　鄂西—渝东地区地震资料稀少，仅宜昌周缘有少量测线，用于页岩气勘探，且资料品质不佳。因而本文基于"德阳—安岳"台内裂陷地质响应特征，依据野外露头、钻井资料及震旦系—寒武系岩相组合与地层展布特征对"城口—巴东—五峰"裂陷的展布进行刻画。结果表明，裂陷呈"沙漏"状（中间窄、两头宽）近南北向展布，东西宽 60～280km，南北长约 400km，北与秦岭海盆相接，向与湘中南大陆边缘盆地相连，分割中上扬子台地。

　　"城口—巴东—五峰"裂陷形成于震旦纪陡山沱组沉积时期，在区域伸展构造背景下，形成鄂西—渝东地区克拉通内裂陷，分布范围大。伴随海侵，裂陷内部水体较深，发育盆地—陆棚相，主要沉积碳硅质页岩及厚层黑色、灰黑色碳质页岩、泥岩夹薄层碳酸盐岩。而此时上扬子台地与京山地区地貌较高，整体处于滨岸—潮坪相沉积，地层厚度小。灯影组沉积时期裂陷继承性发育，断层活动性增强，使得裂陷变窄变深。尤其是受慧亭运动影响，鄂中台地整体抬升，海水变浅，碳酸盐岩广泛发育，宜昌—荆门地区从陡山沱组沉积时期的浅水陆棚相转变为灯影组沉积时期台地相沉积。裂陷位于断层的下降盘，水体深，能量低，沉积斜坡相深灰色石灰岩、云质灰岩、角砾状石灰岩，厚 50～260m。而裂陷两侧发育高能丘滩相台缘沉积，厚 500～1000m。早寒武世麦地坪组沉积时期—筇竹寺组沉积时期为"城口—巴东—五峰"裂陷发育鼎盛期，断层活动持续增强，随着海平面不断上升和区域性海侵，裂陷内不仅发育斜坡—盆地相麦地坪组，还发育近千米厚的陆棚相筇竹寺组沉积（图 2）。受区域构造影响，裂陷两侧台地为断层上升盘，筇竹寺组地层明显变薄甚至缺失。从区域上看，早寒武世中晚期是中上扬子克拉通构造转换的重要时期，有早期的拉张构造开始向挤压构造转换，受其影响开始进入克拉通坳陷演化阶段。沧浪铺组沉积时期为陆源碎屑陆棚与碳酸盐岩混合沉积阶段，裂陷开始转向衰亡期，发生填齐补平作用，隆凹格局特征逐渐减弱，趋于统一（图 5d）。龙王庙组沉积时期

已完全转化为碳酸盐岩沉积体系（图 5e），受前期沉积格局的影响，裂陷的残余洼地转变为中缓坡低洼区（图 3d），沉积岩性以石灰岩为主，较两侧以发育白云岩为主的浅缓坡相地层厚度大。中寒武世岩相古地理研究表明，中上扬子为统一的碳酸盐岩台地沉积，再无构造分异现象[6]，裂陷被完全填平补齐，彻底消亡[24]。

　　前人研究表明，"德阳—安岳"裂陷演化分为

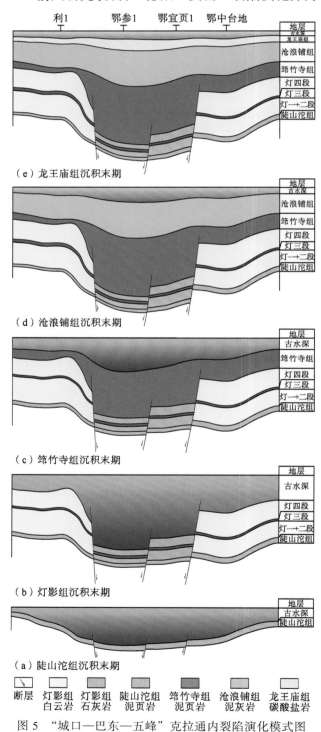

图 5　"城口—巴东—五峰"克拉通内裂陷演化模式图

3 个阶段：晚震旦世灯影组裂陷形成、早寒武世早期裂陷发展（麦地坪组沉积时期—筇竹寺组沉积时期）、早寒武世中晚期裂陷消亡（沧浪铺组沉积时期）[1]。相对而言，"城口—巴东—五峰"裂陷则是形成于陡山沱组沉积时期，灯影组沉积时期裂陷继承性发展，早寒武世早期（麦地坪组沉积时期—筇竹寺组沉积时期）为裂陷鼎盛期，早寒武世中晚期（沧浪铺组）衰亡期，早寒武世晚期（龙王庙期）为残余期，中寒武世则完全消亡。可见，"城口—巴东—五峰"裂陷比"德阳—安岳"裂陷发育更早，消亡更晚，时间跨度更长。

4 裂陷发现的意义

4.1 裂陷控制优质烃源岩分布

"城口—巴东—五峰"裂陷内发育震旦系陡山沱组及寒武系筇竹寺组两套优质烃源岩。其中陡山沱组烃源岩厚 50～250m，存在城口与五峰两个厚度中心。陡山沱组烃源岩有机质丰度高，总体分布在 0.21%～10.40%之间，平均为 1.93%（表 1）；有机母质来源于低等水生生物，为 I—II₁型干酪根；烃源岩现今热演化程度高，处于过成熟阶段，具有良好的生气潜力[25]。同时陡山沱组暗色泥页岩既是优质烃源岩，也是良好的页岩气储层段，目前已在宜昌地区获得了良好的钻井含气性显示，表现出极大的勘探潜力[26]。前人对区内筇竹寺组烃源岩做了大量研究[27-29]，岩性主要以黑色碳质页岩、碳硅质页岩、泥岩、粉砂质页岩为主，厚度大（50～600m），分布广，有效烃源岩厚度为 100～300m，生烃潜力大，付小东等[30]对四川盆地内 911 块烃源岩测试结果表明，TOC 大于 2%的优质烃源岩占 36%。

表 1　鄂西—渝东地区陡山沱组烃源岩 TOC 实测值

剖面名称	总有机碳含量（%）	剖面名称	总有机碳含量（%）
龙洞湾	2.50（1）	花鸡坡	1.01～6.86/2.11（14）
陈家湾	1.24～10.40/4.73（6）	上冀家湾	0.86～3.63/2.07（4）
符家沟	0.21～6.14/1.67（51）	杨家坪	0.14～1.58/0.89（5）
五宋村	0.30～5.56/2.23（3）	高东庙	2.30（1）
铜锁沟	3.91（1）	芝麻坪	1.15～2.92/2.02（15）

注：表中算式含义为最小值～最大值/平均值（样品数）。

4.2 裂陷控制优质储层分布

与"德阳—安岳"裂陷相似，"城口—巴东—五峰"裂陷也控制着其两侧灯影组丘滩相储层。因裂陷的存在，导致沉积相带分异明显，裂陷两侧为浅水高能相带，发育台缘丘滩复合体。储层岩性主要为藻凝块云岩、砂屑云岩、粉—细晶云岩（图 6a 至 c），储集空间类型为格架孔、粒内溶孔、粒间溶孔，野外及镜下见白云石及沥青充填（图 6d、e），厚度 55～100m。对鄂西—渝东地区灯影组柱塞样品物性测试表明灯影组储层具有低孔低渗的特征（图 7）。其中，孔隙度分布在 0.37%～25.65%之间，其中孔隙度小于 2%的占 44%，孔隙度 2%～4%的占 25%，孔隙度 4%～6%的占 16%；渗透率介于 0.0041～50.0964mD，集中分布在 0.01～1.0mD 之间，占 81%。另外，在露头与岩心常见溶蚀孔洞发育，表明灯影组储层还遭受后期岩溶的改造作用。

龙王庙组沉积时，城口—巴东—五峰为中缓坡低能洼地，岩性以石灰岩为主，其两侧则为能量较高的内缓坡相区，主体为白云岩。露头、岩心及镜下观察表明岩龙王庙组储层性以颗粒白云岩、晶粒白云岩为主，储集空间类型主要为粒间孔、粒内孔及晶间孔（图 6f 至 h），并见沥青充填（图 6i），储层厚 22～57m。对内缓坡相龙王庙组典型取心井与野外露头 57 个样品常规物性分析结果表明龙王庙组具有较好的物性，其中孔隙度介于 0.38%～11.7%，主要集中在 2%～6%之间，占样品总量的 86.2%，平均值为 5.24%；渗透率分布范围为 0.003～4.5mD，平均值为 0.3892mD（表 2）。

4.3 有利勘探方向

古地貌高点有利于海相碳酸盐岩建隆及高能

（a）关公梁剖面，灯影组粉细晶白云岩，溶蚀孔洞发育，孔洞内充填沥青

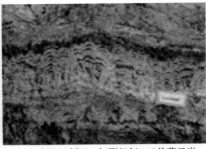
（b）寒风垭剖面，灯影组似Wifi状藻云岩

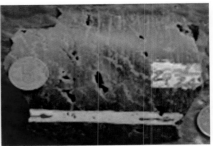
（c）利1井，灯影组粉晶白云岩，孔洞发育

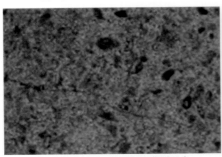
（d）芭蕉溪剖面，灯影组，藻屑云岩，藻屑间溶孔及藻屑粒内溶孔发育，面孔率10%，蓝色铸体（−）

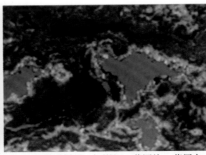
（e）芭蕉溪剖面，灯影组，藻团块—藻屑白云岩，藻屑架扩溶孔及藻屑溶孔发育，亮晶白云石部分胶结，蓝色铸体（−）

（f）王家坪剖面，龙王庙组，具颗粒幻影粉晶白云岩，晶间孔发育，蓝色铸体（−）

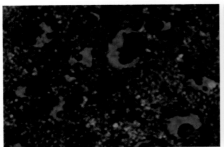
（g）利1井，龙王庙组，粉晶白云岩，3893.01m，粒间孔发育，蓝色铸体（−）

（h）芝麻坪剖面，龙王庙组，晶粒白云岩，晶间孔发育，蓝色铸体（−）

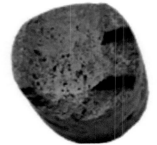
（i）宜地2井，龙王庙组，1139.2m，灰色砂屑云岩，溶蚀孔洞发育，见沥青充填

图 6　鄂西—渝东地区灯影组、龙王庙储层特征

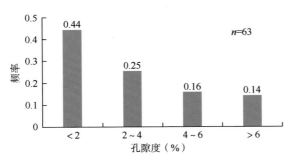

图 7　鄂西—渝东地区灯影组物性直方图

相带的发育，有利于构造、岩性等各种圈闭的发育，是油气运聚的主要指向区。"城口—巴东—五峰"裂陷内发育陡山沱组与筇竹寺组两套优质烃源岩，两侧为灯影组、龙王庙组沉积古地貌高地，利于优质丘滩相储层的发育，易形成旁生侧储、下生上储的有利成藏组合，应作为川东地区重要战略接替领域加强勘探，一旦突破将实现规模上产，勘探意义重大。

巫溪—奉节地区为灯影组丘滩相储层与龙王庙组滩相储层发育的叠合区，有利面积 2000km²。此区毗邻陡山沱组、筇竹寺组生烃中心，且龙王庙组地层顶界埋深 3500~7000m，灯影组地层顶界埋深 4000~7500m，埋深相对较浅，应作为川东地区下一步勘探的靶区。

表2 鄂西—渝东地区龙王庙组典型钻井与野外剖面样品物性数统计表

钻井/剖面	孔隙度（%）				渗透率（mD）			
	样品数（个）	最小值	最大值	平均值	样品数（个）	最小值	最大值	平均值
利1井	7	0.38	11.7	5.81	7	0.003	4.5	1.2113
峡东王家坪	3	5.82	8.40	7.52	3	0.0344	0.5483	0.2076
兴山建阳坪	1	—	—	4.84	1	—	—	0.0267
秭归芝麻坪	2	5.14	6.00	5.57	2	0.1074	0.1152	0.1113
秭归芝麻坪*	28	0.72	10.38	3.34				
恩施茶山*	16	2.18	10.03	4.36				

*据西南油气田研究院内部报告。

5 结　论

（1）鄂西—渝东地区发育"城口—巴东—五峰"克拉通裂陷，裂陷呈"沙漏"状（中间窄、两头宽）近南北向展布，东西宽60～280km，南北长约400km。"城口—巴东—五峰"裂陷形成于震旦纪陡山沱组沉积时期，灯影组沉积时期裂陷继承性发育，早寒武世早期为裂陷发育的鼎盛期，早寒武世中晚期裂陷开始衰亡，并最终消亡于中寒武世。

（2）裂陷内优质陡山沱组、筇竹寺组发育烃源岩，裂陷两侧灯影组、龙王庙组发育优质丘滩相及颗粒滩相白云岩储层，其中灯影组储层厚55～100m，龙王庙组厚22～57m。

（3）指出奉节地区为龙王庙组滩相储层与灯影组丘滩相储层叠合区，毗邻生烃中心，有利面积2000km²，为下一步勘探的靶区。

参考文献

[1] 杜金虎，邹才能，徐春春，等. 川中古隆起龙王庙组特大型气田战略发现与理论技术创新[J]. 石油勘探与开发，2014，41（3）：268-277.
[2] 邹才能，杜金虎，徐春春，等. 四川盆地震旦系—寒武系特大型气田形成分布、资源潜力及勘探发现[J]. 石油勘探与开发，2014，41（3）：278-293.
[3] 刘树根，孙玮，罗立志，等. 兴凯地裂运动与四川盆地下组合油气勘探[J]. 成都理工大学学报（自然科学版），2013，40（5）：511-520.
[4] 李忠权，刘记，李应，等. 四川盆地震旦系—威远—安岳拉张侵蚀槽特征及形成演化[J]. 石油勘探与开发，2015，42（1）：26-33.
[5] 李双建，高平，黄博宇，等. 四川盆地绵阳—长宁凹槽构造演化的沉积约束[J]. 石油与天然气地质，2018，39（5）：889-898.
[6] 汪泽成，赵文智，胡素云，等. 克拉通盆地构造分异对大油田形成的控制作用——以四川盆地震旦系—三叠系为例[J].天然气工业，2017，37（1）：9-23.
[7] 赵文智，魏国齐，杨威，等. 四川盆地万源—达州克拉通内裂陷的发现及勘探意义[J]. 石油勘探与开发，2017，44（5）：659-669.
[8] 魏国齐，杨威，张健，等. 四川盆地中部前震旦系裂谷及对上覆地层成藏的控制[J]. 石油勘探与开发，2018，45（2）：179-189.
[9] 管树巍，吴林，任荣，等. 中国主要克拉通前寒武纪裂谷分布与油气勘探前景[J]. 石油学报，2017，38（1）：9-22.
[10] 王坤，王铜山，汪泽成，等. 华北克拉通南缘长城系裂谷特征

与油气地质条件[J]. 石油学报，2018，39（5）：504-517.
[11] 刘宝珺，许效松. 中国南方岩相古地理图集（震旦纪—三叠纪）[M]. 北京：科学出版社，1994：1-55.
[12] 冯增昭，彭勇民，金振奎，等. 中国南方寒武纪岩相古地理[J]. 古地理学报，2001，3（1）：1-21.
[13] 陈洪德，田景春，刘文均，等. 中国南方海相震旦系—中三叠统层序划分与对比[J]. 成都理工学院学报，2002，29（4）：355-379.
[14] 李忠雄，陆永潮，王剑，等. 中扬子地区晚震旦世—早寒武世沉积特征及岩相古地理[J]. 古地理学报，2004，6（2）：151-162.
[15] 马力，陈焕疆，甘克文，等. 中国南方大地构造和海相油气地质[M]. 北京：地质出版社，2004：567-769.
[16] 倪新锋. 叠合盆地构造—层序岩相古地理演化及成藏效应——以中上扬子震旦系—中三叠统为例[D]. 成都：成都理工大学，2007.
[17] 马永生，陈洪德，王国力，等. 中国南方层序地层与古地理[M]. 北京：科学出版社，2009.
[18] 刘静江，李伟，张宝民，等. 上扬子地区震旦纪沉积古地理[J]. 古地理学报，2015，17（6）：735-753.
[19] 汪泽成，刘静江，姜华，等. 中—上扬子地区震旦纪陡山沱组沉积期岩相古地理及勘探意义[J]. 石油勘探与开发，2019，46（1）：39-51.
[20] 黄福喜. 中上扬子克拉通盆地沉积层序充填过程与演化模式[D]. 成都：成都理工大学，2011.
[21] 李磊，谢劲松，邓鸿斌，等. 四川盆地寒武系划分对比及特征[J]. 华南地质与矿产，2012，28（3）：197-202.
[22] 邓胜徽，樊茹，李鑫，等. 四川盆地及周缘地区震旦（埃迪卡拉）系划分与对比[J]. 地层学杂志，2015，39（3）：239-254.
[23] 张建勇，李文正，白东波，等. 四川盆地及邻区震旦系—寒武系构造—岩相古地理研究及原型盆地恢复[R]. 成都：中国石油天然气股份有限公司勘探开发研究院，2019：15-60.
[24] 文沾. 中上扬子地区中、晚寒武世岩相古地理研究[D]. 武汉：长江大学，2013：54-74.
[25] 张道亮，杨帅杰，王伟峰，等. 川东北—鄂西地区下震旦统陡山沱组烃源岩特征及形成环境[J]. 石油实验地质，2019，41（6）：821-830.
[26] 李浩涵，宋腾，陈科，等. 鄂西地区（秭地2井）震旦纪地层发现页岩气[J]. 中国地质，2017，44（4）：812-813.
[27] 陈孝红，汪啸风，毛晓冬. 湘西地区晚震旦世—早寒武世黑色岩系地层层序沉积环境与成因[J]. 地球学报，1999，20（1）：87-95.
[28] 李海，刘安，危凯，等. 鄂西地区寒武系黑色页岩地质特征及页岩气远景预测[J]. 华南地质与矿产，2016，32（4）：117-125.
[29] 汪建国，陈代钊，王清晨，等. 中扬子地区晚震旦世—早寒武世转折期台—盆演化及烃源岩形成机理[J]. 地质学报，2007，81（8）：1102-1109.
[30] 付小东，陈娅娜，程玉红，等. 四川盆地下古生界—震旦系烃源岩生烃潜力精细研究[R]. 成都：中国石油天然气股份有限公司勘探开发研究院，2018：105-109.

四川盆地坡西地区长兴组—飞仙关组礁滩体发育特征与储集性

王 坤 　 王明磊 　 梁 坤 　 林世国

（中国石油勘探开发研究院 北京 100083）

摘 要： 晚二叠世长兴组生物礁与早三叠世飞仙关组鲕粒滩是四川盆地天然气勘探的重要层系，已发现普光、龙岗等多个大型气田。以开江—梁平海槽东侧坡西地区为研究区，利用钻井、地震资料对生物礁和鲕粒滩的发育特征及储集物性进行了研究。结果显示生物礁具有特征的岩电特征和地震反射特征，易于识别和刻画，井震资料揭示研究区发育三期生物礁，经历由退积到加积的生长过程，呈三排展布。鲕粒滩以残余鲕粒白云岩为主要岩石类型，地震剖面上呈断续反射，研究区共发育两期叠置型鲕粒滩，呈加积生长。通过礁滩体储层特征的分析对储层发育主控因素进行了讨论。坡西地区礁滩总体发育低孔—低渗型储层，礁盖微相和鲕粒滩微相的储集性最好。缓坡地貌背景下的水动力条件、溶蚀改造条件和充分的白云石化作用是坡西地区礁滩储层发育主要控制因素，其中飞仙关组鲕粒滩储层具备大面积展布的地质条件，具有较好的勘探前景。

关键词： 坡西地区；生物礁；鲕粒滩；迁移演化规律；储层特征；主控因素

Developing Characteristics and Reservoir Properties of the Reef and Oolitic Shoal of the Changxing and Feixianguan Formation, Poxi Area, Sichuan Basin

Wang Kun, Wang Minglei, Liang Kun, Lin Shiguo

(PetroChina Research Institute of Petroleum Exploration & Development, Beijing 100083)

Abstract: The reef in Changxing Formation of Late Permian and oolitic shoal inFeixianguan Formation of Early Triassic are important strata for natural gas exploration in Sichuan Basin. Many large gas fields such as Puguang and Longgang have been found around Kaijiang – Liangping ocean trough. Taking Poxi area as the study area, the development characteristics and reservoir properties of the reef and oolitic shoal are researched by utilizing drilling and seismic data. The results show that the reef has characteristics rock type, logging response and seismic reflection, which are relative easy to identify and describe. The well and seismic data reveal that three stages of reef were developed in the study area, which are distributed in three rows and experienced the growth process from retrogradation to aggradation. The ooliticshoal is mainly composed of residual oolitic dolomite and presents intermittent reflection on the seismic section. Two stages of ooliticshoal were developed in the study area, showingaggradation growth process. The main controlling factors of reservoir properties are discussed according to the analysis of reservoir characteristics. The reef and ooliticshoal inPoxi area generally developed low porosity and low permeability reservoir andthe reef cap and oolitic shoal microfacies have the best reservoir properties. The hydrodynamic and dissolution conditions under gentle slope geomorphy, and sufficient dolomitization are the main control factors for the development of reef and oolitic shoal reservoir in Poxi area. Among them, the oolitic shoal reservoir of FeixianguanFormation could be widespreadly distributed and be a favorable exploration target.

Key words: Poxi area; reef; oolitic shoal; migration and evolution rules; reservoir characteristics; main controlling factors

基金项目：国家重大科技专项"下古生界—前寒武系碳酸盐岩油气成藏规律、关键技术及目标评价"（2016ZX05004）。

第一作者简介：王坤（1985—），男，博士，2016年毕业于中国石油勘探开发研究院矿产普查与勘探专业，高级工程师，主要从事石油天然气地质综合研究工作。

E-mail：wangk2016@petrochina.com.cn

晚二叠世至早三叠世，受基底断裂活动的影响，四川盆地整体形成"三隆三凹"的古地理格局[1-4]。从盆地北缘向盆地内部分别形成了鄂西—城口海槽、开江—梁平海槽以及蓬溪—武胜台洼。这一时期海槽两侧普遍发育碳酸盐岩台地环境，晚二叠世（长兴组沉积期）在台地边缘发育生物礁，早三叠世（飞仙关组沉积期）则广泛发育台内及台缘鲕粒滩，受暴露溶蚀和白云岩化等作用的影响而形成两套优质储层[5-8]。开江—梁平海槽周缘天然气资源丰富、勘探程度最高，自1996年渡口河气田发现以来，围绕海槽两侧长兴组—飞仙关组礁滩已发现普光、龙岗、元坝、罗家寨等一批大中型气藏，累计探明储量超过 $9000 \times 10^8 m^3$，展现出该领域巨大的勘探潜力[9, 10]。

开江—梁平海槽不同地区的台缘坡度存在显著差异[11, 12]。近年来，台缘区礁滩储层的勘探和研究工作主要集中在陡坡台缘区[10, 13]，对于缓坡台缘区生物礁和鲕粒滩的发育期次、迁移规律以及礁滩叠置样式的研究尚不深入，制约了该类型台缘区的深入勘探。本文以开江—梁平海槽东侧坡西地区为例，通过钻井、地震的综合分析，对缓坡台缘区的礁滩体发育特征与迁移演化规律展开研究，并讨论礁滩体储层发育控制因素，以期对缓坡型台地边缘的天然气勘探有所裨益。

1 区域地质概况

开江—梁平海槽的形成受"峨眉地裂运动"的影响[14]，在二叠系茅口组沉积晚期就已形成雏形，长兴组沉积期海槽规模达到最大，至三叠系飞仙关组沉积期在较强填平补齐作用的影响下逐渐消亡[15, 16]。海槽的形成、发展和消亡过程影响了长兴组—飞仙关组的沉积及演化，进而控制了海槽周缘礁滩气藏的平面展布。受早期断裂形态和张性应力分布的影响，开江—梁平海槽台缘坡度在平面上存在差异[12]。一直以来海槽周缘的天然气勘探主要集中在陡坡带，如普光、龙岗地区长兴组沉积期台地边缘坡度超过35°，而对于台缘坡度小于 20°的缓坡带勘探尚未获规模储量发现。

坡西地区位于川北地区铁山坡高陡构造西侧（图 1），该地区台缘坡度约 18°，为典型的缓坡台缘。根据已钻井揭示情况，川北地区生物礁主要发育在长兴组沉积中晚期，长兴组沉积早期主要发育生物泥晶灰岩[17]。区域上飞仙关组可划分为四段[2]，海槽东侧飞一段—飞三段为一套向上变浅的碳酸盐岩沉积旋回，可划分为两个三级层序[18]，由于缺乏相应的古生物标志和特征岩性组合，细分难度较大。

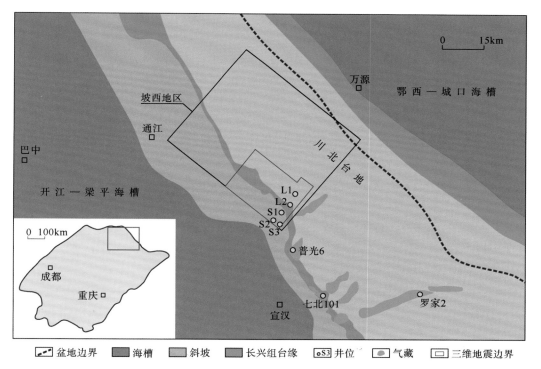

图 1　四川盆地川北地区长兴组沉积相与气藏分布图

2 生物礁发育特征

2.1 岩性发育特征

坡西地区目前有 S2、S3 井钻遇长兴组生物礁（图 1、图 2），但均未钻穿长兴组。以 S3 井为例（图 2），该井钻揭两期生物礁，两期礁具有相似的岩性序列和沉积微相特征。礁核岩性以生物灰岩、生屑灰岩为主，岩性相对致密，具有稳定的低 GR、高电阻率、高密度和低声波时差特征，显示储层不发育；上部礁盖岩性以块状生屑云岩、礁云岩为主，成像测井显示溶孔、溶洞、裂缝发育，整体灰质含量低，礁盖部位 GR 值略有增加，电阻率明显降低，密度降低的同时声波时差增大并呈现明显波动，指示礁盖部位储层物性好（表 1）。下部生物礁规模及礁盖厚度明显大于上部生物礁。

2.2 地震响应特征

利用地震资料可以较好的对生物礁形貌进行刻画[19, 20]（图 3）。在地震剖面上，长兴组生物礁具有丘状外形，近海槽一侧（迎风面）坡度陡，远海槽一侧（背风面）坡度变缓，礁间地震同相轴被生物礁错断。生物礁内部同相轴呈弱连续—杂乱反射，明显区别于礁间地震反射特征。晚期礁核致密灰岩与下部早期礁盖结晶白云岩界面对应于礁内部断续波峰反射，据此可利用地震资料对生物礁发育期次进行识别。

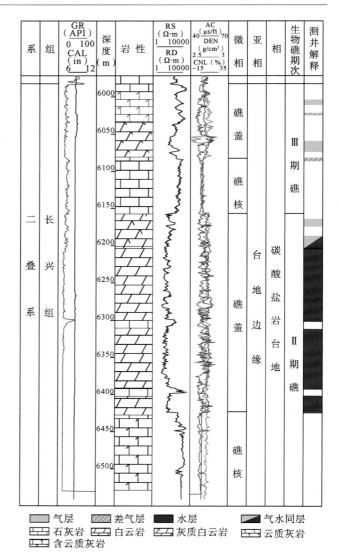

图 2　四川盆地坡西地区 S3 井长兴组单井相图

表 1　四川盆地坡西地区坡西地区长兴组—飞仙关组礁滩体发育特征

地层	沉积相	沉积微相	发育特征			识别特征	分布特征	迁移规律
			岩性组合	电测响应	储集性			
长兴组	碳酸盐岩台地	礁盖	块状生屑云岩、礁云岩为主	GR 略高、低电阻率、低密度和高声波时差	溶孔、溶洞、裂缝发育	丘状连续反射，内部弱连续—杂乱反射	发育三排礁体，礁类型向台地方向分别为点礁、塔礁和堤礁	初期退积迁移，晚期加积生长
		礁核	生物灰岩、生屑灰岩为主	低 GR、高电阻率、高密度和低声波时差	致密，储层不发育			
飞仙关组	碳酸盐岩台地	灰云坪	泥晶灰岩、泥晶云质灰岩	低 GR、高电阻率、高密度和低声波时差	致密，储层不发育	中弱波峰，断续"亮点"反射	呈带状沿台地边缘大面积叠加展布	横向迁移不明显，加积作用为主
		鲕粒滩	细中晶白云岩、鲕粒云岩	低 GR、密度和声波时差呈锯齿状	晶间孔、晶间溶孔发育			
		膏云坪	含膏泥晶白云岩	低 GR、高电阻率、高密度和低声波时差	致密，储层不发育			

2.3 生物礁平面分布特征

三维地震资料精细解释显示坡西地区发育三排生物礁，平面上具有不同的规模和形貌，向西北方向逐渐收敛（图 4）。第一排生物礁规模最小，礁体类型为点礁，单体厚度小于 80m，多个礁体可共用一个礁基而形成点礁群。三维地震区内共发育 4 个点礁（群），累计面积 13.0km²。第二排生

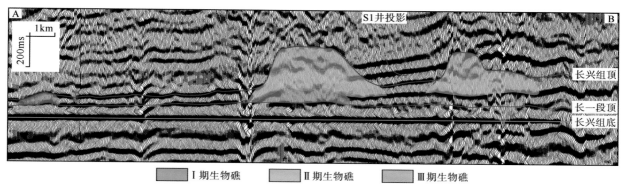

图3　四川盆地坡西地区三维地震层拉平剖面图（剖面位置见图4中AB）

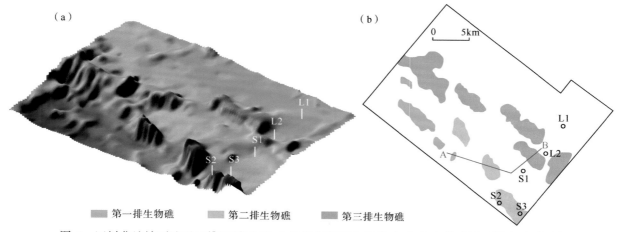

图4　四川盆地坡西地区三维地震区S3井长兴组顶面古地貌（a）及生物礁平面展布（b）图

物礁类型为塔礁，单礁体厚度超过400m，该类礁体边界陡直，反映了生物礁的快速生长。三维地震区内共识别塔礁3个，累计面积22.1km²。第三排生物礁为堤礁，呈带状分布，单礁体具有多个次级高点，厚度100~200m，礁间明显变窄，三维地震区内共识别该排礁体5个，累计面积58.4km²。

3　鲕粒滩发育特征

3.1　岩性发育特征

坡西地区L1、L2井揭示在飞一段—飞三段发育两套细中晶白云岩，局部可见残余鲕粒，累计厚度约170m，被膏质泥晶白云岩所分隔（图5）。残余鲕粒结构的出现、较大的沉积厚度以及完全的白云化作用表明其为与局限台地相邻台地边缘沉积。以L2井为例，该井飞三—飞一段岩性具有明显的三分性。下部岩性主要为泥晶灰岩；中部主要发育两套细中晶白云岩，见残余鲕粒结构，被为一套厚约10m的膏质泥晶云岩夹层；上部岩性主要为石灰岩夹薄层鲕粒云岩及泥晶云岩。L1、

L2井所钻遇膏质云岩与川北台地内部飞一段—飞三段蒸发台地环境下的云质膏岩、膏岩沉积可对比。飞三段—飞一段下部的石灰岩代表了开阔台地下的正常海水盐度沉积，Ⅱ期鲕粒滩之上的云质灰岩则代表了局限台地环境。

3.2　鲕粒滩地震响应特征

坡西地区飞仙关组两套鲕粒滩沉积具有特征的地震反射特征。井震标定显示两期鲕粒滩沉积均对应于中弱波峰，连井地震剖面显示两期鲕粒滩所对应的波峰反射横向连续性相对弱，表现为断续"亮点"反射（图6）。与鲕粒滩地震相特征形成鲜明对比的是S1井。S1井飞三段—飞一段以泥晶灰岩、含泥质灰岩为主，为典型的斜坡环境下的低能沉积，地震剖面上表现为连续性好的强波峰反射（图6、表1）。

3.3　台缘带鲕粒滩平面分布特征

飞仙关组沉积期台地边缘的刻画是进行滩体平面识别和预测的关键。钻井及地震资料显示坡西地区飞仙关组斜坡与台地边缘沉积具有不同的沉

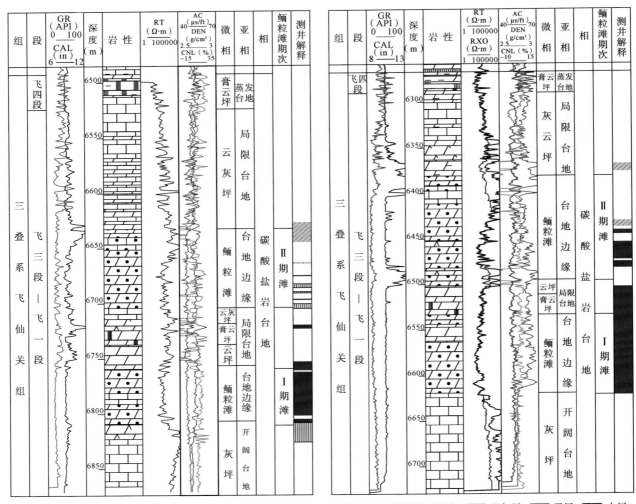

图例：石灰岩　白云岩　灰质白云岩　鲕粒白云岩　膏质白云岩　膏质泥岩　差气层　干层　水层

图 5　四川盆地坡西地区 L1、L2 井飞仙关组单井相图

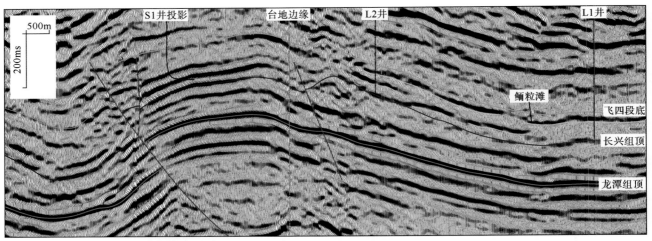

图 6　坡西地区过 S1 井—L2 井—L1 井三维地震剖面解译（剖面位置见图 7c）

积特征。斜坡部位飞仙关组地层厚度大，飞三段—飞一段几乎不含白云岩，地震反射连续性好；台地边缘区飞仙关组地层厚度减薄，飞三段—飞一段白云岩含量高，鲕粒滩的发育使地震同相轴连续性变差。据此可对飞仙关组沉积期台地边缘发育位置进行识别（图 6）。

地震资料的不确定性导致单一的地震属性难以准确对台缘带鲕粒滩进行准确刻画。本次研究在滩体地震解释的基础上，优选频率衰减系数（Coefficient of Frequency Decay）、均方根振幅（RMS Amplitude）和能量值（Energy value）等三种对滩体识别效果较好的属性类别，采用地震属性融合显示技术对台地边缘区内的两期鲕粒滩

进行刻画（图7），以降低单一属性预测的不确定性。本次研究在资料范围内累计刻画早期鲕粒滩4个，累计面积62.3km²；资料范围内刻画晚期滩体5个，累计面积101.3km²。两期滩体总体呈条带状沿台地边缘叠置展布。

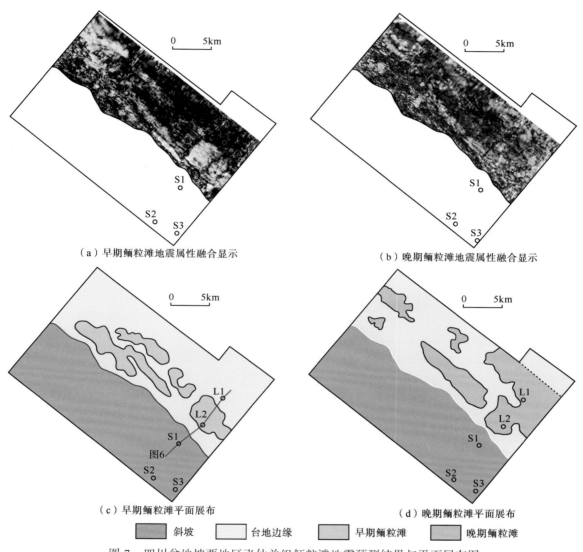

（a）早期鲕粒滩地震属性融合显示　　（b）晚期鲕粒滩地震属性融合显示

（c）早期鲕粒滩平面展布　　（d）晚期鲕粒滩平面展布

斜坡　　台地边缘　　早期鲕粒滩　　晚期鲕粒滩

图7　四川盆地坡西地区飞仙关组鲕粒滩地震预测结果与平面展布图

4 礁滩体迁移演化过程

4.1 生物礁迁移过程

井震结合分析显示坡西地区生物礁的生长有三期（图3）。长兴组沉积前，坡西地区坡度很缓，无明显地貌坡折，长一段的沉积仅在局部形成微古地貌高，总体仍为缓坡台地环境。长二段—长三段沉积早期伴随海水的缓慢侵入，在局部古地貌高部位（现今第一、第二排礁部位）开始发育小型礁体，其中第二排礁规模稍大。伴随着Ⅰ期

礁体生长和台内沉积物的不断堆积，台地边缘坡度逐渐变大。目前坡西地区尚未有井钻遇该期生物礁。长二段—长三段沉积中晚期开江—梁平海槽演化达到高峰，海侵范围逐渐扩大，第一排礁由于水深增加停止生长。第二、第三排礁生长部位水体环境适宜，Ⅱ期生物礁开始快速生长，其中第二排礁部位Ⅰ、Ⅱ期礁体的生长具有继承性。Ⅱ期生物礁的规模和生长速率明显大于Ⅰ期礁体，坡西地区逐渐演化为镶边台地环境。Ⅲ期生物礁在第二、三排生物礁Ⅱ期礁盖之上持续快速

生长，直至长兴组沉积末期海平面相对下降导致生物礁生长停止。Ⅲ期生物礁的礁基范围有所减小但生长速率仍与Ⅱ期礁相当。总体上，伴随着长兴组沉积期相对海平面的升高和保持，三期生物礁由明显的退积迁移转变为加积生长（图3、图4、表1）。

4.2 鲕粒滩演化过程

飞一段—飞三段沉积早期，川北地区发生了第一次海侵作用，海水快速侵入。川北台地内部普遍发育厚度小于10m的高伽马泥晶灰岩段，在坡西地区则发育低能环境下的低伽马泥晶灰岩沉积（图5）。飞一段—飞三段沉积中期，随着相对海平面的不断下降，坡西地区台地边缘水动力增强，开始发育第一期鲕粒滩沉积。随后川北地区由开阔台地逐渐演化为局限台地环境，台内开始广泛沉积膏岩，位于台地边缘部位的坡西地区则出现膏质云岩沉积，第一期鲕滩沉积结束（图8）。

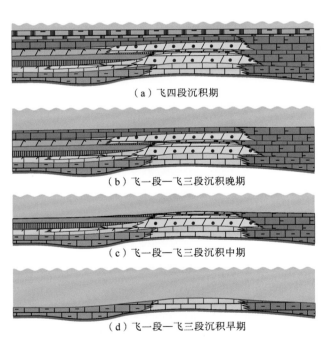

（a）飞四段沉积期

（b）飞一段—飞三段沉积晚期

（c）飞一段—飞三段沉积中期

（d）飞一段—飞三段沉积早期

石灰岩　鲕粒白云岩　膏质白云岩　石膏岩
泥灰岩　泥膏岩　含泥白云岩

图8　四川盆地坡西地区飞仙关组沉积演化模式图

飞一段—飞三段沉积晚期，川北地区发生小规模的海侵，研究区仍为弱局限环境。由于飞仙关组沉积期构造运动的减弱和碳酸盐岩的快速沉积，开江—梁平海槽逐渐被填平，但台地边缘并未发生明显的迁移。在水动力较强的台地边缘地

带，飞仙关组在膏云坪沉积之上普遍发育第二期鲕粒滩沉积。到飞四段沉积期，海槽已基本被填平，海侵作用也明显减弱，川北地区进入蒸发台地环境，开始出现膏岩、膏质泥岩薄互层沉积。总体上，坡西地区飞仙关组经历了从开阔台地到局限台地，最后到蒸发台地的演变过程（图8、表1）。

5 礁滩体储层发育特征与主控因素

5.1 储层发育特征

5.1.1 生物礁储层

川北地区长兴组—飞仙关组碳酸盐岩在同生期或成岩早期普遍受到不同程度的白云石化作用的影响。从钻井揭示情况看，储层基本发育在白云化作用段。长兴组储层岩石类型包括残余生屑云岩、残余礁云岩、粉细晶云岩三类，以残余生屑白云岩为主要储集岩类（图9a至d）。储集空间类型以晶间溶孔、生物体腔孔、粒间溶孔为主。川北地区已钻井统计分析显示长兴组储层孔隙度分布范围为2%～6%，渗透率普遍小于0.1mD，总体为低孔—低渗储层。

坡西地区S2、S3成像测井揭示长兴组同时存在明显的溶孔和裂缝发育段，且储层物性越好，孔隙度越高，裂缝发育程度越低。好的气测显示段主要集中在溶孔段内，为典型的孔隙型储层。以S3井为例，该井测井解释储层266.4m，其中Ⅰ、Ⅱ、Ⅲ类层厚度分别占比6%、27%、67%，储层平均孔隙度4.6%，以Ⅱ、Ⅲ类储层为主；S2井长兴组以Ⅱ类孔隙为主，不发育Ⅰ类储层（图10a）。

海槽东侧普光气田与七里北气田在长兴组沉积期发育陡坡台地边缘。相比陡坡台缘区，坡西地区长兴组的单礁体规模相当，但白云化程度偏弱，重结晶作用不强，晶间孔的规模和数量相对小（图9c、d），储集物性整体不及陡坡台缘区。如普光气田普光6井测井解释Ⅰ+Ⅱ类储层累计厚度108m，占储层总厚度的68.4%，细中晶云岩中的晶间溶孔是主要的储集空间。

5.1.2 鲕粒滩储层

飞仙关组储层主要有鲕粒白云岩、鲕粒灰岩、泥粉晶灰岩、粉细晶云岩以及砂屑云岩五类，以鲕粒云岩和晶粒云岩为主，孔隙类型主要为粒间溶孔、粒内溶孔及晶间溶孔（图9e至h）。

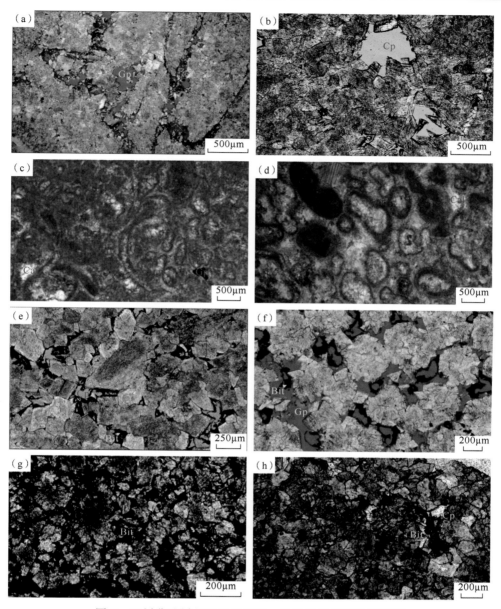

图 9 四川盆地川北地区长兴组—飞仙关组储层微观特征

（a）粉细晶云岩，粒间溶孔（Gp）发育，长兴组，普光 6 井，5349m，单偏光；（b）残余生屑细晶白云岩，发育大小不等晶间孔（Cp），长兴组，七北 101 井，5142m，单偏光；（c）生屑灰岩，发育粒间孔及亮晶方解石胶结（Cal），长兴组，S3 井，5987m，单偏光；（d）生屑灰岩，见少量粒间孔，粒内及粒间发育亮晶方解石胶结物，长兴组，S3 井，5985m，单偏光；（e）细中晶白云岩，白云石晶间孔充填沥青，龙岗 2 井，6130m，长兴组，单偏光；（f）残余粒粒白云岩，发育粒间溶孔，沥青半充填，飞仙关组，罗家 2 井，3245m，单偏光；（g）残余鲕粒细晶白云石，晶间孔隙十分发育，被沥青所充填，飞仙关组，L2 井，6438m，单偏光；（h）残余鲕粒细中晶白云岩，晶间孔发育，大部分被沥青充填，飞仙关组，L2 井，6438m，单偏光

川北地区已钻井统计分析显示孔隙度分布范围为 2%~8%，渗透率普遍小于 0.1mD，总体为低孔—低渗储层。

坡西地区 L1、L2 井测井解释储层分别为 61.5m 和 101.2m，平均孔隙度分别为 4.9% 和 4.1%。两口井均未见 I 类储层发育，L1 井发育少量 II 类储层，L2 井仅发育 III 类储层（图 10b）。

飞仙关组沉积期海槽两侧陡坡台缘区普遍发育优质鲕粒滩沉积（图 9e、f）。以龙岗气田为例，储层孔隙度平均 5.25%，储层厚度 2.5~70m，一般为 8~45m；以 III 类储层为主，占比超过 70%，II 类储层占比约 23.8%[2]。与之相比，坡西地区飞仙关组鲕粒滩储层的颗粒含量不及陡坡台缘区（图 9g、h），粒间（晶间）溶孔发育程度弱，造成储集性较陡坡台缘区差。但该地区有效储层累计厚度与陡坡台缘区相当甚至更高，表明仍有较

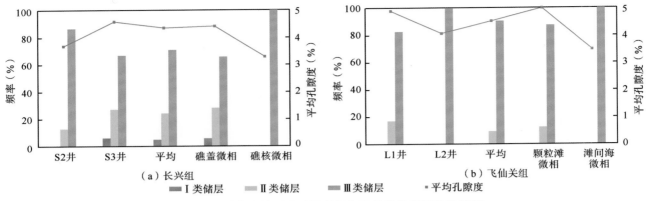

图 10　四川盆地坡西地区长兴组和飞仙关组储层物性特征

好的勘探前景。

5.2 储层发育主控因素

结合坡西地区与海槽周缘陡坡台缘区长兴组—飞仙关组储层发育特征的对比分析，认为缓坡地貌背景下的水动力条件、溶蚀改造条件和充分的白云石化作用是坡西地区礁滩储层发育主要控制因素。

5.2.1 缓坡地貌使储层呈现"滩多礁少"

有利沉积相带是礁滩体储层发育的物质基础[21]，在以龙岗、普光气田为代表的陡坡台缘区，生物礁类型以堤礁为主，沿台缘呈带状展布；生物礁迁移性弱，多期礁叠加生长（龙岗 1 井礁体高度约 300m[2]）。鲕粒滩集中发育于台缘部位，沉积厚度大，为后期规模礁滩储层的形成奠定基础。

较缓的地貌背景使适合生物礁生长的范围更大，礁体易发生迁移。根据坡西地区生物礁预测结果，礁体的多期迁移使的堤礁发育规模显著减弱（礁体高 100～200m），推测储层发育程度也弱于陡坡台缘区。该地区早期的生物礁更多的以点礁和塔礁的形式生长于台缘带前部。尽管 S2、S3 井证实塔礁发育厚层优质储层，但限于塔礁较小的规模，储层难以连片分布。

与生物礁对水体深度敏感不同，鲕粒滩的发育主要受水动力条件的影响。缓坡条件下台地边缘的障壁效应减弱，海水可以更通畅的进入台缘带后部并保持较高的能量，使鲕粒滩可以在较宽的范围发生稳定沉积。坡西地区鲕粒滩预测显示两期滩体横向连片展布并且未发生明显迁移，钻井揭示的两期鲕粒滩均保持了较大的沉积厚度。储层薄片显示坡西地区鲕粒滩储层中的颗粒含量和粒间（晶间）孔的发育程度弱于陡坡台缘区，其主要原因是缓坡区高能水体更大的作用范围造成水体簸选作用强度下降，灰泥含量稍高。

溶蚀改造是控制碳酸盐岩储层形成的重要成岩作用[13]，其中又以表生岩溶作用最为关键。相比陡坡台缘带，缓坡地貌背景下相同规模的海退可以形成更大范围的表生暴露和溶蚀。这一过程对带状展布的鲕粒滩影响更为明显，可使储层分布范围向台内延伸。

5.2.2 充足的白云化流体利于鲕粒滩储层发育

白云石化作用是川北地区礁滩储层形成的关键。前人研究表明长兴组—飞仙关组白云岩主要形成于准同生—浅埋藏阶段[22]，白云岩的形成为溶蚀作用创造了有利条件。长兴组的白云石化作用主要形成于浅埋藏阶段，封存在地层中的富镁海水是主要的白云化流体，在压实作用的驱动下向两侧台缘部位运移，并优先进入原始孔隙度最好的礁盖沉积物。

坡西地区长兴组 Ⅱ 期生物礁白云化作用明显强于 Ⅲ 期礁，其原因是伴随 Ⅱ 期礁的生长，坡西地区进入镶边台地环境，礁体分布由明显的退积演变为加积，造成 Ⅲ 期礁生长时的相对海平面更低。加之礁盖微相低渗层的阻隔，来自海槽部位的长兴组白云化流体更难进入 Ⅲ 期礁体，造成礁体白云化作用相对较弱。

川北地区飞仙关组第一次海侵作用晚期局限台地环境的形成为准同生白云石化作用提供了有利条件，也为浅埋藏白云石化作用提供了丰富的镁离子[23]。在平面上坡西地区临近这一时期的台内潟湖，L1、L2 井显示被膏质云岩所分隔的两套鲕粒滩沉积均发生了白云化作用，细中晶的出现显示浅埋藏期的白云化作用对准同生期白云石化作用有进一步的加强，使白云石晶体加大的同时也增加了孔隙度，储层物性变好。位于斜坡区的S1 井飞仙关组仅发育少量薄层鲕粒滩且几乎无白云岩化作用，显示飞仙关组白云岩的 Mg^{2+} 并非主要来自海槽一侧。综合以上分析认为坡西地区飞仙关组鲕粒滩储层具备大面积展布的条件，具有较好的勘探前景。

6 结 论

（1）坡西地区长兴组—飞仙关组发育典型缓坡型台缘。钻井、地震资料揭示长二段—长三段发育三期生物礁，具有特征的岩石学特征、测井响应和地震反射特征。每期礁体下部为礁核，岩性相对致密，储集性差；上部为礁盖，白云化作用强，孔隙较发育。伴随相对海平面的不断上升，坡西地区长兴组台缘部位的三期生物礁经历了从退积到加积的生长过程，呈三排展布。第一排礁体仅由Ⅰ期礁组成，规模小；第二、三排礁体由多期的生物礁的叠加生长构成，规模较大。

（2）坡西地区飞仙关组中部发育两期鲕粒滩，岩性以具有残余鲕粒结构的结晶白云岩构成。钻井揭示台地边缘区的两套鲕粒滩累计厚度可达170m，其间被一套膏质云岩所分隔。地震剖面上表现为断续的"亮点"反射。两期颗粒滩沉积对应了川北地区的两期规模不等的海侵作用。第一次海侵事件使坡西地区台缘带沉积第一期颗粒滩，海侵末期研究区由开阔台地逐渐演变为局限台地，台缘部位鲕粒滩沉积逐渐被膏云坪所取代。第二次海侵事件规模小，研究区仍为弱局限环境下的台地边缘亚相，沉积第二期颗粒滩。两期颗粒滩纵向叠置展布，显示台缘未发生明显迁移。

（3）坡西地区二叠系、三叠系生物礁及鲕粒滩整体发育低孔—低渗型储层，以Ⅲ类储层为主。对比显示缓坡台缘区的礁滩体储集物性整体较陡坡台缘区差。缓坡地貌背景下的水动力条件、溶蚀改造条件和充分的白云石化作用是坡西地区礁滩储层发育的主控因素。使坡西地区礁滩体储层呈现滩多礁少的特征，鲕粒滩储层的白云化程度高于生物礁。总体分析坡西地区飞仙关组鲕滩储层具备大范围分布的条件，勘探前景好。

参考文献

[1] 汪泽成，赵文智，张林，等. 四川盆地构造层序与天然气勘探[M]. 北京：地质出版社，2002：62-75.

[2] 杜金虎，徐春春，汪泽成，等. 四川盆地二叠系三叠系礁滩天然气勘探[M]. 北京：石油工业出版社，2010：20-40.

[3] 文龙，张奇，杨雨，等. 四川盆地长兴组—飞仙关组礁、滩分布的控制因素及有利勘探区带[J]. 天然气工业，2012，32（1）：39-44.

[4] 李秋芬，苗顺德，王铜山，等. 四川盆地晚二叠世克拉通内裂陷作用背景下的盐亭—潼南海槽沉积充填特征[J]. 地学前缘，2015，22（1）：67-76.

[5] 邹才能，徐春春，汪泽成，等. 四川盆地台缘带礁滩大气区地质特征与形成条件[J]. 石油勘探与开发，2011，38（6）：641-651.

[6] 赵文智，沈安江，郑剑锋，等. 塔里木、四川及鄂尔多斯盆地白云岩储层孔隙成因探讨及对储层预测的指导意义[J]. 中国科学（地球科学），2014，44（9）：1925-1939.

[7] 胡忠贵，董庆民，李世临，等. 川东—渝北地区长兴组—飞仙关组礁滩组合规律及控制因素[J]. 中国石油大学学报（自然科学版），2019，43（3）：25-35.

[8] 马永生. 四川盆地普光超大型气田的形成机制[J]. 石油学报，2007，28（2）：9-14.

[9] 倪新锋，陈洪德，田景春，等. 川东北地区长兴组—飞仙关组沉积格局及成藏控制意义[J]. 石油与天然气地质，2007，28（4）：458-465.

[10] 武赛军，魏国齐，杨威，等. 开江—梁平海槽东侧长兴组台缘生物礁发育特征及油气地质勘探意义[J]. 中国石油勘探，2019，24（4）：457-465.

[11] 魏国齐，陈更生，杨威，等. 四川盆地北部开江—梁平海槽边界及特征初探[J]. 石油与天然气地质，2006，27（1）：99-105.

[12] 徐安娜，汪泽成，江兴福，等. 四川盆地开江—梁平海槽两侧台地边缘形态及其对储层发育的影响[J]. 天然气工业，2014，34（4）：37-43.

[13] 赵文智，沈安江，周进高，等. 礁滩储集层类型、特征、成因及勘探意义——以塔里木和四川盆地为例[J]. 石油勘探与开发，2014，41（3）：257-267.

[14] 马永生，牟传龙，谭钦银，等. 关于开江—梁平海槽的认识[J]. 石油与天然气地质，2006，27（3）：326-331.

[15] 黄仁春. 四川盆地二叠纪—三叠纪开江—梁平陆棚形成演化与礁滩发育[J]. 成都理工大学学报（自然科学版），2014，41（4）：452-457.

[16] 赵宗举，周慧，陈轩，等. 四川盆地及邻区二叠纪层序岩相古地理及有利勘探区[J]. 石油学报，2012，33（S2）：35-51.

[17] 马永生，牟传龙，郭旭升，等. 四川盆地东北部长兴期沉积特征与沉积格局[J]. 地质论评，2006，52（1）：25-29.

[18] 郑荣才，罗平，文其兵，等. 川东北地区飞仙关组层序—岩相古地理特征和鲕滩预测[J]. 沉积学报，2009，27（1）：1-8.

[19] 陈宗清. 四川盆地长兴组生物礁气藏及天然气勘探[J]. 石油勘探与开发，2008，35（2）：148-156.

[20] 王浩，简高明，柯光明，等. 四川盆地元坝气田长兴组生物礁识别与储层精细刻画技术[J]. 天然气工业，2019，39（S1）：107-112.

[21] 赵文智，沈安江，胡素云，等. 中国碳酸盐岩储集层大型化发育的地质条件与分布特征[J]. 石油勘探与开发，2012，39（1）：1-12.

[22] 党录瑞，郑荣才，郑超，等. 川东地区长兴组白云岩储层成因与成岩系统[J]. 天然气工业，2011，31（11）：47-52.

[23] 祝海华，钟大康. 四川盆地龙岗气田三叠系飞仙关组储集层特征及成因机理[J]. 古地理学报，2013，15（2）：275-282.

四川盆地二叠系栖霞组沉积特征及储层分布规律

郝　毅[1,2]　谷明峰[1,2]　韦东晓[1,2]　潘立银[1,2]　吕玉珍[1,2]

（1. 中国石油杭州地质研究院　浙江杭州　310023；2. 中国石油天然气集团公司
碳酸盐岩储层重点实验室　浙江杭州　310023）

摘　要：基于近几年的钻井、野外露头、测井、地震及微区多参数实验分析数据等资料，对四川盆地栖霞组的沉积储层关键地质问题开展了系统分析并取得以下认识：（1）栖霞组沉积受到川中古隆起残余地貌控制，其中古隆起大部分地区发育浅缓坡，古隆起东缘呈"S"形，向东南方向逐渐演化为中—深缓坡，古隆起西缘地貌相对最高，是台缘带发育的基础。（2）川西地区在栖霞组沉积中晚期发育右倾的"L"形弱镶边台缘带，向东北延伸至广元地区，向西南延伸至峨嵋地区；台缘带向西突变为广海，向东则渐变为碳酸盐岩缓坡。（3）晶粒白云岩是栖霞组最主要的储集岩，是在准同生期富镁流体渗透回流作用下逐渐形成，埋藏环境经历调整改造后定型；优质白云岩储层受沉积相带、层序界面、微古地貌等因素控制，其中厚层晶粒白云岩主要分布在川西广元—江油及雅安—峨眉山一带，中薄层晶粒白云岩主要分布在川中南充—磨溪—高石梯一带。

关键词：四川盆地；二叠系；栖霞组；古地理背景；沉积相；储层成因及分布

Sedimentary Characteristics and Reservoir Distribution Factors of Permian Qixia Formation, Sichuan Basin

Hao Yi[1,2], Gu Mingfeng[1,2], Wei Dongxiao[1,2], Pan Liyin[1,2], Lv Yuzhen[1,2]

(1. PetroChina Hangzhou Research Institute of Geology, Hangzhou, Zhejiang 310023; 2. CNPC Key Laboratory of Carbonate Reservoirs, Hangzhou, Zhejiang 310023)

Abstract: Based on the data of drilling, outcrop, Logging, seismic and micro-area multi-parameter experimental analysis in recent years, the key geological problems of Qixia Formation in sichuan basin are systematically analyzed and the following understanding is obtained: (1) The sedimentation of Qixia Formation is controlled by the residual geomorphology of Middle Sichuan paleouplift, in which the shallow ramp is developed in most areas of paleouplift. The eastern margin of the paleouplift is "S" type, and gradually evolves into a medium-deep ramp towards the southeast. The geomorphology of the western margin of the paleouplift is relatively the highest, which is the basis for the development of the platform margin. (2) In the middle-late Qixia period, there exists a right-leaning "L" type slightly rimmed platform margin in western Sichuan, which extends to Guangyuan area in northeast and Emei area in southwest. The platform margin transforms into a broad sea sharply in the west and a carbonate ramp gradually in the east. (3) As the main reservoir rock of Qixia Formation, crystalline dolomite is formed gradually under the penecontemporaneous magnesium-rich fluid infiltration and reflux, and is finalized after adjustment and transformation in a buried environment. High quality dolomite reservoirs are controlled by sedimentary facies, sequence interfaces, micro-paleogeomorphology and other factors, among which the thick crystalline dolomite layers are mainly distributed in the Guangyuan-Jiangyou and Yaan-Leshan areas in western Sichuan Basin, and the medium-thin crystalline dolomite layers are mainly distributed in the Nanchong-Moxi-Gaoshiti areas in central Sichuan Basin.

Key words: Sichuan Basin; Permian; Qixia formation; palaeogeographic setting; sedimentary facies; genesis and distribution of reservoirs

四川盆地对于栖霞组的勘探最早始于20世纪50年代，勘探范围主要集中在川南以及川东局部地区（图1），总体属于泸州—开江古隆起范围内，栖霞组94.4%的气井都集中在该地区[1]。2012年

第一作者简介：郝毅（1981—），男，2008年毕业于成都理工大学，高级工程师，从事沉积储层方面的研究工作。

E-mail：haoy_hz@petrochina.com.cn

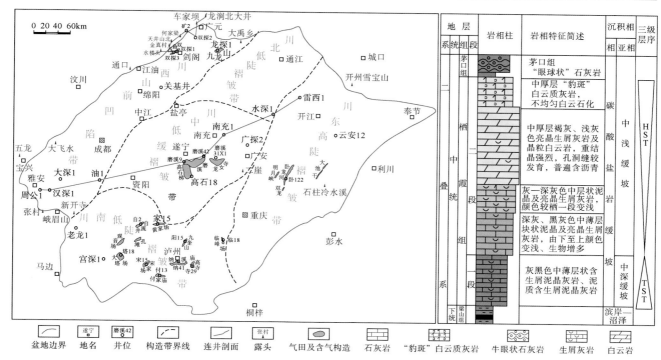

图1 四川盆地栖霞组主要含气构造、钻井、野外露头分布图及岩性综合柱状图

西南油气田在川西北双鱼石构造部署了风险探井（双探1井）并获得重大突破，测试日产天然气87.6×10^{4}m^3[2]。随后川西双探3、双鱼001-1、双探7、双探8、双探12等钻井，以及川中磨溪31X1、磨溪42、高石18等钻井都相继钻获高产工业气流，揭示了四川盆地栖霞组的重要性以及广阔的勘探前景。前人对四川盆地栖霞组的岩性组合[3, 4]、沉积环境[5, 6]、岩相古地理[7-12]、储层特征和成因[13-17]以及勘探方向[2, 18]等方面都进行过研究。其中栖霞组的沉积相主要为碳酸盐岩台地及缓坡两种主流观点，但是不同的版本的岩相古地理展布差异较大，且描述现象较多而深究成因的论述较少。而栖霞组储层主控因素有埋藏热液改造[13-15]、沉积相带基础叠加溶蚀作用等[16, 17]，差别较大。

笔者基于大量钻井、野外露头、测井、地震及实验分析测试等资料，对四川盆地栖霞组的沉积储层关键地质问题开展了系统研究，指出栖霞组沉积受到川中古隆起残余地貌控制，古隆起大部分地区发育中—浅缓坡，古隆起西缘发育台缘带，再向西变为斜坡盆地，古隆起东缘呈近"S"形展布，向东南方向逐渐演化为中—深缓坡。栖霞组储层主要以白云岩为主，其发育规律与沉积相带展布特征有明显关系，主要分布在广元—江油、雅安—峨眉山、南充—磨溪—高石梯等地区。这些

认识为下一步四川盆地栖霞组的勘探提供了支撑。

1 区域地质背景

栖霞组岩性相对简单，主要以石灰岩为主，局部地区含白云岩，总体生物繁茂，厚度在100～200m之间（图1）。石炭纪末期海水退出上扬子台地，经历了短暂的沉积间断后，中二叠世开始大范围海侵，广泛接受了岩性单一、厚度稳定的碳酸盐岩沉积，与此同时，扬子地块已不断南漂至赤道附近[19]，因此四川盆地处于湿热的沉积环境，生物繁茂。

栖霞组在年代上处于中二叠世早中期，因此加里东—早海西期构造运动对该时期沉积相带的影响至关重要，尤其是加里东期构造运动在四川盆地表现为局部隆升，即形成川中古隆起（乐山—龙女寺古隆起）[20]，古隆起核部二叠系甚至与震旦系—寒武系直接接触。从最新的钻井、地震资料来分析，中江—盐亭地区存在奥陶系地层厚值区（图2地震剖面），地层保存相对完整，并非古隆起发育区，反而在川西北广元—绵阳地区有明显的隆起剥蚀现象，可能是存在古隆起。那么川中古隆起东缘可能并不是传统认为的由广安到梓潼地区的近直线分布[20]，而是近"S"形展布（图2）。在如此大规模的古隆起背景下，虽然经

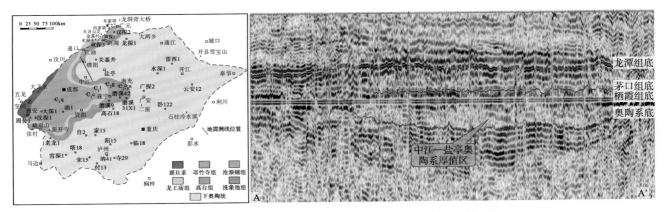

图 2　四川盆地中奥陶统沉积前古地质图及关键地震反射特征

历了海西早期盆地整体抬升的夷平化作用，但其残余古地貌对中二叠世沉积的影响无疑是存在的。从盆地内部栖霞组海侵期地层西薄东厚的分布来看（图 3），四川盆地栖霞组沉积前呈现西高东西的特征，与川中古隆起残余古地貌的形态相吻合。

2　沉积相展布特征

2.1　沉积相类型

栖霞组沉积时期地壳稳定、海域广阔、生物繁盛，古生物主要有珊瑚、有孔虫、蜓类、腕足类和藻类等，以底栖生物发育为主，古生物含量达 30%~60%，表明当时的沉积环境为亚热带海域、水体清洁、养分充足、盐度正常，适宜生物生长和繁殖。前人通过研究伞藻、二叠钙藻的分布和有孔虫的复合分异度，推测中二叠统沉积时期水体较浅，一般为 5~25m，整体以碳酸盐岩沉积为主。前人对栖霞组沉积相做过很多研究[7-12]，沉积相类型其实大同小异，只是相带具体的分布位置

及规律不尽相同。

本次研究除了野外剖面和钻井岩心观察、地震、测井资料等综合分析以外，还加强了古地理背景、白云岩成因和分布范围的研究，并认为这些因素与沉积相分布规律有着明显的关系，将四川盆地栖霞组划分为三个主要相带，即台缘带、碳酸盐岩缓坡、斜坡—盆地（表 1）。前文已经提到，栖霞组沉积时期川中古隆起的残留地形对栖霞组沉积是有影响的，因此川中古隆起区古地貌相对较高，主要发育中—浅缓坡，古隆起东缘向东南方向逐渐演化为中—深缓坡，而古隆起西缘相对古地貌最高，发育台缘带，向西变为斜坡—盆地相带。

本次研究对栖霞组台缘带展布特征进行了分析，认为川西地区在栖霞组沉积中晚期存在一个右倾的"L"形台缘带，向东北延伸至广元地区，向西南延伸至峨嵋山附近，大体上相当于川中古隆起西缘范围。与长兴组沉积时期镶边生物礁台缘带不同，栖霞组台缘带岩性是以砂屑、生屑白云岩及石灰岩为主，很少见抗浪骨架结构，但地貌确实略高，可能成半障壁环境，属于弱镶边台

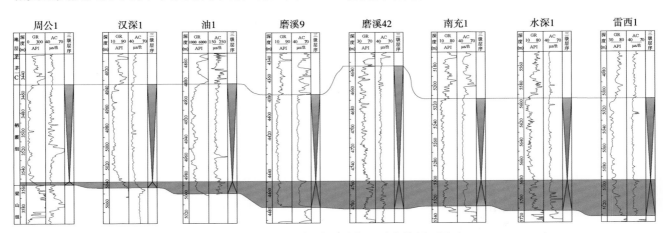

图 3　四川盆地栖霞组层序地层连井剖面图

表1 四川盆地栖霞组沉积相类型及岩性特征

相	主要亚相	岩性特征
台缘带	台缘滩	浅灰色厚层亮晶颗粒白云岩、砂屑灰岩、具明显的颗粒结构，由于地处高能环境，颗粒分选磨圆性较好，但直径相对较小，可见斜层理发育
	滩间海	灰、深灰色亮晶、泥晶生屑灰岩和生屑泥晶灰岩夹含泥质灰岩，岩性较杂，生屑颗粒一般保存完整，颗粒的直径往往比台缘滩的颗粒大
碳酸盐岩缓坡（浅、中、深）	颗粒滩	灰、深灰色亮晶、泥晶生屑灰岩和生屑泥晶灰岩，生屑保存相对完整
	灰泥丘	深灰色泥晶生屑灰岩、生屑泥晶灰岩夹含泥质泥晶灰岩，露头往往能看到凹凸不平的层面，常看到个体较完整的生物化石
	潟湖	深灰色泥晶生屑灰岩、生屑泥晶灰岩，见纹层状结构
斜坡—盆地		深灰色角砾状含泥质灰岩，黑灰色、薄层硅质岩、页岩和泥晶灰岩，水平层理发育，浅水生物较少，可见浮游生物，该相带的资料点较少

缘带，其向西突变为广海，向东则渐变为缓坡型碳酸盐岩台地。另外，根据实际钻井及露头资料对台缘带进行了刻画，认为北东向展布的台缘带上可能存在一些北西向的滩间海。

2.2 沉积相展布

2.2.1 栖霞组沉积早期海侵域

综前所述，栖霞组海侵期四川盆地仍受川中古隆起的影响，总体呈西高东低之势，海水整体由东南面大举侵入，水体普遍较深，除川西地区康滇古陆等一些杂岩体外，盆地内主体属于深缓坡沉积环境（图4），如盆地东南部的重庆地区和东北部的通江—开江一带。岩性主要以富含泥质的深灰色泥晶生屑灰岩为主，常夹有泥质条带，局部含燧石结核。川西北—川西南—川中地区地势相对较高，水动力相对较强，属于中缓坡沉积环境，如川西南的大深1井—周公1井—汉深1井及周缘地区。岩性中可以看到泥质含量明显变少，生屑含量普遍较多。该时期由于整体水位偏高，因此高能滩较少，川西台缘带此时还未发育，但可能存在局部高点。盆地西侧可能有相对深水的一个台内洼地，为该地区高位域台缘的发育基础。

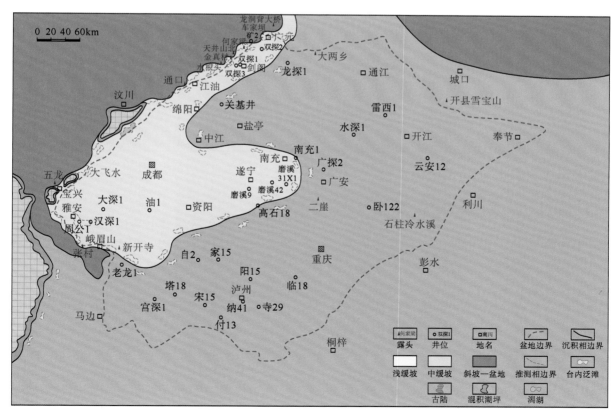

图4 四川盆地及邻区栖霞组沉积早期（海侵域）沉积相图

2.2.2 栖霞组沉积中晚期高位域

栖霞组沉积中晚期，古地貌继承了海侵期西高东低的特征，盆地水体由东向西逐渐变浅，该时期为栖霞组沉积时期相对海平面相对较低时期，沉积相也发生了较大的变化。浅缓坡开始成为盆地内主要沉积相带，其向东北延伸到广元地区，向西南延伸至峨眉山地区，向东延伸至南充地区，其形态受川中古隆起残余古地貌控制，东缘呈"S"形展布。浅缓坡向东、向南方向水体逐渐加深，主要发育中—深缓坡，岩性以灰色、灰褐色泥

微晶灰岩为主，局部含生屑白云岩。龙门山一线以西则主要发育斜坡—盆地相。该时期发育台缘带，其沿川西北广元—剑阁至川西南宝兴—雅安—峨眉山一带分布，即川中古隆起西缘地区，呈右倾的"L"形（图5）。台缘发育高能颗粒滩，颗粒成分主要为生物碎屑，滩体单层厚度及累计厚度较大，连续分布。该相带是储层发育最有利相带，常见浅灰色、灰色颗粒白云岩。例如川西南地区的汉深1井、周公1井，川西北地区的矿2井、车家坝剖面以及何家梁剖面，白云岩储层厚度可达30m以上。

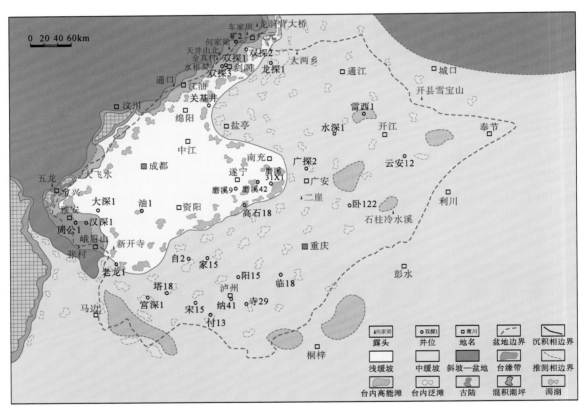

图5 四川盆地及邻区栖霞组沉积中晚期（高位域）沉积相图

3 储层特征、成因和分布规律

3.1 储层类型

四川盆地栖霞组储层岩性主要有4类：晶粒白云岩、"豹斑"灰质白云岩、"斑马纹"白云岩及生屑灰岩，储集物性特征见表2。

晶粒白云岩在野外常常风化为类似白砂糖一粒一粒的单个晶体，因此又称之为砂糖状白云岩，其分布范围广、单层厚度大、物性好，平均孔隙度为 3.43%，是栖霞组最主要的储集岩（图6a）。储集空间主要为溶蚀孔洞、晶间孔、粒间孔

和裂缝。

"豹斑"灰质白云岩的宏观性特征较明显，整个岩石经历了不均匀的白云石化作用，白云岩主要沿着石灰岩的裂缝或孔洞发育[21-22]，经历过风化作用后二者明暗相间，如同豹纹一般（图6b）。储集物性一般，平均孔隙度为1.19%，其中白云岩部分孔隙度约2.65%，而石灰岩部分孔隙度较低约0.28%，但石灰岩中裂缝相当发育，可以有效地沟通白云岩储层。

"斑马纹"白云岩目前仅在川西南地区发育，外观可见白色雁列式条带，类似斑马的纹路（图

表 2 四川盆地栖霞组不同储集岩的物性特征

岩性	孔隙度（%）			渗透率（mD）		
	样品数	范围	平均	样品数	范围	平均
晶粒白云岩	221	0.60～16.51	3.43	150	0.00100～784.0000	9.980
"豹斑"灰质白云岩	46	0.47～3.42	1.19	39	0.00020～3.12000	0.050
"斑马纹"白云岩	5	1.05～4.48	2.67	5	0.01600～2.05600	0.598
生屑灰岩	37	0.41～1.29	0.76	21	0.00100～2.25000	0.380

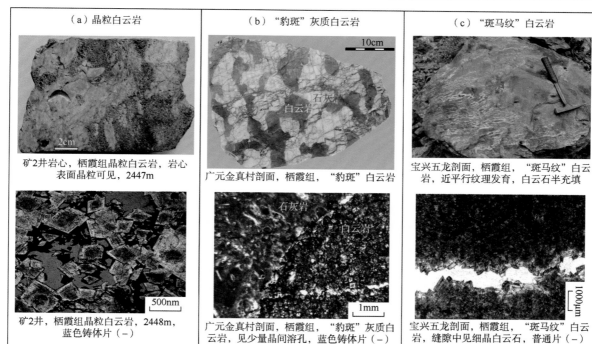

（a）晶粒白云岩

矿2井岩心，栖霞组晶粒白云岩，岩心表面晶粒可见，2447m

矿2井，栖霞组晶粒白云岩，2448m，蓝色铸体片（－）

（b）"豹斑"灰质白云岩

广元金真村剖面，栖霞组，"豹斑"白云岩

广元金真村剖面，栖霞组，"豹斑"灰质白云岩，见少量晶间溶孔，蓝色铸体片（－）

（c）"斑马纹"白云岩

宝兴五龙剖面，栖霞组，"斑马纹"白云岩，近平行纹理发育，白云石半充填

宝兴五龙剖面，栖霞组，"斑马纹"白云岩，缝隙中见细晶白云石，普通片（－）

图 6 四川盆地栖霞组主要储集岩宏观及微观特征

6c）。该类白云岩平均孔隙度为 2.67%，介于上述两类储集岩之间。但由于样品较少，并且选的样品都是该类白云岩中储集物性最好的，实际上无论是对野外露头还是岩心的观察，大多数"斑马纹"的纹路都被白云岩充填，储集物性相对较差。

生屑灰岩储层与上述 3 类储层比是物性最差的，平均孔隙度为 0.76%，岩心样品镜下很少能见到明显的基质孔隙，但局部地区发育岩溶缝洞，是 20 世纪栖霞组主要的勘探对象。

3.2 储层成因

由于篇幅所限，本文只涉及栖霞组最主要的储集岩即晶粒白云岩的成因。通过野外露头、钻井岩心、薄片观察，加上大量的碳氧锶同位素、微量元素、稀土元素及同位素测年等实验分析，认为白云石化流体为沉积期海水而非热液，白云岩在准同生期富镁流体渗透回流作用下逐渐形

成，埋藏环境经历调整改造后定型。

（1）白云石化流体来源：由于碳同位素受后期成岩作用影响较小，因此岩石的碳同位素最能反应沉积时水体性质。从碳氧同位素交会图中可以看到（图 7），无论川西北、川西南还是川中地区，晶粒白云岩的碳氧同位素都落在中二叠世海

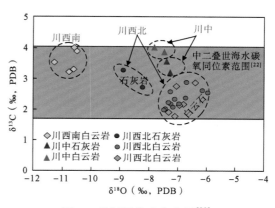

图 7 碳氧同位素交会图[23]

水同位素的范围之内。从稀土元素分模式来看（图8），图8a代表当时栖霞组海水的稀土元素分配模式，是由13个栖霞组泥晶灰岩样品的平均值绘制而成，而图8b则是不同地区晶粒白云岩的稀土元素分配模式。可以看到，晶粒白云岩稀土元素总

量可能有所不同，但是其分配模式是十分相似的，都有明显的Ce负异常、Y正异常及Sm正异常，与代表同期海水的稀土元素分配模式一致。另外结合一些其他地球化学分析资料，综合认为白云石化流体为沉积期海水而非热液。

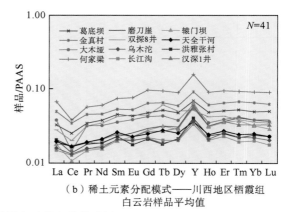

（a）稀土元素分配模式——川西地区栖霞组海水

（b）稀土元素分配模式——川西地区栖霞组白云岩样品平均值

图8 栖霞组不同类型岩石稀土元素配分模式图

（2）白云岩形成时间：众所周知，缝合线是碳酸盐岩中常见的一种由压溶作用形成的锯齿状裂缝构造，既然能产生压溶作用，说明地层埋深已经非常大，才能在巨大的地层压力下迫使岩石发生挤压溶解。从薄片中可以看到，白云石晶体明显被缝合线所切割（图9），这是白云石晶体形成较早的直接证据，说明其至少形成于大规模压溶作用之前。此外，研究过程中利用U-Pb同位素测年法对晶粒白云岩数块样品进行了分析，得到的年龄范围为247—235Ma，说明栖霞组晶粒白云岩在中三叠世末期已经基本形成。

广元车家坝剖面，栖霞组，"豹斑"灰质白云岩，
箭头所指位置白云石被缝合线切割

图9 栖霞组白云石晶体被缝合线所切割照片

3.3 优质储层主控因素

优质白云岩储层形成的控制因素主要有沉积

相带、层序界面、微古地貌、快速埋藏、早期白云石化等。大多在前人的文章中已经出现[13-17]，笔者着重强调一下微古地貌对储层的影响。引言中曾经提到，在数千米范围内的白云岩储层厚度相差很大是目前勘探面临的一个重要问题。通过测井曲线分析可知，白云岩并不发育的大深1井、矿3井、双探2井、吴家1井等钻井，其实亮晶生屑灰岩的厚度却是非常大的，为40～71m不等。亮晶生屑灰岩也是高能滩相的产物，最终没能完成白云石化可能与微古地貌有关。如图10所示，同为高能颗粒滩，古地貌相对较高的部位暴露机会多，加上并未发现大量石膏一类的浓缩蒸发岩，因此，推测高部位可能形成大规模渗透回流白云石化作用，而低部位则容易形成早期海水胶结物，从而导致粒间孔隙过早的被充填。因此，台缘带范围内如果出现白云岩储层不发育的钻井或露头，可能是它们位于垂直或斜交于台缘方向的滩间海、潮道等相对较低部位。

3.4 有利储层分布区

栖霞组白云岩储层主要分布在台缘—浅水缓坡相带，厚度由北西向南东方向逐渐变薄，这可能与二叠系沉积前的古地貌有关。其中川西地区白云岩储层主要发育在广元—江油及雅安—峨眉山一带（图11），厚度一般为20～40m，个别野外露头的白云岩储层厚度可达60m以上（何家梁剖

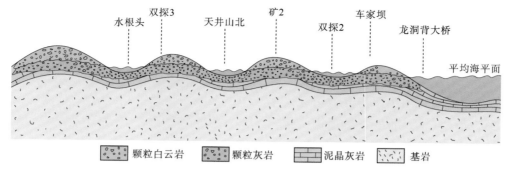

图 10　川西北地区滩体展布模式示意图

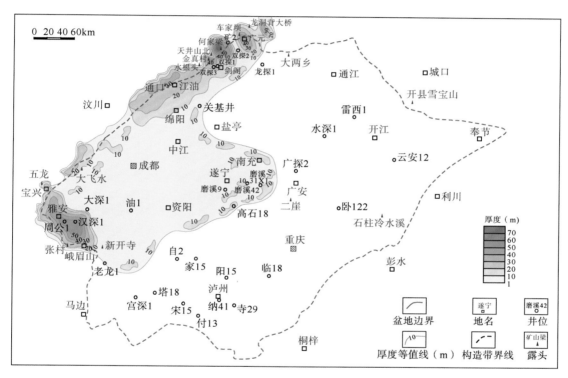

图 11　四川盆地栖霞组白云岩储层厚度预测图

面）。整个川西地区栖霞组白云岩平均厚度虽然很大，但是局部地区横向变化大，如矿 2 井与矿 3 井相距约 5km，白云岩厚度则由 45m 变为不足 2m。川中地区白云岩储层主要发育在南充—磨溪—高石梯一带，总厚度及单层厚度都相对较薄，川东—川南等其他地区也零星可见白云岩储层，但几乎都不成规模。

4　结　论

（1）最新研究表明，川中古隆起东缘呈"S"形，西缘呈右倾的"L"形，而栖霞组沉积相展布主要受到川中古隆起残余地貌控制。川中古隆起区主要发育中—浅缓坡，沿古隆起东缘向东南方向逐渐演化为中—深缓坡，古隆起西缘即四川盆地西部地区地貌相对最高，在栖霞组沉积中晚期发育弱镶边台缘带，其向东北延伸至广元地区，向西南延伸至峨嵋地区。

（2）四川盆地栖霞组有效储层岩性主要有 4 类：晶粒白云岩、"豹斑"灰质白云岩、"斑马纹"白云岩及生屑灰岩，其中晶粒白云岩分布范围广、单层厚度大、物性好，是栖霞组最主要的储集岩，其白云石化流体为沉积期海水而非热液，是在准同生期富镁流体渗透回流作用下逐渐形成，埋藏环境经历调整改造后定型，其最终形成的时间大概在中三叠世末期。

（3）优质白云岩储层受沉积相带、微古地貌等因素控制。沉积相带决定了规模储层有利区带，而微古地貌可能决定了储层局部发育程度。亮晶生屑灰岩也是高能滩相的产物，最终没能完成白云石化可能就与微古地貌有关。推测高部位可能形成大规模渗透回流白云石化作用，而低部位则容易形成早期海水胶结物，从而导致粒间孔隙过早的被充填。四川盆地优质中厚层晶粒白云岩主要分布在川西广元—江油及雅安—峨眉山一带，中薄层晶粒白云岩主要分布在川中南充—磨溪—高石梯一带。

参考文献

[1] 陈宗清. 四川盆地中二叠统栖霞组天然气勘探[J]. 天然气地球科学，2009，20（3）：325-334.

[2] 沈平，张健，宋家荣，等. 四川盆地中二叠统天然气勘探新突破的意义及有利勘探方向[J]. 天然气工业，2015，35（7）：1-9.

[3] 四川油气区石油地质志编写组. 中国石油地质志·卷十·四川油气区[M]. 北京：石油工业出版社，1989.

[4] 蒋志斌，王兴志，曾德铭，等. 川西北下二叠统栖霞组有利成岩作用与孔隙演化[J]. 中国地质，2009，36（1）：101-109.

[5] 刘治成，杨巍，王炜，等. 四川盆地中二叠世栖霞期微生物丘及其对沉积环境的启示[J]. 中国地质，2015，42（4）：1009-1023.

[6] 张运周，徐胜林，陈洪德，等. 川东北旺苍地区栖霞组地球化学特征及其古环境意义[J]. 石油实验地质，2018，40（2）：210-217.

[7] 宋章强，王兴志，曾德铭. 川西北二叠纪栖霞期沉积相及其与油气的关系[J]. 西南石油学院学报，2005，27（6）：20-23.

[8] 黎荣，胡明毅，杨威，等. 四川盆地中二叠统沉积相模式及有利储集体分布[J]. 石油与天然气地质，2019，40（2）：370-379.

[9] 厚刚福，周进高，谷明峰，等. 四川盆地中二叠统栖霞组、茅口组岩相古地理及勘探方向[J]. 海相油气地质，2017，22（1）：25-31.

[10] 周进高，姚根顺，杨光，等. 四川盆地栖霞组—茅口组岩相古地理与天然气有利勘探区带[J]. 天然气工业，2016，36（4）：8-15.

[11] 胡明毅，魏国齐，胡忠贵，等. 四川盆地中二叠统栖霞组层序—岩相古地理[J]. 古地理学报，2010，12（5）：515-526.

[12] 姜德民，田景春，黄平辉，等. 川西南部地区中二叠统栖霞组岩相古地理特征[J]. 西安石油大学学报（自然科学版），2013，28（1）：41-46.

[13] 胡安平，潘立银，郝毅，等. 四川盆地二叠系栖霞组、茅口组白云岩储层特征、成因和分布[J]. 海相油气地质，2018，23（2）：39-52.

[14] 白晓亮，杨跃明，杨雨，等. 川西北栖霞组优质白云岩储层特征及主控因素[J]. 西南石油大学学报（自然科学版），2019，41（1）：47-56.

[15] 赵娟，曾德铭，梁锋，等. 川中南部地区下二叠统栖霞组白云岩储层成因研究[J]. 地质力学学报，2018，24（2）：212-219.

[16] 关新，陈世加，苏旺，等. 四川盆地西北部栖霞组碳酸盐岩储层特征及主控因素[J]. 岩性油气藏，2018，30（2）：67-76.

[17] 郝毅，周进高，张建勇，等. 川西北中二叠统栖霞组白云岩储层特征及控制因素[J]. 沉积与特提斯地质，2013，33（1）：68-74.

[18] 张健，周刚，张光荣，等. 四川盆地中二叠统天然气地质特征与勘探方向[J]. 天然气工业，2018，38（1）：10-20.

[19] 郭正吾. 四川盆地形成与演化[M]. 北京：地质出版社，1994.

[20] 康义昌. 川中古隆起的形成、发展及其油气远景[J]. 石油实验地质，1988，10（1）：12-23.

[21] 郝毅，林良彪，周进高，等. 川西北中二叠统栖霞组豹斑灰岩特征与成因[J]. 成都理工大学学报（自然科学版），2012，39（6）：651-656.

[22] Veizer J, Ala D, Azmy K, et al. $^{87}Sr/^{86}Sr$, $\delta^{13}C$ and $\delta^{18}O$ evolution of Phanerozoic seawater [J]. Chemical geology, 1999, 161（1/3）：59-88.

[23] 周进高，郝毅，邓红婴，等. 四川盆地中西部栖霞组—茅口组孔洞型白云岩储层成因与分布[J]. 海相油气地质，2019，24（4）：67-78.

四川盆地茅口组地层缺失量定量计算及成因探讨

江青春[1]　胡素云[1]　姜　华[1]　翟秀芬[1]　任梦怡[1]　陈晓月[1]　张运波[2]

（1. 中国石油勘探开发研究院　北京　100083；2. 数岩科技股份有限公司　北京　100094）

摘　要： 碳酸盐岩地层剥蚀量能够反映岩溶地貌，间接反映碳酸盐岩岩溶储层发育特征。针对四川盆地茅口组顶部地层缺失量及成因不清的关键问题，在定性分析了地层缺失特征的基础上，采用米兰科维奇旋回法定量分析了茅口组的地层剥蚀量，根据 4 口典型井茅口组的 GR 测井曲线的频谱变换、旋回特征分析，识别出曲线中米兰科维奇旋回信息，进而计算出顶部的剥蚀量，并运用生物及化学手段探讨了其缺失成因。研究结果表明：茅口组 4 段仅在川西南雅安到宜宾地区和川东北石柱地区残存，其余地区地层普遍存在缺失。由川西南部到川中至川北地层缺失强度逐加大。基于米兰科维奇旋回地层定量的茅口组地层缺失量介于 0～200m，其中川西南部和川东北部地区缺失厚度在 0～60m 范围内，蜀南、川中和川北地区地层缺失厚度在 140～200m 之间。冰期背景、牙形石带分布及同位素漂移特征揭示茅口组末期的地层剥蚀是由于冰期海平面下降侵蚀所致，川北地区海平面下降幅度大。由于冰期海平面下降，导致下二叠统岩溶地貌继承了西南高、东北低的沉积特征，岩溶地貌由西南到川中至川北地区逐渐由侵蚀高地逐渐过渡为岩溶上斜坡和岩溶下斜坡，与吴家坪期西南高东北低的沉积特征具有较好的一致性。研究认为米兰科维奇旋回分析方法计算碳酸盐岩地层剥蚀量可靠、有效，可以推广到其他盆地的海相地层缺失量的恢复研究。

关键词： 四川盆地；茅口组；海相地层；缺失量；定量计算；冰期；成因探讨；岩溶地貌

Hiatus Quantitative Calculation of Maokou Formation and Discussion on Its Genesis in Sichuan Basin

Jiang Qingchun[1], Hu Suyun[1], Jiang Hua[1], Zhai Xiufen[1], Ren Mengyi[1], Chen Xiaoyue[1], Zhang Yunbo[2]

(1. *Research Institute of Petroleum Exploration & Development, PetroChina, Beijing* 100083;
2. *iRock Technologies, Beijing* 100094)

Abstract: The erosion of carbonate strata not only reflects the karst landform, and reveals the characteristics of carbonate karst reservoir indirectly. However, the denudation amount of top strata and the genesis of erosion in Maokou Formation is undefined. To address the issue, based on the qualitative analysis of the characteristics of strata erosion, the method of milankovitch cycle sequence is used to obtain denudation amount of Maokou Formation quantitatively. According to four typically wells of Sichuan Basin, the spectral transformation of GR and the characteristics of cycle in Maokou Formation are analyzed. Milankovitch cycle in the curve are identified, and then the denudation of the top strata is calculated. the genesis of erosion are discussed by Biological and geochemical methods. The results indicate that: the Mao-4 section is missing in most of Sichuan Basin, except for the Ya'an-Yibin area in southwest and the Shizhu area in northeast. From the southwestern to the central and northern of Sichuan Basin, the denudation thickness of carbonate formation increases. The denudation thickness of Maokou formation is between 0 and 200 meters, with that of the southwestern and northeastern Sichuan basin being within 0~60 m, while that of the southern, central and northern Sichuan Basin is between 140~200m. The research on the glacial background, conodont distribution and isotopic shift reveals that the stratigraphic denudation in top strata of the Maokou Formation was caused by the declining of the sea level during the glacial period, and the decline of the sea level in the northern of Sichuan basin was large. Due to the declining sea level in the glacial

基金项目：国家油气重大专项"我国含油气盆地深层油气分布规律与资源评价"（2016ZX05008-006）资助。

第一作者简介：江青春（1980—），男，博士，高级工程师，2012 年毕业于中国石油勘探开发研究院，现主要从事石油地质综合研究、风险勘探研究及目标评价方面的工作。

E-mail：jiangqc@petrochina.com.cn

period, the Lower Permian karst landform inherited the sedimentary features of Sichuan Basin, which was the north-east low and the south-west high. From the southwestern to central and northern in Sichuan Basin, the karst landforms gradually ranged from the karst highlands to the karst upper slopes and karst lower slopes, Which has the similar sedimentary features with Wujiaping formation of Sichuan Basin.In this paper, it is proved that the milankovitch cycle analysis is calculated the denudation of carbonate reservoir effectively, and it can be extended to the denudation research of other Marine basins.

Key words: Sichuan Basin; Maokou formation; marine strata; denudation amount; quantitative calculation; glacial period; genesis discussion; Karst landform

岩溶储层是全球含油气盆地最重要的碳酸盐岩油气储层之一。勘探实践表明，中国发现的大型海相油气田大都与古岩溶作用有关[1-6]。古岩溶储层的发育规模受控于古岩溶地貌特征，而其又受控于地层缺失特征。目前，对于四川盆地茅口组顶部存在地层缺失这一认识得到了大多数学者的认可[7-11]，但对其缺失特征仅进行了粗略的描述[12-13]。少数学者对局部的地层缺失量进行了定量分析[14]，然而对于盆地内部地层缺失量均未开展过深入的分析，特别是对于地层缺失的成因研究更为薄弱。多数学者认为是由于东吴运动的抬升造成的地层整体隆升，形成地层缺失带，仅有李旭兵等少数学者认识到是由于茅口组沉积晚期东吴运动Ⅰ幕发生大规模的海退导致茅口组顶部碳酸盐岩暴露，遭受广泛的淡水淋滤风化作用，形成地层缺失，却未给出足够的证据[15]。为了解决这些科学问题，本文在定性分析和描述了地层缺失特征后，利用米兰科维奇高频旋回分析方法定量计算了茅口组的顶部剥蚀量，并探讨了其成因，为精确预测四川盆地茅口组岩溶储层分布及下一步勘探选区奠定坚实的基础。

1　茅口组地层顶部缺失定性识别

笔者在2012年石油学报中的一篇文章中曾提到茅口组由川西南向川东北及川西北方向地层缺失程度逐渐增加[16]。并认为是东吴运动的构造抬升作用致使茅口组顶部地层出现缺失。地层的风化及淋滤作用使大气淡水沿着断裂及裂缝产生差异性溶蚀，形成岩溶储层，并论述了岩溶作用钻录井、测井及岩心上的响应特征。但随着后期工作的深入，笔者利用全盆地11条格架剖面对地层进行了精细的对比，并利用全盆地二维地震测线对茅口组地层厚度变化进行了定量计算后，然后通过井震结合将茅口组四段和茅口组三段的地层尖灭线进行了精细的刻画，分析结果表明茅口组残余厚度由雅安—宜宾一线向蜀南的泸州及川中

的南充方向再到川北的宣汉及旺苍方向厚度逐渐减薄。茅口组四段仅在川西南部地区和川东北部发育，在川西南部主要发育于雅安到宜宾至江油一带以南。而在川东北部仅在石柱附近残存。茅口组三段地层在万州—宣汉—旺苍一线及以北地区普遍缺失，在渡口及旺苍大两乡剖面有零星残余茅口组三段。对于川北缺失茅口组三段的区域，茅口组残余厚度很薄，笔者在文初提到的文章中认为该区在茅口组沉积末期为岩溶高地，岩溶地貌较高，但该区在吴家坪组沉积时期确为深水盆地沉积，因此为了解决这一矛盾。笔者在利用米兰科维奇旋回分析计算了该区地层剥蚀量的情况下，通过四方面的论证分析认为茅口组沉积末期受冰川海平面下降影响，具有由西南向东北逐渐降低的岩溶地貌格局，基于地层厚度的差异将其划分为岩溶上斜坡和岩溶下斜坡（图1、图2）。并在第4部分中重点对其成因进行了论述和分析。

2　茅口组顶部剥蚀量定量计算方法与步骤

碎屑岩地层剥蚀量的恢复方法较多，也较为成熟，常用的方法包括趋势地层对比法、镜质组反射率法、声波时差法、沉积波动过程分析法等[17-19]。通过对这些方法的梳理发现，其原理或基于砂泥岩地质模型、或有其独特的适用性，很难用于碳酸盐岩地层剥蚀量的恢复。为了解决这一难题，不断有学者探索提出碳酸盐岩地层缺失量的恢复方法。多名学者的研究证实，米兰科维奇旋回分析能够有效记录地层的沉积旋回特征，对于地层部分缺失的地区可以尝试利用地层沉积速率差异及剥蚀量差异的相互对比与验证，进行碳酸盐岩地层剥蚀量恢复[20-23]，为定量计算海相碳酸盐岩地层剥蚀量提供新的思路。

米兰科维奇旋回分析理论已经在旋回地层学研究中得到较为普遍的应用[24]。其表现形式为沉积地层具有一定程度的旋回性和韵律性。国内外

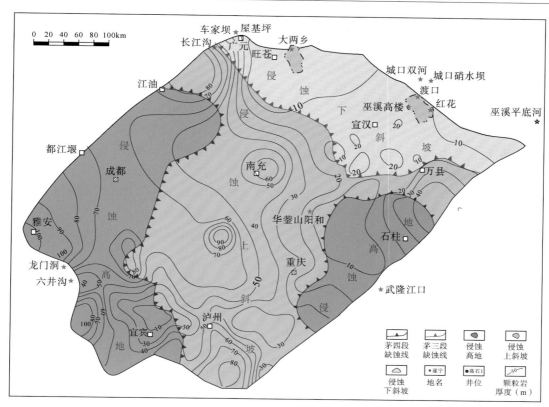

图 1　茅口组地层尖灭线分布及侵蚀岩溶地貌图

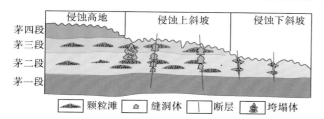

图 2　四川盆地茅口组岩溶地貌发育模式图

学者一般运用钍钾比（Th/K）曲线分析碳酸盐岩沉积环境下的相对海平面的变化，但由于自然伽马能谱测井系列价格较高，很多钻井不对此类曲线开展测井工作。通过对比分析同一钻井钍钾比曲线和自然伽马曲线的米兰科维奇旋回特征，实践分析揭示在钍钾比曲线缺乏的情况下，可以采用自然伽马曲线代替分析米兰科维奇旋回，其误差处在可以接受的范围。米兰科维奇旋回分析的主要工作是开展频谱分析，其本质就是认为测井曲线是由各种地质要素的综合作用而在时间尺度（或深度尺度）上形成的一个地层规律性变化的综合叠加信号，运用傅里叶变换将这一叠加信号（测井曲线）从深度尺度（或时间尺度）转换到频率尺度而形成频谱曲线。其流程主要有 5 步：第一步是对原始曲线进行分析，去除异常值；在此基础上开展第二步工作，利用小波变换对固定采样间隔的自然伽马能谱（Ln（Th/K））曲线或者自然伽马曲线进行分解来去除曲线的低频背景和高频噪音信号，然后对包含规律性低频成分的测井数据进行重构；第三步运用傅里叶变化方法将重构后的数据从时间域转换到频率域，形成一维的频谱曲线；第四步根据频谱曲线计算出来的旋回周期参数与米兰科维奇天文参数进行对比分析；第五步根据对比参数及沉积速率求取地层剥蚀量。具体原理及详细过程 Berg 及张运波等学者在相关文献中进行了详细介绍和论述[25-27]。

基于许国明、江青春等的研究认为四川盆地茅口组沉积相为缓坡模式。总体而言，除盆地西部及北部茅口组相带发育深缓坡外，盆地主体范围内茅口组主要为浅缓坡与中缓坡沉积，即茅口组沉积时期，四川盆地整体水体较浅，盆地范围内的沉积水深变化不大，其结果是沉积物沉积速率变化很小，沉积地层厚度在全盆地范围内厚度变化相对较小，在区域地震剖面上也可以看出其横向稳定，厚度变化小。

3　茅口组顶部缺失量定量计算结果

在上述茅口组沉积背景及沉积速率分析的基

础上，结合前期区域地层对比的认识，分别在地层保存较为完整区、弱缺失区、中等缺失区和较强缺失区选择了 4 口井，分别为宫深 1 井、板东 12 井、高石 1 井和河坝 1 井。其中，宫深 1 井茅口组发育完整，主要证据有三个方面证据：（1）牙形石带发育较为完整；（2）发育时限与地层沉积时限接近（见后文）；（3）区域地层对比揭示其茅口组四段基本完整。因此可以作为参照标准井计算其他井茅口组顶部剥蚀量。通过对这 4 口井茅口组的自然伽马能谱曲线和自然伽马曲线按照每米 8 个点的采样间隔，在数据前处理的基

础上按照上述方法原理与步骤开展时频变换，得到 4 口井对应曲线的一维频谱图（图 3），结合茅口组的地层沉积时限，开展旋回对比分析。结果表明，宫深 1 井频谱中点 c 和点 k 分别对应的平均旋回厚度比值为 1：0.28，分别对应于短偏心率旋回（125ka）和斜度旋回（34.94ka）。同理，河坝 1 井频谱中点 c 和点 d 分别对应 125ka 和 95ka 周期的短偏心率旋回；高石 1 井频谱中的点 b 和点 d 别对应 125ka 和 95ka 周期的短偏心率旋回；而板东 2 井频谱中的点 b 和点 c 分别对应的周期 125ka 和 95ka 周期的短偏心率旋回。

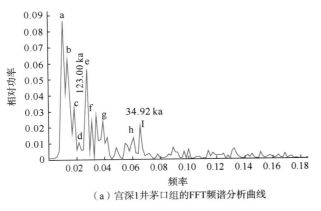

（a）宫深1井茅口组的FFT频谱分析曲线

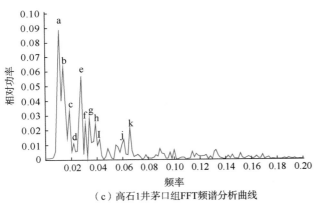

（c）高石1井茅口组FFT频谱分析曲线

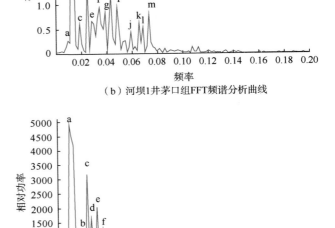

（b）河坝1井茅口组FFT频谱分析曲线

（d）板东12井茅口组的FFT频谱分析曲线

图 3　典型井 FFT 频谱分析曲线

宫深 1 井茅口组自然伽马能谱（Ln（Th/K）测井数据的频谱显示，四川盆地中二叠统沉积地层记录的米兰科维奇旋回信息较为明显，长偏心率旋回（125ka）和短偏心率旋回（95.0ka）为高频层序发育的主控因素。前期研究并结合地质年代表分析茅口组沉积时间为 6.29Ma，结合宫深 1 井的频谱分析，四川盆地茅口组大约发育 50.3 个短偏心率旋回。宫深 1 井茅口组地层测井曲线的频谱图显示，125.0ka 对应的短偏心率旋回信号最

强，最适用于计算其他相关的米氏旋回参数（表 1）。与短偏心率旋回周期对应的平均旋回厚度在宫深 1 井、河坝 1 井、高石 1 井和板东 12 井均为 6.65m。河坝 1 井的测井综合解释及区域地层对比表明，河坝 1 井茅口组顶部缺失茅口组四段和茅口组三段，验证了频谱分析结果的可靠性。

茅口组顶部地层缺失现象的定性分析结果表明，宫深 1 井茅口组近似无剥蚀。据此，可以根据宫深 1 井茅口组测井曲线频谱中的短偏心率旋

表 1　中二叠世米兰科维奇旋回周期之间的关系分析

旋回名称	周期（ka）	比值			
偏心率	413.00	1.00			
	125.00	0.30	1.00		
	95.00	0.23	0.76	1.00	
斜度	43.96	0.11	0.35	0.46	1.00
	34.94	0.09	0.28	0.37	0.80
岁差	20.96	0.05	0.17	0.22	0.48
	17.58	0.04	0.14	0.19	0.40

回周期，计算出四川盆地茅口组的沉积时限：

$$（334.5m÷6.65m）×125ka = 6.29Ma　（1）$$

其次，根据宫深 1 井茅口组地层的发育时限和其他钻井的平均旋回沉积厚度，计算出各钻井茅口组顶部的剥蚀量。其中，河坝 1 井茅口组短偏心率旋回（125ka）对应的平均沉积厚度为 6.65m，故其顶面缺失量：

$$（6.29Ma/125ka）×6.65m–164.2m = 170.0m　（2）$$

高石 1 井茅口组短偏心率旋回（125ka）对应的平均沉积厚度为 6.65m，故其顶面剥蚀量：

$$（6.29Ma/125ka）×6.65m–164.2m = 141.95m　（3）$$

板东 12 井茅口组短偏心率旋回（125ka）对应的平均沉积厚度为 6.65m，故其顶面缺失量：

$$（6.29Ma/125ka）×6.65m–252.5m = 82.13m　（4）$$

研究发现，宫深 1 井位于火山岩覆盖区，顶部受火山岩沉积保护，茅口组无明显缺失；高石 1 井地层缺失较大，顶部缺失量达 141.95m；河坝 1 井缺失量最大，达 170.0m，而板东 12 井地层顶部缺失量仅有 82.13m。其中，位于中国石化矿区河坝场构造的河坝 1 井顶部剥蚀现象明显，其茅口组大约发育 40.43 个短偏心率旋回，顶部剥蚀现象明显。综合录井报告也表明，中二叠世时期，河坝 1 井位于川北地层残余厚度较小区，区域地质背景揭示其为较深缓坡沉积，具有较低的沉积速率，中二叠世末期的冰期海平面下降导致河坝 1 井茅口组遭受剥蚀。根据河坝 1 井茅口组的平均沉积速率计算，其顶部剥蚀厚度大约为 169.92m。同理，板东 12 井茅口组发育有 37.98 个短偏心率旋回，顶部缺失量达 82.13m。

采用同样的方法，逐一对全盆地 108 口井茅口组层段的自然伽马测井曲线或者自然伽马能谱曲线，开展频谱分析，确定米兰科维奇旋回周期，计算沉积速率，并最终求取每口钻井茅口组顶部的地层缺失量。同时为了确保频谱分析在深度域的可靠性，研究过程中根据最新编制的四川盆地茅口组沉积相图，进行了分相带的旋回计算，对计算结果进行了沉积速率的相互对比验证。川西南部地区的周公 1 井、汉深 1 井、大深 1 井、老龙 1 井处于浅缓坡相，沉积速率高，计算的沉积速率也比较接近；而川中地区处于开阔台地内，局部发育台内滩，沉积速率中等，高石 2 井的计算也得到了证实；而川东北的张 2 井为较深水沉积，计算结果也证实其沉积速率相对较低，相比较而言川西北的河坝 1 井地区虽然也为深水沉积，但要比张 2 井区高。通过以上分析，利用以上原理对全盆地 108 井的一维傅里叶变换进行分析，最终编制出茅口组地层缺失厚度图（图 4）。四川盆地茅口组存在两个地层弱缺失区：其一为成都—宜宾一线向西南方向地层缺失相对较少，缺失厚度在 0～80m 范围内，只缺少茅口组四段的中上部；另一个区域为重庆—万州之间，地层剥蚀厚度也仅在 40～100m 之间，地层保存相对比较完整。而蜀南、川西北及川东北部地区地层缺失相对严重，缺失厚度在 140～210m 之间，其中川东北部和蜀南地层缺失要比川中地区的地层缺失程度高。

4　茅口组顶部地层缺失成因探讨

对于四川盆地地层缺失的成因，多数学者认为是由于茅口组沉积末期东吴运动的构造活动造成的。然而，对于其运动性质到底是水平挤压的造

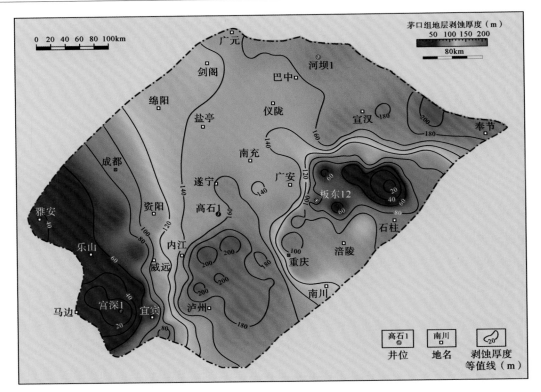

图4　四川盆地茅口组剥蚀厚度等值线

山运动[28]，还是垂直升降运动，目前存在争议[29]。笔者的研究团队前期也曾提出了由于东吴运动的挤压抬升作用导致四川盆地在中二叠世末期发育一个面积可超过 $8×10^4km^2$ 的东吴期古隆起，命名为"泸州—通江古隆起"，并指出古隆起斜坡带地层暴露剥蚀，是风化壳岩溶储层发育的有利地区[30]。然而新进地貌学研究结合沉积背景分析认为冰期海平面下降是导致地层缺失的主要原因，并明确了四川盆地由茅口组沉积早期到吴家坪组沉积时期的构造演化与地层沉积充填过程，在茅口组沉积早—中期四川盆地主体为碳酸盐岩缓坡沉积，从川中向川北地区逐渐由中缓坡演化为深斜坡沉积。茅口组沉积后，由于全球冰期的影响，海平面急剧下降，侵蚀基准面可能下降到茅口组下部，其上覆地层均遭受侵蚀，但西南高、北东低的古构造格局没有发生改变。吴家坪组沉积时期海平面逐渐上升，茅口组侵蚀后的古构造格局仍得以保存，沉积环境及相带的平面展布和茅口组相似。这一认识合理地解释了四川盆地北部地区茅口组地层缺失层位多与吴家坪组深水沉积二者之间的矛盾。总体看由盆地西南向川北地区可能整体表现为一个大型古侵蚀斜坡，侵蚀高地主

要分布在盆地西南地区及川东石柱地区，侵蚀上斜坡分布在南充—泸州一带，侵蚀下斜坡分布在川北地区（图1）。对于其成因证据主要有以下三个方面。

4.1　茅口组末期为全球性的冰期事件

全球海平面变化曲线揭示[31]，晚古生代全球冰期始于泥盆纪末，鼎盛于石炭纪—早二叠世，可延续到二叠纪瓜德鲁普世末期（茅口组沉积末期），由于冰期活动导致全球海平面下降[32-35]，冰期海平面下降幅度为 20 ~ 120m[36]。二叠纪，扬子陆块呈"孤岛"立于古特提斯洋[37]，更易于受海平面升降变化影响，由于冰期的持续作用，海平面在茅口组沉积中后期开始下降，沉积末期快速下降到最低点，扬子大部分地区准平原化。到了吴家坪组沉积时期—长兴组沉积早期海平面缓慢上升，沉积中期升至高点，这一点在中—上扬子地区二叠系海平面变化曲线上也有所印证[38]。

4.2　川北地区牙形石化石缺失严重，存在局部侵蚀残丘

受全球海平面下降影响，茅口组顶部地层缺

失普遍。在野外剖面的牙形石带上体现非常明显，在这一时期欧美等全球大部分地区茅口组顶部缺失 1~2 个化石带[38]；华南地区茅口组顶部缺失 2 个以上牙形化石带。为了分析四川盆地北部地区茅口组顶部牙形化石带的缺失情况，对川北地区的广元乌木沱、广元上寺、广元西北乡、宣汉渡口等 6 条剖面的牙形石化石带进行了分析，除宣汉渡口和旺苍大两剖面露头缺失 2 个牙形化石带外，其他地区一般缺失 4~6 个牙形化石带（图 5）。表明川北地区地层缺失较其他地区缺失严重，但由于海平面下降的侵蚀不均一性，可能导致川北地区存在侵蚀残丘。

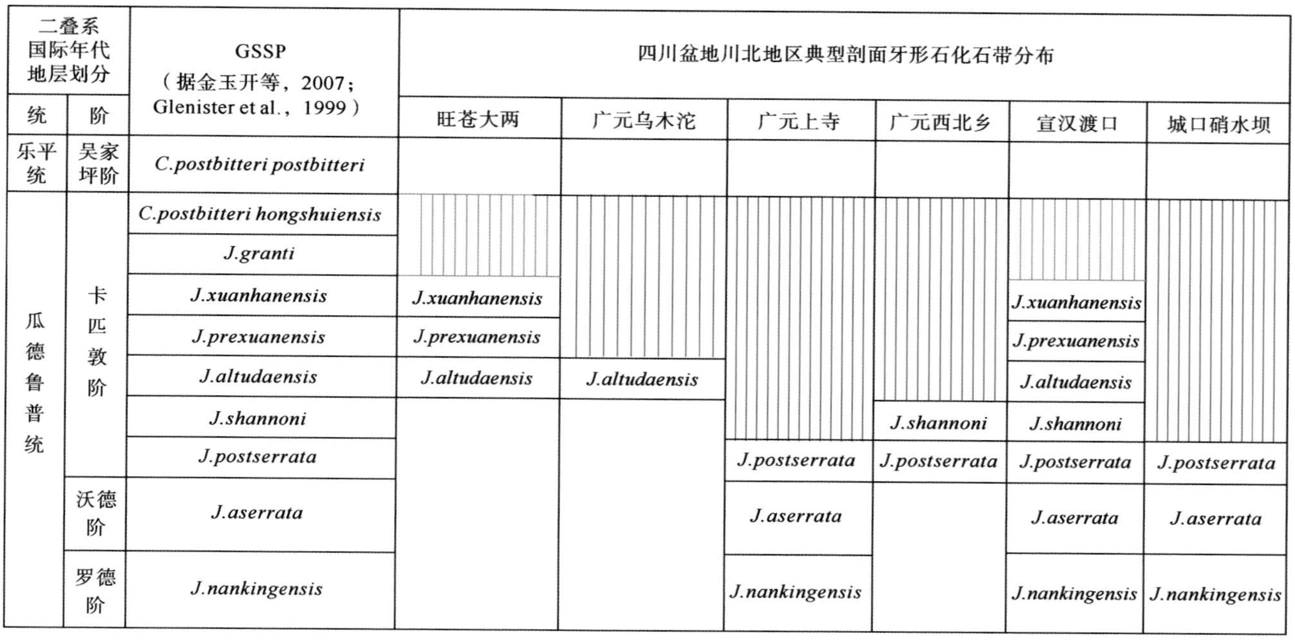

二叠系国际年代地层划分		GSSP（据金玉开等，2007；Glenister et al.，1999）	四川盆地川北地区典型剖面牙形石化石带分布					
统	阶		旺苍大两	广元乌木沱	广元上寺	广元西北乡	宣汉渡口	城口硝水坝
乐平统	吴家坪阶	*C.postbitteri postbitteri*						
瓜德鲁普统	卡匹敦阶	*C.postbitteri hongshuiensis*						
		J.granti						
		J.xuanhanensis	*J.xuanhanensis*				*J.xuanhanensis*	
		J.prexuanensis	*J.prexuanensis*				*J.prexuanensis*	
		J.altudaensis	*J.altudaensis*	*J.altudaensis*			*J.altudaensis*	
		J.shannoni				*J.shannoni*	*J.shannoni*	
		J.postserrata			*J.postserrata*	*J.postserrata*	*J.postserrata*	*J.postserrata*
	沃德阶	*J.aserrata*			*J.aserrata*		*J.aserrata*	*J.aserrata*
	罗德阶	*J.nankingensis*			*J.nankingensis*		*J.nankingensis*	*J.nankingensis*

图 5 四川盆地川北地区茅口组典型野外剖面牙形石带分布与缺失情况

4.3 野外多条剖面揭示茅口组与吴家坪组碳同位素漂移特征明显

导致海相碳酸盐岩的 $\delta^{13}C$ 值发生变化的因素较多，例如有机碳的埋藏量、生物的生产率、海洋与大气交换及陆地物质的输入等，但最重要的两个因素为有机碳的埋藏量和生物的生产率。自然界中存在有机和无机两大碳库，当其中的一个碳库同位素发生变化后，就会间接导致另外一个碳库同位素的变化。海洋中碳同位素的分馏作用主要由生物活动而造成，一般情况下，^{12}C 优先为活的有机体所吸收利用，当海洋生物产率高且被埋藏时候，就会从海洋中带走轻的碳同位素，这样，海洋中溶解的无机碳同位素就会变重，引起海洋沉积物碳酸盐岩的 $\delta^{13}C$ 值增加。当有机质被暴露氧化，富集 ^{12}C 的碳析出，海洋库溶解的无机碳同位素组成变轻，引起海洋沉积的无机碳酸盐的 $\delta^{13}C$ 值降低。在川北广元上寺及渡口等剖面，均可见茅口组沉积末期无机碳同位素出现快速下

降向吴家坪组沉积时期逐渐快速升高，预示着茅口沉积末期发生冰封海洋作用，生物产率迅速降低，而到了吴家坪组沉积时期冰川逐渐开始消融，生物产率开始逐渐增大，导致同位素从 –3.8‰ 增加到 4‰。从这几条野外剖面的同位素异常变化可以了解到，川北地区的茅口组沉积末期，受全球性冰期作用的影响，导致该区碳同位素曲线波动较大，反映了该区在茅口组沉积后期沉积环境不稳定及海平面的快速下降，而到了吴家坪组沉积时期沉积环境逐渐趋于稳定的过程[39]（图 6）。

5 结论与认识

通过对四川盆地茅口组地层缺失的定性描述、定量计算及成因探讨，可以初步得到以下 4 个方面认识：

（1）地层定性对比分析揭示茅口组四段仅在川西南雅安到宜宾地区和川东北石柱地层残存，其余地区地层普遍存在缺失。由川西南部到川中至川北地层缺失强度逐加大。

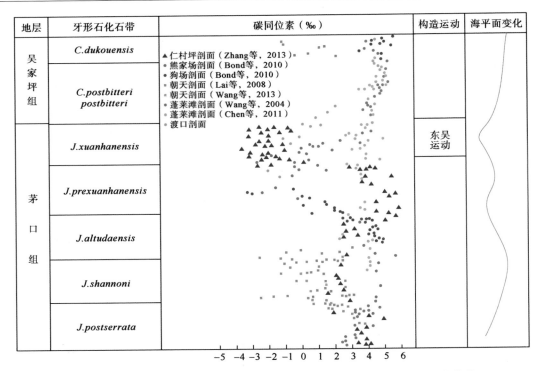

地层	牙形石化石带	碳同位素（‰）	构造运动	海平面变化

图6　四川盆地及其周缘茅口组与吴家坪组牙形石化石带及碳同位变化曲线

（2）基于米兰科维奇旋回地层定量计算表明：茅口组地层缺失量介于 0～200m，其中川西南部和川东北部地区缺失厚度在 0～60m 范围内，蜀南、川中和川北地区地层缺失厚度在 140～200m 之间。

（3）冰期背景、牙形石化石带分布特征及同位素漂移特征揭示茅口组沉积末期的地层剥蚀是由于冰期海平面下降侵蚀所致，川北地区海平面下降幅度大，导致其缺失茅口组三段，但牙形石化石带分析揭示其存在局部残丘。

（4）由于冰期海平面下降，导致下二叠统岩溶地貌继承了西南部东北低的沉积特征，岩溶地貌从西南到川中至川北地区逐渐由侵蚀高地过渡为岩溶上斜坡和岩溶下斜坡，与吴家坪组沉积时期西南高、东北低的沉积特征具有较好的一致性。

参考文献

[1] 顾家裕. 塔里木盆地轮南地区下奥陶统碳酸盐岩岩溶储层特征及形成模式[J]. 古地理学报，1999，1（1）：54-60.

[2] 许效松，杜佰伟. 碳酸盐岩地区古风化壳岩溶储层[J]. 沉积与特提斯地质，2005，25（3）：1-7.

[3] 欧阳永林，马晓明，郭晓龙，等. 利用分频地震属性进行古风化壳岩溶储层预测——以千米桥潜山凝析气田为例[J]. 天然气地球科学，2008，19（3）：381-384.

[4] 刘家洪，杨平，汪正江，等. 黔北震旦系灯影组顶部古风化壳特征及油气意义[J]. 中国地质，2012，39（4）：931-938.

[5] 赵文智，沈安江，潘文庆，等. 碳酸盐岩岩溶储层类型研究及对勘探的指导意义——以塔里木盆地岩溶储层为例[J]. 岩石学报，2013，29（9）：3213-3222.

[6] 司马立强，黄丹，韩世峰，等. 鄂尔多斯盆地靖边气田南部古风化壳岩溶储层有效性评价[J]. 天然气工业，2015，35（4）：7-15.

[7] 苏成鹏，唐浩，黎虹玮，等. 四川盆地东部中二叠统茅口组顶部钙结壳的发现及其发育模式[J]. 古地理学报，2015，17（2）：229-239.

[8] 胡世忠. 论东吴运动构造事件与二叠系分统界线问题[J]. 地层学杂志，1994，18（4）：309-315.

[9] 冯少南. 东吴运动的新认识[J]. 现代地质，1991，5（4）：378-384.

[10] 陈维涛，周瑶琪，马永生，等. 关于龙门山地区东吴运动的存在及其性质的认识[J]. 地质学报，2007，81（11）：1518-1525.

[11] 张祖圻. 论东吴运动[J]. 煤田地质与勘探，1983，4（3）：14-21.

[12] 何斌，徐义刚，王雅玫，等. 东吴运动性质的厘定及其时空演变规律[J]. 地球科学（中国地质大学学报），2005，30（1）：89-96.

[13] 李志宏，牛志军，陈立德，等. 据牙形石论鄂西茅口组顶部古岩溶不整合面形成时代[J]. 地球学报，2001，22（2）：157-159.

[14] 李儒峰，郭彤楼，汤良杰，等. 海相碳酸盐岩层系不整合量化研究及其意义——以四川盆地北部二叠系为例[J]. 地质学报，2008，82（3）：407-412.

[15] 李旭兵，曾雄伟，王传尚，等. 东吴运动的沉积学响应——以湘鄂西及邻区二叠系茅口组顶部不整合面为例[J]. 地层学杂

志，2011，35（3）：299-303.

[16] 江青春，胡素云，汪泽成，等. 四川盆地茅口组风化壳岩溶古地貌及勘探选区[J]. 石油学报，2012，33（6）：949-960.

[17] 付晓飞，李兆影，卢双舫，等. 利用声波时差资料恢复剥蚀量方法研究与应用[J]. 大庆石油地质与开发，2004，23（1）：9-11.

[18] 袁玉松，郑和荣，涂伟. 沉积盆地剥蚀量恢复方法[J].石油实验地质，2008，30（6）：636-642.

[19] 牟中海，唐勇，崔炳富，等. 塔西南地区地层剥蚀厚度恢复研究[J]. 石油学报，2002，23（1）：40-44.

[20] 梅冥相. 1995. 碳酸盐旋回与层序[M]. 贵阳：贵州科技出版社：1-245.

[21] 赵宗举，陈轩，潘懋，等. 塔里木盆地塔中—巴楚地区上奥陶统良里塔格组米兰科维奇旋回性沉积记录研究[J]. 地质学报，2010，84（4）：518-536.

[22] 郭颖，汤良杰，岳勇，等. 旋回分析法在地层剥蚀量估算中的应用：以塔里木盆地玉北地区东部中下奥陶统鹰山组为例[J]. 中国矿业大学学报，2015，44（4）：664-672.

[23] Weedon，Graham P. Time-series Analysis and Cyclo-stratigraphy[M]. London：Cambridge University Press，2003：1-200.

[24] Zhang Yunbo，Jia Chengzao，Zhao Zongju. Characteristics of Milankovitch Cycles in the Mid-Permian Liangshan and Qixia Formations of the Sichuan Basin-Examples from Well-Long17 and Well-Wujia1[J]. Acta Geologica Sinica，2012，86（6）：1045-1059.

[25] 张运波，赵宗举，袁圣强，等. 频谱分析法在识别米兰科维奇旋回及高频层序中的应用——以塔里木盆地塔中—巴楚地区奥陶系鹰山组为例[J]. 吉林大学学报（地球科学版），41（2）：400-410.

[26] Berger A，Loutre M F. Astronomical forcing through geological time[C]//De Boer P L，Smith D G. Orbital forcing and cyclic sequences. Oxford：Blackwell Scientific Publications，1994：15-24.

[27] Berger A，Loutre M F，Laskar J. Stability of the astronomical frequencies over the earth's history for paleoclimate Studies[J]. Science，1992，255（5044）：560-566.

[28] Lee J S. Variskian or Hercynian movement in south-eastern China[J]. Bulletin of the Geological Society of China，1931，11（2）：209-217.

[29] 陈显群，刘应楷，童鹏. 东吴运动质疑及川黔运动之新见[J]. 石油与天然气地质，1987，8（4）：412-423.

[30] 汪泽成，赵文智，胡素云，等. 克拉通盆地构造分异对大油气田形成的控制作用——以四川盆地震旦系—三叠系为例[J]. 天然气工业，2017，37（1）：9-23.

[31] Bilal U Huq，Stephen R Schutter. A chronology of Paleozoic sea-level changes[J]. Science，2008，322（5898）：64-68.

[32] 王洪浩，李江海，李维波，等. 冈瓦纳大陆古生代冰盖分布研究[J]. 中国地质，2014，41（6）：2132-2143.

[33] van den Heuvel E P J，Buurman P. Possible causes of glaciations[M]. Springer Berlin Heidelberg，1974.

[34] Smith L B，Read J F. Rapid onset of late Paleozoic glaciation on Gondwana：Evidence from Upper Mississippian strata of the Midcontinent，United States[J]. Geology，2000，28（3）：279-282.

[35] Smith L B，Read J F.Discrimination of local and global effects on Upper Mississippian stratigraphy，Illinois Basin，USA[J]. Journal of Sedimentary Research，2001，71（6）：985-1002.

[36] Golonka J，Ford D.Pangean（Late Carboniferous-Middle Jurassic）paleoenvironment and lithofacies[J]. Palaeogeography，Palaeoclimatology，Palaeoecology，2000，161（1）：1-34.

[37] 李江海，杨静勃，马丽亚，等. 显生宙烃源岩分布的古板块再造研究[J]. 中国地质，2013，40（6）：1683-1698.

[38] 王成善，李祥辉，陈洪德，等. 中国南方二叠纪海平面变化及升降事件[J]. 沉积学报，1999，17（4）：536-541.

[39] Jan Veizer，Davin Ala，Karem Azmy，et al. $^{87}Sr/^{86}Sr$，$\delta^{13}C$ and $\delta^{18}O$ evolution of Phanerozoic seawater[J]. Chemical Geology，1999，161：59-88.

川西地区中三叠统雷口坡组储层特征及其形成条件

田　瀚 [1,2,3]　张建勇 [1,2,3]　王　鑫 [2,3]　辛勇光 [1,2,3]　李文正 [1,2,3]

（1. 中国石油勘探开发研究院四川盆地研究中心　四川成都　610041；2. 中国石油杭州地质研究院　浙江杭州　310023；
3. 中国石油天然气集团公司碳酸盐岩储集层重点实验室　浙江杭州　310023）

摘　要： 近年来，四川盆地川西地区雷口坡组的油气勘探取得了丰富的成果，但是对雷口坡组碳酸盐岩储层特征及其控制因素的综合研究还相对薄弱，严重制约了雷口坡组进一步的油气勘探步伐。基于野外露头、岩心、测井等资料，并结合实验分析数据，系统总结了川西地区雷口坡组储层的发育特征及其形成条件，研究表明：（1）川西地区雷口坡组储集岩主要以藻云岩、颗粒云岩和细粉晶云岩为主，粒间、晶间和生物格架孔是主要的孔隙空间，储层整体表现为低孔低渗特征；（2）沉积相和岩溶作用共同控制着川西地区雷口坡组储层的发育，其中沉积相是储层发育的物质基础，准同生期的白云石化和岩溶作用是孔隙规模保持和次生孔隙形成的主控因素，而中三叠世末期的表生岩溶作用起到加强和巩固的作用，埋藏期有机酸的溶蚀作用起到保护作用。

关键词： 雷口坡组；碳酸盐岩；储层类型；储层特征；控制因素

Characteristics and Formation Conditions of Carbonate Reservoir in Leikoupo Formation of Western Sichuan Basin

Tian Han[1,2,3], Zhang Jianyong[1,2,3], Wang Xin[2,3], Xin Yongguang[1,2,3], Li Wenzheng[1,2,3]

(1. *Research institute of Sichuan Basin, PetroChina Research Institute of Petroleum Exploration & Development, Chengdu, Sichuan 610041; 2. PetroChina Hangzhou Research Institute of Geology, Hangzhou, Zhejiang 310023; 3. CNPC Key Laboratory of Carbonate Reservoirs, Hangzhou, Zhejiang 310023)*

Abstract: In recent years, there are many oil and gas discoveries in Triassic Leikoupo Formation in western Sichuan Basin, but the comprehensive studies on the characteristics of carbonate reservoir and the control factors are weak, which has seriously restricted the oil and gas exploration and development. Based on field outcrop, core observations, rock sections, logging data and the experiment data, it is concluded the characteristics and formation conditions of carbonate reservoir in Leikoupo Formation in western Sichuan Basin: (1) the main types of reservoir rcok in Leikoupo Formation are algal dolomite, grainstone dolomite and crystal dolostones, and the main pore space are intergranular pore, intercrystal pore and biological framework pore. The characteristics of reservoir are low porosity and low permeability. (2) The reservoir developments in Leikoupo Formation in western Sichuan Basin are controlled by sedimentary microfacies and karstification. The sedimentary microfacies provide the material foundation for the development of the reservoir. The dolomitization and karst effect in Penecontemporaneous period are the key factors to form and maintain pore space. The late hypergenensis at the end of middle Triassic can strengthen and consolidate the pore space. The dissolution of organic acid and the residual oil and gas play an active protective role.

Key words: Leikoupo formation; carbonate rock; reservoir types; reservoir characteristics; controlling factors

　　雷口坡组是四川盆地海相碳酸盐岩油气勘探的重点领域之一。自 1971 年以来，中国石油在四川盆地雷口坡组先后发现了中坝、磨溪、龙岗等一批气田。近期在川西灌口地区和中国石化区块

基金项目：国家科技重大专项"大型油气田及煤层气开发"（2017ZX05008-005）和中国石油科技部重点项目"深层—超深层油气富集规律与区带目标评价"（2018A-0105）资助。

第一作者简介：田瀚（1989—），男，硕士，工程师，2015 年毕业于中国石油勘探开发研究院，主要从事碳酸盐岩测井地质学研究。

E-mail：tianh_hz@petrochina.com.cn

又取得了重大发现。其中，中国石化部署的川科1井、新深1井、彭州1井等多口探井在雷口坡组喜获高产气流，展示出雷口坡组碳酸盐岩储层良好的油气勘探潜力。多年的勘探实践证明，川西地区雷口坡组储层非均质性较强、成因复杂，不同地区的储层存在着明显的差异。许多学者从储层特征[1~9]、岩溶作用[10~13]、储层成因[14~16]等多方面对其开展过相关研究工作，但观点不尽相同。在储层方面，辛勇光等[7]认为，四川盆地西南部中三叠统雷口坡组雷三段—雷四段储层主要发育在台地边缘滩、台内浅滩以及潟湖边缘白云坪等有利相带的白云岩中，以颗粒滩储层为主；而李书兵等[3]则认为，雷四段储层主要是以微生物碳酸盐岩为主，包括藻纹层白云岩、藻叠层石白云岩和藻屑白云岩，颗粒滩储层并不是主要储层类型。在储层成因方面同样也存在异议，宋晓波等[1]认为，雷口坡组储层受沉积相和风化壳岩溶共同影响，中三叠统雷口坡组顶古表生岩溶作用明显，储层的发育主要受岩性组合、微古地貌和埋藏期岩溶作用控制；而李蓉等[9]则认为，埋藏期的溶蚀作用是储层发育的关键，准同生期溶蚀和表生期

溶蚀作用形成的孔隙后期大部分被充填，而埋藏期溶蚀作用则改善了准同生期和表生期被胶结、去白云岩化、压实、压溶作用破坏的孔隙；更有学者认为是高频层序控制储层的发育[17]。针对相关学术观点分歧，笔者基于野外露头、岩心、薄片和测井资料的分析，并结合实验分析数据，重新系统总结了川西地区雷口坡组的储层特征，并明确储层的主要形成条件，以期能为该区今后的储层评价和预测提供可靠依据。

1 区域地质概况

研究区位于四川盆地西部及西部与中部过渡带，构造位置为龙门山前冲段褶皱带、川西低陡褶带、川中平缓褶带和川北低平褶带（图1）。雷口坡组属于中三叠统，在四川盆地为一套多旋回、多韵律碳酸盐岩与蒸发岩组合，厚度在0~1000m之间。由于受后期构造运动的影响，研究区雷口坡组存在不同程度的剥蚀[18]。依据岩性、电性、沉积旋回和储层发育规律可将研究区雷口坡组自下而上划分为雷一段、雷二段、雷三段、雷四段4个岩性段。其中，雷一段主要以膏盐岩为主夹石

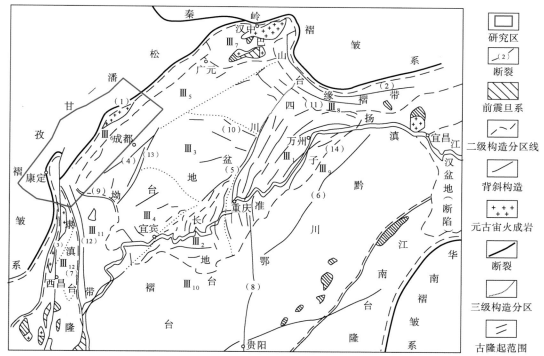

图1 四川盆地构造单元分区及工区位置图[18]（据中国石油地质志，1989，略有修改）

断裂名称：（1）龙门山；（2）城口；（3）安宁河；（4）彭灌；（5）华蓥山；（6）建始—郁江；（7）普雄河；（8）遵义—松坎；
（9）峨眉山—瓦山；（10）营山；（11）万源；（12）甘洛—汉源；（13）龙泉山；（14）齐岳山

断裂名称：III₁—川东高陡褶带；III₂—川南低陡褶带；III₃—川中平缓褶带；III₄—川西低陡褶带；III₅—川西坳陷带；III₆—龙门山
冲断褶皱带；III₇—米仓山台缘凸起；III₈—大巴山冲断褶带；III₉—八面山断褶带；III₁₀—娄山断褶带；III₁₁—峨眉山、
凉山块断带；III₁₂—西昌盆地（凹陷）

灰岩、白云岩，底部为"绿豆岩"；雷二段以石灰岩、膏岩为主；雷三段下部以石灰岩、泥质灰岩、云质灰岩为主，中部以云质膏岩或膏岩为主，上部则为石灰岩、云质灰岩为主；雷四段下部以白云岩、含膏云岩、膏岩为主，中部以膏质云岩为主，上部以藻云岩、泥粉晶云岩、颗粒云岩为主。

2 储层特征

2.1 岩石学特征

通过对野外露头、岩心和薄片观察发现，研究区雷口坡组地层岩性复杂，包括膏岩、白云岩、石灰岩以及少量角砾状碳酸盐岩，此外，白云岩、石灰岩和膏岩间的过渡类型也常见。岩石类型不同，储集性能也存在很大差异。和储层有密切关系的岩石类型主要以颗粒云岩为主，其次是藻屑、藻纹层、藻凝块碳酸盐岩和细粉晶云岩（图 2）。各类藻云岩、细粉晶云岩等有利岩性主要发育于雷四³亚段，而颗粒云岩主要发育于雷三段。

值得指出的是，在整个雷三段—雷四段沉积时期，由于水体盐度较高，大面积潮坪相带发育，藻类等微生物发育，与微生物作用或与微生物活动密切相关的无机或有机诱导作用形成的微生物岩类较发育，主要为藻屑、藻团粒、藻纹层白云岩，少量球粒碳酸盐岩，这构成雷三段—雷四段的主要储集岩。此类岩性主要发育于潮间带，少部分发育于潮下带或潮上带，而准同生期有利于形成粒间（溶）孔或粒内溶孔、藻纹层间窗格孔或鸟眼孔、部分膏溶孔等[3]。

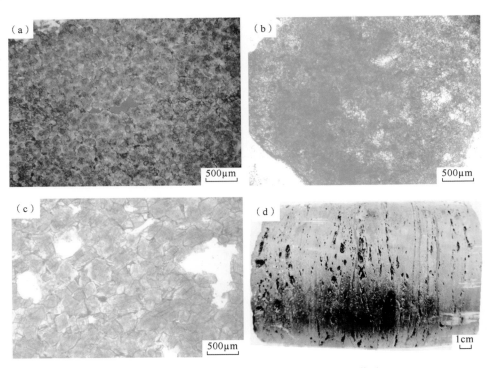

图 2　川西地区雷口坡组主要岩性岩心和微观薄片

（a）汉 1 井，雷三段，3605m，砂屑云岩，粒间溶孔发育，铸体薄片；（b）桑园 1 井，雷四³亚段，5230m，粉晶藻云岩，单偏光；（c）川科 1 井，雷四³亚段，5759m，细晶白云岩，晶间溶孔发育，单偏光；（d）鸭深 1 井，雷四³亚段，5783.3m，藻云岩，溶孔发育，局部可见溶洞

2.2 孔隙空间特征

中三叠统雷口坡组储层空间类型多样，具体可以分为三大类：孔、洞、缝（表 1）。孔隙类常见的有残余粒间孔、窗格孔、粒间溶孔、粒内溶孔，其次是晶间溶孔，少量晶内微孔、铸模孔[19]（图 3）。其中残余粒间孔、窗格孔、晶间溶孔主要为同生—准同生成岩作用阶段形成；粒间溶孔、粒内溶孔、晶间溶孔、铸模孔既可在准同生阶段形成，亦可在早—中成岩作用阶段及晚期表生成岩作用阶段形成。但晚期表生成岩作用阶段形成的次生溶孔中可发育渗滤泥、雾状泥质氧化内衬边，溶蚀作用常伴随中—晚成岩作用形成的孔隙充填物溶蚀，或伴随裂缝的溶蚀及裂缝渗滤泥的

表 1　川西地区雷三段—雷四段储集空间类型及特征

孔隙类型		特征	发育程度	主要分布层段
孔	残余粒间孔	颗粒间充填、胶结作用后剩余孔隙	常见	雷四³亚段、雷三段
	窗格孔	大致平行的、断续的长条状或格子状孔隙，一般高 1～3mm，宽几毫米	常见	雷四³亚段
	晶间孔	白云石、方解石等晶体之间的孔隙	少	雷四³亚段、雷三段
	粒间溶孔	颗粒间充填物或胶结物被溶蚀形成的孔隙	常见	雷四³亚段、雷三段
	粒内溶孔	砂屑、鲕粒、生屑内部被溶蚀形成的孔隙	常见	雷三段
	铸模孔	颗粒、生屑或晶体全部溶解，仅保留外形	少	
	晶间溶孔	在晶间孔基础上溶解扩大后形成	少	
	晶内微孔	硬石膏、方解石等晶体内部次生溶蚀微孔隙	少	
洞		溶蚀作用形成的溶洞或风化壳岩溶洞穴	少	中三叠统剥蚀面顶
缝	构造缝	构造破裂、挤压破碎形成的裂缝	常见	雷四段、雷三段
	成岩缝	压溶作用形成的缝合线	常见	

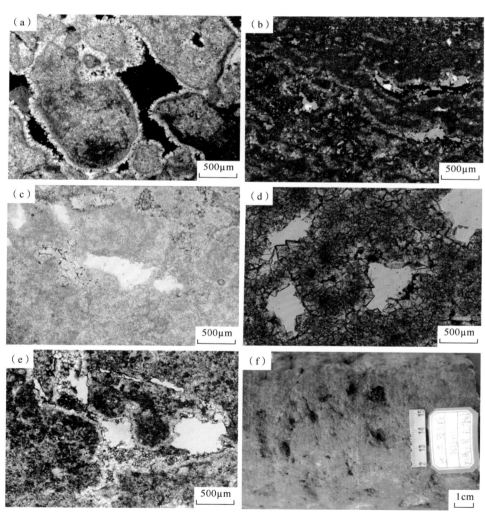

图 3　川西地区雷口坡组储层典型孔隙特征

（a）中 46 井，雷三段，3135.7m，砂屑白云岩，粒间、粒内孔，正交偏光；（b）鸭深 1 井，雷四³亚段，5793.95m，藻纹层白云岩，窗格孔，呈定向排列，铸体薄片；（c）桑园 1 井，雷四³亚段，5274m，粉晶藻云岩，晶间孔发育，单偏光；（d）中 42 井，雷三段，3347.96m，粉晶砂屑云岩，膏溶孔，单偏光；（e）羊深 1 井，雷四³亚段，6228.96m，藻云岩，溶蚀孔发育，表生期充填的渗流粉砂被溶蚀，铸体薄片；（f）汉 1 井，雷三段，3592m，颗粒云岩，见明显溶蚀孔洞充填，以及孔隙的溶蚀扩大。当油气散失后可残留有原油或沥青质，有的还有新月形胶结等。

依据成因可将裂缝分为非构造缝与构造缝两种类型。非构造缝包括层间缝、岩溶缝和再受溶蚀的缝合线等，这类裂缝短且细，纵横交错呈网状分布，常被泥质、方解石等充填或半充填，部分有溶蚀扩大现象，对改善渗流能力有一定贡献。构造缝主要为伴生断层作用、褶皱作用产生的缝，以高角度缝、斜交缝居多，少量低角度缝。

溶洞相对来说不发育，仅部分井在钻井过程中有放空漏失现象，且从测井曲线上可看明显泥质充填洞穴的特征，如重华1井，见明显"高伽马、低电阻率、低密度、高声波时差和高中子值"现象，整体来说，洞穴型储层不常见。

2.3 物性特征

川西地区雷口坡组以富含各种蓝绿藻和颗粒的白云岩为主，其次是膏盐岩和石灰岩。图4为川西地区雷口坡组取心井岩心分析物性统计直方图，从岩心物性统计来看，岩心分析孔隙度主要分布在0～10%之间，平均孔隙度为3.1%，小于2%的占多数；而渗透率分布在0～10mD之间，大多数样品的渗透率小于1mD，平均渗透率为1.05mD。川西地区雷口坡组储层整体表现为低孔、低渗特征。

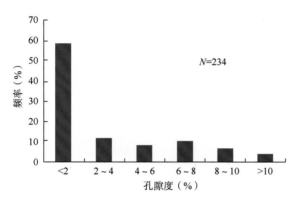
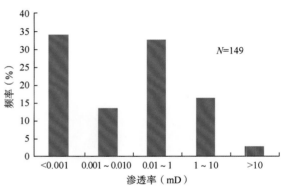

图4　川西地区雷口坡组取心井岩心分析孔隙度和渗透率

2.3.1 颗粒云岩

岩石中砂屑含量一般大于50%，多由泥—粉晶白云石构成，分选、磨圆中等—好；颗粒间被亮晶白云石和膏质组分微充填—半充填。分布于雷三段的砂屑白云岩胶结程度较弱，粒间溶孔发育，储集性能好，孔隙度一般为0.21%～10.57%，平均为3.6%，渗透率一般为0.0003～17.9mD，平均为1.08mD，构成了雷口坡组三段主要储集岩类型。为了进一步明确颗粒云岩的分布，针对研究区已钻井资料，采用单因素分析法大致明确了颗粒岩的分布范围，认为雷口坡组三段颗粒云岩主要分布于川西南的周公山—汉旺场一带。

2.3.2 藻云岩

主要由砂屑颗粒和蓝绿藻组成，颗粒含量大于60%，分选、磨圆极差；颗粒之间的蓝绿藻粘结现象明显，构成特殊的藻粘结"格架"孔，其间常被马牙状白云石、石膏、渗流粉砂、方解石和硅质石英等亮晶胶结物微充填—全充填。当其接受表生期和埋藏期溶蚀作用后，孔隙间的方解石和膏质组分发生溶解，形成较多的藻粘结"格架"溶孔，而且常见溶蚀孔洞的定向排列（参见图3e、f），具有较好的储集性能，孔隙度一般为0.46%～6.56%，平均为2.76%，渗透率一般为0.0008～16.2mD，平均为1.61mD，构成了雷四³亚段储集岩类型。对于藻云岩的分布情况，通过对研究区多口井的分析发现，雷四³地层整体表现出"低去铀伽马（KTH）、高自然伽马（GR）"的特征（图5），而自然伽马与去铀伽马之间的差异代表铀的含量，但高铀现象主要是有机质或放射性物质所引起，结合研究区的实际情况可知这种高铀现象是有机质的表现，而不是代表泥质含量高。基于这种认识，笔者采用"岩心标定测井，再多井对比分析"的思路，利用薄片资料对全井段的测井曲线进行了标定，综合认为"KTH<20API、GR>45API"是藻云岩发育的特征，进而利用多井对比分析，明确了川西地区雷四³亚段

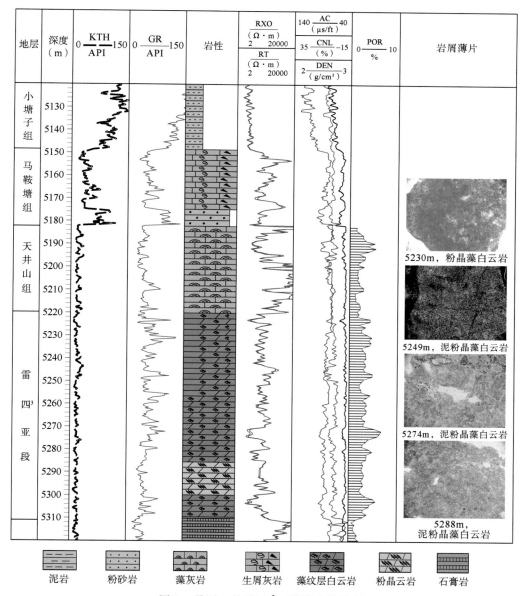

图5 桑园1井雷四³亚段综合柱状图

藻云岩的分布范围，其主要分布于沿高家场—雾中山—鸭深1井一带。

2.3.3 晶粒云岩

晶粒云岩主要为泥—粉晶云岩和细粉晶云岩。泥—粉晶云岩在各层段中均有分布，晶粒大小为 $0.01\sim0.1mm$，以半自形为主，发育一定数量的晶间孔、晶间溶孔及介形虫类生物体腔孔，储集性能中等—差。另外，局部膏质白云岩和泥晶白云岩的物性较好，一方面可能是膏质云岩和泥晶云岩在气候干燥的条件下易形成收缩缝，改善了储层的储集性能；另一方面也与风化剥蚀有一定关系，膏质云岩或泥粉晶云岩中的易溶成分遭受风化暴露，形成大量的晶间微孔。

3 储层形成条件

根据储层岩石学特征、孔隙类型、物性特征，结合中三叠统沉积埋藏与构造演化历史，认为川西地区中三叠统雷三段—雷四段碳酸盐岩储层成因复杂，受沉积相、白云石化、岩溶作用和埋藏溶蚀作用等多重因素的影响。

3.1 沉积相是储层发育的物质基础

根据川西地区岩心分析统计的储层物性与沉积微相的关系结果表明（表2），储层物性相对较好的主要为颗粒滩相的颗粒云岩及潮坪环境的藻粘结的藻屑、藻纹层等微生物白云岩，其次是粉

表 2 川西地区中三叠统雷口坡组岩性与物性关系

沉积相	孔隙度（%）		渗透率（mD）		样品数（个）
	范围	平均值	范围	平均值	
颗粒滩	0.21 ~ 10.57	3.60	0.000311 ~ 17.90	1.08	219
藻云坪	0.46 ~ 6.56	2.76	0.000856 ~ 16.20	1.61	108
云坪	0.08 ~ 11.27	2.02	0.000204 ~ 32.90	1.07	291
云质潟湖	0.23 ~ 1.37	0.60	0.00181 ~ 17.40	1.68	34
灰坪	0.52 ~ 1.86	1.10	0.0016 ~ 3.55	0.9	23
膏质潟湖	0.37 ~ 1.38	0.85	0.000624 ~ 0.14	0.04	9

晶、细粉晶云岩，而泥晶、泥粉晶、含膏质的碳酸盐岩物性均较差，即平均孔隙度由大到小的沉积微相顺序为：颗粒滩＞潮间带＞云坪＞灰坪＞云质潟湖＞膏质潟湖。由此可见，川西地区雷口坡组具有典型相控储层的特征，台缘滩、台内滩和潮间带等有利相带奠定了储层发育的物质基础[20]。

3.2 准同生白云石化和岩溶作用是孔隙规模保持和次生孔隙形成的主控因素

一般碳酸盐岩沉积之后虽然固结较快，抗压实，但在准同生期，对于原生孔隙发育的碳酸盐岩，孔隙水与海水或淡水等外部环境的流体仍较活跃，期间既有除压实作用外使孔隙体积减小甚至消失的充填胶结作用，也有能使孔隙增大的因素，因此滩相与微生物碳酸盐岩同生期形成的孔隙在准同生期至早成岩作用期能否保持或改造继承的关键因素是准同生期的白云石化和准同生期的大气淡水溶蚀作用。准同生期的白云石化不仅可以使岩石孔隙度增大，而且还可以使原岩颗粒变大，提高岩石的抗压实性能。该期白云岩的碳酸盐岩原始结构保存相对完整，见鸟眼沉积构造，表明其形成环境与蒸发潮坪有关，而且通过微量元素分析可以发现，该期白云石有序度在 0.38 ~ 0.68 之间，平均 0.573（表 3），白云石有序度较

表 3 川西地区雷口坡组白云岩有序度统计表*

编号	样品编号	井号	层位	岩性	有序度
1	PZ1-11	PZ1	T_2l_4	泥晶团块凝块云岩	0.622
2	PZ1-12	PZ1	T_2l_4	纹层叠层凝块泥晶云岩	0.412
3	PZ1-17	PZ1	T_2l_4	亮晶凝块云岩	0.533
4	PZ1-20	PZ1	T_2l_4	含藻屑球粒微晶云岩	0.381
5	PZ1-21	PZ1	T_2l_4	粉晶云岩	0.556
6	PZ1-24	PZ1	T_2l_4	粉晶云岩	0.568
7	PZ1-32	PZ1	T_2l_4	粉晶云岩	0.595
8	PZ1-33	PZ1	T_2l_4	粉晶云岩	0.638
9	PZ1-34	PZ1	T_2l_4	粉晶云岩	0.484
10	LS1-1	LS1	T_2l_4	白云岩	0.66
11	LS1-2	LS1	T_2l_4	白云岩	0.68
12	LS1-3	LS1	T_2l_4	白云岩	0.53
13	LS1-4	LS1	T_2l_4	白云岩	0.64
14	LS1-5	LS1	T_2l_4	白云岩	0.55
15	Z46-X1	Z46	T_2l_3	颗粒云岩	0.55
16	DC-X2	DC	T_2l_3	膏质云岩	0.62
17	DC-X3	DC	T_2l_3	膏质云岩	0.62
18	Z46-X2	Z46	T_2l_3	针孔状白云岩	0.62
19	H1-X1	H1	T_2l_4	膏质云岩	0.63

*尹宏，王旭丽. 川西南雷口坡组成藏条件及勘探目标评价研究. 江油：中国石油西南油气田分公司川西北气矿. 内部报告，2017.

低，表明研究区内白云石具有同生—准同生期形成的特征，δ¹⁸O 值基本在中三叠世海水左边（图6），指示着蒸发海水的性质，说明基质白云石是早期的回流渗透白云石化成因的。

准同生期的溶蚀作用是川西地区雷口坡组次生孔隙形成的关键因素。在岩心和薄片的观察中见到大量准同生期溶蚀作用的标志，如平行于层面分布的溶蚀孔洞（图 2d、图 7a），具有组构选择性溶蚀的窗格孔（图 3b）和示顶底构造（图 7b）等，这些表明藻砂屑云岩、藻纹层云岩等在准同生期随着潮湿、干旱气候的周期性交替变化，大气淡水的淋滤以及藻纹层中有机质的分解，形成白云

石晶间溶孔、藻纹层格架孔和粒间溶孔，同时这种环境也进一步有利于蒸发白云岩化作用发生[16]。

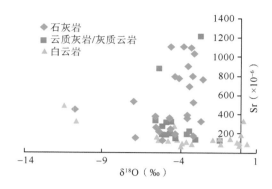

图 6   川西地区雷口坡组 Sr—O 同位素交会图*

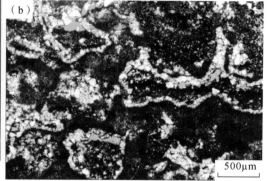

图 7   准同生期溶蚀作用标志

（a）羊深 1 井，雷四³亚段，6200m，岩心见明显平行于层面分布的溶蚀孔洞；（b）鸭深 1 井，雷四³亚段，5785.81m，藻纹层白云岩，具定向分布的粒间残余孔，铸体薄片，单偏光

3.3 中三叠世末期的表生岩溶作用起到加强和巩固作用

表生岩溶作用是与不整合相关的一种溶蚀作用。本区雷口坡组顶部由于受到中三叠世末期的早印支运动影响，地层发生整体抬升，且川西向川中抬升幅度依次加大，隆起主体区雷口坡组已剥蚀殆尽，隆起带向西的川西地区依次发育斜坡与洼地，地层普遍遭受剥蚀及大气淡水淋滤。在川西地区野外露头及龙门山前缘带的孝深 1 井、川科 1 井等取心段见明显的表生岩溶作用标志，如风化壳岩溶现象、溶塌角砾、渗流粉砂等，表明此时期的表生淋滤作用较明显。另外，川西中坝地区雷口坡组三段溶蚀裂缝发育，沿裂缝常见溶蚀孔洞，并形成良好溶蚀缝洞型储层，因后期

不再出现地层暴露的情况，因此推断为这期的表生淋滤作用所致。

表生淋滤作用的强度与岩性、古地貌有密切关系。滩相的颗粒碳酸盐岩、微生物碳酸盐岩等由于淋滤前本身孔洞发育，若再与构造裂缝配合，淡水流体渗流畅通，则对岩石的淋滤作用表现明显；而泥晶碳酸盐岩由于淋滤时孔洞不发育，岩石致密，淡水流体渗流不畅，淋滤作用不明显，只是在裂缝发育时可沿裂缝淋滤溶蚀，形成储层。

3.4 埋藏期有机酸的溶蚀作用及油气的浸位起到积极保护作用

早印支期后，中三叠统进入长期的埋藏状态，期间经历油气的生成与有机酸的产出、油气的浸

*尹宏，王旭丽. 川西南雷口坡组成藏条件及勘探目标评价研究. 江油：中国石油西南油气田分公司川西北气矿. 内部报告，2017.

位，这些因素对储层孔隙的保护起到非常重要的作用。

雷口坡组与天井山组有机碳含量普遍在 0.2% 左右[21, 22]，本身具有机酸的生成能力，且海相有机类型好，有机酸生成时间较早，在成岩早期即可形成，而此时正是成岩流体最活跃时期，而这时的有机酸的产生使地层形成弱酸介质环境，有效抑制了方解石的胶结。

同理，油气浸位在保持酸性成岩环境时占据了孔隙空间，同样抑制胶结物的形成，而没有油气浸位或有机酸消耗殆尽之后，成岩环境又转为弱碱性，被方解石、白云岩或热液矿物如硅质胶结。以青林 1 井为例，如图 8a 至 c 均见完整的第一期等厚环边胶结物且孔洞干净，但图 8a、b 孔洞中见残余轻质油，而图 8c 孔洞完全被后期的方解石充填。如果说图 8a、b 中的油气是在后期胶结物被溶蚀后才进入的，那么图 8a、b 为什么能完整保存第一期等厚环边胶结物，而把后期的胶结物都溶蚀干净？图 8c 则完全被后期方解石充填，未见一点溶蚀迹象？笔者认为，正是由于后期的油气浸入且仍有残余油气存在时，其抑制了后期方解石、硅质等胶结物的形成，而下部无油质残余的层段则大部分孔洞被晚期方解石、白云岩或热液矿物如硅质胶结充填。

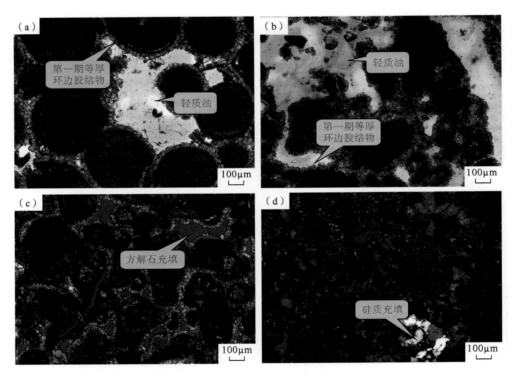

图 8　青林 1 井油气浸位与否和胶结作用特征差异

（a）青林 1 井，雷三段，3725.46m，含生屑鲕粒云岩，孔洞中轻质油，单偏光；（b）青林 1 井，雷三段，3755.11m，粉晶藻屑云岩，窗格孔中轻质油，单偏光；（c）青林 1 井，雷三段，33786.01m，泥粉晶颗粒云岩，方解石充填粒间孔，单偏光，染色；（d）青林 1 井，雷三段，3802.81m，含灰砂屑云岩，方解石、硅质充填，单偏光，染色

4　结　论

（1）川西地区雷口坡组碳酸盐岩储层储集空间主要为各种溶蚀孔洞和裂缝，但整体表现为低孔低渗特征，其中雷四³亚段以微生物碳酸盐岩岩溶储层为主，如各种藻屑、藻团粒、藻纹层白云岩的窗格孔、粒间孔和晶间孔；而雷三段则以颗粒滩白云岩为主，主要发育粒间孔及溶蚀缝洞。

（2）川西地区雷口坡组储层受沉积相和岩溶作用双重控制，沉积相是储层发育的物质基础，其中台地边缘滩和潮间带最为有利，台内浅滩次之；准同生期的白云石化和岩溶作用是孔隙规模保持和次生孔隙形成的关键时期和成孔因素，而中三叠世末期的表生岩溶作用起到进一步加强和巩固的作用，埋藏期有机酸的溶蚀作用和油气浸位起到积极保护作用，有效抑制了后期胶结物的形成。

参考文献

[1] 宋晓波，王琼仙，隆轲，等. 川西地区中三叠统雷口坡组古岩溶储层特征及发育主控因素[J]. 海相油气地质，2013，18（2）：8-14.

[2] 吴世祥，李宏涛，龙胜祥，等. 川西雷口坡组碳酸盐岩储层特征及成岩作用[J]. 石油与天然气地质，2011，32（4）：542-559.

[3] 李书兵，许国明，宋晓波. 川西龙门山前构造带彭州雷口坡组大型气田的形成条件[J]. 中国石油勘探，2016，21（3）：74-82.

[4] 龙翼，刘树根，宋金民，等. 龙岗地区中三叠统雷四³亚段储层特征及控制因素[J]. 岩性油气藏，2016，28（6）：36-44.

[5] 曾德铭，王兴志，张帆，等. 四川盆地西北部中三叠统雷口坡组储层研究[J]. 古地理学报，2007，9（3）：253-266.

[6] 曾德铭，王兴志，石新，等. 四川盆地西北部中三叠统雷口坡组滩体及储集性[J]. 沉积学报，2010，28（1）：42-49.

[7] 辛勇光，周进高，倪超，等. 四川盆地中三叠世雷口坡期障壁型碳酸盐岩台地沉积特征及有利储集相带分布[J]. 海相油气地质，2013，18（2）：1-7.

[8] 秦伟军，邹伟. 川东北地区雷口坡组储层特征及其形成条件[J]. 石油与天然气地质，2012，33（5）：785-795.

[9] 李蓉，许国明，宋晓波，等. 川西坳陷雷四³亚段储层控制因素及孔隙演化特征[J]. 东北石油大学学报，2016，40（5）：63-74.

[10] 唐宇. 川西地区雷口坡组沉积与其顶部风化壳储层特征[J]. 石油与天然气地质，2013，34（1）：42-47.

[11] 吴仕玖，曾德铭，王兴志，等. 川中龙岗—营山地区雷口坡组雷四³亚段储层成岩作用及孔隙演化[J]. 中国地质，2013，40（3）：919-926.

[12] 彭靖松，刘树根，张长俊，等. 龙门山前缘中三叠统雷口坡组储集层成岩作用差异性[J]. 古地理学报，2014，16（6）：790-801.

[13] 秦川，刘树根，张长俊，等. 四川盆地中南部雷口坡组碳酸盐岩成岩作用与孔隙演化[J]. 成都理工大学学报（自然科学报），2008，13（4）：19-28.

[14] 宋文燕，刘利清，甘学启，等. 川中地区雷口坡组风化壳岩溶作用研究[J]. 天然气地球科学，2012，23（6）：1019-1024.

[15] 沈安江，周进高，辛勇光，等. 四川盆地雷口坡组白云岩储层类型及成因[J]. 海相油气地质，2008，13（4）：19-28.

[16] 丁熊，谭秀成，李凌，等. 四川盆地雷口坡组三段颗粒滩储层特征及成因分析[J]. 中国石油大学学报（自然科学版），2013，37（4）：30-37.

[17] 李宏涛，胡向阳，史云清，等. 四川盆地川西坳陷龙门山前雷口坡组四段气藏层序划分及储层发育控制因素[J]. 石油与天然气地质，2017，38（4）：753-763.

[18] 四川油气区石油地质志编写组. 中国石油地质志·卷十·四川油气区[M]. 北京：石油工业出版社，1989.

[19] 杨光，石学文，黄东，等. 四川盆地龙岗气田雷四³亚段风化壳气藏特征及其主控因素[J]. 天然气工业，2014，34（9）：17-24.

[20] 丁熊，谭秀成，李凌，等. 四川盆地西南部雷口坡组储层特征及控制因素[J]. 现代地质，2015，29（3）：644-652.

[21] 王兰生，陈盛吉，杜敏，等. 四川盆地三叠系天然气地球化学特征及资源潜力分析[J]. 天然气地球科学，2008，19（2）：222-228.

[22] 许国明，宋晓波，冯霞，等. 川西地区中三叠统雷口坡组天然气勘探潜力[J]. 天然气工业，2013，33（8）：8-14.

四川盆地二叠系茅口组沉积特征及储层主控因素

郝　毅[1, 2]　姚倩颖[1, 2]　田　瀚[1, 2]　谷明峰[1, 2]　佘　敏[1, 2]　王　莹[1, 2]

（1. 中国石油杭州地质研究院　浙江杭州　310023；2. 中国石油天然气集团公司
碳酸盐岩储层重点实验室　浙江杭州　310023）

摘　要： 基于野外露头、钻井、测井及薄片等宏微观资料，对四川盆地茅口组的沉积相展布特征、储层类型、主控因素及分布规律展开了系统研究并取得以下认识：（1）茅口组沉积已不再受到加里东期古隆起控制，沉积格局更多的是受到峨眉地裂运动造成的北西—南东向断层影响；（2）茅口组主要发育碳酸盐岩缓坡、斜坡及盆地 3 个主要相带，其中茅口组沉积中晚期高位体系域发育的浅水缓坡高能滩是最有利的储集相带；（3）茅口组主要发育孔洞—孔隙型白云岩以及岩溶缝洞型石灰岩两类储层，高能生屑颗粒滩是茅口组两类储层形成的物质基础，早期白云石化作用是白云岩储层得以保存的关键因素，而构造运动及古岩溶作用是石灰岩储层发育的重要条件；（4）白云岩储层主要分布在雅安—乐山及盐亭—广安地区，岩溶缝洞型石灰岩储层在全盆都可见，但在泸州—开江古隆起范围内最为发育。

关键词： 四川盆地；二叠系；茅口组；沉积相；储层主控因素；古岩溶

Sedimentary Characteristics and Reservoir Controlling Factors of Permian Maokou Formation, Sichuan Basin

Hao Yi[1, 2], Yao Qianying[1, 2], Tian Han[1, 2], Gu Mingfeng[1, 2], She Min[1, 2], Wang Ying[1, 2]

(1. PetroChina Hangzhou Research Institute of Geology, Hangzhou, Zhejiang 310023; 2. CNPC Key Laboratory of Carbonate reservoirs, Hangzhou, Zhejiang 310023)

Abstract: Based on outcrop, drilling, logging, thin sections and other macro and micro data, the characteristics of sedimentary facies, reservoir types, main controlling factors and distribution patterns of Maokou Formation are systematically studied in Sichuan Basin. The author obtains the understanding as follows. (1) The sedimentary pattern of Maokou Formation is influenced by the NW-SE faults formed by Emei taphrogenesis, but not controlled by Caledonian paleo-uplift. (2) Carbonate ramp, slope and basin are three main facies in Maokou Formation. The high-energy shoal of high-stand system tract developed in shallow ramp in the middle-late period of Maokou Formation is the most favorable reservoir sedimentary facies. (3) Two types of reservoirs are developed such as hole-pore dolostone and karst fractured-vuggy limestone in Maokou Formation. The high-energy bioclastic shoal is the material basis for reservoirs of Maokou Formation. Earlier dolomization is the key that dolostone reservoir could be preserved, Tectonic movement and paleo karstification are important conditions of reservoir development. (4) Dolostone reservoir is mainly distributed in the Ya'an-Le'shan and the Yan'ting-Guang'an areas. Karst fractured-vuggy limestone reservoirs are distributed in the whole Basin, but the Lu'zhou-Kai'jing uplift is the most developed area.

Key words: Sichuan Basin; Permian; Maokou formation; sedimentary facies; key controlling factors of reservoirs; paleokarst

　　四川盆地对于茅口组的勘探始于 1955 年蜀南地区隆 10 井钻获工业气流[1]，随后开始了数十年的勘探历程。四川盆地内茅口组厚 119~508m，平均 237 m[2, 3]，由下而上可分为四段（图 1），主要岩性为灰色至深灰色亮晶生屑灰岩、泥晶生屑灰岩，泥质灰岩夹硅质结核，下部具明显的眼球状构造，含有珊瑚、腕足、蜓、海百合、有孔虫等古生物[4]。前人对四川盆地茅口组做过大量的研

第一作者简介：郝毅，（1981—）男，2008 年毕业于成都理工大学，高级工程师，从事沉积储层方面的研究工作。
E-mail：haoy_hz@petrochina.com.cn

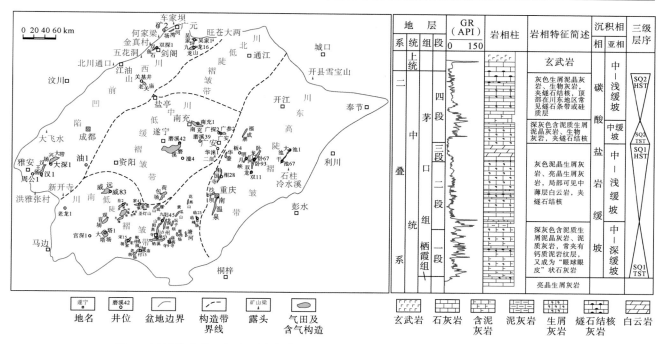

图1 四川盆地茅口组主要含气构造、钻井、野外露头分布图及地层综合柱状图

究工作，包括沉积环境[5, 6]、岩相古地理[7-10]、储层特征和成因[11-16]以及勘探方向[1, 17]等。就沉积环境与岩相古地理而言，局部地区研究较多而全盆范围研究较少，且茅口组不同沉积时期的沉积环境差异不大，甚至与栖霞组沉积时期岩相古地理展布相差无几。就储层方面而言，大多研究是针对茅口组岩溶风化壳型石灰岩储层，而白云岩储层相关的研究较少。

笔者基于野外露头、钻井岩心、测井及薄片等宏观及微观资料，对四川盆地茅口组的沉积储层地质问题开展了系统研究。认为相对栖霞组沉积而言，茅口组受加里东期古隆起控制已经不是很明显，水体普遍比栖霞组沉积时期略深，川西地区已不存在类似栖霞组的台地边缘。茅口组储层主要以岩溶缝洞型石灰岩储层及孔洞—孔隙型白云岩储层为主，其中岩溶缝洞型储层以泸州—开江古隆起区最为发育，其分布与长时期多频次的地层暴露有关。而白云岩储层主要分布在川西南雅安—乐山地区及川中的盐亭—广安一带。

1 区域地质背景

1.1 层序地层划分

由于四川盆地茅口组的岩石地层划分方案不统一，且根据生产需求分出了亚段（图1），不适合作为岩相古地理的编图单元，因此，为了方便

成图本次研究重新厘定了层序地层划分方案。茅口组共经历了两个海侵海退旋回（SQ1、SQ2），第一个旋回SQ1分布面积广，持续时间长，沉积厚度大。其中第一旋回海侵体系域（SQ1-TST）岩性为含泥质生屑灰岩夹薄层含生屑灰质泥岩，生屑磨圆度较差，甚至常见完整的较大生物化石，反映了相对水深低能的沉积环境，测井上主要表现为GR值高并呈锯齿状特征（图1）。第一旋回高位体系域（SQ1-HST）岩性主要为亮晶生屑灰岩、局部见白云岩，岩石中生屑颗粒普遍磨圆度高、分选性较好，反映了水浅高能的沉积环境，测井上主要表现为中—低GR值并呈弱锯齿状特征（图1）。第二个旋回SQ2在川西南地区较为完整，厚度50~120m，而川东—川南厚度较薄甚至缺失，可能与茅口组沉积末期东吴运动造成的剥蚀有关[9]。

1.2 古地理背景

经历过栖霞组沉积时期的填平补齐作用，加里东期残余古地貌对茅口组沉积的控制已经不明显，从茅口组沉积初期海侵体系域的沉积厚度来看，有西薄东厚的特点，但厚度差异不大，侧面反映了四川盆地在茅口组沉积期依然存在着西高东低的古地貌格局。随着茅口海侵期的进一步填平补齐，茅口组沉积中晚期沉积格局已经与川中

古隆起的展布形态无关，尤其是川中—川东地区已经不是类似栖霞组的"S"形展布特征，而呈北西—南东方向展布，与开江—梁平海槽[18]展布方向更为相近，可能受到茅口组沉积晚期一系列北西向断层的影响。据前人研究，该时期峨眉地裂运动在局部已经开始发育[19]，因此对茅口组的沉积可能有一定的控制作用，开江—梁平海槽的雏形可能也是在该时期开始发育。

2 沉积相展布特征

2.1 沉积相类型

茅口组与栖霞组类似，沉积时期地壳相对稳定、海域广阔、生物繁盛，沉积环境为亚热带地区、水体洁净、养料充足、正常盐度，适宜各种生物繁殖。不同的是，茅口组沉积时期海平面变化频繁且幅度较大[20]，这就造成了类似栖霞组沉积时期的台缘带难以持续维系，因此，研究认为四川盆地茅口组沉积时期已经不存在典型的台缘带，而碳酸盐岩缓坡或台地[7-9]成为盆地内主要的沉积相带。

根据野外露头和钻井岩心观察、测井资料综合分析，宏观微观相结合，将四川盆地茅口组划分为3个主要相带：碳酸盐岩缓坡、斜坡、盆地。碳酸盐岩缓坡又可分为浅缓坡、中缓坡及深缓坡，而浅缓坡是茅口组盆地内最重要的沉积相，主要发育在高位体系域沉积期。浅缓坡顾名思义水体较浅、能量较高，可以在茅口组形成广泛分布的高能滩体，这些高能滩是储层发育的物质基础，几乎所有的白云石化以及岩溶作用都是在浅缓坡高能滩沉积物基础上发育而来。中缓坡及深缓坡相对水体较深，主要发育在海侵期，可见一些中低能生屑滩，生屑分选性及磨圆性较差，个别生物保存完整，反映了水体能量较低的特点。斜坡—盆地相带主要发育在龙门山一带以西的地区，岩性以含泥质角砾状泥晶灰岩以及硅质岩为主。

2.2 沉积相展布

2.2.1 茅口组沉积早期海侵体系域（SQ1-TST）

茅口组沉积早期，四川盆地经历了一次大规模的海侵，该时期古地貌仍为西高东低之势，但已不如栖霞组沉积时期那么明显，盆地水体由东向西逐渐变浅。该时期为下二叠统相对海平面最

高时期，且持续时间较长，并伴随了反复海侵的过程。因此，该时期沉积相也发生了较大的变化，由于水体普遍较深，浅缓坡已经几乎不存在，主要发育中—深缓坡（图2），岩性主要以富含泥质的深灰色泥晶生屑灰岩、泥质生屑灰岩及钙质泥岩为主。

该时期最典型的特征是发育"眼球眼皮"泥质灰岩，其中眼皮为含生屑钙质泥岩，呈薄层或纹层状，而眼球质地较纯，为泥微晶生屑灰岩。由于海水较深，该时期高能滩已经鲜有发育，仅在中缓坡中偶见一些相对低能的滩体。

2.2.2 茅口组沉积中晚期高位体系域（SQ1-HST）

该时期，盆地海水已经向西北以及东侧逐渐退去，为相对海平面最低时期。在该时期四川盆地范围内广泛发育浅缓坡相带（图3），主要在江油—广安—宜宾—雅安等区域内，岩性以浅灰色、灰色、灰褐色泥粉晶—亮晶生屑灰岩为主，局部可见白云岩。

经历过栖霞组沉积时期及茅口组沉积早期海侵体系域碳酸盐岩的填平补齐，川中古隆起的残余形态在茅口组沉积中晚期已不复存在，而影响沉积格局主要受到东吴运动早期幕次的影响[21]，盆地整体处于北东—南西向拉张环境，茅口组沉积末期峨眉地裂喷发玄武岩就是东吴运动最直观的表现。川北剑阁—川中广安一线以东逐渐发育中—深水缓坡，岩性以灰色、灰褐色泥微晶灰岩为主，常含燧石结核。龙门山以西地区则主要发育斜坡—盆地。

该时期滩体广泛发育，主要集中在浅缓坡及中缓坡相带中，尤其是浅缓坡相带内多发育高能颗粒滩亚相。滩体厚度相对较大，岩性主要为浅灰色亮晶生屑灰岩及生屑白云岩，孔洞较为发育。

2.2.3 茅口组沉积末期（SQ2）

该时期，四川盆地又经历了一次海侵及海退旋回，但由于地层普遍保存不全，因此未分别描述。该时期沉积相总体来说与SQ1高位体系域时期差别不大，中—浅缓坡范围有所扩大。值得一提的是该时期由于东吴期构造活动已经更加强烈，由于大量的幔源富硅物质溢出就近沉积，导致在广元—开江一带出现了大量硅质结核、硅质条带，甚至厚层硅质岩，基本呈北西向展布，与张性断裂的拉张方向一致（图4）。而海水的中富硅环境会造成这些地区

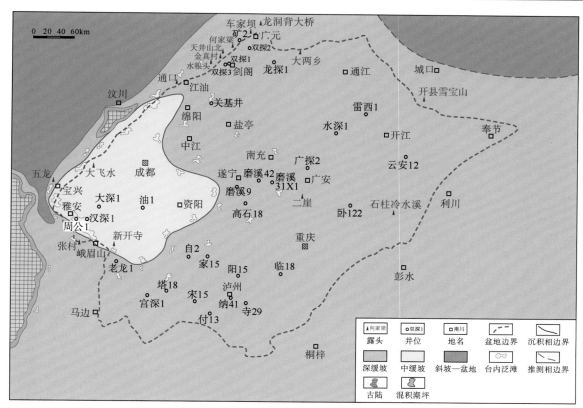

图 2　四川盆地及邻区茅口组沉积早期海侵体系域（SQ1-TST）岩相古地理图

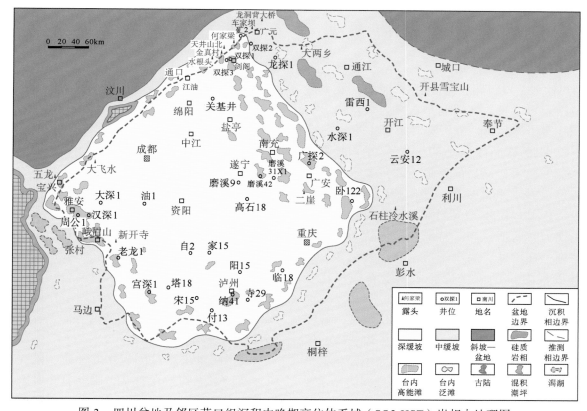

图 3　四川盆地及邻区茅口组沉积中晚期高位体系域（SQ2-HST）岩相古地理图

正常碳酸盐岩沉积速率降低甚至停滞，因此广元—开江一带茅口组厚度比其他地区薄很多，形成了北西向的洼地，而洼地边缘的坡折带更容易形成一些高能滩体，为形成储层奠定了物质基础。

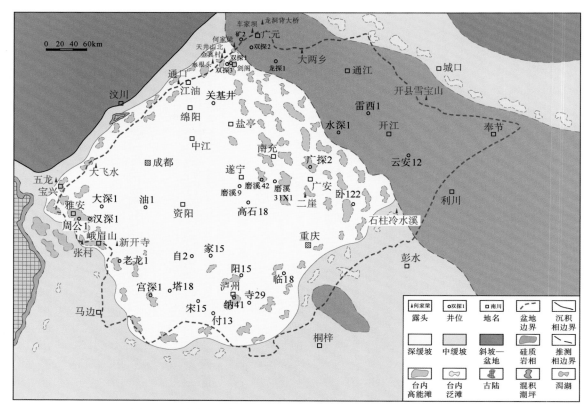

图4 四川盆地及邻区茅口组沉积末期（SQ2）岩相古地理图

3 储层特征、主控因素和分布规律

3.1 储层特征

四川盆地茅口组储层类型主要有两种：孔洞—孔隙型白云岩以及岩溶缝洞型石灰岩。从白云岩储层200多个样品物性分析资料来看（图5），孔隙度小于4%的样品数量占87%以上，平均孔隙度为 2.83%。白云岩储层的储集空间主要以晶间孔（图6a）为主，此外还有一些未被白云石完全充填的残余孔洞（图6b）。茅口组白云岩储层的常规测井表现为"两低三高"特征，即低伽马、低电阻率、中—高密度、高中子值、高声波时差；成像测井表现为暗色斑状特征，预示着孔洞比较发育。

茅口组石灰岩的物性并不高，孔隙度一般在2%以下，平均孔隙度只有 1%左右，渗透率一般小于0.08mD[12]，造成低孔低渗的原因主要是茅口组石灰岩的基质孔并不发育，其储集空间类型主要为较大的溶洞或角砾间残留孔洞（图6c、d）。此类储层常规测井表现为中—低伽马、低电阻率、中—高密度、高中子值、高声波时差，而成像测井表现为亮色斑状特征，预示着岩溶角砾比较发育。

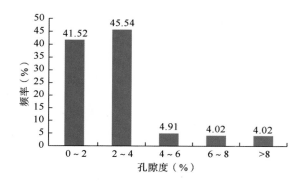

图5 四川盆地茅口组白云岩储层孔隙度直方图

3.2 储层主控因素

白云岩储层的主控因素主要沉积相带、早期白云石化等。而岩溶型石灰岩储层除了受到沉积相带的影响外，构造运动及古岩溶作用等因素对其起到了控制作用。

3.2.1 沉积相带

沉积相带决定着沉积物的性质。前文已经提到，茅口组生物发育繁盛，因此分布范围广、沉积厚度大的高能生屑颗粒滩是茅口组储层的物质基础。颗粒比灰泥更加抗压实，因此颗粒往往在沉积物中作为骨架起到了支撑作用，提高了原始孔隙度及渗透率[22]。以生屑为主颗粒滩暴露后，

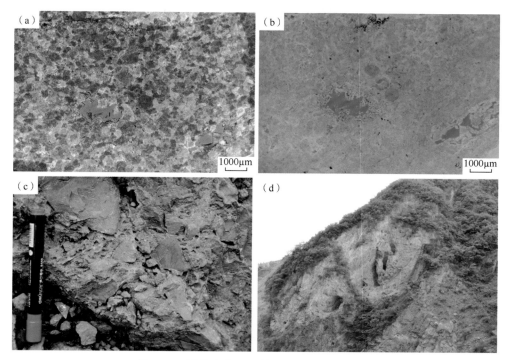

图6 四川盆地茅口组储层宏观及微观特征

（a）广探2井，茅口组，4704.94m，晶粒白云岩，晶间孔发育，蓝色铸体片（-）；（b）广探2井，茅口组，4704.94m，视域同左图，蓝色铸体片（-），经过原岩恢复过后，生屑颗粒非常明显；（c）乐山沙湾六井沟剖面，茅口组上部，岩溶角砾状灰岩，角砾成分主要为浅灰色—灰色生物碎屑灰岩，砾间孔发育，多被石英、方解石等矿物半充填，表明该角砾岩非现代溶蚀作用形成；（d）广元西北乡剖面，茅口组上部，溶洞宏观照片，古岩溶基础上叠加了一些现代溶蚀作用

生物碎屑本身更加容易受到溶蚀形成孔隙。即使是茅口组白云岩储层，将其进行原岩恢复后仍然可以看到明显的颗粒结构（图6a、b）。因此，在茅口组高位体系域时期，浅水缓坡范围内发育的高能颗粒滩是最有利的储集岩发育带（参见图3）。

3.2.2 早期白云石化

在野外露头及岩心的观察中可以明显的看到，石灰岩中发育大量的缝合线构造，而相邻的白云岩则并无这种现象。缝合线的形成是由于压溶作用形成的，压溶作用不但压缩了孔隙空间，压溶产生的钙质流体还会填充原生孔隙，对储层破坏作用极大。因此，大规模压溶作用发生之前的白云石化作用无疑是储层得以保存的关键因素。茅口组白云岩形成时间有以下证据：首先是从碳氧同位素数据的定性分析，由于碳同位素受后期成岩作用影响较小，因此岩石的碳同位素最能反应沉积时水体性质。从碳氧同位素交会图中可以看到（图7），无论川西、川东还是川中地区，石灰岩及白云岩的碳同位素都落在中二叠世海水同位素的范围之内，也就是说白云石化流体来自同时期海水，间接的说明白云岩的形成时间较早。其次是U-Pb同位素测年法对茅口组白云岩样品进

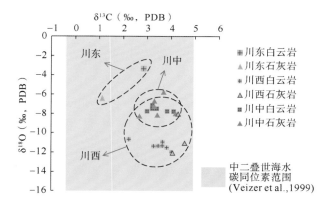

图7 茅口组碳氧同位素交会图

行了定量分析，得到的年龄是257.2Ma±3.1Ma，说明茅口组沉积末期白云岩是准同生期形成。

3.2.3 构造运动及古岩溶作用

从茅口组目前的钻探效果来看，岩溶型石灰岩储层相对于白云岩储层而言更加重要，以蜀南地区自流井构造自2井为例，钻进栖霞组—茅口组时发生放空及井漏，从1960年开始生产至今，单井天然气产量已经突破 $50×10^8m^3$。因此，古岩溶作用就显得非常重要，是岩溶型石灰岩储层发育的主控因素。虽然相对海平面下降可以造成地

层暴露、岩溶作用发生，但一般这种情况地层暴露时间有限，所以形成的岩溶作用强度也有限。而要想形成长时间的岩溶作用，局部的构造隆升则是必不可少的条件。泸州—开江古隆起是在茅口组沉积末期峨眉地裂运动期间形成的大型古隆起，其隆起核部茅口组被大量剥蚀，现今顶部一般为茅三段甚至茅二段[23]。古隆起的形成造成了岩溶作用的大规模、长时间发育。以泸州和自贡地区为例，在其已钻入茅口组的 996 口井中有 105 口井钻遇放空，除去可能遇到断层而造成的 6 口放空井外，其余 99 口井的放空皆为古岩溶所导致，溶洞钻遇率达到 9.94%[24]（图 8）。因此，构造运动及古岩溶作用是储层发育的关键因素。

3.3 有利储层分布区

茅口组白云岩储层主要发育在浅水碳酸盐岩缓坡相带，川西南及川中地区都发育一定规模的白云岩储层。其中川西南地区白云岩储层主要分布在雅安—乐山地区，尤其是汉王场构造的汉 1 井、汉深 1 井，以及周公山构造的周公 1 井，厚度可达 50m 以上[11]。川中白云岩储层则主要分布在盐亭—广安地区，其中磨溪 39 井白云岩储层厚度约 20m（图 9）。

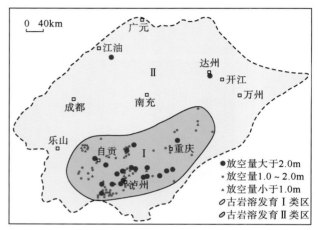

图 8　茅口组放空井位置及古岩溶分类图
（据陈宗清，2007，修编）

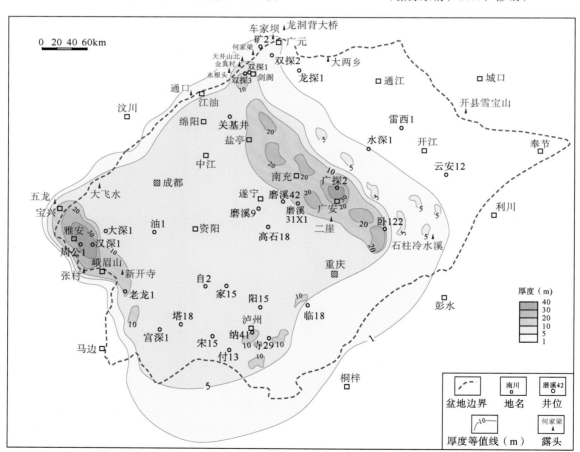

图 9　四川盆地茅口组白云岩储层厚度预测图

岩溶型石灰岩储层在盆地范围内广泛发育（图 8），除了上述提到的泸州—开江古隆起范围外，在川西北、川西南等很多地区的岩溶型石灰岩储层都获得了工业气流。以川西南大兴场构造的大深 1 井为例，自 1993 年投产以来直到 2018 年底，单井累计产天然气 $4.5 \times 10^8 m^3$。基于有限的茅口组钻井及野外露头的岩溶特征，初步把泸州—开江古隆起范围划为古岩溶发育Ⅰ类区，而盆地其他地方划为Ⅱ类区。

4 结 论

本次对四川盆地茅口组沉积储层的研究共取得了以下 4 个方面的认识：

（1）经过了栖霞组沉积时期的填平补齐作用，加里东期古隆起残余地貌对茅口组沉积已不再明显，沉积格局更多的是受到峨眉地裂运动造成的北西—南东向断层影响，尤其是茅口组沉积晚期已经出现北西方向的条带状硅质岩，由于硅质岩沉积速率慢且影响正常碳酸盐岩沉积，因此硅质岩发育区形成洼地。

（2）茅口组主要发育碳酸盐岩缓坡、斜坡及盆地 3 个主要相带，其中茅口组沉积中晚期高位体系域发育的浅水缓坡高能滩是最有利的储集相带，白云岩储层也主要发育在该相带中。

（3）茅口组主要发育孔洞—孔隙型白云岩以及岩溶缝洞型石灰岩两类储层，高能生屑颗粒滩是茅口组两类储层形成的物质基础。茅口组白云岩形成的时间为 $257.2Ma \pm 3.1Ma$，因此早期白云石化作用是白云岩储层得以保存的关键因素，而构造运动及古岩溶作用是石灰岩储层发育的重要条件。

（4）茅口组白云岩储层主要分布在雅安—乐山以及盐亭—广安地区，主要围绕浅缓坡边缘滩体发育。岩溶缝洞型石灰岩储层在全盆都可见，但在泸州—开江古隆起范围内最为发育。

参考文献

[1] 沈平，张健，宋家荣，等. 四川盆地中二叠统天然气勘探新突破的意义及有利勘探方向[J]. 天然气工业，2015，35（7）：1-9.

[2] 四川油气区石油地质志编写组. 中国石油地质志·卷十·四川油气区[M]. 北京：石油工业出版社，1989.

[3] 胡明毅，胡忠贵，魏国齐. 四川盆地茅口组层序岩相古地理特征及储集层预测[J]. 石油勘探与开发，2012，39（1）：45-55.

[4] 四川省地质矿产局. 四川省区域地质志[M]. 北京：地质出版社，1991.

[5] 李乾，徐胜林，陈洪德，等. 川北旺苍地区茅口组地球化学特征及古环境记录[J]. 成都理工大学学报（自然科学版），2018，45（3）：268-281.

[6] 李蔚洋，何幼斌，刘杰. 旺苍双汇下二叠统岩石特征与沉积环境分析[J]. 重庆科技学院学报（自然科学版），2009，11（1）：5-7.

[7] 向娟，胡明毅，胡忠贵. 四川盆地中二叠统茅口组沉积相分析[J]. 石油地质与工程，2011，25（1）：14-19.

[8] 厚刚福，周进高，谷明峰，等. 四川盆地中二叠统栖霞组、茅口组岩相古地理及勘探方向[J]. 海相油气地质，2017，22（1）：25-31.

[9] 周进高，姚根顺，杨光，等. 四川盆地栖霞组—茅口组岩相古地理与天然气有利勘探区带[J]. 天然气工业，2016，36（4）：8-15.

[10] 田景春，郭维，黄平辉，等. 四川盆地西南部茅口期岩相古地理[J]. 西南石油大学学报（自然科学版），2012，34（2）：1-8.

[11] 胡安平，潘立银，郝毅，等. 四川盆地二叠系栖霞组、茅口组白云岩储层特征、成因和分布[J]. 海相油气地质，2018，23（2）：39-52.

[12] 郝毅，周进高，倪超，等. 川西北中二叠统茅口组储层特征及成因[J]. 四川地质学报，2014，34（4）：501-504.

[13] 霍飞，杨西燕，王兴志，等. 川西北地区茅口组储层特征及其主控因素[J]. 成都理工大学学报（自然科学版），2018，45（1）：45-52.

[14] 戴晓峰，冯周，王锦芳. 川中茅口组岩溶储层地球物理特征及勘探潜力[J]. 石油地球物理勘探，2017，52（5）：1049-1058.

[15] 李祖兵，欧成华，陈轩，等. 川中地区下二叠统白云岩储层特征及发育主控因素[J]. 大庆石油地质与开发，2017，36（4）：1-8.

[16] 罗静，胡红，朱遂珲，等. 川西北地区下二叠统茅口组储层特征[J]. 海相油气地质，2013，18（3）：39-47.

[17] 张健，周刚，张光荣，等. 四川盆地中二叠统天然气地质特征与勘探方向[J]. 天然气工业，2018，38（1）：10-20.

[18] 张建勇，周进高，郝毅，等. 四川盆地环开江—梁平海槽长兴组—飞仙关组沉积模式[J]. 海相油气地质，2011，16（3）：45-54.

[19] 罗志立. 峨眉地裂运动的厘定及其意义[J]. 四川地质学报，1989，9（1）：1-17.

[20] 刘家润，杨湘宁，施贵军，等. 茅口期相对海平面变化对䗴类动物群的影响——以贵州盘县火铺镇茅口组剖面为例[J]. 古生物学报，2000，39（1）：120-125.

[21] 冯少南. 东吴运动的新认识[J]. 现代地质，1991，5（4）：378-384.

[22] 郝毅，周进高，张建勇，等. 四川盆地鱼洞梁白云岩储层特征及控制因素[J]. 西南石油大学学报（自然科学版），2011，33（6）：25-30.

[23] 王运生，金以钟. 四川盆地下二叠统白云岩及古岩溶的形成与峨眉地裂运动的关系[J]. 成都理工学院学报，1997，24（1）：8-16.

[24] 陈宗清. 四川盆地中二叠统茅口组天然气勘探[J]. 中国石油勘探，2007，12（5）：1-11.

川东南地区洗象池组碳氧同位素特征、古海洋环境及其与储层的关系

李文正[1,2,3]　张建勇[1,2,3]　郝　毅[1,2,3]　倪　超[2,3]　田　瀚[1,2,3]　曾乙洋[4]
姚倩颖[1,2]　山述娇[4]　曹脊翔[5]　邹　倩[6]

（1. 中国石油勘探开发研究院四川盆地研究中心　四川成都　610041；2. 中国石油杭州地质研究院　浙江杭州　310023；3. 中国石油天然气集团公司碳酸盐岩储集层重点实验室　浙江杭州　310023；4. 中国石油西南油气田勘探开发研究院　四川成都　610000；5. 中国石油西南油气田公司川中油气矿　四川遂宁　629000；6. 中国石油勘探开发研究院　北京　100083）

摘　要： 本文在野外剖面调查的基础上，结合薄片观察，对川东南地区三汇剖面寒武系洗象池组237块碳酸盐岩样品进行了系统的碳氧同位素组成研究。结果表明：$\delta^{18}O$ 值主要分布在−8‰ ~ −6‰之间，平均为−7.63‰；$\delta^{13}C$ 值介于−5.53‰ ~ 3.44‰。利用碳氧同位素数值计算古盐度及古温度结果表明，绝大多数 Z 值高于 120‰，且 $\delta^{13}C$ 值大于−2‰，古海水温度主要集中在 19 ~ 25℃之间，说明整体为海水—咸化海水沉积环境与温暖或炎热的亚热带气候。认为洗象池组沉积时期海平面变化有 5 个阶段：早期缓慢上升与下降，中期快速海侵，中后期缓慢海退，后期动荡，末期海退。三汇剖面洗象池组储层岩性主要为颗粒云岩及晶粒，储集空间以溶蚀孔洞、粒间孔与晶间孔为主。多期的海平面下降，对应碳同位素多旋回负漂移，从而发育向上变浅的多旋回韵律性地层，形成纵向上的多套储层，洗象池组储层的形成与演化受海平面变化控制，主要发育在古地貌较高处与滩体向上变浅旋回的上部。另外，依据 $\delta^{13}C$ 值显著的正漂移，明确了芙蓉统的底界，为四川盆地寒武系的划分提供了证据。

关键词： 洗象池组；寒武系；碳氧同位素；古环境；储层

Characteristics of Carbon and Oxygen Isotopic, Paleoceanographic Environment and Their Relationship with Reservoirs of the Xixiangchi Formation, Southeastern Sichuan Basin

Li Wenzheng[1,2,3], Zhang Jianyong[1,2,3], Hao Yi[1,2,3], Ni Chao[2,3], Tian Han[1,2,3], Zeng Yiyang[4], Yao Qianying[2,3], Shan Shujiao[4], Cao Jixiang[5], Zou Qian[6]

(1. Research Center of Sichuan Basin, PetroChina Research Institute of Petroleum Exploration & Development, Chengdu, Sichuan 610041; 2. PetroChina Hangzhou Research Institute of Geology, Hangzhou, Zhejiang 310023; 3. CNPC Key Laboratory of Carbonate Reservoirs, Hangzhou, Zhejiang 310023; 4. Research Institute of Petroleum Exploration & Development, PetroChina Southwest Oil & Gas Field Company, Chengdu, Sichuan 610051; 5. Chuan zhong Oil and Gas Field of Petrochina Southwest Oil & Gas Field Company, Suining, Sichuan 629000; 6. PetroChina Research Institute of Petroleum Exploration & Development, Beijing 100083)

Abstract: Based on the Sanhui outcrop survey and thin section observation, carbon and oxygen isotopic compositions of 237 Xixiangchi Formation samples are studied in Southeastern Sichuan Basin. The results show that values of $\delta^{18}O$ are relatively stable, mainly from −8‰ to −6‰, with an average of −7.63‰. The variation range

基金项目：国家科技重大专项（2017ZX05008-005、2016ZX05004）及中国石油天然气股份有限公司重大科技项目（2018A-0105）资助。

第一作者简介：李文正（1988—），男，博士，2013 年毕业于中国石油大学（北京）矿产普查与勘探专业，高级工程师，主要从事碳酸盐岩沉积储层及构造热演化研究。

E-mail：liwz_hz@petrochina.com.cn

of δ¹³C values is −5.53‰~3.44‰. Using the carbon and oxygen isotope to calculate the paleotemperature and paleosalinity, the result show that the Z value is higher than 120‰, and δ¹³C values is greater than −2‰, the paleotemperature is about at 19℃ to 25℃, and it told us that the sedimentary period is generally in seawater-saline seawater environment, which was a warm or hot subtropical climate. It was considered that there are five sea level change stages during sedimentary period: slowly transgression and regression in early, rapid transgression in middle, slow regression in late-middle time, fluctuation in late, regression in the end. The reservoir rock for Xixiangchi formation in Sanhui section are mainly dolomite, the revisor space is composed of dissolution pores intergranular pores and intergranular pores. The decline of multistage sea level corresponds to the negative drift of carbon isotope, thus developed a multi cycle prosodic stratigraphic formation that is upward and shallow, forming multiple sets of reservoirs in the vertical. The formation and evolution of the reservoir for the Xixiangchi Formation was controlled by the change of sea level, mainly in the upper paleogomorphology and the upper part of the shallow cycle. In addition, based on the significant positive of δ¹³C value, the bottom boundary of the Furong formation is clearly defined, which provides evidence for the division of Cambrian strata in the Sichuan Basin.

Key words: Xixiangchi formation; Cambrian; Carbon and Oxygen isotopes; paleoenvironment; reservoir

近年来，四川盆地川中高石梯—磨溪地区震旦系—寒武系灯影组、龙王庙组深层古老碳酸盐岩天然气勘探获得重大突破，发现了中国最大的碳酸盐岩单体整装气田[1-3]。寒武系洗象池组作为后备勘探领域日益受到人们的关注，前人对于洗象池组层序地层、岩相古地理及储层特征的研究主要集中在沉积岩石学上[4-9]，而以岩石学与地球化学相结合的研究成果较少。碳氧同位素在海洋中的含量具有稳定性，碳酸盐岩在形成时能保存大量的、同期的海洋化学信息[10-12]，因此海相碳酸盐岩碳氧同位素组成特点是研究古环境演化的重要手段。笔者在野外剖面调查的基础上，对川东南地区洗象池组进行了系统的碳氧同位素组成研究，以厘清古环境与储层发育的潜在联系，为评价与预测优质储层提供地质依据。

1 地质概况

四川盆地中—上寒武统洗象池组为一套海相碳酸盐岩，岩性以浅灰色、灰色、灰黄色白云岩、泥质白云岩为主，局部含砂质，夹鲕粒白云岩及硅质条带或结核。受加里东古隆起影响，盆地内洗象池组为局限台地沉积环境，呈现西北高、东南低的沉积格局，地层西北薄、东南厚[5, 13]。在川北南江、旺苍、广元及龙门山前缘地层缺失，乐山、威远、自贡、龙女寺一带厚度介于200~300m，邻水、永川一带厚约500m，至盆地东南缘石柱、南川地区厚度可达600~700m。研究区位于川东南重庆南川一带，毗邻贵州省，二级构造单元属于川东南高陡褶皱带（图1）。主要为局限台地和台内滩相沉积[13]，岩性主要为颗粒白云岩和粉—

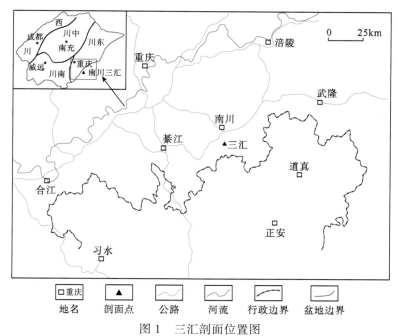

图1　三汇剖面位置图

细晶白云岩。

2 样品采集与测试

2.1 剖面介绍

三汇剖面位于重庆南川区，因建筑施工，洗象池组底部出露不全，仅出露中上段，真厚度248.5m，岩性以粉—细晶白云岩为主，夹颗粒白云岩及泥晶白云岩（图2）。地层由多套向上变浅旋回韵律层组成（图3a），单个韵律层厚1～15m，底部为厚层砂屑白云岩，且溶蚀孔洞发育（图3b、c）；向上单层厚度变薄，为粉—泥晶白云岩，并夹多层泥质云岩，泥质含量逐渐增多；韵律层顶部发育薄层泥，可见泥裂纹等暴露特征（图3d）。

2.2 样品采集与处理

本次采样过程中，笔者尽可能避免次生裂缝、方解石脉、重结晶及后期次生作用改造的影响，选择岩性均匀，并未经蚀变的新鲜岩样，以便样品能够尽量反映原始沉积环境及特征[14-16]。

三汇剖面共采集237块样品进行分析测试，由中国石油集团碳酸盐岩储层重点实验室采用PDB标准，使用同位素比质谱仪（Delta V advantage + Gasbench）完成，温度25℃，湿度30%RH，测试精度为0.1‰。实验步骤如下：

首先对碳酸盐岩样品进行杂质、有机质的去除，然后把样品磨成粉末（200目以下），待分析使用，用顶空瓶称取合适的样品量置于70℃下恒温12h；同时将100%磷酸在70℃下恒温放置。然后在70℃恒温下，向顶空瓶的样品粉末持续吹氦气以吹走容器中的空气，使容器中充满氦气；最后在该容器中加入100%磷酸与样品粉末反应，待完全反应后提取反应产生的CO_2气体进行碳氧同位素测试。

3 测试结果

3.1 数据有效性检验

碳氧同位素在海洋中含量具有稳定性，在同期海洋沉积物中基本保留了当时海洋中的同位素组成[12]。一般而言，岩石中碳酸盐岩的氧同位素组成对成岩蚀变作用反应最为灵敏，因为成岩后大气淡水、热液等流体与碳酸盐岩相互作用时容易发生氧同位素的交换，造成$\delta^{18}O$值明显降低[17]。前人研究表明，当$\delta^{18}O<-5$‰时，碳酸盐岩已遭受成岩蚀变，但其碳氧同位素组成仍具一定海水代表性；当碳酸盐岩的$\delta^{18}O<-10$‰（VPDB）时，表明岩石已发生强烈的蚀变，样品的碳氧同位素数据已不能使用[18]。由于成岩孔隙流体碳浓度非常低，碳酸盐岩接触到的碳量少，使得氧同位素发生再平衡的大气淡水或热液流体有时不足以改变碳同位素值，因此与氧同位素相比碳同位素更具稳定性[19-21]。另外，根据样品碳氧同位素之间是否具有相关性来判断其是否保留了原始海水的有效信息[22]：即若二者之间存在相关性，说明碳氧同位素在成岩过程中发生了协同变化，数据有效性较差；若二者相关性差，则说明遭受成岩蚀变影响小，能够反映原始海水信息。

三汇剖面样品的碳氧同位素测试结果见表1，237个样品数据中$\delta^{18}O$值分布在-10.13‰～-6.15‰（除3个样品$\delta^{18}O$值分别为-10‰、-10.12‰与-10.13‰，其余皆高于-10‰），平均为-7.63‰，主要集中在-8‰～-6‰范围内（图4a），这意味着$\delta^{13}C$可以代表原始海洋的$\delta^{13}C$同位素组成。三汇剖面样品$\delta^{13}C$值介于-5.53‰～3.44‰，平均-0.002‰，绝大多数的样品都在-2‰～3‰范围内，与正常海相碳酸盐岩0±2‰的范围基本一致。另外，样品$\delta^{13}C$与$\delta^{18}O$值相关系数为0.0249，相关性较差（图4b），充分说明本文选取的洗象池组同位素样品几乎未受到后期水岩交互作用的影响。综上考虑，碳同位素组成保留了原始沉积特征，其携带信息有效可用。

3.2 碳氧同位素特征

根据碳氧同位素测试数据，绘制了碳氧同位素变化曲线（图2），结果表明三汇剖面洗象池组$\delta^{13}C$值自下向上先增后减。第1～27层$\delta^{13}C$值在0值以下低幅波动，变化范围-1.45‰～-0.12‰；从第28层开始，$\delta^{13}C$值具有快速大幅增值的趋势，发生显著的正漂移事件，到第37层53.5m处达到最高峰值，为3.44‰。随后$\delta^{13}C$值整体呈下降趋势，变化幅度较下部大，从峰值3.44‰迅速地下降到54层的-0.57‰，然后发生小幅度升高，至第59层处升高到0.66‰，此后发生小幅度震荡，并逐渐降低，在剖面顶部第88层处$\delta^{13}C$值达到最大

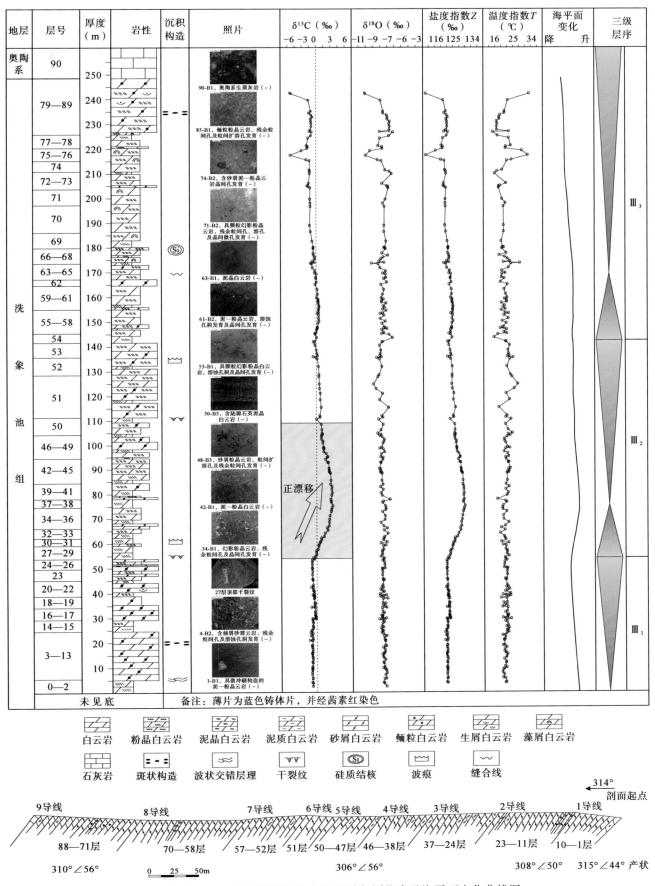

图 2　四川盆地南川三汇剖面洗象池组碳氧同位素及海平面变化曲线图

图 3　南川三汇剖面野外及镜下照片

（a）三汇剖面洗象池组韵律层宏观照；（b）48-B3，洗象池组，砂屑白云岩，粒间扩溶孔及残余粒间孔发育，蓝色铸体薄片；
（c）49 层中部，洗象池组，颗粒白云岩，溶蚀孔洞发育；（d）49 层顶部，泥质泥晶白云岩，见干裂纹（黄色箭头指向为
单层厚度变薄方向）

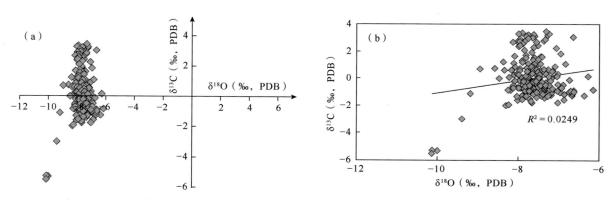

图 4　南川三汇剖面洗象池组碳酸盐岩碳氧同位素值关系图

的负偏−5.53‰。氧同位素组成基本保持稳定，在均值−7.63‰处震荡，变化范围不大，但在第 73 层之后，$\delta^{18}O$ 值整体呈降低趋势。

4　讨　论

4.1　碳氧同位素与古环境的关系

　　稳定碳氧同位素组成特征分析是判别碳酸盐岩成岩环境的一种行之有效的方法[23-27]，古代海相碳酸盐岩中稳定同位素组成能够近似地反映古代海洋稳定同位素的组成，从而进一步反映古气候和古环境，即不同的成岩环境下，碳酸盐岩中碳氧同位素组成有明显的差别和一定的规律性。

4.1.1　古盐度分析

　　前人研究表明，碳酸盐岩碳氧同位素组成随水体盐度变化而变化，一般认为 $\delta^{13}C$、$\delta^{18}O$ 值随

盐度增加而增加[28, 29]，Keith 与 Weber 又以稳定同位素与盐度之间的关系，提出了计算公式（式 1），用来区分侏罗纪和年代更晚的海水与淡水碳酸盐成岩环境[25]：

$$Z = 2.048(\delta^{13}C + 50) + 0.498(\delta^{18}O + 50)（PDB 标准）\qquad (1)$$

即当古盐度 $Z>120$ 时，为海水相碳酸盐岩；$Z<120$ 时，为淡水相碳酸盐岩，这一结论已被证实[30, 31]。Chen Rongkun[23] 与 Du Yang 等[24]利用此方法对塔里木及四川盆地奥陶系与寒武系碳酸盐岩地层进行了研究，其结果与岩石组构、微量元素特征及 REE 特征所揭示成岩环境相符，这充分说明此方法也可用来有效地判断较老地层的不同成岩环境。因此笔者在研究中同样使用了这一方法，三汇剖面洗象池组古盐度 Z 值计算结果见表 1，其变化曲线与 $\delta^{13}C$ 值变化曲线相似（图 2），相关系数达 0.99（图 5）。

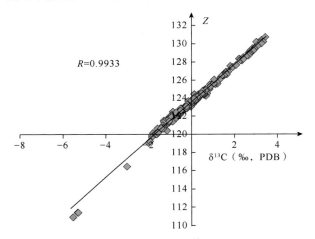

图 5　三汇剖面洗象池组 $\delta^{13}C$—Z 关系图

三汇剖面洗象池组碳酸盐岩的 Z 值介于 110.93‰ ~ 130.71‰，平均值为 123.50‰，绝大多数 Z 值高于 120‰，且 $\delta^{13}C$ 值大于 −2‰，说明洗象池组沉积时期整体处于陆表海环境中，当时主要成岩环境为盐度较大的海水—咸化海水成岩环境。

4.1.2 古温度分析

水体温度是控制碳酸盐岩稳定同位素组分的重要因素这一，温度对 $\delta^{18}O$ 值影响较大，而对 $\delta^{13}C$ 值影响甚微，故利用 $\delta^{18}O$ 值可有效地测定古海水温度[23, 32]，经验公式为

$$T = 16.9 - 4.2(\delta^{18}O_{CaCO_3校正} + 0.22) + 0.13(\delta^{18}O_{CaCO_3校正} + 0.22)^2 \qquad (2)$$

由于寒武系碳酸盐岩年代较老，需要对其 $\delta^{18}O$ 值进行"年代效应"校正[33]。一般利用第四纪海相碳酸盐岩的 $\delta^{18}O$ 平均值−1.2‰为标准进行年代校正，本文洗象池组 $\delta^{18}O$ 平均值为−7.63‰，二者差值 $\Delta\delta^{18}O = −6.43‰$。用实测值与年代矫正中 $\Delta\delta^{18}O$ 值相减，即可得到公式中的 $\delta^{18}O_{CaCO_3校正}$ 值，最后根据式 2 计算出古海水温度（表 1）。

结果表明三汇剖面洗象池组古海水温度在 14.82 ~ 33.11℃ 之间，主要集中在 19 ~ 25℃，平均温度为 21.17℃（表 1、图 2），说明当时该区主要为温暖或炎热的亚热带气候，这一结论与 Wang Pengwan et al.[26]所测滇黔北坳陷羊场剖面洗象池组沉积时期的古海水温度一致。从古海水温度来看，洗象池组沉积时期气候总的比较稳定，温度基本在 19 ~ 25℃ 范围内，未发生较大的变化，仅存在短暂的波动，但在洗象池组沉积末期，温度有降低的趋势（图 2）。

4.2 碳同位素与海平面变化的关系

碳酸盐岩的旋回层序主要取决于沉积时期的海进与海退[34]。本文通过对 237 个镜下薄片的观察及剖面的详细描述，依据典型沉积结构、沉积构造与岩相特征，结合古生物、岩相古地理研究，绘制了三汇剖面海平面变化曲线，并将洗象池组划分为 3 个三级层序（图 2）。其中第 1 个三级层序（$Ⅲ_1$）仅出露海退体系域，在 $Ⅲ_1$ 顶部可见清楚的暴露标志干裂纹发育，第 2 个（$Ⅲ_2$）与第 3 个（$Ⅲ_3$）三级层序出露较为完整（图 2）。总的来说，洗象池组沉积时期结束了高台组沉积时期的干旱环境，南川地区发生大规模海侵，发育大套碳酸盐岩沉积：早期海平面缓慢上升，而后又缓慢降低，海平面相对稳定；中期经历短暂而快速的海侵，随后进入缓慢的海退阶段；后期海平面相对稳定动荡，末期又发生快速海退。

海相碳酸盐岩碳同位素变化受多种因素的影响，如海洋氧化—还原环境、生物繁盛或灭绝时间、火山活动、天然气水合物的生成或释放、有机碳埋藏量或埋藏率的增加、海平面变化、构造活动等能影响海洋环境的地质条件[18, 21, 35]。寒武纪碳同位素组成演化主要受全球海平面升降因素的影响。

三汇剖面洗象池组碳同位素的演化表现为整体 $\delta^{13}C$ 值自下向上先快速增大，后缓慢减小。第

表1　南川三汇剖面洗象池组 C—O 同位素测试数据表

样品编号	厚度(m)	δ13C(‰)	δ18O(‰)	Z	T(℃)
1-B1	2.23	-0.84	-7.23	121.98	19.36
1-B2	3.55	-0.79	-7.54	121.94	20.72
2-B1	3.79	-0.97	-7.62	121.52	21.09
2-B2	5.34	-0.89	-7.51	121.75	20.63
2-B3	5.49	-0.85	-7.25	121.95	19.47
3-B1	6.89	-0.98	-7.38	121.62	20.02
3-B2	7.74	-0.99	-7.18	121.71	19.16
4-B1	8.83	-0.95	-7.26	121.73	19.51
4-B2	9.22	-0.89	-7.38	121.79	20.05
4-B3	9.68	-0.98	-7.67	121.47	21.32
5-B1	10.15	-0.89	-7.48	121.75	20.47
5-B2	11.62	-0.85	-7.57	121.80	20.88
6-B1	11.94	-0.93	-7.63	121.60	21.15
6-B2	13.10	-0.81	-7.37	121.98	20.00
6-B3	13.88	-0.86	-7.64	121.73	21.18
7-B1	14.11	-0.88	-7.66	121.69	21.25
7-B2	15.20	-0.96	-7.78	121.45	21.83
7-B3	15.51	-0.97	-7.56	121.54	20.85
8-B1	15.66	-0.91	-7.58	121.66	20.93
8-B2	16.20	-0.86	-7.41	121.85	20.16
9-B1	17.14	-0.86	-7.44	121.84	20.31
9-B2	17.91	-0.95	-7.67	121.54	21.33
10-B1	18.53	-1.04	-7.23	121.58	19.40
10-B2	18.69	-0.91	-7.40	121.74	20.12
10-B3	20.55	-0.93	-7.39	121.72	20.07
11-B1	20.70	-1.45	-7.35	120.67	19.90
11-B2	21.18	-0.78	-7.47	121.98	20.45
11-B3	22.29	-0.95	-7.53	121.60	20.70
12-B1	22.57	-1.24	-7.19	121.18	19.20
12-B2	23.40	-0.84	-7.67	121.75	21.31
13-B1	23.88	-1.28	-7.90	120.73	22.37
13-B2	24.57	-1.03	-7.69	121.36	21.41
14-B1	24.71	-1.06	-7.81	121.25	21.93
14-B2	25.54	-0.73	-7.95	121.84	22.58
14-B3	26.10	-0.76	-7.64	121.94	21.17
15-B1	26.44	-0.79	-7.88	121.77	22.24
15-B2	27.76	-0.74	-7.74	121.94	21.62
15-B3	28.31	-0.84	-7.52	121.83	20.64
15-B4	29.28	-0.89	-8.19	121.40	23.70
15-B5	29.35	-0.77	-7.75	121.87	21.68
15-B6	29.40	-0.12	-7.57	123.29	20.88
16-B1	29.64	-0.22	-7.25	123.24	19.45
16-B2	30.17	-0.20	-7.81	123.00	21.96
16-B3	30.47	-0.24	-7.81	122.91	21.97
16-B4	30.69	-0.24	-7.74	122.94	21.65
17-B1	30.84	-0.30	-7.90	122.74	22.33
17-B2	31.89	-0.34	-7.53	122.86	20.69
17-B3	32.26	-0.31	-7.74	122.81	21.62
17-B4	33.76	-0.28	-7.82	122.84	22.01
17-B5	34.06	-1.08	-7.18	121.51	19.16
18-B1	34.51	-0.42	-7.39	122.76	20.09
18-B2	34.96	-0.40	-7.72	122.64	21.55
18-B3	35.79	-0.33	-7.31	122.98	19.75
18-B4	35.86	-0.41	-7.72	122.62	21.56
18-B5	37.58	-0.54	-7.69	122.36	21.41
19-B1	37.73	-0.47	-7.02	122.84	18.47
19-B2	38.41	-0.50	-7.89	122.35	22.29
19-B3	38.71	-0.62	-8.14	121.97	23.42
19-B4	38.86	-0.50	-7.59	122.51	20.95
20-B1	39.01	-0.82	-7.22	122.03	19.33
20-B2	39.49	-0.53	-8.12	122.18	23.35
20-B3	40.44	-0.55	-7.52	122.44	20.66
21-B1	40.75	-0.68	-7.73	122.06	21.60
21-B2	41.31	-0.69	-8.01	121.89	22.85
21-B3	42.10	-1.11	-7.64	121.23	21.20
22-B1	42.26	-0.76	-7.86	121.82	22.18
22-B2	42.97	-0.71	-7.73	122.00	21.57
22-B3	44.94	-0.77	-7.62	121.92	21.11
23-B1	45.26	-0.86	-7.51	121.80	20.61
23-B2	45.34	-0.83	-7.69	121.78	21.40
23-B3	47.00	-0.90	-7.77	121.59	21.76
23-B4	48.27	-0.86	-7.74	121.69	21.63
23-B5	49.53	-0.93	-7.83	121.49	22.03
23-B6	49.61	-0.88	-7.72	121.66	21.53
24-B1	49.77	-0.93	-7.40	121.71	20.11
24-B2	51.10	-0.94	-7.44	121.67	20.29
25-B1	52.20	-0.95	-7.46	121.64	20.40
26-B1	52.91	-0.94	-7.73	121.52	21.60
26-B2	53.46	-0.41	-7.56	122.69	20.82
27-B1	53.93	-0.66	-7.51	122.21	20.62
27-B2	54.56	-0.18	-7.98	122.97	22.71
28-B1	55.35	0.01	-7.74	123.47	21.65
28-B2	56.29	-0.05	-7.78	123.33	21.80
28-B3	56.92	0.04	-7.76	123.52	21.70
29-B1	57.39	0.33	-7.58	124.21	20.92
29-B2	58.73	0.49	-7.65	124.49	21.21
29-B3	59.12	0.50	-7.27	124.70	19.55

续表

样品编号	厚度(m)	$\delta^{13}C$(‰)	$\delta^{18}O$(‰)	Z	T(℃)
30-B1	59.99	0.71	−7.96	124.79	22.64
30-B2	60.38	0.86	−7.09	125.53	18.77
31-B1	61.24	1.05	−7.63	125.66	21.13
31-B2	61.95	1.06	−7.52	125.72	20.64
32-B1	62.50	1.62	−7.44	126.91	20.31
32-B2	63.84	1.82	−6.95	127.56	18.19
33-B1	65.10	2.42	−7.52	128.50	20.65
33-B2	66.00	2.23	−7.06	128.35	18.66
34-B1	66.75	2.66	−7.55	128.99	20.80
34-B2	68.18	2.70	−7.97	128.85	22.68
35-B1	69.38	2.75	−7.37	129.26	20.01
35-B2	70.96	2.86	−7.34	129.50	19.84
36-B1	72.63	3.11	−7.73	129.82	21.58
36-B2	73.43	3.17	−7.27	130.17	19.56
36-B3	74.14	3.26	−7.24	130.38	19.41
37-B1	75.01	3.44	−7.31	130.71	19.74
37-B2	76.36	3.15	−7.74	129.90	21.61
38-B1	76.92	3.10	−7.60	129.86	21.00
38-B2	77.70	3.03	−6.65	130.19	16.88
39-B1	79.28	3.21	−7.76	130.01	21.73
40-B1	80.30	3.34	−7.90	130.21	22.37
40-B2	81.71	3.23	−7.63	130.12	21.12
41-B1	82.74	3.27	−8.00	130.02	22.79
41-B2	83.68	2.98	−7.65	129.58	21.23
42-B1	85.25	3.08	−7.80	129.73	21.91
42-B2	88.16	2.94	−7.76	129.45	21.72
43-B1	88.40	2.90	−7.96	129.27	22.64
43-B2	88.71	2.73	−7.84	128.98	22.10
43-B3	89.10	2.70	−8.02	128.83	22.91
44-B1	89.81	2.70	−7.97	128.87	22.65
44-B2	90.13	2.66	−8.14	128.70	23.43
45-B1	92.53	2.55	−7.89	128.60	22.32
45-B2	92.60	2.35	−7.99	128.14	22.77
45-B3	93.82	1.93	−7.67	127.43	21.31
46-B1	94.65	2.29	−7.62	128.20	21.11
46-B2	94.92	2.43	−7.96	128.31	22.62
46-B3	96.26	2.08	−7.85	127.65	22.13
47-B1	96.94	1.59	−7.42	126.85	20.19
47-B2	98.18	1.54	−7.61	126.66	21.04
48-B1	98.51	1.65	−8.10	126.64	23.24
48-B2	98.90	1.52	−7.82	126.53	21.97
48-B3	100.66	1.37	−7.63	126.30	21.16
48-B4	101.44	1.41	−7.51	126.44	20.60
49-B1	102.24	1.07	−7.45	125.78	20.35
49-B2	103.21	1.08	−7.76	125.65	21.71
49-B3	103.78	1.11	−8.11	125.54	23.33
49-B4	104.18	1.32	−7.91	126.06	22.38
50-B1	104.67	1.21	−8.37	125.61	24.52
50-B2	106.05	1.18	−7.90	125.78	22.35
50-B3	108.24	1.04	−7.61	125.65	21.04
50-B4	110.35	0.06	−8.23	123.33	23.85
50-B5	111.16	0.82	−7.64	125.18	21.18
51-B1	111.73	0.76	−7.79	124.97	21.86
51-B2	115.13	1.06	−6.83	126.06	17.67
51-B3	118.26	0.83	−8.08	124.98	23.17
51-B4	120.83	0.86	−7.68	125.24	21.36
51-B5	122.81	0.72	−8.58	124.50	25.50
51-B6	124.61	0.68	−8.95	124.23	27.23
51-B7	127.53	0.58	−8.34	124.34	24.38
51-B8	128.38	0.60	−8.17	124.45	23.58
52-B1	131.74	0.51	−7.77	124.47	21.76
52-B2	134.77	0.25	−8.10	123.77	23.27
52-B3	135.41	−0.02	−8.47	123.03	24.99
52-B4	135.69	−0.60	−7.82	122.17	22.01
53-B1	136.12	0.31	−8.03	123.94	22.93
53-B2	136.92	0.17	−7.97	123.68	22.66
53-B3	138.35	0.05	−7.91	123.46	22.38
53-B4	140.35	−0.21	−8.09	122.85	23.21
54-B1	141.70	−0.57	−7.72	122.29	21.53
54-B2	141.78	−0.29	−7.66	122.88	21.28
54-B3	143.45	0.13	−6.27	124.44	15.34
54-B4	144.73	−0.14	−6.73	123.66	17.25
54-B5	145.05	−0.25	−7.80	122.91	21.90
55-B1	145.52	0.06	−7.47	123.71	20.42
55-B2	146.64	0.14	−7.77	123.71	21.76
55-B3	147.12	0.30	−7.02	124.42	18.46
56-B1	147.44	0.34	−7.47	124.27	20.44
56-B2	147.60	0.32	−7.32	124.30	19.75
56-B3	149.19	0.46	−7.73	124.39	21.59
57-B1	150.07	0.65	−7.26	125.01	19.50
57-B2	151.10	0.56	−7.97	124.47	22.66
57-B3	152.45	0.57	−7.46	124.76	20.38
58-B1	153.18	0.26	−7.99	123.86	22.78
58-B2	153.38	0.56	−7.63	124.64	21.13
58-B3	154.50	0.53	−7.14	124.83	19.01
58-B4	154.91	0.59	−7.63	124.70	21.14
59-B1	155.73	0.66	−7.37	124.98	19.97

续表

样品编号	厚度(m)	$\delta^{13}C$(‰)	$\delta^{18}O$(‰)	Z	T(℃)
59-B2	156.31	0.64	-7.55	124.85	20.79
60-B1	157.46	0.50	-7.16	124.76	19.10
60-B2	157.79	0.47	-7.77	124.39	21.77
60-B3	158.37	0.50	-7.78	124.46	21.82
60-B4	159.03	0.47	-7.52	124.51	20.66
61-B1	159.53	0.16	-7.82	123.73	22.00
61-B2	160.93	0.34	-7.66	124.19	21.25
61-B3	162.91	0.27	-7.47	124.13	20.44
62-B1	164.89	-0.16	-7.87	123.06	22.21
62-B2	165.79	0.12	-7.05	124.04	18.58
63-B1	167.28	0.02	-7.50	123.61	20.56
63-B2	167.69	-0.01	-7.18	123.71	19.15
63-B3	169.09	0.11	-7.24	123.91	19.43
63-B4	169.42	-0.27	-7.62	122.96	21.11
64-B1	170.41	-0.21	-7.20	123.28	19.26
64-B2	171.65	-0.72	-7.99	121.84	22.77
65-B1	173.30	-0.87	-8.25	121.40	23.97
65-B2	173.54	-1.14	-9.19	120.39	28.39
66-B1	173.87	-0.30	-7.42	122.99	20.20
66-B2	174.37	-0.72	-8.13	121.78	23.38
66-B3	175.28	-0.25	-7.87	122.87	22.21
67-B1	176.03	-0.23	-7.56	123.05	20.85
67-B2	176.77	-0.51	-6.89	122.83	17.91
68-B1	177.60	-0.53	-7.73	122.36	21.58
68-B2	179.42	-0.56	-7.23	122.54	19.37
69-B1	179.85	-0.55	-7.46	122.46	20.37
69-B2	179.92	-0.52	-7.33	122.60	19.80
69-B3	182.41	-0.78	-7.15	122.14	19.05
70-B1	186.30	-1.11	-7.44	121.32	20.29
70-B2	188.87	-1.31	-7.43	120.92	20.24
70-B3	196.49	-1.18	-7.39	121.21	20.09
71-B1	197.83	-1.17	-7.63	121.11	21.12
71-B2	199.43	-1.24	-7.25	121.14	19.46
72-B1	204.06	-1.19	-6.86	121.45	17.80
72-B2	204.65	-1.59	-6.87	120.63	17.81
72-B3	204.90	-1.79	-7.02	120.13	18.49
73-B1	205.91	-1.52	-7.72	120.34	21.55
73-B2	209.87	-1.29	-6.37	121.50	15.72
73-B3	210.79	-1.28	-6.67	121.36	16.99
74-B1	211.30	-1.33	-7.27	120.97	19.56
74-B2	215.09	-1.32	-7.81	120.72	21.93
75-B1	215.42	-2.01	-8.31	119.06	24.21
76-B1	217.28	-5.32	-10.00	111.43	32.41
76-B2	219.13	-3.01	-9.39	116.45	29.40
76-B3	220.06	-1.79	-7.67	119.81	21.30
77-B1	220.73	-1.69	-7.68	120.01	21.38
78-B1	221.15	-1.94	-8.24	119.23	23.89
78-B2	224.26	-1.62	-8.02	120.00	22.89
78-B3	225.19	-1.02	-6.74	121.86	17.27
79-B1	226.71	-0.86	-6.15	122.47	14.82
80-B1	226.87	-1.33	-8.03	120.58	22.96
80-B2	227.55	-1.14	-6.66	121.65	16.93
81-B1	228.90	-0.91	-6.63	122.13	16.80
82-B1	230.07	-0.95	-6.70	122.02	17.12
83-B1	231.00	-1.01	-6.63	121.92	16.80
84-B1	231.93	-1.05	-6.97	121.68	18.25
85-B1	232.68	-0.72	-6.93	122.37	18.09
85-B2	233.53	-0.94	-7.03	121.86	18.53
86-B1	234.37	-1.41	-7.55	120.66	20.77
86-B2	235.04	-1.03	-7.55	121.43	20.78
87-B1	239.50	-1.56	-7.91	120.17	22.38
88-B1	242.11	-5.29	-10.12	111.42	33.05
88-B2	242.70	-5.53	-10.13	110.93	33.11

1~27 层 $\delta^{13}C$ 值相对稳定，变化范围–1.45‰ ～ –0.12‰；从第 28 层开始，$\delta^{13}C$ 值具有快速大幅增值的趋势，发生显著的正漂移事件，幅度可达 4.5‰。随后 $\delta^{13}C$ 值整体呈下降趋势，变化幅度较下部大，从峰值 3.44‰ 迅速地下降到 54 层的 –0.57‰，然后发生小幅度升高，至第 59 层处升高到 0.66‰，此后发生小幅度震荡，并逐渐降低（图 2）。三汇剖面洗象池组碳同位素演化结果与海平面变化呈明显的正相关关系，与前人诸多研究相符[12, 18, 36]。这是因为寒武纪期间频繁发生海退事件，在海平面快速上升时，富 ^{12}C 有机质大量被埋藏，从而造成海水 $\delta^{13}C$ 浓度增加，此时沉积的

碳酸盐岩 $\delta^{13}C$ 值较高；当海平面快速下降时，陆架暴露、生物灭绝，导致海水 $\delta^{13}C$ 浓度降低，碳酸盐岩 $\delta^{13}C$ 值较低。因此，鉴于二者的关系，可用碳同位素演化曲线间接揭示海平面变化，相互印证。

4.3 碳同位素与储层发育的关系

三汇剖面野外露头及岩石薄片表明，洗象池组储层主要分布在颗粒滩相沉积，岩性主要为颗粒云岩及晶粒云岩，储集空间以溶蚀孔洞、粒间孔与晶间孔为主（图 6）。不同的海平面与水动力条件下，滩体形成与演化的旋回性不同[37]。

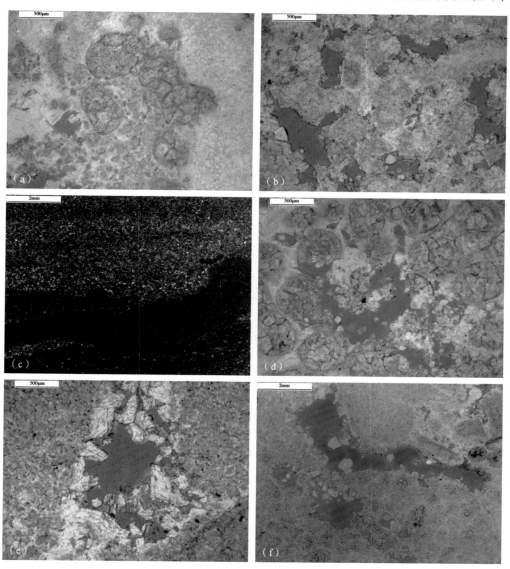

图 6　三汇剖面洗象池组储层岩性及储集空间特征图

（a）43-B2，砂屑粉晶云岩，重结晶作用明显，溶蚀孔洞发育，蓝色铸体（－）；（b）48-B3，砂屑粉晶云岩，亮晶白云石胶结，粒间扩溶孔及残余粒间孔发育，蓝色铸体（－）；（c）49-B4，纹层状含陆源石英泥晶云岩，发育微型冲刷构造，蓝色铸体（－）；（d）51-B7，砂屑云岩，溶蚀孔洞发育，蓝色铸体（－）；（e）52-B1，具颗粒幻影粉晶云岩，晶间孔及溶蚀孔洞发育，部分孔洞充填细—中晶白云石，蓝色铸体（－）；（f）53-B3，具颗粒幻影粉晶云岩，溶蚀孔洞及晶间孔发育，蓝色铸体（－）

高频旋回为海平面变化最直观的反映，而碳同位素组成与海平面变化正相关，因此可利用碳同位素演化来刻画碳酸盐岩地层的高频旋回，进而寻找其与储层发育的关系。为了探讨碳同位素与储层发育的关系，本文又针对三汇剖面旋回性较好的第 14～17 小层进行了精细取样，并进行碳同位素分析，结果如图 7 所示。第 14～17 小层共发育 4 个向上变浅的高频旋回，每个旋回中碳同位素值从底部向顶部逐渐减小；旋回底部为薄层

深灰色泥晶白云岩，一般厚 5～30cm，向上单层厚度逐渐增大，颜色变浅，逐渐变为粉晶白云岩及颗粒白云岩，含砂屑、藻屑等，顶部可见薄层砂质泥晶白云岩，厚 30cm 左右，并发育暴露标志的干裂纹；另外，在旋回的下部，溶蚀孔洞少量发育，而在旋回的中上部，溶蚀孔洞则极其发育（图 2、图 7）。三汇剖面洗象池组这种纵向上多旋回叠置滩相储层，累计厚度可达 70 余米（图 2、图 6）。

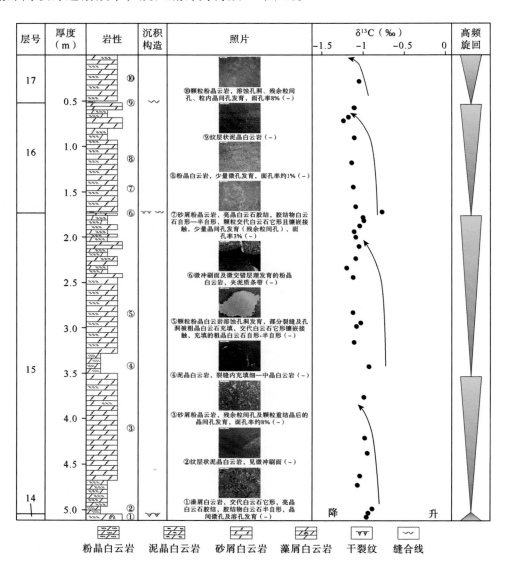

图 7　碳同位素与储集层发育的关系

洗象池组沉积时期多次的海平面下降，使得碳同位素演化具有多旋回负漂移的特征，又造成了碳酸盐岩地层的多旋回特征，进而形成了纵向上的多套储层，且储层多发育在旋回的上部。这是因为海平面下降导致滩体暴露，处于古地貌高

部位的滩体暴露面积大、持续时间长，溶蚀孔洞十分发育，物性好，而位于古地貌低处的滩体或滩带翼部因短暂暴露或未暴露，溶蚀孔洞不发育，胶结作用强，因而孔渗较差。因此，预测洗象池组台内颗粒滩古地貌较高处为有利发育区。

4.4 碳同位素正漂移的地质意义

四川盆地寒武系第三统、芙蓉统（相当于中—上寒武统）因岩性相近，且生物化石贫乏，其界限难以确定。大量研究表明，芙蓉统底界排碧阶全球普遍发育一次显著的 $\delta^{13}C$ 正漂移（SPICE 事件），具有很强的对比性，$\delta^{13}C$ 值漂移幅度达 3‰ ～ 5‰[38-43]。笔者实测的三汇洗象池组剖面中部，从第 27 层开始，$\delta^{13}C$ 值发生了显著的正漂移事件（图 2），幅度可达 4.5‰，也就是说，洗象池组上部（本剖面第 27 ～ 89 层）为芙蓉统地层，下部（第 27 层以下）为第三统。研究结果为四川盆地寒武系的划分提供了有利的证据。

5 结　论

（1）洗象池组沉积期间，海平面变化变现为：早期海平面缓慢上升，而后又缓慢降低，海平面相对稳定；中期经历短暂而快速的海侵，而后进入缓慢的海退阶段；后期海平面相对稳定动荡，末期又发生快速海退。

（2）利用碳氧同位素数值计算古盐度及古温度结果表明，绝大多数 Z 值高于 120‰，且 $\delta^{13}C$ 值大于 –2‰，古海水温度在 14.82 ～ 33.11℃之间，主要集中在 19 ～ 25℃之间，说明沉积环境为海水—咸化海水沉积与温暖或炎热的亚热带气候。

（3）三汇剖面洗象池组储层岩性主要为颗粒云岩及晶粒，储集空间以溶蚀孔洞、粒间孔与晶间孔为主。储层的形成与演化受海平面变化控制；多期的海平面的下降，对应碳同位素多旋回负漂移，致使向上变浅的多旋回韵律性地层发育，从而形成纵向上的多套储层，且储层多发育在旋回的上部。海平面的下降可导致古地貌较高处滩体暴露面积大、持续时间长，较易形成储层。预测洗象池组台内颗粒滩古地貌较高处为有利发育区。

（4）依据 $\delta^{13}C$ 值显著的正漂移特征，明确了芙蓉统的底界，为四川盆地寒武系的划分提供了证据。

参考文献

[1] 杜金虎，邹才能，徐春春，等. 川中古隆起龙王庙组特大型气田战略发现与理论技术创新[J]. 石油勘探与开发，2014，41（3）：268-277.

[2] 徐春春，沈平，杨跃明，等. 乐山—龙女寺古隆起震旦系—下寒武统龙王庙组天然气成藏条件与富集规律[J]. 天然气工业，2014，34（3）：1-7.

[3] 周进高，徐春春，姚根顺，等. 四川盆地下寒武统龙王庙组储集层形成与演化[J]. 石油勘探与开发，2015，42（2）：158-166.

[4] 冯增昭，彭勇民，金振奎，等. 中国晚寒武世岩相古地理[J]. 古地理学报，2002，4（3）：1-10.

[5] 李伟，余华琪，邓鸿斌. 四川盆地中南部寒武系地层划分对比与沉积演化特征[J]. 石油勘探与开发，2012，39（6）：681-690.

[6] 梅冥相，刘智荣，孟晓庆，等. 上扬子区中、上寒武统的层序地层划分和层序地层格架的建立[J]. 沉积学报，2006，24（5）：617-626.

[7] 杨威，谢武仁，魏国齐，等. 四川盆地寒武纪—奥陶纪层序岩相古地理、有利储层展布与勘探区带[J]. 石油学报，2012，33（S2）：21-34.

[8] 王素芬，李伟，张帆，等. 乐山—龙女寺古隆起洗象池群有利储集层发育机制[J]. 石油勘探与开发，2008，35（2）：170-174.

[9] 周磊，康志宏，柳洲，等. 四川盆地乐山—龙女寺古隆起洗象池群碳酸盐岩储层特征[J]. 中南大学学报（自然科学版），2014，45（12）：4393-4401.

[10] Glumac B，Spivakbirndorf M L. Stable isotopes of carbon as an invaluable stratigraphic tool：An example from the Cambrian of the northern Appalachians，USA[J]. Geology，2002，30（6）：563-566.

[11] 王小林，胡文瑄，张军涛，等. 塔里木盆地和田 1 井中寒武统膏岩层段发现原生白云石[J]. 地质评论，2016，62（2）：419-433.

[12] 杨捷，曾佐勋，蔡雄飞，等. 贺兰山地区震旦系碳酸盐岩碳氧同位素分析[J]. 科学通报，2014，59（Z1）：355-368.

[13] 李文正，周进高，张建勇，等. 四川盆地洗象池组储集层的主控因素与有利区分布[J]. 天然气工业，2016，36（1）：52-60.

[14] Brasier M. The carbon and oxygen isotope record of the Precambrian-Cambrian boundary interval in China and Iran and their correlation[J]. Geological Magazine，1990，127（4）：319-332.

[15] 周传明，张俊明. 云南永善肖滩早寒武世早期碳氧同位素记录[J]. 地质科学，1997，32（2）：201-211.

[16] Li D，Ling H F，Shields-Zhou G A，et al. Carbon and strontium isotope evolution of seawater across the Ediacaran–Cambrian transition：evidence from the Xiaotan section，NE Yunnan，South China[J]. Precambrian Research，2013，225：128-147.

[17] 曲长胜，邱隆伟，杨勇强，等. 吉木萨尔凹陷芦草沟组碳酸盐岩碳氧同位素特征及其古湖泊学意义[J]. 地质学报，2017，91（3）：605-616.

[18] Kaufman A J，Knoll A H. Neoproterozoic variations in the C-isotopic composition of seawater：stratigraphic and biogeochemical implications[J]. Precambrian Res，1995，73：27-49.

[19] 樊茹，邓胜徽，张学磊. 碳酸盐岩碳同位素地层学研究中数据的有效性[J]. 地层学杂志，2010，34（4）：445-451.

[20] Kump L R，Arthur M A. Interpreting carbon-isotope excursions：Carbonates and organic matter[J]. Chemical Geology，1999，161（1-3）：181-198.

[21] 任影，钟大康，高崇龙，等. 渝东地区寒武系龙王庙组高分辨率碳酸盐岩碳同位素记录及其古海洋学意义[J]. 地质学报，2018，92（2）：359-377.

[22] Horacek M，Brandner R，Abart R. Carbon isotope record of the

P/T boundary and the Lower Triassic in the Southern Alps: Evidence for rapid changes in storage of organic carbon[J]. Palaeogeography, Palaeoclimatology, Palaeoecology, 2007, 252 (1-2): 347-354.

[23] 陈荣坤. 稳定氧碳同位素在碳酸盐岩成岩环境研究中的应用[J]. 沉积学报, 1994, 12 (4): 11-21.

[24] 杜洋, 樊太亮, 高志前. 塔里木盆地中下奥陶统碳酸盐岩地球化学特征及其对成岩环境的指示——以巴楚大板塔格剖面和阿克苏蓬莱坝剖面为例[J]. 天然气地球科学, 2016, 27 (8): 1509-1523.

[25] Keith M L, Weber J N. Carbon and oxygen isotopic composition of selected limestones and fossils[J]. Geochimica et Cosmochimica Acta, 1964, 28 (10-11): 1787-1816.

[26] 王鹏万, 斯春松, 张润合, 等. 滇黔北坳陷寒武系碳酸盐岩古海洋环境特征及地质意义[J]. 沉积学报, 2016, 34 (5): 811-818.

[27] 张秀莲. 碳酸盐岩中氧、碳稳定同位素与古盐度、古水温的关系[J]. 沉积学报, 1985, 3 (4): 17-30.

[28] Clayton R N, Epstein S. The relationship between O^{18}/O^{16} ration in coexisting quartz, carbonate, and iron oxides from various geological deposits[J]. Journal of Geology, 1958, 66 (4): 345-371.

[29] Clayton R N, Degens E T. Use of carbon isotope analyses of carbonates for differentiating freshwater and marine sediments[J]. AAPG Bulletin, 1959, 43: 890-897.

[30] 罗顺社, 汪凯明. 河北宽城地区中元古代高于庄组碳酸盐岩碳氧同位素特征[J]. 地质学报, 2010, 84 (4): 493-499.

[31] Mook W G, Vogel J C. Isotopic equilibrium between shells and their environment[J]. Science, 1968, 159 (3817): 874-875.

[32] 罗贝维, 魏国齐, 杨威, 等. 四川盆地晚震旦世古海洋环境恢复及地质意义[J]. 中国地质, 2013, 40 (4): 1099-1111.

[33] 邵龙义. 碳酸盐岩氧、碳同位素与古温度等的关系[J]. 中国矿业大学学报, 1994, 23 (1): 39-45.

[34] 梅冥相. 碳酸盐岩旋回与层序[M]. 贵阳: 贵州科技出版社, 1995: 57-59, 190-191.

[35] Hoffman P F, Kaufman A J, Halverson G P, et al. A Neoproterozoic snowball Earth[J]. Science, 1998, 281: 1342-1346.

[36] 腾格尔. 海相地层元素、碳氧同位素分布与沉积环境和烃源岩发育关系——以鄂尔多斯盆地为分例[D]. 兰州: 中国科学院研究生院 (兰州地质研究所), 2004.

[37] 周进高, 房超, 季汉成, 等. 四川盆地下寒武统龙王庙组颗粒滩发育规律[J]. 天然气工业, 2014, 34 (8): 27-36.

[38] 樊茹, 邓胜徽, 张学磊. 寒武系碳同位素漂移事件的全球对比性分析[J]. 中国科学 (地球科学), 2011, 54 (12): 1829-1839.

[39] 贾鹏, 李伟, 卢远征, 等. 四川盆地中南部地区洗象池群沉积旋回的碳氧同位素特征及地质意义[J]. 现代地质, 2016, 30 (6): 1329-1338.

[40] Kouchinske A, Bengtson S, Gallet Y. The SPICE carbon isotope excursion in Siberia: a combined study of the upper Middle Cambrian–lowermost Ordovician Kulyumbe River section, northwestern Siberian Platform[J]. Geological Magazine, 2008, 145 (5): 609-622.

[41] Lindsay J F, Kruse P D, Green O R. The Neoproterozoic–Cambrian record in Australia: A stable isotope study[J]. Precambrian Research, 2005, 143 (1-4): 113-133.

[42] Saltzman M R, Ripperdan R L, Brasier M D. A global carbon isotope excursion (SPICE) during the Late Cambrian: relation to trilobite extinctions, organic-matter burial and sea level[J]. Palaeogeography, Palaeoclimatology, Palaeoecology, 2000, 162 (3): 211-223.

[43] 王妍, 于航, 曾家明. 宁夏青龙山地区芙蓉统—中奥陶统碳氧同位素地层学[J]. 西北大学学报 (自然科学版), 2014, 44 (2): 264-271.

成像测井在灯影组微生物岩岩相识别中的应用

田　瀚 [1,2,3]　张建勇 [1,2,3]　李　昌 [1,2]　李文正 [1,2,3]　姚倩颖 [1,2,3]

（1. 中国石油杭州地质研究院　浙江杭州　310023；2. 中国石油勘探开发研究院四川盆地研究中心　四川成都　610041；3. 中国石油天然气集团公司碳酸盐岩储集层重点实验室　浙江杭州　310023）

摘　要： 岩相识别是沉积储层研究的基础，针对未取心井开展测井岩相识别工作至关重要。对于四川盆地震旦系灯影组碳酸盐岩地层而言，由于经历过多期成岩改造作用，使得不同岩相的常规测井响应特征区分度较低，准确识别难度大。为了建立有效的测井岩相识别方法，在前人岩石分类的基础上，通过选取多口岩心、薄片和测井等资料齐全的代表性钻井作为关键井，在充分发挥成像测井优势基础上，明确不同岩相典型成像特征，建立成像测井相—岩相的转换模型。并采用多点地质统计学方法开展成像测井全井眼图像处理，提取图像典型特征，结合所建立的岩相转换模型，开展全井段岩相识别，并推广应用于研究区其他未取心井。通过实际效果验证表明，基于成像测井所建立的岩相识别方法相比常规测井，其岩性识别准确率更高，能为后续沉积微相和储层研究提供有力支撑。

关键词： 四川盆地；灯影组；微生物白云岩；成像测井相；岩性识别

The Application of Imaging Logging in the Identification of Microbialite Facies in Dengying Formation, Sichuan Basin

Tian Han[1,2,3], Zhang Jianyong[1,2,3], Li Chang[1,2], Li Wenzheng[1,2,3], Yao Qianying[1,2,3]

(1. Petrochina Hangzhou Research Institute of Geology, Hangzhou, Zhejiang 310023; 2. Research institute of Sichuan Basin, PetroChina Research Institute of Petroleum Exploration & Development, Chengdu, Sichuan 610041; 3. CNPC Laboratory of Carbonate Reservoirs, Hangzhou, Zhejiang 310023)

Abstract: The lithology identification is the basis of study of sedimentary facies and reservoirs, and it is very important to identify well logging lithofacies for uncored well. For the carbonate of Dengying Formation of Sinian system in Sichuan Basin, it has undergone strong digenesis that lead to the low discrimination for log response characteristics of different lithofacies, which result in the great challenge of conventional logs in the identification of carbonate lithofacies. In order to establish an effective identification method of log facies, on the basis of previous classification, the wells with complete core, thin section and logging data of the fourth Member of Dengying Formation in Gaoshiti-Moxi area were selected as key wells. We conduct fine description of cores, at the same time extract the different typical imaging features of lithofacies, then establish the transformation model of the image logging facies and lithofacies. Finally, we use multi-point geostatistics method to carry out the whole wellbole imaging process, which can realize whole wellbole image coverage. We extract image features, combine the established lithofacies identification model to carry out the lithofacies identification, then apply to other uncored wells in the study area. The results show that the lithofacies identification method based on image logging has a high identification rate, which can provide a strong support for the subsequent studies of sedimentary microfacies and reservoir development mechanism.

Key words: Sichuan Basin; Dengying formation; microbial dolomite; image logging facies; lithofacies identification

基金项目：国家科技重大专项“大型油气田及煤层气开发”（2017ZX05008-005）；中石油科技部重点项目“深层-超深层油气富集规律与区带目标评价”（2018A-0105）资助。

第一作者简介：田瀚（1989—），男，硕士，2015年毕业于中国石油勘探开发研究院，工程师，主要从事碳酸盐岩测井地质学研究。

E-mail：tianh_hz@petrochina.com.cn

不同岩石类型在测井曲线上具有不同的形态组合[1]，经"岩心标定测井"后，明确这些差异所反映的岩相特征是开展测井岩相识别工作的基础。目前，在碎屑岩体系中，利用测井曲线定量识别岩相已经是一项比较成熟的技术，许多学者对此都做过研究，其中较常用的方法包括 BP 神经网络[2-4]、贝叶斯判别法[1, 5]、主成分分析[6, 7]、多元统计法[8]、模糊聚类分析[9]和自组织神经网络法[10, 11]等。这些聚类分析方法在碎屑岩岩相识别中均有广泛应用，而且也取得较好的应用效果。

碳酸盐岩由于自身成分和结构的复杂性，使得一些在碎屑岩中应用较好的方法在碳酸盐岩岩相识别中遭遇挑战。不过仍有很多学者通过采用各种方法来提高常规测井的识别能力。如 Lucia 等[12]针对国外孔隙型碳酸盐岩地层，利用碳酸盐岩岩石组构与岩石孔隙度和含水饱和度的关系，建立了视岩石结构数的方法开展岩相识别，但是这种方法适用范围有限，对于国内成岩改造作用强烈的碳酸盐岩地层而言，岩石组构与孔隙度和含水饱和度之间没有必要联系，应用效果差；李昌等[13]在 Lucia 提出的视岩石结构数的基础上，对其进行改进，按照裂缝发育程度、泥质含量、低阻地层等分别建立相应的岩石结构数计算模型，这种方法不仅比较繁琐，而且本质上与 Lucia 的方法差异不大；刘宏等[14]采用灰色关联分析法对磨溪气田嘉陵江组碳酸盐岩地层开展过岩相识别研究，其中岩电标准模式的建立最为关键，其采用加权平均数代表某一种岩性的方式不仅误差大，而且人为因素严重。

常规测井之所以在复杂碳酸盐岩地层岩相识别中精度不高，主要受自身能力所限。常规测井的测量结果主要是岩石矿物成分、孔隙空间大小及流体性质等综合信息的反映，对岩石结构特征并不敏感。学者们所开展的测井相研究，其本质上是将具有相同测井响应特征的测井单元归为同一岩类，这在成岩改造作用弱、岩石成分单一，且主要受沉积相控制的碎屑岩中应用效果好。在碳酸盐岩地层中，由于后期成岩改造作用强烈，相同岩性的测井响应特征有时也会存在较大差异，这就极易把同一岩相误识别为两种不同的测井相，本质上制约常规测井识别岩相的准确率。随着成像测井技术的发展，相对于常规测井而言，

其具有明显的"三高"优势，即高分辨率、高覆盖率和高直观性[15-17]。成像测井不仅能利用颜色亮暗变化反映岩性差异，还可以通过图像特征变化反映地层岩石结构，从而有效弥补常规测井只能反映岩石成分的不足。因此，在深入挖掘成像测井蕴含的丰富信息基础上，使得利用成像测井开展复杂碳酸盐岩岩相识别成为可能。

川中高石梯—磨溪地区位于四川盆地中部的乐山—龙女寺古隆起区域，属于川中古隆起中斜平缓带（图 1）。自 2011 年获得勘探突破以来，截至 2015 年底，灯影组已发现地质储量规模超过万亿立方米[18-20]，展现出巨大勘探潜力。而在实际勘探开发过程中发现，灯影组储层虽然分布面积广，整体上以相控型为主，但是仍具有明显的非均质性。前期认为优质储层发育区的台缘带，近期钻遇多口储层不发育的井，而认为储层相对较差的台地内部，却有高产井的产生。高石梯—磨溪地区灯影组优质储层平面展布特征的不明确，严重制约了下一步井位部署和开发方案的设置。要想弄清楚优质储层的分布规律，首先必须明确有利沉积微相的展布规律，而岩相的识别又是沉积相分析的基础。受限于取心资料有限和岩屑录井精度低，前期所刻画的沉积相已无法满足当前勘探开发的需求，为解决此问题，笔者此次研究基于灯四段岩心、薄片和测井等资料较为齐全的代表性钻井，采用"薄片鉴定岩性、岩心标定测井"的思路，对取心井开展岩性精细描述，同时利用多点地质统计学的方法对成像测井资料开展全井眼图像处理，在此基础上，明确不同岩相典型测井特征，总结典型岩性的成像测井相模式，并建立"常规+成像+岩心+薄片"的岩相识别方法，以期为后续沉积微相研究提供有力地质依据。

1 岩石学特征

灯影组微生物岩种类复杂多样，在国内，生产上主要采用张荫本等[21]（1996）针对四川盆地灯影组提出的划分方案，该方法将灯影组富含藻类的白云岩分为层纹、叠层、棉层和黏连 4 种基本类型。这种分类多集中在藻类的形态研究，种类繁多，在实际生产操作中具有一定的难度，对贫藻类岩石的划分相对薄弱，对颗粒岩与微生物岩的关系尚不明确。为此，本次研究借鉴文龙[20]

（2017）所提的岩石分类方法，该方法将 Folk（1959）对碳酸盐岩分类与张荫本等（1996）对粘结岩的分类方案相结合，将灯四段主要碳酸盐岩大致划分为藻砂屑云岩、藻凝块云岩、藻叠层云岩、藻纹层云岩、泥—粉晶云岩（图 2）。通过对研究区内近 2000m 岩心的统计发现，震旦系灯影组的主要储集岩为藻凝块云岩和藻砂屑云岩，也是优质储层的发育岩类。

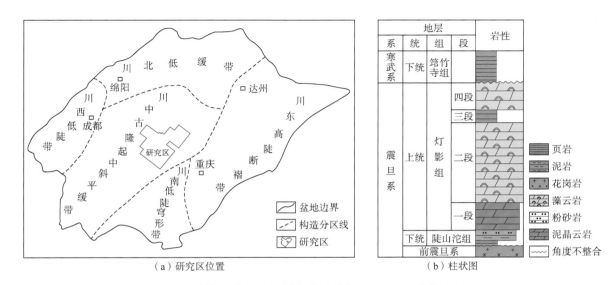

（a）研究区位置 （b）柱状图

图 1　研究区位置及地层柱状图（据文献[18]，略修改）

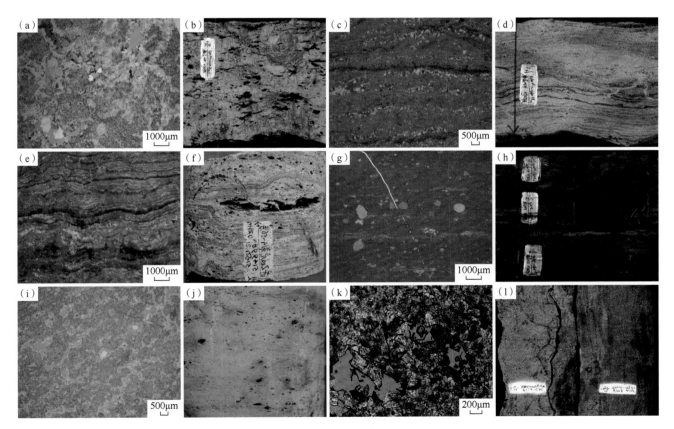

图 2　灯四段主要岩石类型岩心及对应薄片特征

（a）、（b）分别为藻凝块云岩薄片和对应岩心特征，磨溪 105 井，灯四段；（c）、（d）藻纹层云岩，磨溪 105 井，灯四段；（e）、（f）藻叠层云岩，磨溪 105 井，灯四段；（g）、（h）泥晶云岩，磨溪 105 井，灯四段，见明显硅质充填；（i）、（j）藻砂屑云岩，磨溪 105 井，灯四段；（k）、（l）细—粉晶云岩，高石 21 井，灯四段

2 测井岩相识别方法

碳酸盐岩岩相识别属于测井相分析范畴，其核心内容就是要建立测井相与岩相之间的对应关系。由于常规测井所蕴含信息的局限性，制约了其在成岩改造作用强烈的国内深层—超深层碳酸盐岩地层中的应用。成像测井相对常规测井而言，不仅在分辨率和覆盖率具有明显优势外，而且包含的信息更加丰富。成像测井相就是依据成像测井动、静态图像的颜色和结构变化来反映岩性的差异[15]。如图3所示，图像颜色亮暗变化是地层电阻率值高低的表现，一定程度上反映岩性的差异；图像结构的差异（斑状、块状、层状和条带状）主要是由沉积环境或后期成岩作用所导致，其能间接反映地层岩石结构特征。成像测井岩相识别就是依据颜色和结构的差异来建立成像测井相与岩相之间的关系。

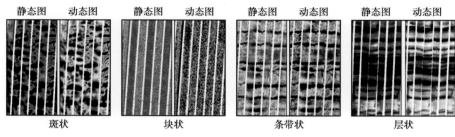

图 3　成像测井相原理

2.1 岩相测井响应特征

2.1.1 藻砂屑云岩

该岩性是灯四段储层发育的重要储集岩之一。如图 4 中 5326 ~ 5329m 井段，常规测井上表现为"三低两高"特征，即低自然伽马、低电阻率、低密度、高声波时差和高中子。三孔隙度曲线显示出孔隙发育的特征。静态成像图上表现为棕—黄色，动态图像上表现为溶蚀孔洞发育，暗斑大小相对均匀，且呈层状分布；岩心上见明显针状溶孔发育，同样呈层状分布，与动态图所展示的孔洞分布特征相似。

2.1.2 藻凝块云岩

该岩性在灯四段普遍发育，是储层发育最为重要的储集岩。如图 4 所示井段，常规测井上的响应特征与藻砂屑云岩相似，同样表现出"三低两高"特征，但是成像测井上与其存在一定差异。静态成像图上表现为棕色，表明电阻率值相对藻砂屑云岩而言更低；动态图上溶蚀孔洞发育，但暗斑大小不一，溶蚀孔洞发育没有方向性，呈杂乱展布，这是与藻砂屑云岩最为明显的区别。岩心上颜色较浅，呈浅灰—白灰色，主要是由若干个中小型凝块结构构成，岩石表面通常表现出云雾状、雪花状或皱纹状特征，发育中小溶洞（>2mm），储层物性最好。

2.1.3 泥—粉晶云岩

该岩性主要发育于台缘滩之间的滩间海和局限台地内相对低洼和静水低能的地带[18]。如图 4 所示，常规测井上声波时差曲线平直，三孔隙度曲线表现为无储层特征，电阻率值低。静态成像图上表现为黑色层状特征，中间可见亮色的硅质条带。岩心上颜色较深，常呈黑色、灰黑色，岩心致密，无溶蚀孔洞发育。

2.1.4 岩溶角砾岩

该岩性的形成于准同生期溶蚀作用有关，为海平面下降或藻丘快速生长至海平面附近，致使沉积物暴露于大气淡水之中而遭受溶蚀垮塌形成，角砾的分选性和磨圆度均较差，角砾之间多被上覆沉积物充填[22]。常规测井曲线指示储层发育，在成像图上表现为明显的亮色斑状特征，如图 4 所示，其中亮色斑块为角砾，通常成分为泥晶云岩，暗色部分为角砾间充填的低阻物质。

2.1.5 藻纹层云岩

藻纹层云岩主要发育于潮间—潮上带浅水低能环境[20]。在镜下或岩心上可见近于平直的暗色藻纹层组构，纵向上藻纹层较为稀疏，层与层间夹有薄层的泥—粉晶云岩且致密，而且常见硅质充填，薄片上藻纹层与硅质条带成互层状分布。在常规测井上，除电阻率值表现为异常高以外，其他曲线特征与泥—粉晶云岩相似。动、静态成像图上均表现为亮黄色块状特征（图 4）。

2.1.6 藻叠层云岩

藻叠层白云岩是川中地区灯影组重要岩类之一，主要形成于潮间带下部—潮下带上部的中—

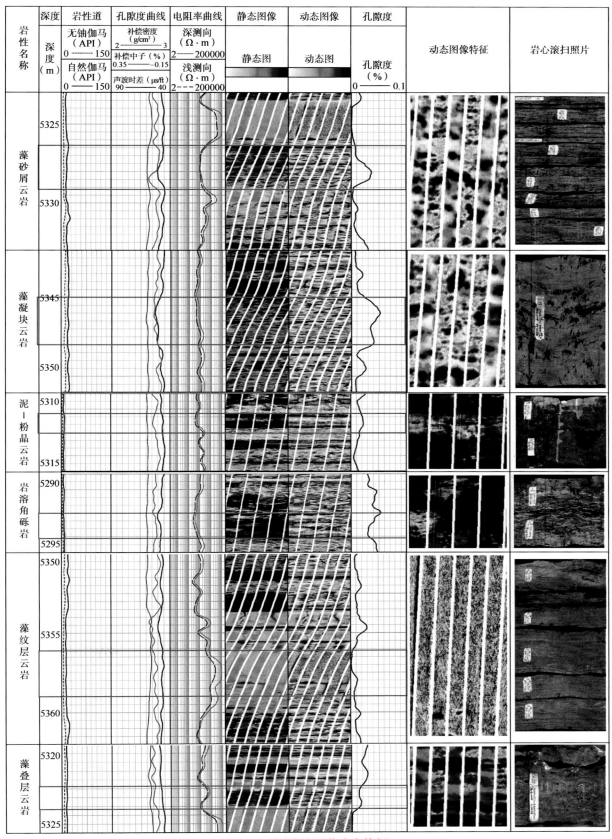

图 4　不同岩性测井响应特征

低能环境[19, 23]。与藻纹层白云岩相比，其纹层产状多样，呈连续、断续状或杂乱状展布，具有一定起伏形态。常规测井上伽马值低，三孔隙度曲线指示储层发育。静态成像图上表现为暗色不规则层状特征，动态图上可见暗色层状边界模糊，不规则，垂向上相互不连通（图4），表明存在沿着暗色层的溶蚀。

基于多口取心井的精细标定，可以明确不同岩相的测井响应特征。虽然部分岩性在常规测井曲线特征上存在一定的相似性，但是在成像测井上的差异明显，因此基于岩心精细标定测井后所建立的成像测井相—岩相对应关系，能够准确识别不同岩相的变化情况。

2.2 全井眼成像处理

成像测井虽然具有较高的覆盖率，但是由于井身结构和电成像测井仪器结构上的原因，在测量时仪器处于张开状态，造成在沿井壁扫描时，有部分井壁未能测量，覆盖率不能达到100%，在成像图上产生白色条带，影响了后续图像处理。

以斯伦贝谢公司的FMI为例，该仪器在8in井眼环境下，井壁覆盖率为80%，而且随着井眼尺寸的增大，成像测井的井壁覆盖率会更低。为了实现井眼满覆盖，避免空白条带对成像特征识别的影响，本次研究采用多点地质统计学方法开展图像处理[24-26]。多点地质统计学方法由于考虑了处理窗长内整幅图像的统计信息，在处理非均质性介质方面具有优势，具体方法原理在此不做详述。

图5为全井眼图像处理后的结果，发现采用多点地质统计学对成像测井图像空白条带填补后，空白条带得到了很好的消除，与前后极板具有很好的连续性。将处理后的全井眼图像与岩心滚扫图片进行对比，发现二者具有很好对比性，藻凝块云岩与藻纹层云岩在成像图上的特征明显，藻凝块云岩在成像图上的非均匀溶蚀暗斑状特征和藻纹层云岩的亮黄色块状特征易于识别。

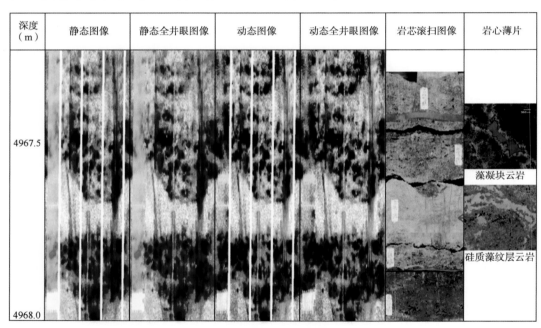

图5 全井眼处理前后对比效果

2.3 成像测井相—岩相模型

基于全井眼电成像处理后的结果，能够有效避免空白带所带来的干扰，并通过前述不同岩性测井响应特征差异的分析，笔者从全井眼成像图中提取出反映岩性的典型特征，其中包括静态图像中反映岩性变化的颜色，如白色、黄色、棕色及黑色；以及动态图像中反映地层岩石组构变化的结构特征，如块状、暗斑、层理、条带等。图6为针对研究区所建立的岩相—成像测井相转换模

型，这对后续其他未取心井进行岩性精细识别提供了良好的地质和测井依据。

3 实例应用

为了验证基于成像测井建立岩相识别模型的可靠性，笔者选取了研究区多口取心井进行验证，同时针对该井也开展常规测井的岩相识别，主要采用的是常用的神经网络聚类分析方法，希望将成像测井和常规测井岩相识别结果分别与实际岩心分析进行对比，从而明确不同方法的识别效果。

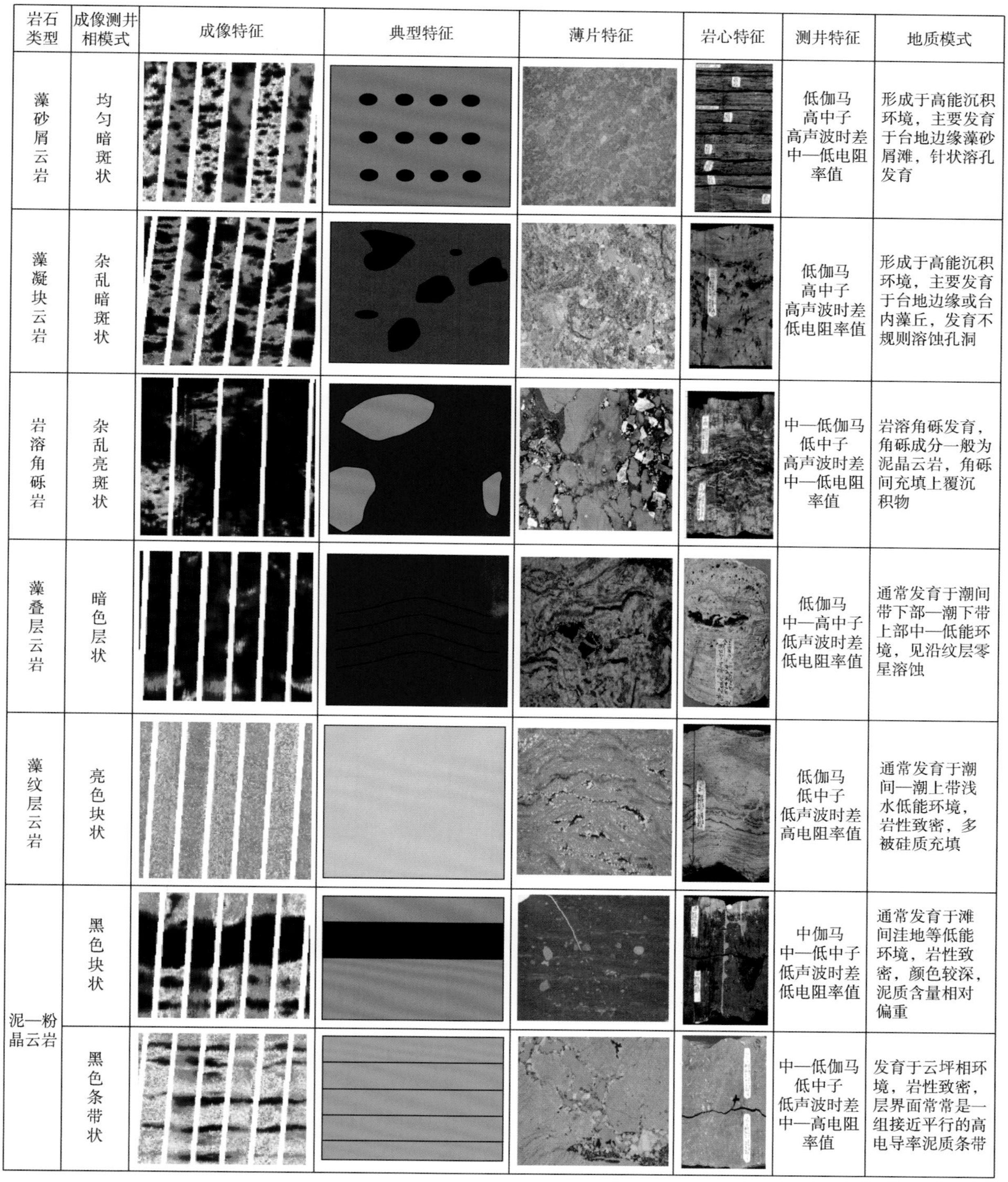

岩石类型	成像测井相模式	成像特征	典型特征	薄片特征	岩心特征	测井特征	地质模式
藻砂屑云岩	均匀暗斑状					低伽马高中子高声波时差中—低电阻率值	形成于高能沉积环境，主要发育于台地边缘藻砂屑滩，针状溶孔发育
藻凝块云岩	杂乱暗斑状					低伽马高中子高声波时差低电阻率值	形成于高能沉积环境，主要发育于台地边缘或台内藻丘，发育不规则溶蚀孔洞
岩溶角砾岩	杂乱亮斑状					中—低伽马低中子高声波时差中—低电阻率值	岩溶角砾发育，角砾成分为泥晶云岩，角砾间充填上覆沉积物
藻叠层云岩	暗色层状					低伽马中—高中子低声波时差低电阻率值	通常发育于潮间带下部—潮下带上部中—低能环境，见沿纹层零星溶蚀
藻纹层云岩	亮色块状					低伽马低中子低声波时差高电阻率值	通常发育于潮间—潮上带浅水低能环境，岩性致密，多被硅质充填
泥—粉晶云岩	黑色块状					中伽马中—低中子低声波时差低电阻率值	通常发育于滩间洼地等低能环境，岩性致密，颜色较深，泥质含量相对偏重
	黑色条带状					中—低伽马低中子低声波时差中—高电阻率值	发育于云坪相环境，岩性致密，层界面常常是一组接近平行的高电导率泥质条带

图 6　研究区岩相—成像测井相转换模型

图 7 中第 7 道为成像测井全井眼处理后的图像，基于全井眼图像，通过对典型特征的提取，并结合前述所建立的成像测井相—岩相转换模型，最终可以得到第 9 道的岩性识别结果。第 10 道则是根据所优选出的常规测井敏感参数，利用 KNN（K-Nearest Neighbor）聚类分析算法所得到的常规测井岩相识别结果；第 11 道为基于实际岩心资料所得到的岩心描述结果。

将成像测井和常规测井所识别的岩性与实际岩心描述对比可以发现，利用成像测井所识别出的岩性与实际岩性吻合度较高，不同的岩性在成像图上的典型特征明显，易于识别，仅部分特征模糊处，识别的结果可能存在偏差，而利用常规测井所识别的结果则与实际情况差异较大。如图 7

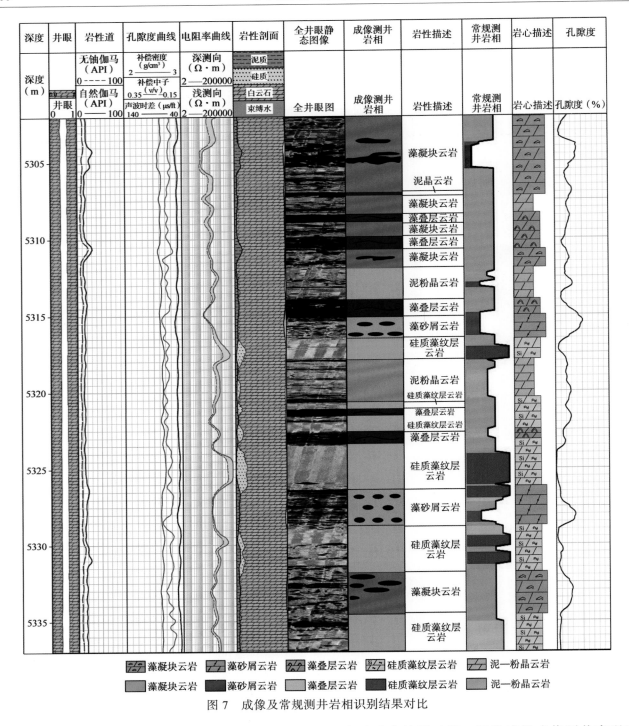

图 7　成像及常规测井岩相识别结果对比

中 5303～5306m 井段，常规测井上根据测井响应特征的差异，将其单独识别为一类岩性，但是从成像图上可以看出，该井段测井曲线的差异主要是由于物性所导致，而与岩性并无关系，岩心上 5302～5307m 藻凝块云岩均发育；而 5323.5～5326.5m 由于电阻率曲线上存在差异，常规测井上将硅质藻纹层云岩识别成两类岩性，上部电阻率降低的井段识别为藻凝块云岩，与实际岩性存在明显不符，但是从成像测井就可以比较清楚识别出该

段为硅质藻纹层云岩，因为该段成像测井表现为明显亮色块状特征，是典型硅质藻纹层云岩特点。

　　通过对比可以发现，对于深层—超深层的微生物白云岩，由于其岩性复杂，后期成岩改造作用强烈，常规测井岩相识别方法应用效果相对较差，无法有效真实反映出岩性特征，但是成像测井由于能从颜色和结构两个方面入手，本质上克服了常规测井的局限性，在岩心精细刻度的基础上，是能够有效识别岩性变化特征，而且识别准确率较高，能够满足后续沉积微相和储层的研究。

4 讨论与分析

笔者针对四川盆地高石梯—磨溪地区灯四段建立的微生物岩成像测井岩相识别方法相对常规测井识别结果具有较高识别率。利用这种方法可以对研究区中测有成像资料的钻井开展岩相精细识别工作，从而来弥补未取心的不足。但认为仍存在 3 个方面的因素制约识别结果：

（1）成像测井质量的好坏影响图像处理结果。成像测井图像质量以及不同仪器刻度方式的差异会对特征提取存在影响，因此成像资料的好坏严重影响模型识别准确率。

（2）研究区灯影组微生物岩成岩改造作用强烈，部分岩相测井特征差异不明显，影响模型识别精度。

（3）由于成像测井颜色显示是渐变的，所以对于两种不同颜色的渐变色处，如何确定其岩相存在难度，而这种渐变色处，往往其岩石成分并非单一，该方法只能将其识别为主要岩类。

尽管成像测井岩相判别方法仍存在一定的不足，但是针对国内深层—超深层、成岩改造作用强烈，岩石类型多样的碳酸盐岩地层，常规测井的岩相信息反映更加微弱，而成像测井的岩相判别结果显示出较好的识别率，表明其适用于研究区的岩相识别。

5 结 论

（1）成像测井岩相识别方法是解决非取心井岩性识别的重要手段，其能够有效解决常规测井曲线对深层—超深层灯影组微生物岩岩相识别能力弱的难题。利用成像测井在图像颜色和结构上的优势，建立了研究区成像测井岩相识别模型，具有较高识别率，可以为后续沉积微相和储层研究提供有力支撑。

（2）依据成像测井所建立的岩相识别方法的精度高低主要取决于根据建模井所确定的典型岩性特征图版是否具有普遍代表性和井筒成像图像质量的好坏。测井所能分辨出的岩相种类与地质所划分的岩石类型相互匹配才能更有效地指导在后续地质中的应用。

（3）深层—超深层碳酸盐岩经历过强烈的成岩改造作用，很大程度上造成不同岩石类型在岩石物理性质上差异不大，导致其在测井响应特征上区分度不明显，这也是碳酸盐岩岩相识别的难点，对于古老的震旦系灯影组微生物岩，这点尤为突出，因此仍需进一步深入挖掘成像测井所蕴含的反映岩性特征的信息。

参考文献

[1] 王玉玺，田昌炳，高计县，等. 常规测井资料定量解释碳酸盐岩微相——以伊拉克北 Rumaila 油田 Mishrif 组为例[J]. 石油学报，2013，34（6）：1088-1099.

[2] 张洪，邹乐君，沈晓华. BP 神经网络在测井岩性识别中的应用[J]. 地质与勘探，2002，38（6）：63-65.

[3] 焦翠华，张福明，李洪奇，等. 神经网络和分形几何方法在识别测井沉积微相中的应用[J]. 沉积学报，1997，15（3）：62-66.

[4] 李道伦，卢德唐，孔祥言，等. BP 神经网络隐式法在测井数据处理中的应用[J]. 石油学报，2007，28（3）：105-108.

[5] 雍世和，陈钢花. 应用 Bayes 逐步判别分析自动确定岩性[J]. 石油物探，1990，29（2）：68-77.

[6] 张莹，潘保芝. 基于主成分分析的 SOM 神经网络在火山岩岩性识别中的应用[J]. 测井技术，2009，33（6）：550-554.

[7] 蒋裕强，张春，张本健，等. 复杂砂砾岩储集体岩相特征及识别技术——以川西北地区为例[J]. 天然气工业，2013，33（4）：31-36.

[8] 陈钢花，王中文，李德云，等. 利用多元统计方法自动识别沉积微相[J]. 石油物探，1997，36（1）：71-76.

[9] 张小莉，沈英. 模式识别在测井相分析中的应用[J]. 西北大学学报（自然科学版），1998，28（5）：439-442.

[10] 张治国，杨毅恒，夏立显. 自组织特征映射神经网络在测井岩性识别中的应用[J]. 地球物理学进展，2005，20（2）：332-336.

[11] 任培罡，夏存银，李媛，等. 自组织神经网络在测井储层评价中的应用[J]. 地质科技情报，2010，29（3）：114-118.

[12] F J Lucia. 碳酸盐岩储层表征[M]. 北京：石油工业出版社，2011.

[13] 李昌，乔占峰，邓兴梁，等. 视岩石结构数技术在测井识别碳酸盐岩岩相中的应用[J]. 油气地球物理，2017，15（1）：29-35.

[14] 刘宏，谭秀成，周彦，等. 基于灰色关联的复杂碳酸盐岩测井岩相识别[J]. 大庆石油地质与开发，2008，27（1）：122-125.

[15] 李宁，肖承文，伍丽红，等. 复杂碳酸盐岩储层测井评价：中国的创新与发展[J]. 测井技术，2014，38（1）：1-10.

[16] 张龙海，代大经，周明顺，等. 成像测井资料在湖盆沉积研究中的应用[J]. 石油勘探与开发，2006，33（1）：67-71.

[17] 吴煜宇，张为民，田昌炳，等. 成像测井资料在礁滩型碳酸盐岩储集层岩性和沉积相识别中的应用——以伊拉克鲁迈拉油田为例[J]. 地球物理学进展，2013，8（3）：1497-1506.

[18] 徐欣，胡明毅，高达. 磨溪—高石梯地区灯影组四段微生物岩沉积特征及主控因素[J]. 中国海上油气，2018，30（2）：25-34.

[19] 王文之，杨跃明，文龙，等. 微生物碳酸盐岩沉积特征研究——以四川盆地高磨地区灯影组为例[J]. 中国地质，2016，43（1）：306-318.

[20] 文龙，王文之，张健，等. 川中高石梯—磨溪地区震旦系灯影组碳酸盐岩岩石类型及分布规律[J]. 岩石学报，2017，33（4）：1285-1294.

[21] 张荫本，唐泽尧，陈季高. 粘结岩分类及应用[J]. 天然气勘探与开发，1996，19（4）：24-33.

[22] 王良军. 川北地区灯影组四段优质储层特征及控制因素[J]. 岩性油气藏，2019，31（2）：35-45.

[23] 段金宝，代林呈，李毕松，等. 四川盆地北部上震旦统灯影组四段储层特征及其控制因素[J]. 天然气工业，2019，39（7）：9-20.

[24] 李国欣，赵太平，石玉江，等. 鄂尔多斯盆地马家沟组碳酸盐岩储层成岩相测井识别评价[J]. 石油学报，2018，39（10）：1141-1154.

[25] 孙建孟，赵建鹏，赖富强，等. 电测井图像空白条带填充方法[J]. 测井技术，2011，35（6）：532-537.

[26] 张挺. 基于多点地质统计的多孔介质重构方法及实现[D]. 合肥：中国科学技术大学，2009.

四川盆地寒武系洗象池组岩相古地理及储层特征

谷明峰[1,2]　李文正[1,2]　邹　倩[3]　张建勇[1,2]　周　刚[4]

吕学菊[1]　严　威[4]　李堃宇[4]　罗　静[5]

（1. 中国石油杭州地质研究院　浙江杭州　310023；2. 中国石油天然气集团公司碳酸盐岩储层重点实验室　浙江杭州 310023；3. 中国石油勘探开发研究院　北京　100083；4. 中国石油西南油气田勘探开发研究院　四川成都 610051；5. 中国石油西南油气田公司川西北油气矿　四川江油　621741）

摘　要：在典型野外露头、岩心以及岩石薄片观察的基础上，结合实验分析数据，对四川盆地寒武系洗象池组岩相古地理、储层特征及其主控因素进行了研究。结果表明：洗象池组为镶边碳酸盐岩台地沉积环境，盆地整体位于局限台地内部，在梁平—重庆台洼两侧发育高能滩相。洗象池组储层多发育在洗象池组中上段，岩性以颗粒白云岩、晶粒白云岩、藻白云岩为主。主要储集空间为溶蚀孔洞、粒间孔与晶间孔，孔隙度集中分布在 2%～5% 之间，平均 3.38%。储层的形成与分布受沉积相、准同生溶蚀作用与表生岩溶作用共同控制，储层主要发育在古地貌较高部位、滩体向上变浅旋回的上部及奥陶系尖灭线附近。预测位于台洼两侧的合川—广安与南川—石柱一带古地貌高部位为有利滩相储层发育区，西充—广安—潼南地区为有利岩溶储层发育区，指出西充—广安一带为勘探靶区。

关键词：岩相古地理；碳酸盐岩；沉积相；颗粒滩；岩溶作用；洗象池组；四川盆地

Facies and Porosity Origin of Reservoirs: Case Studies from the Cambrian Xixiangchi Formation of Sichuan Basin, China, and Their Implicationson Reservoir Prediction

Gu Mingfeng[1,2], Li Wenzheng[1,2], Zou Qian[3], Zhang Jianyong[1,2], Zhou Gang[4], Lv Xueju[1], Yan Wei[4], Li Kunyu[4], Luo Jing[5]

(1. *PetroChina Hangzhou Research Institute of Geology, Hangzhou, Zhejiang 310023; 2. CNPC Key Laboratory of Carbonate Reservoirs, Hangzhou, Zhejiang 310023; 3. PetroChina Research Institute of Petroleum Exploration & Development, Beijing 100083; 4. Research Institute of Exploration & Development, PetroChina Southwest Oil & Gas Field Company, Chengdu, Sichuan 610051; 5. Northwest Sichuan Division, PetroChina Southwest Oil & Gas Field Company, Jiangyou, Sichuan 621741)*

Abstract: Based on observation of typical outcrops, cores and rock thin sections, and experimental analysis data, the distribution characteristics of Xixiangchi Formation lithofacies palaeogeography, reservoir, and main controlling factors were analyzed. Results show that Xixiangchi Formation is a platform sedimentary environment of rimmed carbonate rocks. The Sichuan Basin is located in the interior of the limited platform, with Liangping-Chongqing platform depression developed, and high-energy beach facies developed on both sides of the depression. Effective reservoirs are mostly distributed in the middle and upper members of Xixiangchi Formation, and primarily dominated by grain dolomite, crystalline dolomite and algae dolomite. Besides, the main types of reservoir spaces are dissolution pores, intergranular pores and intercrystalline pores, with porosity mainly distributed between 2%~5% and 3.38% averagely. The formation and distribution of reservoirs are controlled by

基金项目：国家科技重大专项"大型油气田及煤层气开发"（2016ZX05004-002、2017ZX05008）、中国石油天然气股份有限公司科学研究与技术开发项目"四川盆地震旦—寒武系重大勘探领域岩相古地理与有利储层分布研究"（2020-01-02）资助。

第一作者简介：谷明峰（1983—），男，硕士，高级工程师，主要从事地震地质综合解释、储层预测、区带及目标优选等研究工作。

E-mail：gumf_hz@petrochina.com.cn

sedimentary facies, paragenetic dissolution and supergene karstification. Reservoirs are mainly developed in the upper paleogeomorphology, upper part of shallow-upward cycle and near the pinch-out line of Ordovician. It is predicted that the palaeogeomorphological highs in the areas of Hechuan-Guang`an and Nanchuan-Shizhu on both sides of Liangping-Chongqing depression are the favorable reservoir zones, and Xichong-Guangan-Tongnan area is the favorable karst reservoir development area. It is concluded that the Xichong - Guangan area is the main target of natural gas exploration in this area in the future.

Key words: lithofacies palaeogeography; carbonate rock; sedimentary facies; grain shoal; karstification; Xixiangchi formation; Sichuan Basin

近年来，四川盆地震旦系—寒武系的油气勘探主要聚焦于灯影组、龙王庙组，并在川中古隆起的高石梯—磨溪地区获得天然气勘探重大突破[1-4]。中—上寒武统洗象池组作为重要的后备勘探领域和接替层系，自 1966 年威 12 井中途测试获得突破后，仅在威远地区获得探明天然气储量 85.08×10⁸m³。就整个四川盆地而言，洗象池组勘探程度相对较低。

前人对于洗象池组层序地层、岩相古地理与储层特征进行了大量研究，认为四川盆地洗象池组沉积时期发育碳酸盐岩台地，局部发育颗粒滩沉积，经沉积期及风化期岩溶作用可形成储层，但层序划分方案[5-7]、颗粒滩有利区的分布[6-8]、储层主控因素[8,9]等方面仍存在分歧，这制约了油气勘探部署。笔者在观察野外露头、岩心和薄片的基础上，综合钻井、地震资料，结合储层地球化学特征，对洗象池组沉积演化、储层成因开展了系统的研究，以期厘清古环境与储层发育的潜在联系，为评价与预测优质储层提供地质依据，为下一步勘探指明方向。

1 岩相古地理特征

四川盆地中—上寒武统洗象池组为一套海相碳酸盐岩，岩性以浅灰色、灰色、灰黄色白云岩、泥质白云岩为主，局部含砂质，夹鲕粒白云岩及硅质条带或结核。洗象池组沉积时期受加里东古隆起及海平面早期快速海侵和晚期缓慢海退[6]影响，呈现西北高、东南低的沉积格局，地层西北薄、东南厚[10]，地层厚度表现为填平补齐的特征，古地势低洼区沉积厚度远大于地势高区。在川北南江、旺苍、广元及川西北龙门山前缘一带缺失，乐山、威远、自贡、龙女寺一带厚度介于 100～300m，邻水、永川一带厚约 500m，华蓥—重庆为盆地内沉积中心，厚度可达 800m，至盆地东南边缘石柱、南川一带厚度 600～700m，川东秀山—永顺地区甚至超过 1000m（图 1）。

通过野外剖面、岩心与薄片观察及钻井资料分析，认为四川盆地洗象池组主体为镶边台地沉积，台地边缘在现今贵州地区。沉积环境横向变化较大，西部靠近陆地发育混积潮坪，向东逐渐过渡到清水碳酸盐岩台地沉积环境。自西向东（由陆向海）依次发育混积潮坪、云坪、台地、台地边缘、斜坡—盆地亚相（图 2）。台缘带主要分布在大庸—永顺一带，发育巨厚颗粒滩相沉积，城口—鄂西断裂以北、永顺—大庸以东为斜坡相沉积，发育斜坡角砾灰岩（图 3a），局部见膏质潟湖亚相（图 3b）。四川盆地内部主要为碳酸盐台地相，可进一步划分为台洼、颗粒滩、白云云坪等亚相。合川—广安与南川—石柱地区发育两条台内颗粒滩带，重庆—梁平一带发育台内潟湖，呈北东—南西向展布，潟湖边缘发育颗粒滩。

潮坪相主要分布在川西北及川西南一隅，受加里东运动剥蚀影响，川中地区残存较少，在南部呈窄条带状展布。潮坪相沉积处于局限台地向陆侧海岸带，为地形平坦、随潮汐涨落而周期性淹没、暴露的环境。岩性以粉砂质泥粉晶白云岩、泥灰质粉砂岩、泥质泥晶白云岩为主，为陆源碎屑和清水碳酸盐岩的混合沉积，发育羽状层理（图 3c）、交错层理（图 3d）等典型相标志。

颗粒滩相主要分布在合川—广安与习水—石柱一带，发育于台洼边缘坡折带上的古地貌高地，沉积水体能量较高，受潮汐和波浪作用的持续影响，发育多种颗粒岩，如砂屑白云岩（图 3e、f）、鲕粒白云岩（图 3g）、砾屑白云岩（图 3h）等。

滩间海位于局限台地内颗粒滩之间，水体环境相对闭塞、安静，以沉积细粒物质为主，沉积灰色—深灰色纹层状泥粉晶白云岩、夹少量颗粒白云岩，伽马曲线形态平直，略有起伏。

台内洼地沉积主要分布在重庆—梁平一带，水体环境半封闭，能量低，沉积厚度大，以纹层状泥质泥晶白云岩、粉晶白云岩为主，夹风暴作用形成的薄层白云岩砂屑。膏质潟湖相沉积主要

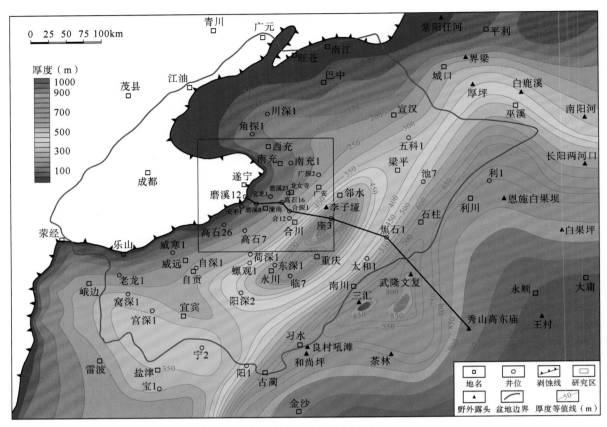

图 1　四川盆地洗象池组地层残余厚度图

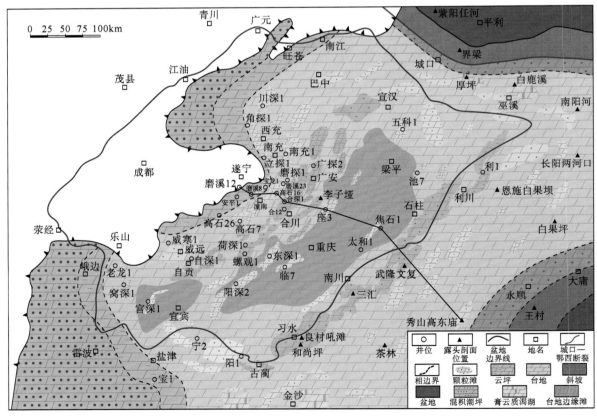

图 2　四川盆地洗象池组岩相古地理图

（a）斜坡相，角砾状灰岩，洗象池组，界梁剖面

（b）膏质潟湖亚相，膏质白云岩、膏溶角砾岩，
洗象池组，厚坪剖面

（c）泥质泥晶白云岩，发育羽状层理，安平1井，
4508.06～4508.18m，洗象池组，岩心

（d）潮坪相，含陆源粉砂的砂屑灰岩，发育交错层理，
高石26井，5056.11～5056.25m，洗象池组，岩心

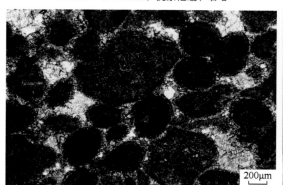

（e）颗粒滩相，砂屑白云岩，合12井，4710m，
中—上寒武统，洗象池组，蓝色铸体片（−）

（f）颗粒滩相，砂屑白云岩，螺观1井，5341.20m，
中—上寒武统，洗象池组，岩心

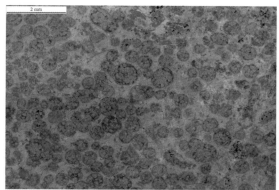

（g）颗粒滩相，鲕粒白云岩，蓝色铸体片（−），
中—上寒武统，洗象池组，三汇剖面，第85层B1

（h）颗粒滩相，颗粒白云岩，中—上寒武统，
洗象池组，三汇剖面，53层中部

图3 四川盆地洗象池组沉积相标志的野外露头和镜下微观照片

分布在川东北巫溪及川南金沙地区（图3b）。

　　川东北城口地区与川西南永顺—大庸地区发育台缘相沉积，主要为厚层颗粒岩，呈窄相带展布。斜坡相与其相邻，主要分布在城口—鄂西断裂以北、大庸—永顺以东，发育斜坡角砾灰岩，如界梁剖面（图3a）。

　　前人研究表明，四川盆地寒武纪为稳定克拉通盆地发育时期，整体呈西高东低沉积格局[11]。早寒武世龙王庙组沉积时期为蒸发环境下缓坡模式沉积，台地内部梁平—重庆地区发育蒸发盐盆[1]，表明发生海退与海水咸化。中寒武世高台组沉积时期盆地仍为西北高、东南低的沉积格局，海退继承性发展，古陆扩大，盆地中西部沉积物中陆源碎屑增多，为混积潮坪相，向东局限台地继续发展，在永顺地区形成碳酸盐岩障壁，为镶边碳酸盐岩发育时期。台地内部梁平—重庆地区，因海水变浅，进一步浓缩咸化，蒸发盐盆范围扩大（图4）。中—晚寒武世洗象池组沉积时期继承了西北高、东南低，且盆地腹部发育蒸发盐盆的古地理格局。在其沉积早期发生了快速的大规模海侵，使得四川盆地为大范围局限相台地所覆盖（图2），台地内蒸发浓缩的封闭沉积环境变为开放—半开放环境，梁平—重庆地区从蒸发膏盐盆，转变为台内洼地沉积（图4）。受古地貌控制，台洼两侧水体能量较高，发育高能颗粒滩带。

2　储层特征及主控因素

2.1　储层特征

　　基于野外露头、岩心与大量薄片观察，可将洗象池组储层岩性划分为3类：颗粒白云岩（图5a至c）、晶粒白云岩（图5d、e）与藻白云岩（图5f）。洗象池组储层孔隙类型包括溶蚀孔洞、粒间孔、晶间孔和裂缝。

　　（1）溶蚀孔洞是洗象池组最主要的储集空间，在上述3种岩石中都较为发育。受准同生溶蚀、表生岩溶和埋藏溶蚀作用的多重影响，溶蚀孔洞的洞径一般在2mm以上，最大可达12.0mm。在野外剖面及岩心上，溶蚀孔洞常顺层或顺层理分布（图5c），亦可见渗流粉砂，且裂缝中充填黄铁矿或巨晶白云石（图5d）。

　　（2）粒间孔主要发育在颗粒白云岩中，其孔径大小与粒径密切相关，岩心与露头上常呈针孔状。孔径大小介于0.02~0.20mm，镜下呈不规则多边形，多见残余粒间孔、粒内孔与扩溶孔，面孔率可达5%~8%（图5a、b）。

　　（3）晶间孔主要指白云石晶体之间的孔隙，发育在晶粒白云岩中（图5e）。孔径大小介于0.001~0.01mm，孔隙形态不规则，多呈三角形、多边形或溶蚀港湾状，杂乱分布，其中可见沥青充填。

　　（4）裂缝类型包括因埋藏溶蚀与构造破裂作用形成对的构造缝、溶蚀缝。构造缝发育受构造部位和断层控制，多见溶蚀缝伴随酸性流体的溶蚀作用，可见裂缝相互交叉，并连接孔隙，提高了先期孔洞的沟通能力，有利于储层物性的改造[12]。

　　洗象池组白云岩储层物性不均，对四川盆地典型取心井及野外露头样品物性测试结果见表1。其中1554个柱塞样品测试表明，孔隙度介于0~19.18%，平均3.46%，储层孔隙度集中分布在2%~5%之间；1402个物性数据揭示渗透率分布在$1×10^{-6}$mD~0.419mD之间，平均0.99mD。林怡等[13]通过对全盆地样品孔渗关系进行分析表明，洗象池组储层具有双重介质特征，孔渗关系总的相关性不好，具有明显的裂缝参与渗流，其储层类型为裂缝—孔隙型。

　　整体来说，洗象池组储层虽然与龙王庙组具有相似的岩石类型与储集空间，但是其物性总体表现为"低孔低渗"的特征，相比龙王庙组物性较差[14]。

2.2　储层发育特征

　　研究表明，横向上洗象池组储层一般发育在地层的中上部。纵向上洗象池组颗粒白云岩储层具有两种叠加类型：一种是多期颗粒滩纵向的直接叠置，形成巨厚储层，岩性以颗粒白云岩为主，溶孔溶洞极其发育；另一种是单旋回颗粒滩的纵向叠加，储层厚度相对较薄，下部发育灰色中—厚层砂屑白云岩，厚1~6m，溶孔溶洞较发育，向上变为薄层泥质泥晶白云岩，顶部可见泥裂纹[8]。

2.3　储层主控因素

2.3.1　颗粒滩是优质储层的物质基础

　　一般而言，高能沉积体（滩）发育在高地貌

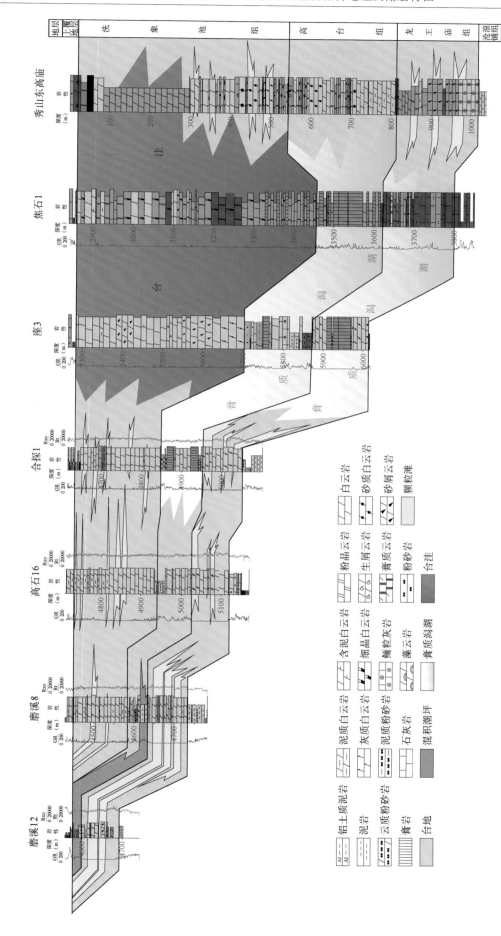

图 4　四川盆地磨溪 12—磨溪 8—高石 16—合探 1—座 3—焦石 1—秀山高东庙寒武纪沉积演化剖面

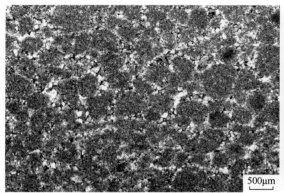

（a）砂屑白云岩，残余粒间溶孔，合12井，
4848.62m，洗象池组，蓝色铸体片（－）

（b）鲕粒白云岩，亮晶白云石胶结，残余粒间孔
及粒间扩溶孔发育，面孔率5%～8%，洗象池组，
第85层B1，蓝色铸体片（－），三汇剖面

（c）灰色砂屑白云岩，溶蚀孔洞及准层状溶蚀孔
发育，并被沥青、白云石等充填，广探2井，
5343.37～5343.54m，洗象池组，岩心

（d）粉晶白云岩，孔洞被巨晶白云石与沥青半充填，
安平1井，4551.24～4551.30m，洗象池组，岩心

（e）粉晶白云岩，晶间溶孔发育，洗象池组，第152
层B1，蓝色铸体片（－），秀山高东庙剖面

（f）藻白云岩，溶孔发育，洗象池组，第13层，
习水和尚坪剖面

图5　四川盆地洗象池组储层岩性及储集空间特征图

浅水沉积区，早期易受大气淡水影响，有利于孔隙的形成。也就是说，沉积相控制颗粒滩亚相的展布，而颗粒滩亚相是优质储层的物质基础。野外露头、钻井及测井解释结果表明，盆地内洗象池组储层主要发育在台内颗粒滩亚相上。除出露不全的华蓥山李子垭剖面（储层厚 17.3m），台内颗粒滩储层一般厚 43.75～136m，岩性以颗粒白云岩、晶粒白云岩为主，发育溶蚀孔洞、粒间孔与晶间孔[8]。

2.3.2 海平面变化与准同生溶蚀是形成溶蚀孔洞的关键因素

　　海平面下降引起的准同生大气淡水淋滤溶蚀作用是洗象池组颗粒滩相大量溶蚀孔洞产生的关键因素，本文将以重庆南川三汇剖面为例进行论述。

　　高频旋回是海平面变化最直观的反映，而碳同位素组成与海平面变化正相关[15-19]，因此可利用碳同位素演化来刻画碳酸盐岩地层的高频旋

表 1　四川盆地洗象池组取心井段及典型野外剖面样品物性统计表

井号	孔隙度（%）				渗透率（mD）			
	样品数（个）	最小值	最大值	平均值	样品数（个）	最小值	最大值	平均值
合 12[7]	297	0.11	7.13	1.27	282	0.000032	145.0	1.45
临 7[7]	413	0.15	9.16	1.14	402	<0.00987	75.4	2.79
女深 5[7]	88	0.13	3.11	0.83	88	0.000098	52.9	0.19
威寒 1[8]	566	0.16	5.64	1.07	460	0.000050	419.0	1.28
威 4[7]	5	4.10	19.18	11.95	—	—	—	—
广探 2[8]	126	0	11.24	2.93	126	0.000001	28.1	0.30
三汇剖面[8]	9	2.51	12.50	5.60	9	0.0147	6.60	0.80
立探 1	16	2.09	7.34	4.02	—	—	—	—
磨探 1	34	0.98	3.47	2.30	35	0.000398	0.0526	0.12

回，进而寻找其与储层发育的关系。为了探讨碳同位素与储层发育的关系，本文针对三汇剖面旋回性较好的第 14～17 小层进行了精细取样，并进行碳同位素分析，结果如图 6 所示。第 14～17 小

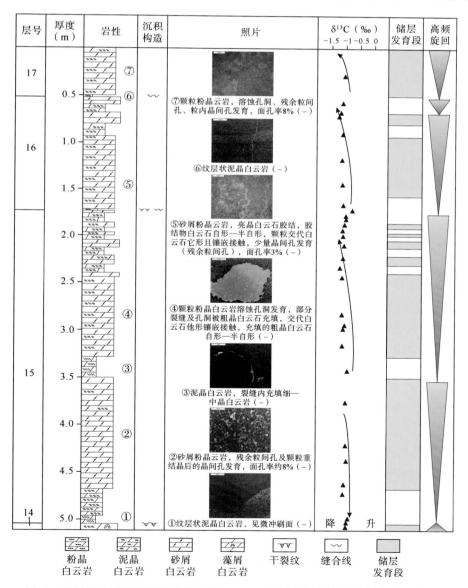

图 6　四川盆地三汇剖面洗象池组第 14～17 小层碳同位素与储层发育的关系

层共发育 4 个向上变浅的高频旋回，每个旋回中碳同位素值从底部向顶部逐渐减小；相应的，旋回底部为薄层深灰色泥晶白云岩，一般厚 5～30cm，向上单层厚度逐渐增大，颜色变浅，逐渐变为粉晶白云岩及颗粒白云岩，含砂屑、藻屑等，顶部可见薄层砂质泥晶白云岩，厚 30cm 左右，并发育暴露标志的干裂纹；另外，在旋回的下部，溶蚀孔洞少量发育，而在旋回的中上部，溶蚀孔洞则极其发育（图 6）。

洗象池组沉积时期发生了多次海平面下降，导致碳同位素演化具有多旋回负漂的特征由此造成了碳酸盐岩地层的多旋回特征，进而形成了纵向上的多套储集层，且储集层多发育在旋回的上部[20]。这是因为海平面下降导致滩体暴露，处于古地貌高部位的滩体暴露面积大、持续时间长，溶蚀孔洞十分发育，物性好，而位于古地貌低处的滩体或滩带翼部因短暂暴露或未暴露，溶蚀孔洞不发育，胶结作用强，因而孔渗较差。

2.3.3 表生岩溶作用有效改善了储集性能

由于加里东末期构造抬升，发生剥蚀，造成了中—上寒武统与奥陶系之间存在剥蚀界面，从而发育古风化壳，具有层间不平整的剥蚀或溶解面、溶解裂隙及与之连通的岩溶洞穴等古岩溶特征[21]。表生期岩溶作用主要发生在乐山—龙女寺古隆起周围，该期岩溶持续时间较长，可能持续到早二叠世，沿乐山—龙女寺古隆起剥蚀区及有断裂沟通地表的区域岩溶作用较强，在古隆起核部及斜坡局部形成大规模岩溶地貌，可形成孔隙型滩相岩溶储层，并见溶塌角砾岩、黄铁矿等充填，这些现象在安平 1、威寒 1、广探 2 岩心中及磨溪 23 井成像测井中均可见到。

3 有利储层分布及区带评价

上述分析表明，颗粒滩的分布是控制储层发育的基础因素，控制着储层发育的期次和平面展布；准同生溶蚀作用是形成主要储集空间的关键；表生岩溶作用可有效改善储层的物性。

洗象池组沉积环境继承了龙王庙组与高台组的沉积时期的古地理格局，发育梁平—重庆台洼，台洼两侧合川—广安与南川—石柱一带古地貌高区为有利滩相储层发育区。地震剖面上，洗象池组滩相储集体的反射特征为断续、中强波峰。因此利用二维、三维地震资料，结合已钻井及测井

相，对四川盆地川中地区洗象池组滩相储集体进行了刻画（图 7），结果表明洗象池组滩相储集体主要分布在西充—广安—潼南地区，面积共 5000km²。西充—广安—潼南地区位于奥陶系尖灭线附近，岩溶作用强烈，可有效地改善洗象池组滩相储集体物性，为滩相岩溶储层最有利区。而且多口钻井揭示洗象池组剥蚀带附近含气性好，录井显示活跃，且多口井测试获得工业气流，表明具备良好的勘探潜力。

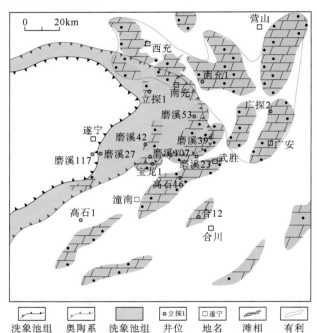

图 7　四川盆地川中地区洗象池组有利储层分布及区带评价图

综合地质分析认为西充—广安地区洗象池组滩体规模大，岩溶作用强，毗邻筇竹寺组生烃中心，且通源断裂发育，可有效沟通烃源岩，形成构造背景下的地层岩性气藏，可作为今后有利的勘探方向。

4 结论与建议

综上所述，洗象池组作为四川盆地重要的战略接替领域，目前研究程度较低，本次研究初步取得了 4 项认识，可为以后勘探指导方向：

（1）洗象池组为镶边碳酸盐岩台地沉积环境，自西向东（由陆向海）依次发育混积潮坪、台地、台地边缘、斜坡—盆地亚相。盆地整体位于局限台地内部，发育梁平—重庆台洼，台洼两侧发育高能滩相。

（2）洗象池组储层主要发育在洗象池组的中上段，岩性以颗粒白云岩、晶粒白云岩、藻白云岩为主；其主要储集空间为溶蚀孔洞、粒间孔与晶间孔，孔隙度主要分布在 2%～5%之间，平均3.38%，台内颗粒滩储集层厚度为 43.75～136m，平均约 87m。

（3）储层的形成与分布受沉积相、准同生溶蚀作用与表生岩溶作用共同控制，颗粒滩亚相是储层发育的基础，准同生溶蚀作用是形成主要储集空间的关键，岩溶作用可改善储集性能。

（4）预测台洼两侧合川—广安与南川—石柱一带古地貌高区为有利滩相储层发育区，西充—广安—潼南地区为有利岩溶储层发育区，指出西充—广安一带为勘探靶区。

洗象池组作为新的勘探层系，研究之路刚刚起步，今后仍有大量的工作需要开展：①川中—川北地区洗象池组剥蚀带的刻画，对于厘定加里东期岩溶作用、滩相岩溶储层分布范围至关重要，尤其是川中古隆起北斜坡区，可结合灯影组台缘、龙王庙组滩相储层作为今后立体勘探考虑。②岩溶储层应分为两类：表生岩溶与顺层岩溶，应加强不同类型储层发育过程和发育模式的研究。③加强洗象池组成藏条件研究与通源断裂的刻画。

参考文献

[1] 杜金虎，邹才能，徐春春，等. 川中古隆起龙王庙组特大型气田战略发现与理论技术创新[J]. 石油勘探与开发，2014，41（3）：268-277.

[2] 邹才能，杜金虎，徐春春，等. 四川盆地震旦系—寒武系特大型气田形成分布、资源潜力及勘探发现[J]. 石油勘探与开发，2014，41（3）：278-293.

[3] 徐春春，沈平，杨跃明，等. 乐山—龙女寺古隆起震旦系—下寒武统龙王庙组天然气成藏条件与富集规律[J]. 天然气工业，2014，34（3）：1-7.

[4] 周进高，姚根顺，杨光，等. 四川盆地安岳大气田震旦系—寒武系储层的发育机制[J]. 天然气工业，2015，35（1）：1-9.

[5] 杨威，谢武仁，魏国齐，等. 四川盆地寒武纪—奥陶纪层序岩相古地理、有利储层展布与勘探区带[J]. 石油学报，2012，33（增刊2）：21-34.

[6] 赵爱卫. 四川盆地及周缘地区寒武系洗象池群岩相古地理研究[D]. 成都：西南石油大学，2015.

[7] 李伟，樊茹，贾鹏，等. 四川盆地及周缘地区中上寒武统洗象池群层序地层与岩相古地理演化特征[J]. 石油勘探与开发，2019，46（2）：226-240.

[8] 李文正，周进高，张建勇，等. 四川盆地洗象池组储集层的主控因素与有利区分布[J]. 天然气工业，2016，36（1）：52-60.

[9] 王素芬，李伟，张帆，等. 乐山—龙女寺古隆起洗象池群有利储集层发育机制[J]. 石油勘探与开发，2008，35（2）：170-174.

[10] 冯增昭，彭勇民，金振奎，等. 中国晚寒武世岩相古地理[J]. 古地理学报，2002，4（3）：1-10.

[11] 李皎，何登发. 四川盆地及邻区寒武纪古地理与构造—沉积环境演化[J]. 古地理学报，2014，16（4）：441-460.

[12] 井攀，徐芳艮，肖尧，等. 川中南部地区上寒武统洗象池组沉积相及优质储层台内滩分布特征[J]. 东北石油大学学报，2016，40（1）：40-50.

[13] 林怡，陈聪，山述娇，等. 四川盆地寒武系洗象池组储层基本特征及主控因素研究[J]. 石油实验地质，2017，39（5）：610-617.

[14] 张建勇，罗文军，周进高，等. 四川盆地安岳特大型气田下寒武统龙王庙组优质储层形成的主控因素[J].天然气地球科学，2015，26（11）：2063-2074.

[15] 张秀莲. 碳酸盐岩中氧、碳稳定同位素与古盐度、古水温的关系[J]. 沉积学报，1985，3（4）：17-30.

[16] 周传明，张俊明，李国祥. 云南永善肖滩早寒武世早期碳氧同位素记录[J]. 地质科学，1997，32（2）：201-211.

[17] 杨捷，曾佐勋，蔡雄飞，等. 贺兰山地区震旦系碳酸盐岩碳氧同位素分析[J]. 科学通报，2014，59（4/5）：355-365.

[18] 曲长胜，邱隆伟，杨勇强，等. 吉木萨尔凹陷芦草沟组碳酸盐岩碳氧同位素特征及其古湖泊学意义[J]. 地质学报，2017，91（3）：605-616.

[19] 任影，钟大康，高崇龙，等. 渝东地区寒武系龙王庙组高分辨率碳酸盐岩碳同位素记录及其古海洋学意义[J]. 地质学报，2018，92（2）：359-377.

[20] 李文正，张建勇，郝毅，等. 川东南地区洗象池组碳氧同位素特征、古海洋环境及其与储集层的关系[J]. 地质学报，2019，93（2）：487-500.

[21] 程绪彬. 四川盆地乐山—龙女寺古隆起震旦寒武奥陶系沉积相及储层研究报告[R]. 成都：四川石油管理局地质勘探开发研究院，1994.

川中地区加里东末期洗象池组岩溶储层发育模式及其油气勘探意义

李文正[1,2]　文　龙[3]　谷明峰[1]　夏茂龙[3]　谢武仁[4]　付小东[1]　马石玉[4]

田　瀚[1]　姜　华[4]　张建勇[1,2]

（1. 中国石油杭州地质研究院　浙江杭州　310023；2. 中国石油天然气集团有限公司碳酸盐岩储集层重点实验室
浙江杭州　310023；3. 中国石油西南油气田公司勘探开发研究院　四川成都　610066；
4. 中国石油勘探开发研究院　北京　100083）

摘　要： 四川盆地寒武系洗象池组钻井过程中油气显示丰富，是盆地内的后备勘探领域和重要接替层系，但由于该层勘探程度较低，对优质储层的分布规律认识不够深入。为此，利用典型露头、岩心、薄片观察等资料，采用井震结合的方法，研究了川中地区洗象池组储层特征和岩溶不整合面分布，建立了该区加里东末期洗象池组岩溶储层发育模式，并预测了滩相岩溶储层有利发育区。研究结果表明：（1）洗象池组储层岩性以颗粒云岩、晶粒云岩为主，储集空间主要有溶蚀孔洞、粒间孔、晶间孔与裂缝，平均孔隙度为3.46%，平均渗透率为 0.99mD，为低孔低渗裂缝—孔隙型储层；（2）川中地区洗象池组存在着一条中部宽、南北两侧窄的环状地层剥蚀带，剥蚀带宽度介于 6～50km，面积为4700km²；（3）剥蚀带发育区受加里东末期地层抬升剥蚀的影响，洗象池组发生强烈的风化壳岩溶作用，发育两种类型岩溶储层，其中暴露剥蚀区发育滩相叠加表生岩溶型储层，埋藏区发育滩相叠加顺层岩溶型储层；（4）西充—广安—潼南地区为滩相岩溶储层最有利发育区，面积为5000km²。结论认为，西充—广安地区毗邻寒武系筇竹寺组生烃中心，通源断裂发育，洗象池组滩体规模大，岩溶作用强，易形成滩相叠加加里东末期岩溶作用的规模有效储集体，可作为洗象池组下一步的有利勘探目标。

关键词： 四川盆地中部；寒武纪；洗象池组沉积时期；剥蚀带；颗粒滩；岩溶储层；勘探有利区

Development Model of Karst Reservoirs of Xixiangchi Formation in the Late Caledonian in Central Sichuan and Its Significance of Petroleum Exploration

Li Wenzheng[1,2], Wen Long[3], Gu Mingfeng[1], Xia Maolong[3], Xie Wuren[4], Fu Xiaodong[1],
Ma Shiyu[4], Tian Han[1], Jiang Hua[4], Zhang Jianyong[1,2]

(1. PetroChina Hangzhou Research Institute of Geology, Hangzhou, Zhejiang 310023; 2. CNPC Key Laboratory of
Carbonate Reservoirs, Hangzhou, Zhejiang 310023; 3. Research Institute of Exploration and Development,
Southwest Oil & Gas Field Company, PetroChina, Chengdu, Sichuan 610066; 4. PetroChina
Research Institute of Petroleum Exploration & Development, Beijing 100083)

Abstract: The Cambrian Xixiangchi Formation in the Sichuan Basin is less explored. Although the oil and gas are abundant in the drilling process, its distribution rules of high-quality reservoirs are not clear. It is necessary to carry out further studies in this area. Based on observation of typical field outcrop section, cores and rock thin sections, and integrated well data and seismic data, this paper studies the reservoir characteristics and distribution of karst unconformity of Xixiangchi Formation, establishes the development model of karst reservoir in late Caledonian

基金项目：国家科技重大专项课题"深层古老含油气系统成藏规律与目标评价"（2017ZX05008-005）和"寒武系—中新元古界碳酸盐岩规模储层形成与分布研究"（2016ZX05004-002）、中国石油天然气股份有限公司重大科技项目"深层—超深层油气成藏规律与先进探测技术"（2018A-01）。
第一作者简介：李文正（1988—），硕士，工程师，主要从事碳酸盐岩沉积储层及构造热演化方面的研究工作。
E-mail：liwz_hz@petrochina.com.cn

Movement and predicts the favorable development area of grain shoal karst reservoirs. The following results were achieved. (1) The reservoir lithology of the Xiangchi formation is dominated by grainstone and crystalline dolomite. The reservoir space is mainly composed of dissolution pore, intergranular pore, intergranular pore and fracture. The average porosity is 3.46%, and the average permeability is 0.99mD. it is a low porosity and low permeability fracture pore type reservoir. (2) The erosion belt of Xixiangchi Formation in the Central Sichuan Basin has a ring-shaped with wide middle and narrow sides, The width of the denudation zone is 6~50km and the area is 4700km^2. (3) During the Late Caledonian Movement, the strata was uplifted and denuded, and strong weathering crust karstification occurred in Xixiangchi Formation. Two types of reservoirs were developed, including shoal facies superimposed supergene karst type in exposed denudation area and shoal facies superimposed bedding karst type in buried area. (4) It is predicted that the Xicong-Guangan-Tongnan area is the most favorable area for the development of grain shoal karst reservoirs, with an area of 5000km^2. It is concluded that grain shoal karst reservoirs of Xixiangchi Formation in Xichong-Guang'an area are well developed, adjacent to the hydrocarbon-generating center of Qiongzhusi Formation, with well-development of faults to hydrocarbon source, large beach bodies and strong karstification. This area is easy to form effective reservoirs of shoal facies superimposed karstification in the Late Caledonian Movement, and can be used as a favorable exploration direction for the next step of Xixiangchi Formation.

Key words: Central Sichuan Basin; Cambrian; Xixiangchi Period; denudation zone; grain shoal; Karst reservoir; favorable target

近年来，四川盆地震旦系—寒武系的天然气勘探主要围绕乐山—龙女寺古隆起区的上震旦统灯影组和下寒武统龙王庙组，部署了大量的钻井，并发现了中国最大的单体海相碳酸盐岩整装气藏——安岳特大型气田[1-5]。但是，四川盆地中—上寒武统洗象池组勘探程度却较低，在钻井过程中，洗象池组录井显示丰富，且南充1井、高石16井、磨溪23井在该层测试均获得工业气流，表明洗象池组的天然气勘探前景广阔，可能成为四川盆地的后备勘探领域和接替层系。前人对洗象池组的研究主要集中在层序地层、岩相古地理与储层主控因素等方面[6-14]。如基于碳同位素与INPEFA测井旋回分析，结合电性、岩性数据，多手段融合，将四川盆地洗象池组划分为4个三级层序，厘定了盆地内各分区间的层序地层对应关系，认为川中地区层序地层发育不完整，川东地区层序地层发育完整且厚度较大[6-8]。洗象池组自西向东发育混积潮坪、局限—半局限台地、台地边缘与斜坡—盆地，其中混积潮坪相主要发育于川西北与川西南地区，局限—半局限台地相发育于四川盆地大部与滇黔北、鄂西—渝东地区，至东北部城口—鄂西与永顺—大庸地区相变为环状台缘带，再向广海一侧东北与西南部过渡为半深海斜坡和深海盆地相[9-12]。关于洗象池组储层的主控因素，前人研究认为主要是受沉积相与古地理的约束，以颗粒滩相白云岩为主[13-16]，而对于岩溶作用的研究较少，仅有少数学者做了定性的阐述[14, 15]，尤其是针对加里东末期岩溶作用的范围

与强度，鲜有报道。实践证明礁滩相岩溶储层在碳酸盐岩油气勘探中具有重要地位，取得了一系列良好的勘探效果[17-20]。基于此，笔者在露头、岩心、薄片观察的基础上，充分利用钻井资料将地质与地震相结合，对加里东末期洗象池组岩溶作用进行了深入研究，厘定了岩溶不整合面的影响范围，建立了川中地区加里东末期洗象池组岩溶储层发育模式，预测了滩相岩溶储层有利发育区，以期为下一步油气勘探方向提供参考。

1 地质背景

四川盆地洗象池组岩性以浅灰色、灰色、灰黄色白云岩、泥质云岩为主，局部含砂质，夹角砾状云岩、鲕粒云岩及硅质条带或结核，连续沉积于中寒武统高台组之上，与上覆奥陶系为平行不整合接触。受加里东古隆起影响，呈现西北高、东南低的沉积格局，地层西北薄、东南厚[15]。在盆地北部旺苍、广元等地区和龙门山前缘一带缺失，威远、龙女寺一带厚度介于 100 ~ 200m，合川、广安一带厚约300m，重庆地区为盆地内沉积中心，厚度可达800m，至盆地东南边缘石柱、南川一带厚度介于 600 ~ 700m，向东地层厚度继续增大，到盆地东部秀山—永顺地区甚至超过1000m（图1）。

洗象池组沉积时期，整个盆地位于局限台地的内部，为镶边台地沉积环境，总体具有西陆东海的沉积背景。从沉积演化上看，洗象池组沉积继承了龙王庙组沉积时期和高台组沉积时期的古

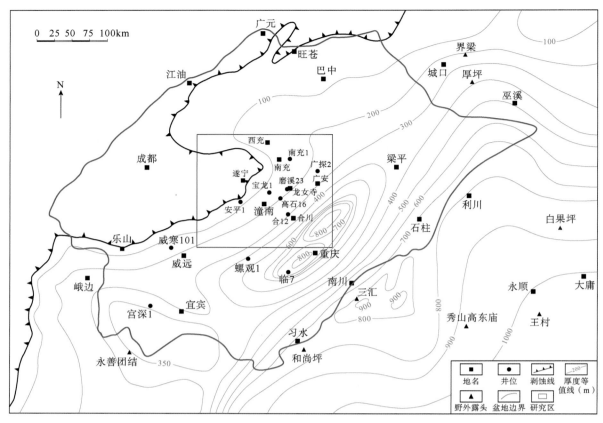

图 1　四川盆地洗象池组地层厚度分布图

地理格局，早期发生了快速的大规模海侵，盆地内蒸发浓缩的封闭沉积环境变为开放—半开放环境，梁平—重庆地区从膏质潟湖沉积，转变为台内洼地沉积。台洼两侧古地貌较高，水体能量强，发育合川—广安与南川—石柱两条高能颗粒滩带，而台洼区水体能量较低，岩性较致密，以泥晶云岩为主。

2 洗象池组岩溶储层特征

大量露头、岩心的观察与薄片的鉴定结果表明，洗象池组储层岩性以颗粒云岩、晶粒云岩为主，孔隙的主要类型有溶蚀孔洞、粒间孔、晶间孔与裂缝（图 2）。溶蚀孔洞是洗象池组最主要的储集空间（图 2a），受准同生溶蚀、表生岩溶和埋藏溶蚀作用的多重影响，溶蚀孔洞的洞径一般超过 2 mm，最大可达 12 mm。粒间孔与晶间孔为次要储集空间，镜下多见残余粒间孔、扩溶孔（图 2b 至 d），常呈多边形，杂乱分布。裂缝为另一类较为重要的储集空间（图 2e、f），包括因埋藏溶蚀与构造破裂作用形成的构造缝、溶蚀缝。构造缝发育受构造部位和断层控制，多见溶蚀缝伴随

酸性流体的溶蚀作用，可见裂缝相互交叉，并连接孔隙，提高了先期孔洞的沟通能力，有利于储层物性的改造[11]。

对四川盆地典型取心井与野外露头 1554 个柱塞样品测试结果表明，孔隙度介于 0 ~ 19.18%，平均值为 3.46%，储层孔隙度集中分布在 2% ~ 5% 之间；1402 个物性数据揭示渗透率介于 1.00×10^{-6} ~ 419.00mD，平均值为 0.99mD。林怡等[14]通过对全盆地样品孔渗关系的分析结果表明，洗象池组储层具有双重介质特征，孔渗关系的相关性不好，具有明显的裂缝参与渗流，储层类型为裂缝—孔隙型。钻井、野外露头剖面及测井解释综合分析结果表明，洗象池组颗粒滩主要发育在地层的中上部。受海平面变化控制，颗粒滩纵向上薄、厚层叠置，横向迁移频繁，累计最大可达百米。

3 洗象池组剥蚀带的分布

威寒 101、合 12、安平 1、广探 2 等井的岩心观察表明，洗象池组遭受岩溶改造作用明显，钻井成像测井上发育裂缝—孔洞型储层，地震剖面上存在明显的削截特征（图 3），揭示洗象池组顶

（a）广探2井，5346.01～5346.12m，洗象池组，灰—深灰色砂屑溶孔云岩，溶孔溶洞发育

（b）南川三汇剖面，5-B2，洗象池组，砂屑云岩，亮晶白云石胶结，残余粒间孔及溶蚀孔洞发育，蓝色铸体片（－）

（c）合12井，4695.3m，洗象池组，晶粒云岩，晶间孔发育，见沥青充填，蓝色铸体片（－）

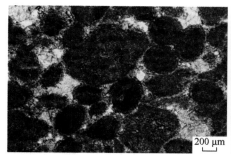
（d）合12井，4710m，洗象池组，砂屑云岩，残余粒间溶孔发育，蓝色铸体片（－）

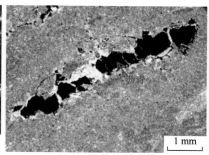
（e）广探2井，洗象池组，5322.27m，残余砂屑云岩，溶蚀缝内沥青半充填，普通片（－）

（f）永善团结剖面，泥—粉晶白云岩，裂缝交叉，连通孔隙，蓝色铸体片（－）

图2　洗象池组储层储集空间类型照片

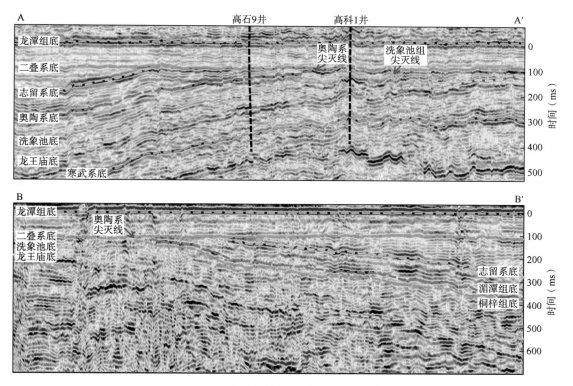

图3　洗象池组地层尖灭线地震剖面图

部发育岩溶不整合。但是前人对洗象池组剥蚀带分布特征的研究鲜有报道，为此，笔者利用大量钻井与地震资料，井震结合对川中地区洗象池组剥蚀带进行了识别与刻画。

研究结果表明，洗象池组剥蚀带（即洗象池组遭受剥蚀，但未剥蚀殆尽，仍有残存地层的区域）沿乐山—龙女寺古隆起呈环状展布，在川中具有中部宽、南北两侧窄的特征。遂宁—龙女寺—南充地区，洗象池组剥蚀带宽度 20～50 km，向两侧南充以北、磨溪以南安岳—资中地区剥蚀窗口变窄，宽度小于 20km，其中磨溪 13—磨溪 21 井区剥蚀带最窄，宽度仅约 6km。在加里东末期处于剥蚀带区域的洗象池组直接暴露地表，受大气淡水与风化作用改造强烈，原有储集空间扩溶，是形成优质储层的有利区，研究区内洗象池组剥蚀带的面积可达 4700km^2（图 4）。

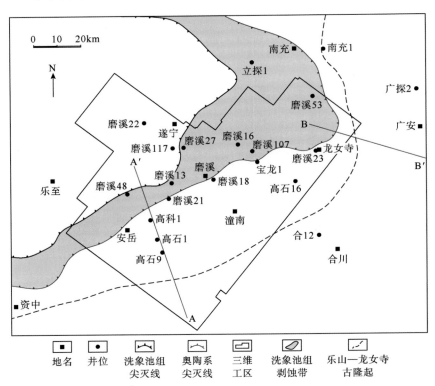

图 4　川中地区洗象池组剥蚀带分布图

4　洗象池组储层发育模式

　　前人研究表明洗象池组储层的形成与分布主要受控于沉积相，少许作者提及后期表生岩溶对储层的改造作用，对于前者笔者已在本文参考文献[13]与[21]作了详细论述，因此本次笔者主要针对加里东末期风化壳岩溶作用进行探讨。

　　加里东末期构造运动强烈，地层抬升并遭受剥蚀，致使四川盆地西部洗象池组大面积缺失或直接出露，与上覆地层之间发育显著的大型角度不整合，形成大型构造不整合面岩溶风化壳[22]。该期岩溶从中志留世一直持续到二叠纪，约120Ma[23]，形成层间不平整的剥蚀或溶解面、溶解裂隙及与之连通的岩溶洞穴等风化壳古岩溶[24]。广探 2、南充 1、磨溪 23 等井成像测井中可见岩溶特征，成像图上见明显裂缝和暗色斑状的溶蚀孔洞发育（图 5），合 12、广探 2 等井的岩

心和薄片中皆发育溶蚀孔洞（图 2），局部可见溶塌角砾岩及碎屑岩和垮塌物充填。

　　图 6 为川中地区洗象池组加里东末期滩相岩溶发育模式，依据古地貌背景，可划分为缺失区、暴露剥蚀区与埋藏区。

　　（1）缺失区内洗象池组被剥蚀殆尽，高台组或下寒武统直接出露地表遭受风化剥蚀，并被后期沉积的二叠系所覆盖，呈角度不整合接触，如磨溪 117 井。

　　（2）暴露剥蚀区为洗象池组出露地表，遭受大气淡水淋滤区，受垂直渗流与水平潜流双重影响，表生岩溶和氧化作用强烈，产生溶沟、溶缝及溶洞。需要说明的是，洗象池组颗粒滩主要发育在其中—上段，当靠近洗象池组尖灭线附近时，地层剥蚀量大，导致较好的滩相储层的物质基础丧失，虽然岩溶作用强烈，但改造作用极其有限，储层欠发育，如磨溪 27 井，洗象池组残余厚度仅

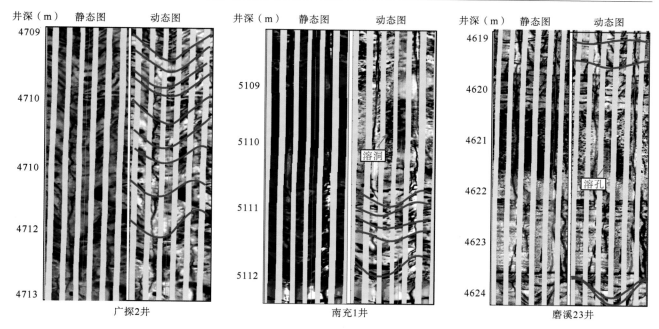

图 5　洗象池组裂缝—孔洞型储层成像测井特征图

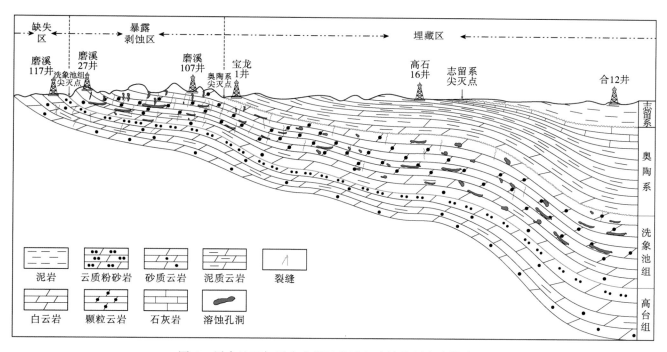

图 6　川中地区加里东末期洗象池组岩溶储层发育模式图

为 55.7m，测井解释无储层。靠近奥陶系尖灭线附近时，洗象池组剥蚀量有限，滩相储集体保留较好，为后期有效的岩溶改造奠定了物质基础，如磨溪 107 井，地层残余厚度为 83.5m，储层厚度为 12.0m。

（3）埋藏区洗象池组未遭受加里东末期的剥蚀作用，地层保留完整，分布于磨溪 18、宝龙 1、磨溪 23、南充 1 等井以东地区（图 4）。埋藏区以顺层岩溶作用为主，岩心可见不规则溶孔溶洞发

育（图 2a）。此区地层厚度较大，储层厚，滩相储层叠加后期岩溶改造作用可形成滩相孔隙型白云岩优质储层，如高石 16 井测井解释储层厚度为 27.4m，合 12 井储层厚度为 35.3m，位于同一区域的广探 2 井是洗象池组目前钻遇储层最好的探井，储层厚度为 43.9m。

另外，川中地区受郁南运动的影响，洗象池组与奥陶系多以平行不整合关接触关系为主[25, 26]。

此次运动造成的暴露时间较短，岩溶作用所形成的溶蚀孔洞以小的弥散状溶孔为主[22]，加里东末期风化壳岩溶作用在郁南运动基础上对洗象池组储层进行了再次改造。

5 有利勘探区带综合评价

5.1 有利滩相岩溶储层预测

地震上，洗象池组滩相储集体的反射特征为断续、中强波峰。利用二维、三维地震资料，结合已钻井及测井资料，对洗象池组滩相储集体进行了刻画，结果表明（图7），洗象池组滩相储集体主要分布在西充—广安—潼南地区，面积共5000km²。西充—广安—潼南地区位于暴露剥蚀区至埋藏区，岩溶作用强烈，可有效地改善洗象池组滩相储集体物性，为滩相岩溶储层最有利区。发育两种类型储层：一种是滩相叠加表生岩溶型储层，位于暴露剥蚀区靠近奥陶系尖灭线附近；另一种是滩相叠加顺层岩溶型储层，位于奥陶系尖灭线东侧的埋藏区（图7）。

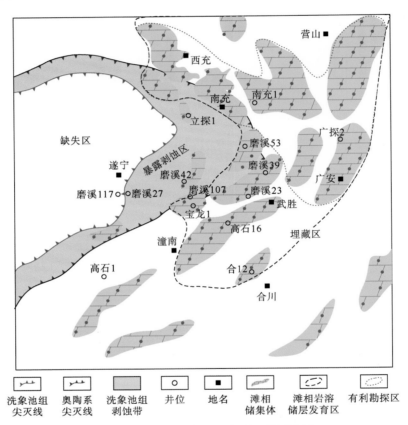

图 7　川中地区洗象池组有利区带评价图

5.2 有利区带评价

洗象池组沉积时期，川中地区处于梁平—重庆台洼的西侧，在乐山—龙女寺古隆起的背景下，古地貌相对较高，为颗粒滩相有利发育区。志留纪加里东最后一幕运动使得四川盆地乐山—龙女寺古隆起整体抬升剥蚀，在暴露区与埋藏区易发生表生岩溶与顺层岩溶作用，形成溶蚀孔洞及构造裂缝，为岩溶储层的有利发育区。多口钻井揭示洗象池组剥蚀带附近含气性好，录井显示活跃，南充1井、高石16、磨溪23、宝龙1等4口井测试获得工业气流，表明洗象池组具备良好的勘探潜力。

川中古隆起北斜坡西充—广安地区洗象池组滩体规模大，岩溶作用强，发育滩相叠加表生岩溶型与滩相叠加顺层岩溶型两类储层。该区毗邻筇竹寺组生烃中心，且通源断裂发育，可有效沟通烃源岩，形成构造背景下的地层岩性气藏，有利勘探面积3000km²，可作为洗象池组滩相岩溶储层的有利勘探目标。

6 结　论

（1）洗象池组滩相岩溶储层岩性以颗粒云

岩、晶粒云岩为主，储集空间主要为溶蚀孔洞、粒间孔、晶间孔与裂缝，平均孔隙度为 3.46%，平均渗透率为 0.99mD，为低孔低渗裂缝—孔隙型储层。

（2）井震结合刻画了川中地区洗象池组剥蚀带中部宽、两侧窄呈环状展布，剥蚀带宽度介于 6～50km，面积为 4700km^2。

（3）加里东末期地层抬升剥蚀，发生强烈的风化壳岩溶作用，发育两种储层，其中暴露剥蚀区发育滩相叠加表生岩溶型储层，埋藏区发育滩相叠加顺层岩溶型储层，西充—广安—潼南地区为滩相岩溶储层最有利区，面积为 5000km^2。

（4）西充—广安地区毗邻筇竹寺组生烃中心，且通源断裂发育，洗象池组滩体规模大，岩溶作用强，易形成滩相叠加岩溶作用的有效规模储集体，可作为洗象池组下一步的有利勘探目标。

参考文献

[1] 杜金虎，邹才能，徐春春，等. 川中古隆起龙王庙组特大型气田战略发现与理论技术创新[J]. 石油勘探与开发，2014，41（3）：268-277.
[2] 邹才能，杜金虎，徐春春，等. 四川盆地震旦系—寒武系特大型气田形成分布、资源潜力及勘探发现[J]. 石油勘探与开发，2014，41（3）：278-293.
[3] 徐春春，沈平，杨跃明，等. 乐山—龙女寺古隆起震旦系—下寒武统龙王庙组天然气成藏条件与富集规律[J]. 天然气工业，2014，34（3）：1-7.
[4] 周进高，姚根顺，杨光，等. 四川盆地安岳大气田震旦系—寒武系储层的发育机制[J]. 天然气工业，2015，35（1）：36-44.
[5] 张建勇，罗文军，周进高，等. 四川盆地安岳特大型气田下寒武统龙王庙组优质储层形成的主控因素[J]. 天然气地球科学，2015，26（11）：2063-2074.
[6] 李伟，贾鹏，樊茹，等. 四川盆地及邻区中上寒武统洗象池群碳同位素特征与芙蓉统底界标志[J]. 天然气工业，2017，37（10）：1-10.
[7] 贾鹏，李伟，卢远征，等. 四川盆地中南部地区洗象池群沉积旋回的碳氧同位素特征及地质意义[J]. 现代地质，2016，30（6）：1329-1338.
[8] 贾鹏，李明，卢远征，等. 四川盆地寒武系洗象池群层序地层划分及层序地层格架的建立[J]. 地质科技情报，2017，36（2）：119-127.
[9] 李伟，樊茹，贾鹏，等. 四川盆地及周缘地区中上寒武统洗象池群层序地层与岩相古地理演化特征[J]. 石油勘探与开发，2019，46（2）：226-240.
[10] 赵爱卫. 四川盆地及周缘地区寒武系洗象池群岩相古地理研究[D]. 成都：西南石油大学，2015.
[11] 井攀，徐芳良，肖尧，等. 川中南部地区上寒武统洗象池组沉积相及优质储层台内滩分布特征[J]. 东北石油大学学报，2016，40（1）：40-50.
[12] 刘鑫，曾乙洋，文龙，等. 川中地区洗象池组有利沉积相带分布预测[J]. 天然气勘探与开发，2018，41（2）：15-21.
[13] 李文正，周进高，张建勇，等. 四川盆地洗象池组储集层的主控因素与有利区分布[J]. 天然气工业，2016，36（1）：52-60.
[14] 林怡，陈聪，山述娇，等. 四川盆地寒武系洗象池组储层基本特征及主控因素研究[J]. 石油实验地质，2017，39（5）：610-617.
[15] 王素芬，李伟，张帆，等. 乐山—龙女寺古隆起洗象池群有利储集层发育机制[J]. 石油勘探与开发，2008，35（2）：170-174.
[16] 周磊，康志宏，柳洲，等. 四川盆地乐山—龙女寺古隆起洗象池群碳酸盐岩储层特征[J]. 中南大学学报（自然科学版），2014，45（12）：4393-4401.
[17] 刘宏，罗思成，谭秀成，等. 四川盆地震旦系灯影组古岩溶地貌恢复及意义[J]. 石油勘探与开发，2015，42（3）：283-293.
[18] 倪新锋，张丽娟，沈安江，等. 塔北地区奥陶系碳酸盐岩古岩溶类型、期次及叠合关系[J]. 中国地质，2009，36（6）：1312-1321.
[19] 谢佳彤，秦启荣，李斌，等. 塔里木盆地中央隆起带良里塔格组预探阶段有利区带评价[J]. 特种油气藏，2018，25（6）：25-31.
[20] 赵治信，吴美珍，赖敬容. 塔里木盆地下奥陶统与上覆地层间的不整合[J]. 新疆石油地质，2018，39（1）：530-536.
[21] 李文正，张建勇，郝毅，等. 川东南地区洗象池组碳氧同位素特征、古海洋环境及其与储集层的关系[J]. 地质学报，2019，93（2）：487-500.
[22] 朱东亚，张殿伟，李双建，等. 四川盆地下组合碳酸盐岩多成因岩溶储层发育特征及机制[J]. 海相油气地质，2015，20（1）：33-44.
[23] 袁玉松，孙冬胜，李双建，等. 四川盆地加里东期剥蚀量恢复[J]. 地质科学，2013，48（3）：581-591.
[24] 程绪彬. 四川盆地乐山—龙女寺古隆起震旦寒武奥陶系沉积相及储层研究[R]. 成都：四川石油管理局地质勘探开发研究院，1994.
[25] 周恩恩，许效松. 扬子陆块西部古隆起演化及其对郁南运动的反映[J]. 地质评论，2016，62（5）：1125-1133.
[26] 杜远生，徐亚军. 华南加里东运动初探[J]. 地质科技情报，2012，31（5）：43-49.

开江—梁平海槽东侧长兴组台缘生物礁发育特征及油气地质勘探意义

武赛军　魏国齐　杨　威　段书府　金　惠　谢武仁　王明磊

王　坤　苏　楠　马石玉　郝翠果　王小丹

（中国石油勘探开发研究院 北京 100083）

摘　要：四川盆地开江—梁平海槽东侧已发现普光、黄龙场等大气田，是礁滩重要的勘探领域。为了进一步明确海槽东侧长兴组台缘生物礁发育特征，利用钻井、地震资料，以台缘生物礁外部轮廓、内部形态、平面展布为基础，开展海槽东侧台缘带、台缘生物礁发育特征研究。研究结果表明，开江—梁平海槽东侧台缘依据坡角差异性可划分为陡坡型和缓坡型，平面上具有分段特征，且发育缓坡退积型和陡坡叠加型两种模式，以缓坡退积型为主；台缘生物礁发育主要受海平面变化、同沉积多级断裂及区域拉张共同作用；缓坡台缘生物礁发育经历微古地貌形成阶段（吴家坪组沉积时期）、缓坡滩发育阶段（长一段沉积时期）、弱镶边台缘礁滩发育期（长二段沉积早期）、镶边台缘多排礁滩发育期（长二段沉积中期—长三段沉积时期）4 个演化阶段。开江—梁平海槽东侧长兴组缓坡多排礁分布面积广，油气成藏条件优越，是天然气勘探值得关注的重要领域。

关键词：开江—梁平海槽；台缘生物礁；缓坡型台缘；发育模式；生物礁演化阶段

Development Characteristics of Reefs on the Platform Margin of Changxing Formation in Eastern Kaijiang-Liangping Ocean Trough and Its Significance for Petroleum Geological Exploration

Wu Saijun, Wei Guoqi, Yang Wei, Duan Shufu, Jin Hui, Xie Wuren, Wang Minglei, Wang Kun, Su Nan, Ma Shiyu, Hao Cuiguo, Wang Xiaodan

（ *PetroChina Research Institute of Petroleum Exploration & Development, Beijing* 100083 ）

Abstract: Several giant gas fi elds (Puguang, Huanglongchang, etc.) have been found in eastern Kaijiang-Liangping ocean trough, Sichuan Basin, which is an important exploration domain of reef beach. In order to further clarify the development characteristics of platform margin reefs in the Changxing Formation in the eastern side of the ocean trough, based on drilling and seismic data, the development characteristics of platform margin belt and platform margin reefs on the eastern side of the trough were studied on the basis of the external outline, internal shape and plane distribution of platform margin reefs. The study results indicate: (1) According to slope angle difference, the platform marginin the eastern Kaijiang-Liangping ocean trough can be divided into steep slope type and gentle slope type. (2) It has sectional feature on plane. (3) There are two development patterns (retrogradation pattern in gentle slope, superposition pattern in steep slope), and the retrogradationpattern in gentle slope is the dominant. (4) The development of platform margin reefs is mainly controlled by sea level change, multiple-level synsedimentary faults and regional tension. (5) The reef development on the gentle slope platform margin experienced four evolution stages: micro-palaeogeomorphic formation stage (Wujiaping), gentle slope beach development stage (Chang 1 stage), weak rimmed platform margin reef beach development stage (early Chang 2

基金项目：国家科技重大专项"大型油气田及煤层气开发"（2016ZX05007-002）资助。

第一作者简介：武赛军（1985—），男，博士，2015 年毕业于中国石油勘探开发研究院矿产普查与勘探专业，高级工程师，主要从事天然气地质勘探综合研究工作。

E-mail：wusaijun@petrochina.com.cn

stage), multi-row reef beach development stage on rimmed platform margin (middle Chang2-Chang 3 stage). The multi-row reefs in the gentle slope of the Changxing Formation in the eastern Kaijiang-Liangping ocean trough havewide distribution area and favorable hydrocarbon accumulation conditions. It is an important area for natural gas exploration.

Key words: Kaijiang-Liangping ocean trough, reef on platform margin, platform margin of gentle slope type, development pattern, evolution stage of reef

开江—梁平海槽位于四川盆地北部，围绕开江—梁平海槽相继在礁滩储层中发现元坝、龙岗、普光等大型台缘礁滩复合型气田[1-9]。据资源综合评价，环开江—梁平裂陷礁滩资源潜力较大[4]。前人在开江—梁平海槽形成演化、台缘形态以及对沉积储层控制作用等方面取得了大量的成果[10-13]。但对海槽东侧台缘礁滩发育特征系统研究较少。近期研究及勘探揭示开江—梁平海槽东侧发育多排生物礁，沿海槽呈条带状斜列式展布，与海槽西侧元坝雁列式、龙岗直线型等特征[2, 3]明显不同，该区多排生物礁发育特征、形成主控因素、演化过程尚不明晰。为此，本文旨在通过海槽东侧不同地区坡角差异性研究，明确台缘发育特征，并结合台缘生物礁地震反射特征，以台缘生物礁外部轮廓和内部形态为基础，开展台缘生物礁发育特征研究，探讨四川盆地开江—梁平海槽东侧长兴组多排礁发育成因背景及演化过程，为环开江—梁平海槽油气勘探寻找有利区带提供依据。

1 地质概况

开江—梁平海槽位于扬子板块北缘，晚二叠世扬子板块西南缘发育峨眉地幔柱，地幔热隆起作用使得地壳上升，在隆升过程中具有不均衡块断作用，川东地区形成拉张环境（前人称之为峨眉地裂运动）[14-17]，在扬子板块北缘发育裂陷群[16]。受峨眉地裂运动影响，在四川盆地形成一个由西南向北东方向倾斜的古斜坡，坡度较小[18, 19]，吴家坪组（龙潭组）沉积时期，发育滨岸沼泽相、含煤海陆过渡相沉积、碳酸盐岩缓坡、及深水盆地沉积。长兴组沉积早期为末端变陡的缓坡沉积，而长兴组沉积中晚期演化为镶边台地沉积环境，该时期台缘发育的生物礁及生屑镶边环绕开江—梁平海槽及城口—鄂西海槽分布（图 1）。飞仙关组沉积早期为鲕粒滩主要发育时期，飞仙关组沉积中晚期开江—梁平海槽主要表现为"填平补齐"并逐渐消亡。

2 开江—梁平海槽东侧台缘生物礁特征

开江—梁平海槽长兴组东、西两侧台缘生物礁发育特征不同（图 1），主要表现在平面展布以及纵向叠置方式的差异性。依据礁前坡角统计计算及礁滩发育特征，西侧台缘以陡坡叠加型为主，东侧台缘生物礁以缓坡退积型为主，普光、黄龙场地区发育陡坡叠加型厚层礁滩。平面上，东侧台缘具有明显的分段特征。五百梯地区、坡西地区台缘带宽缓，主要发育多排礁，普光—黄龙场地区台缘较窄，生物礁呈带状分布。

2.1 台缘特征

由茅口组沉积末期—吴家坪组沉积时期古地貌可知[20]，该时期四川盆地北部台地—海槽逐步开始分异，西侧分异较为明显，开江—梁平海槽呈现雏形。海槽东侧长兴期继承了吴家坪组沉积时期的沉积格局，早期为缓坡无镶边开阔台地，中—晚期演变为镶边台缘，普光地区演变为陡坡型台缘，坡西、五百梯等地区为缓坡背景下缓坡型台缘（图 2）。

2.1.1 台缘类型

2.1.1.1 陡坡型台缘

陡坡型台缘主要发育于普光—黄龙场等地区（图 1），普光地区多期生物礁叠置发育，由地震剖面可预测，礁形成后台地和海槽间的地形高差最大可达 200m 左右，礁前坡度从成礁前的 0.8°增加到成礁后的 5°[21]。黄龙场地区及邻区完钻井揭示，黄龙场生物礁处于地层厚度明显变化带，海绵等造礁生物发育，且红藻、绿藻和蜓等生物组合表明水体较浅，为台缘礁相。地震反射特征表明黄龙 1 井区生物礁呈丘状结构，内部杂乱—中弱反射振幅特征，礁体顶部与上覆地层形成强振幅界面，由海槽向台缘区地层上超特征明显（图 2）。黄龙场台缘区黄龙 4 井长兴组地层厚度为 290m，由生物礁边缘向海槽区 2.5km 处黄龙 2

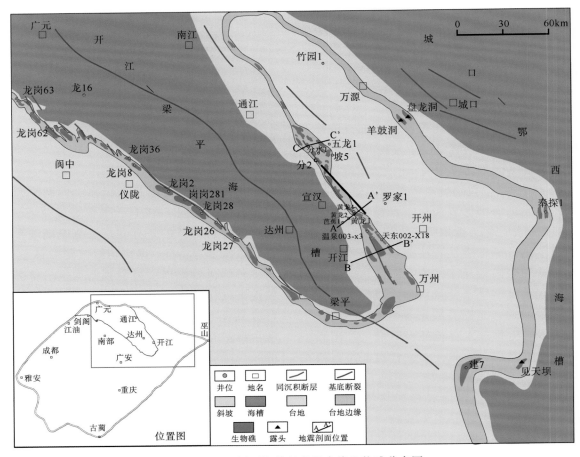

图 1　开江—梁平海槽长兴组台缘生物礁分布图

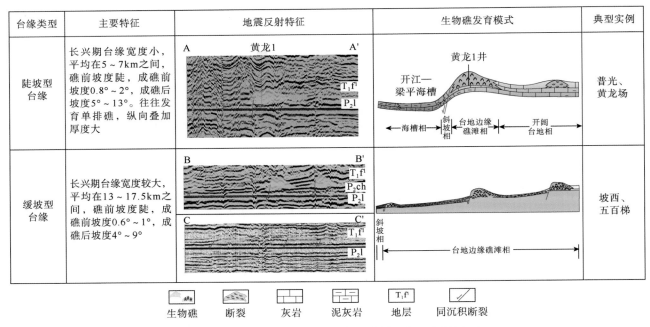

台缘类型	主要特征	地震反射特征	生物礁发育模式	典型实例
陡坡型台缘	长兴期台缘宽度小，平均在 5～7km 之间，礁前坡度陡，成礁前坡度 0.8°～2°，成礁后坡度 5°～13°。往往发育单排礁，纵向叠加厚度大			普光、黄龙场
缓坡型台缘	长兴期台缘宽度较大，平均在 13～17.5km 之间，礁前坡度陡，成礁前坡度 0.6°～1°，成礁后坡度 4°～9°			坡西、五百梯

图 2　开江—梁平海槽东侧台缘类型（剖面位置参见图 1）

井地层迅速减薄，如黄龙 2、芭蕉 1 井长兴组厚度在 40m 以下。礁前坡度从成礁前的 2°增加到成礁后的 7°。

2.1.1.2　缓坡型台缘

缓坡型台缘主要发育于坡西、五百梯地区，多排生物礁错置发育。坡西地区台缘生物礁主要通过地震预测，由地震剖面可统计礁前坡度从成礁前的1°增加到成礁后的6°。长兴组沉积前地震上表现为厚度差异小，总体向海槽方向地势平缓，长兴组沉积早期东高西低台—盆相分异的特征逐步显现，向海槽方向呈缓慢减薄。长兴组沉积中晚期—成礁期，发育多期多排礁。五百梯地区亦发育缓坡镶边型台缘，与坡西地区类似，由地震剖面可预测，礁前坡度从成礁前的1°增加到成礁后的4°；长兴组沉积早期向海槽方向呈缓慢减薄，长兴组沉积中晚期—成礁期，已钻井揭示台缘生物礁特征明显，如温泉003-X3井钻遇第二排生物礁，天东002-X18井钻遇第三排长兴组生物礁，由北向南逐渐分叉，呈现出3排生物礁异常体。

2.1.2 台缘展布特征

依据不同台缘类型分布特征，开江—梁平海槽东侧台缘带可分为4段。自南向北分别发育五百梯缓坡型台缘（Ⅰ）、普光—黄龙场陡坡型台缘带（Ⅱ）、坡西缓坡台缘带（Ⅲ）、黑池梁陡坡型台缘带（Ⅳ）（图3）。

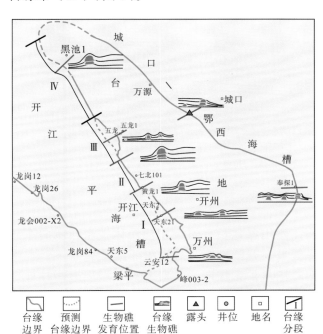

图3　开江—梁平海槽东侧台缘平面展布示意图

不同类型台缘呈间互式分布于海槽东侧。缓坡型台缘主要发育于五百梯、坡西地区，该区台缘展布特征具有相似性，呈"扇状"由北向南撒开，沿台缘延伸范围呈北窄南宽，横向发育多排礁，不同礁体垂向厚度发育差异较大，单排礁体

发育规模总体相对陡坡型台缘较小（图2）。五百梯、坡西地区差异性主要体现在发育规模，如五百梯地区南端宽度可达17.5km，向北收敛于黄龙场地区，台缘宽度5～7km，沿台缘延伸范围达60km；坡西地区南部宽度可达13.4km，向北逐渐变窄，收敛于坡西台缘北部，台缘宽度为6km，沿台缘延伸范围达30km。

陡坡型台缘带位于普光—黄龙场、黑池梁。台缘带呈近直线展布，横向延伸范围窄，以单排礁为主。普光地区多期礁叠置横向延伸宽度为5～7km。黑池梁铁厂河生物礁为坡西台缘向米仓山前缘的延伸，蜿蜒分布于南江坟塘子、林场等地，横向延伸宽度为5～6km。

2.2　台缘生物礁发育模式

针对台缘生物礁地震响应识别特征，以台缘生物礁外部轮廓和内部形态为基础，并结合台缘结构和沉积格局，将开江—梁平海槽东侧台缘生物礁发育模式划分为陡坡叠加型和缓坡退积型两类。

2.2.1 陡坡叠加型生物礁

此类生物礁与断层控制的台缘结构关系密切。受控于海槽形成过程中拉张作用，同沉积断裂加剧破折上下的地貌差异。台缘结构呈现坡折陡峭、海槽与台缘地貌差异明显特征。通常礁前陡坡发育，斜坡相较窄，迅速过渡至海槽盆地相，坡折以上生物礁较为发育。随着礁体生长及同沉积断裂的发育，长兴组沉积时期礁滩垂向加积建造以普光、黄龙场为代表的川东北典型陡坡镶边型台地。普光—黄龙场生物礁经历多个成礁旋回，如普光地区毛坝3井经历两个成礁旋回，长兴组台缘礁亚相沉积厚度275m[22]；黄龙场黄龙4井、黄龙1井长兴组发育台缘生物礁，长兴组沉积早期，主要以泥晶灰岩为主夹燧石结核灰岩，长兴组沉积中晚期发育生物礁灰岩，生物以灰质、云质海绵为主，垂向叠加厚度大。该类生物礁轮廓清晰，呈丘状发育具有一定对称性，近海槽一侧略陡；内部结构特征清晰，具有一定成层性，横向迁移不明显，生物礁多期叠置发育，顶部同相轴表现出强连续性，为海平面上升的响应（图4）。

2.2.2 缓坡退积型生物礁

此类生物礁通常受地形、断裂、海平面变化等多种因素影响。台缘坡折小，为低起伏的斜坡或阶梯式缓坡。海平面升降对其沉积影响较大，海平面上升阶段，生物礁逐步向台地退积，形成多排生物礁。地震剖面揭示生物礁轮廓具有丘形、内部杂乱反射、厚度较邻区大、垂直台缘方向发育多个地震异常体；具有明显的不对称性，迎风

面陡、避风面缓。生物礁之间强连续平行反射特征明显，地层表现出双向上超的特征（图5）。如海槽东侧坡西及五百梯地区为均为由于长兴组沉积时期海平面上升，缓坡背景下发育多排错置发育的退积型生物礁。

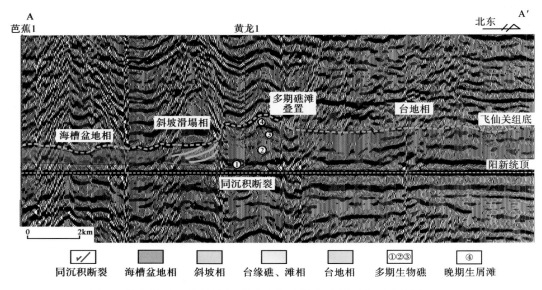

图4 黄龙场地区陡坡叠加型礁滩发育模式（剖面位置参见图1）

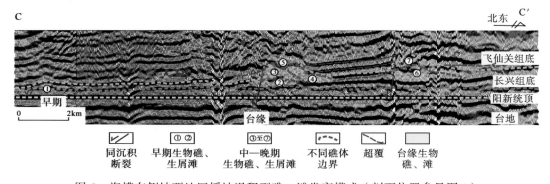

图5 海槽东侧坡西地区缓坡退积型礁、滩发育模式（剖面位置参见图1）

3 成因背景分析及演化阶段

3.1 成因背景分析

海槽东侧台缘生物礁滩迁移演化规律主要受同沉积断裂、海平面变化等多重因素影响和控制。针对台缘生物礁外部形态、内部结构等特征，从地质背景着手，探讨台缘生物礁生长模式的差异性成因背景和作用机制。

开江—梁平海槽形成过程中拉张作用下断裂为生物礁发育提供地貌背景。生物礁的形成和发展与成礁期古构造（特别是同生断裂）及古地理格架有密切关系[23, 24]。受晚二叠世峨眉地幔柱影

响，四川盆地长兴组沉积前总体上由西南向东北呈缓坡，开江—梁平地区处于缓坡背景下，在南秦岭洋盆扩张加深、基底断裂及峨眉地幔柱地球动力学共同作用下，致使开江—梁平与邻区呈现差异沉降[16]。由于地质体非均一性，拉张过程中不同地区受力存在差异，造成局部发育多级断裂，形成断阶，致使古地貌产生阶梯状差异；部分地区断裂持续发育，地貌差异明显。通过地震资料精细解释，识别海槽东侧坡西及五百梯地区发育阶梯状断裂，黄龙场地区单个高陡断裂，其发育与生物礁相伴生，为多排生物礁以及陡坡型生物礁发育提供不同地貌背景。

海平面变化与古地貌叠加控制生物礁内部沉积结构及礁体垂向叠置样式。扬子区长期海平面变化曲线揭示在长兴组沉积时期海平面持续上升，长兴组沉积晚期形成仅次于早三叠世的高峰，至长兴组沉积最晚期才开始海退[22]。生物礁生长速率与海平面上升速率匹配良好，有利于生物礁发育[26]。海平面变化对研究区两类台缘生物礁影响有所不同：（1）缓坡退积型生物礁受海平面变化较为敏感。在断阶高差不大，坡折不大，总体为低缓斜坡背景，长兴组沉积时期沿海槽流动的洋流顺斜坡或礁间潮道向上运动，为缓坡区提供丰富的营养物质，海平面持续上升，生物礁逐步向台地方向退积，礁体内部发育退积、加积或进积不同组合方式反射结构，外部形态呈迎风面陡、避风面缓；（2）陡坡叠加型生物礁受海平面变化横向迁移较小，海平面上升与同沉积断裂共同控制生物礁可容纳空间形成，在生物礁生长速率与海平面上升速率匹配良好时，生物礁呈叠加式发育。

此外，洋流季风对生物礁规模及轮廓具有重要影响，单信风会使沉积物沿背风方向伸展，迎风面坡度陡。对比前人关于南海地区生物礁研究成果[27]，坡西地区生物礁发育可能与季风有较大关系。

3.2 演化阶段

开江—梁平海槽东侧缓坡背景下台缘礁滩演化过程可划分为：微古地貌形成期（吴家坪组沉积晚期）、缓坡滩发育期（长一段沉积时期）、弱镶边台缘礁滩发育期（长二段沉积早期）、镶边台缘多排礁滩发育期（长二段沉积中期—长三段沉积时期）4个阶段。

吴家坪组沉积晚期，受峨眉地幔柱影响，开江—梁平地区逐步出现差异沉降，海槽东侧在早期向北东向倾斜缓坡背景下，出现局部向西南倾的缓坡带。由于拉张作用形成同沉积断裂，上升盘地貌相对较高（图5、图6a），为后期生物礁发

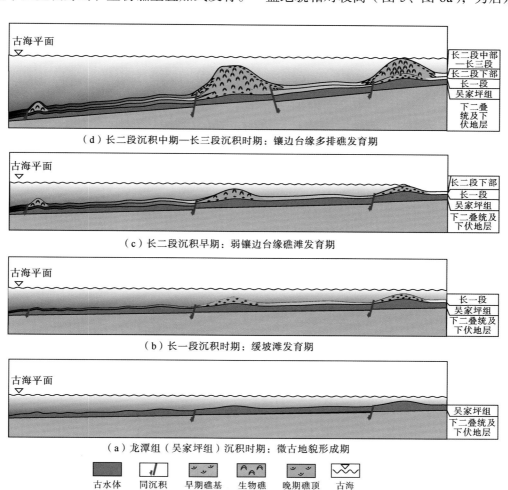

（d）长二段沉积中期—长三段沉积时期：镶边台缘多排礁发育期

（c）长二段沉积早期：弱镶边台缘礁滩发育期

（b）长一段沉积时期：缓坡滩发育期

（a）龙潭组（吴家坪组）沉积时期：微古地貌形成期

古水体　同沉积断裂　早期礁基生屑滩　生物礁　晚期礁顶生屑滩　古海平面

图 6　开江—梁平海槽东侧缓坡背景下晚二叠世礁滩演化阶段

育提供微古地貌背景。长一段沉积时期为缓坡环境，生物礁不发育，局部受古地貌影响，高部位发育小规模的滩体（图6b）。长二段沉积早期，随着海槽形成演化，同沉积边界断裂使台缘变陡，海侵促使台缘局部发育不成熟的点礁，它们与礁间的生屑滩组成海槽的弱镶边（图6c）。长二段沉积中期—长三段沉积时期，台缘礁体迎着风浪生长，抗浪能力强，养料丰富，能形成坚固的格架，多发育为成熟的堤礁。随着拉张作用加剧，海槽下陷，海平面相对上升，海侵使得台缘逐渐向台地方向迁移，在早期台缘后方的合适地带（如同生断裂活动带）又将形成新的镶边台缘。早期台缘点礁，由于相对海平面上升被淹没而亡；而近台地侧生物礁因条件有利而得以继续向上营造。长兴组沉积晚期，随着海侵速率的加快，缓坡边缘生物礁的生长速度逐渐不能追赶上海平面与构造沉降叠加的上升速度，水体上升速度过快，导致台缘礁体被淹没而停止发育，在地震剖面上表现为长兴组沉积晚期周缘地层上超于生物礁，上覆地层与长兴组顶部形成一套强反射界面（图5）。

海槽东侧陡坡型台缘礁与缓坡型台缘礁演化阶段差异性主要表现在弱镶边台缘发育期—镶边台缘发育阶段，陡坡型台缘在成礁期可容纳空间与海平面上升速度匹配较好，由弱镶边台缘发育期过渡至镶边台缘发育期，台缘生物礁叠置发育，横向迁移较小。如普光—黄龙场地区主要发育镶边台缘单排礁，垂向叠加厚度大。缓坡型台缘在成礁期，生物礁随海平面上升表现出横向迁移特征，如坡西地区主要发育多排生物礁。

4 油气地质勘探意义

开江—梁平海槽东侧已发现普光、黄龙场、五百梯等气田，近年在勘探过程中，发现五百梯地区与黄龙场、普光等地区不同，发育多排生物礁，并通过天东002-X18等多口钻井揭示缓坡背景下多排生物礁发育，并取得良好油气显示，展示多排生物礁勘探前景良好。通过海槽东侧礁滩发育特征研究，进一步明确海槽东侧礁滩发育控制因素及礁滩发育规律，勘探程度相对较低的坡西地区发育多排礁，并呈"串珠"状分布，总面积可达90km²，由于海平面频繁升降，多次暴露溶

蚀，有利于储层形成。邻区分3井钻遇厚层礁云岩储层，坡西地区生物礁与之处于相同相带，沉积、成岩环境相近，预测该区为礁云岩有利发育。同时，礁滩储层发育区具有多源供烃优势，如海槽内发育二叠系及下伏志留系优质烃源岩，下伏烃源可由断裂输导运移至储层发育区。此外研究区生物礁具有良好成藏条件，如生物礁礁间致密层侧向具有良好封堵条件，上覆中三叠统发育区域盖层。坡西地区位于大巴山弧形构造带前缘潜伏构造相对较发育，有利构造—岩性油气聚集成藏。同时，类比普光—黄龙场—五百梯地区，在多排礁向北收口地区，礁滩叠置发育，油气储量规模较大，因此认为在坡西地区北部多排礁向北收敛的礁滩叠置发育区，是油气勘探有利区。

5 结　语

开江—梁平海槽东侧台缘可归纳为陡坡型和缓坡型两种类型，并建立缓坡退积型和陡坡叠加型两种生物礁发育模式。受海平面变化及生物礁生长影响，缓坡台缘生物礁演化主要经历4个阶段。海槽东侧五百梯、坡西地区发育缓坡多排礁，成藏条件良好，是海槽东侧有利勘探区带。

近期研究及勘探表明，生物礁滩精细刻画是礁滩领域取得新认识与突破的重要途径。加强环开江—梁平海槽礁滩分布精细预测，有利于重新认识开江—梁平海槽形成演化，有助于进一步拓展礁滩勘探领域。

参考文献

[1] 倪新峰，陈洪德，田景春，等. 川东北地区长兴组—飞仙关组沉积格局及成藏控制意义[J]. 石油与天然气地质，2007，28（4）：458-465.

[2] 马永生. 四川盆地普光超大型气田的形成机制[J]. 石油学报，2007，28（2）：9-14.

[3] 马永生，蔡勋育，赵培荣. 元坝气田长兴组—飞仙关组礁滩相储层特征和形成机理[J]. 石油学报，2014，35（6）：1001-1011.

[4] 杜金虎，徐春春，汪泽成，等. 四川盆地二叠—三叠系礁滩天然气勘探[M]. 北京：石油工业出版社，2010.

[5] 郑志红，李登华，白森舒，等. 四川盆地天然气资源潜力[J]. 中国石油勘探，2017，22（3）：12-20.

[6] 刘冉，霍飞，王鑫，等. 普光气田下三叠统飞仙关组碳酸盐岩储层特征及主控因素分析[J]. 中国石油勘探，2017，22（6）：34-46.

[7] 罗兰，王兴志，李勇，等. 川西北地区中二叠统沉积相特征及其对储层的影响[J]. 特种油气藏，2017，24（4）：60-66.

[8] 赵向原，胡向阳，曾联波，等. 四川盆地元坝地区长兴组礁滩相储层天然裂缝有效性评价[J]. 天然气工业，2017，37（2）：52-61.

[9] 张健，周刚，张光荣，等. 四川盆地中二叠统天然气地质特征与勘探方向[J]. 天然气工业，2018，38（1）：10-20.

[10] 邢凤存，陆永潮，郭彤楼，等. 碳酸盐岩台地边缘沉积结构差异及其油气勘探意义——以川东北早三叠世飞仙关期台地边缘带为例[J]. 岩石学报，2017，33（4）：1305-1316.

[11] 徐安娜，汪泽成，江兴福，等. 四川盆地开江—梁平海槽两侧台地边缘形态及其对储层发育的影响[J]. 天然气工业，2014，34（4）：37-43.

[12] 陈洪德，钟怡江，侯明才，等. 川东北地区长兴组—飞仙关组碳酸盐岩台地层序充填结构及成藏效应[J]. 石油与天然气地质，2009，30（5）：539-547.

[13] 王一刚，文应初，洪海涛，等. 四川盆地北部晚二叠世—早三叠世碳酸盐岩斜坡相带沉积特征[J]. 古地理学报，2009，11（2）：143-156.

[14] 罗志立，金以钟，朱夔玉，等. 试论上扬子地台的峨眉地裂运动[J]. 地质论评，1988，34（1）：11-24.

[15] 罗志立. 峨眉地裂运动的厘定及其意义[J]. 四川地质学报，1989，9（1）：1-17.

[16] 姚军辉，罗志立，孙玮，等. 峨眉地幔柱与广旺—开江—梁平等拗拉槽形成关系[J]. 新疆石油地质，2011，32（1）：97-101.

[17] 罗志立，孙玮，韩建辉，等. 峨眉地幔柱对中上扬子区二叠纪成藏条件影响的探讨[J]. 地学前缘，2012，19（6）：144-154.

[18] 张帆，文应初，强子同，等. 四川及邻区晚二叠统吴家坪碳酸盐缓坡沉积[J]. 西南石油学院学报，1993，15（1）：34-41.

[19] 黄仁春. 四川盆地二叠纪—三叠纪开江—梁平陆棚形成演化与礁滩发育[J]. 成都理工大学学报（自然科学版），2014，41（4）：452-457.

[20] 唐大海，肖笛，谭秀成，等. 古岩溶地貌恢复及地质意义——以川西北中二叠统茅口组为例[J]. 石油勘探与开发，2016，43（5）：689-695.

[21] 马永生，储昭宏. 普光气田台地建造过程及其礁滩储层高精度层序地层学研究[J]. 石油与天然气地质，2008，29（5）：548-556.

[22] 夏明军，曾大乾，邓瑞健，等. 普光气田长兴组台地边缘礁、滩沉积相及储层特征[J]. 天然气地球科学，2009，20（4）：549-562.

[23] 张廷山，姜照勇，陈晓慧. 四川盆地古生代生物礁滩特征及发育控制因素[J]. 中国地质，2008，35（5）：1017-1030.

[24] 郑博，郑荣才，周刚，等. 川东五百梯长兴组台缘生物礁储层沉积学特征[J]. 岩性油气藏，2011，23（3）：60-69.

[25] 殷鸿福，童金南，丁梅华，等. 扬子区晚二叠世—中三叠世海平面变化[J]. 地球科学（中国地质大学学报），1994，19（5）：627-632.

[26] 王兴志，张帆，马青，等. 四川盆地东部晚二叠世—早三叠世飞仙关期礁、滩特征与海平面变化[J]. 沉积学报，2002，20（2）：249-254.

[27] 王超，陆永潮，杜学斌，等. 南海西部深水区台缘生物礁发育模式与成因背景[J]. 石油地球物理勘探，2015，50（6）：1179-1189.

川中磨溪及外围区块龙王庙组优质储层差异性发育特征成因分析

郭振华[1]　张　春[2]　刘晓华[1]　张　林[1]　骆　杨[3]

（1. 中国石油勘探开发研究院　北京　100083；2. 中国石油西南油气田分公司勘探开发研究院
四川成都　610066；3. 中国地质大学（武汉）资源学院　湖北武汉　430074）

摘　要： 四川盆地中部地区磨溪区块龙王庙组气藏，已保持 90 亿方/年产量连续稳产 5 年以上，部分气井见水，继续保持较高采速将会对气藏采收率产生较大影响，需要尽快开展磨溪外围区块产能建设，弥补对主体开发区实施主动降产后带来的产量缺口。本文利用包括开发井和震旦系过路井在内的丰富的钻井数据，对川中磨溪及外围龙女寺、高石梯区块沉积储层异同性进行分析，指出外围区优质储层成因与磨溪主体区基本一致，颗粒滩沉积和准同生期、表生期岩溶作用共同控制了岩溶储层的分布；沉积古地貌控制了颗粒滩体的展布、岩溶古地貌控制了岩溶作用尤其是表生期岩溶作用的范围和强度，沉积与岩溶古地貌的差异是造成外围龙女寺、高石梯区块与磨溪主体区优质发育发育特征不同的主要原因。结合地震储层预测对外围龙女寺和高石梯区块的优质储层展布特征进行预测，为磨溪外围龙王庙组气藏产能建设有利区优选奠定了基础，对保障龙王庙组气藏长期稳产具有重要意义。

关键词： 川中；龙王庙组；优质储层；成因；分布

Analysis on the Causes of Differential Development Characteristics of High-quality Reservoirs of Longwangmiao Formation in Moxi and Peripheral Blocks in Central Sichuan

Guo Zhenhua[1], Zhang Chun[2], Liu Xiaohua[1], Zhang Lin[1], Luo Yang[3]

(1. *Research Institute of Petroleum Exploration & Development, PetroChina, Beijing* 100083; 2. *Research Institute of Exploration and Development, Southwest Oil & Gas Company, PetroChina, Chengdu, Sichuan* 610066; 3. *School of Earth Resources of China University of Geosciences, Wuhan, Hubei* 430074)

Abstract: The Longwangmiao (hereafter shortened as LWM) formation gas reservoir in Moxi block, central Sichuan Basin has maintained an annual production of 9 billion cubic meters for more than 5 years. Affected by water invasion, maintaining a high production rate will have a great impact on the gas reservoir recovery. It is of great significance to carry out the production capacity construction of Moxi peripheral area as soon as possible to make up for the production gap caused by the implementation of active production reduction in Moxi area. Based on abundant drilling data including development wells and Sinian crossing wells, this paper analyzes the similarities and differences of sedimentary reservoirs in Moxi and and peripheral blocks in central Sichuan. It is pointed out that the genesis of high-quality reservoirs in peripheral blocks is basically the same as that in Moxi block, and the grain beach deposition and karstification in the quasi-contemporaneous and epigenetic periods jointly control the distribution of karst reservoirs; Sedimentary paleo-geomorphology controlled the distribution of granular beach bodies, and karst paleo-geomorphology controlled karstification, especially the range and intensity

基金项目：中国石油集团公司上游领域前瞻性基础性项目"碳酸盐岩油气藏提高采收率关键技术研究"（2021DJ15）资助。

第一作者简介：郭振华（1979—），男，博士，2008 年毕业于中国地质大学（武汉）能源地质工程专业，高级工程师，主要从事气田开发地质评价相关研究工作。

E-mail：guozhenhua@petrochina.com.cn

of karstification in the supergene period. The difference between sedimentary and karst paleo-geomorphology is the main reason for the different high-quality development characteristics in Moxi and Peripheral Blocks. It lays a foundation for the optimization of favorable areas for the Longwangmiao Formation gas reservoir in the periphery areas, and is of great significance for ensuring the long-term stable production of the Longwangmiao Formation gas reservoir.

Key words: central Sichuan; longwangmiao formation; high-quality reservoirs; causes; distribution

四川盆地中部地区磨溪区块龙王庙组气藏自 2012 年发现以后，仅用 3 年时间即高质量的建成为年产能力超 $100×10^8m^3$ 的现代化大型气田[1]，截至 2020 年底，已保持 $90×10^8m^3/a$ 产量连续稳产 5 年以上，累计产气超过 $549.6×10^8m^3$，需要尽快寻找产能接替区以实现长期稳产。

多年来，针对包括磨溪区块在内的川中地区龙王庙组沉积与储层特征进行了大量研究，但主要对象为川中古隆起广大区域，对已提交三级储量区域，特别是磨溪外围龙女寺和高石梯地区龙王庙组优质储层展布特征的研究鲜见文献报道。本文利用包括开发井和震旦系过路井在内的丰富钻井数据，对川中磨溪、龙女寺、高石梯地区沉积与岩溶古地貌特征进行再认识，分析不同区域沉积储层异同性，并结合地震储层预测对各区域，

尤其是龙女寺和高石梯地区的优质储层展布特征进行预测，为磨溪外围龙王庙组气藏产能建设有利区优选奠定基础，对保障龙王庙组气藏长期稳产具有重要意义。

1 区域地质概况

川中龙王庙组气藏位于四川盆地中部遂宁市、资阳市及重庆市潼南县境内，构造位置处于四川盆地川中古隆起平缓构造区威远—龙女寺构造群，乐山—龙女寺古隆起区（图 1）。川中古隆起区域构造特征显示，寒武系龙王庙组总的构造轮廓表现为在乐山—龙女寺古隆起背景上的北东东向鼻状隆起，由西向北东倾伏，南缓北陡，构造呈多排、多高点的复式构造特征，由北向南主要发育有三排近平行的潜伏高带。第一排是以磨

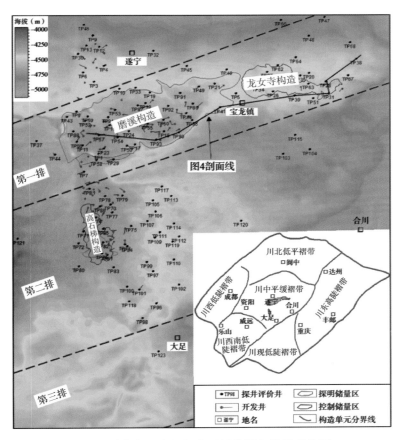

图 1 川中龙王庙组气藏区域位置与构造井位图

溪潜伏构造和龙女寺构造为主的磨溪潜伏高带，轴向北东东向，北翼缓，南翼陡；第二排潜伏高带位于磨溪潜伏高带以南，是高石梯潜伏构造和一些规模较小的潜伏高点构成；第三排潜伏构造带规模较前两排明显变小，由多个形状极不规则、构造较狭长、轴向变化大的潜伏高带组成。目前，已在第一排和第二排潜伏高带的磨溪、龙女寺和高石梯潜伏构造累计提交三级储量超 5000×$10^8 m^3$。

许多研究者[2-13]多年来对包括磨溪主体区块在内的四川盆地龙王庙组沉积相和沉积微相进行了大量研究。各家观点虽有细微差异，但总体观点较为一致，无论是碳酸盐岩缓坡双颗粒滩型沉积模式[8]、碳酸盐岩缓坡沉积模式[10]、龙王庙组"三滩"沉积模式[11]，这些研究均认为磨溪—龙女寺—高石梯地区龙王庙组为局限台地相沉积，其内部可分为云坪、台内滩、滩间洼地及潟湖等

亚相。其中，台内滩亚相发育了大量颗粒岩沉积，是安岳气田龙王庙组气藏的主要储集体。

2 不同区域储层特征

2.1 岩石学特征与储集空间类型

根据已完钻井岩心描述、岩石化学分析、薄片鉴定等，认为磨溪外围龙女寺与高石梯区块的储层岩性和孔隙类型特征与磨溪主体区基本一致（图 2）。储层均发育在白云岩中，储集岩类主要为砂屑白云岩、残余砂屑白云岩和细—中晶白云岩等。

砂屑白云岩是区内龙王庙组主要的储集岩类之一。显微镜下观察砂屑颗粒清晰，颗粒白云石化彻底，由粉晶—细白云石镶嵌状构成，残余粒间孔隙面孔率一般为 2%～10%，孔隙内往往含有沥青，局部构造微缝发育呈网状。残余砂屑白云岩是区内龙王庙组最主要储集岩类。由于强烈白

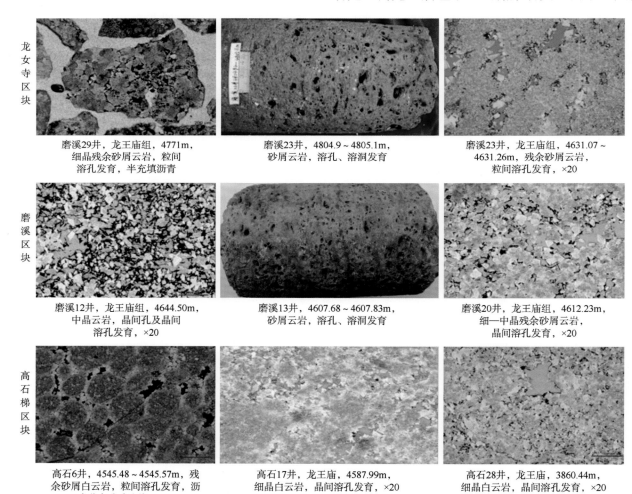

龙女寺区块：磨溪29井，龙王庙组，4771m，细晶残余砂屑云岩，粒间溶孔发育，半充填沥青　磨溪23井，4804.9～4805.1m，砂屑云岩，溶孔、溶洞发育　磨溪23井，龙王庙组，4631.07～4631.26m，残余砂屑云岩，粒间溶孔发育，×20

磨溪区块：磨溪12井，龙王庙组，4644.50m，中晶云岩，晶间孔及晶间溶孔发育，×20　磨溪13井，4607.68～4607.83m，砂屑云岩，溶孔、溶洞发育　磨溪20井，龙王庙组，4612.23m，细—中晶残余砂屑云岩，晶间溶孔发育，×20

高石梯区块：高石6井，4545.48～4545.57m，残余砂屑白云岩，粒间溶孔发育，沥青分布孔隙边缘，×20　高石17井，龙王庙，4587.99m，细晶白云岩，晶间溶孔发育，×20　高石28井，龙王庙，3860.44m，细晶白云岩，晶间溶孔发育，×20

图 2　磨溪主体区与外围区块龙王庙组储集空间类型

云石化、重结晶和溶蚀作用的改造，显微镜下观察主要表现为细—中晶白云岩，但见明显的残余砂屑结构，粒间溶孔孔隙面孔率一般为 2%~15%，孔隙内常见沥青环边。细—中晶白云岩是区内龙王庙组另一类常见的储集岩类，未见明显的颗粒结构，孔隙内常见沥青。

储集空间类型既有受组构控制的粒间溶孔、粒内溶孔、铸模孔、晶间溶孔等，又有不受组构控制的溶洞、溶缝和构造缝。磨溪—龙女寺—高石梯地区龙王庙组储集空间类型以粒间溶孔、晶间溶孔、溶洞（主要是洞径 2~5mm 的小溶洞[2]）为主，其次为晶间孔；龙女寺区块多见沥青充填或半充填粒间孔，磨溪和高石梯少见沥青或仅分布于孔隙边缘。

2.2 储层物性特征

岩心物性分析表明外围区块龙王庙组储层低孔、低渗，物性较主体区差（图 3）。龙女寺区块孔隙度分布在 2%~9.35% 之间，平均 3.46%，渗透率分布在 0.001~10.29mD 之间，平均 0.58mD；高石梯区块孔隙度分布在 2%~6.88% 之间，平均 3.92%，渗透率分布在 0.001~8.62mD 之间，平均 0.54mD。根据储层孔隙度—渗透率关系分析，除孔隙度小于 5% 的储层有部分裂缝影响外，储层渗透率随孔隙度增加明显，储层孔隙度—渗透率具有明显的正相关关系。孔渗关系总体反映出龙王庙组为基质孔（洞）隙是储层主要储集空间，储集类型为裂缝—孔隙（洞）型[2]。

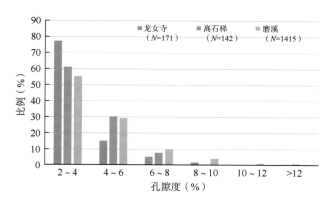

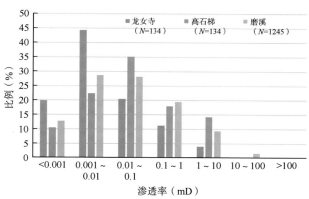

图 3　磨溪—龙女寺—高石梯地区龙王庙储层物性分布直方图

3 优质储层差异性分布特征

3.1 优质储层定义

磨溪龙王庙组储层孔隙度分布在 2%~10% 之间、渗透率分布在 0.01~100mD 之间，根据碳酸盐岩储集岩分类标准（SY/T6110—2008），该区储层以 Ⅱ、Ⅲ 类为主，几乎没有 Ⅰ 类储层。然而，磨溪区块一系列的钻探，获得 40 余口百万立方米以上的工业气井，多口井的试井渗透率均大于 5mD，明显优于国内绝大部分的海相碳酸盐岩气藏，储层孔隙结构特征研究认为该区毫米级的小洞和微细裂缝极为发育。前期研究中[2, 14]，根据缝洞搭配关系将储集空间类型划分为基质孔隙、溶蚀孔隙和溶蚀孔洞 3 种；认为储层微裂缝以溶蚀缝为主，与溶蚀孔洞相对发育区域分布具有一致性，使气井产能表现出明显受控于溶蚀孔洞型和溶蚀孔隙型储层发育程度的特征。通过分析龙王庙组测试井无阻流量与各类型储层厚度的关系，认为溶蚀孔洞型和溶蚀孔隙型储层孔隙度一般超过 4%，是该区的优质储层。

3.2 优质储层发育特征

通过逐井单层判别储层类型，并进行连井剖面对比。从图 4 可以看出，优质储层从磨溪主体区向外围逐渐向上部迁移，在磨溪主体地区单层厚度大、连续性好；在外围区单层厚度薄、横向连续性差。在磨溪主体区内部，孔洞型储层总体较为发育，但井间差异大。

根据不同类型储层厚度与发育位置进行正演分析表明，龙王庙组内部出现"亮点"反射是相对高孔的储层地震响应，"亮点"振幅能量随着储层厚度×孔隙度的增加而增加，溶蚀孔洞、溶蚀孔隙型储层越发育，内部强波峰（"亮点"）振幅越强[15]。在溶蚀孔洞型储层综合识别模式和连井剖

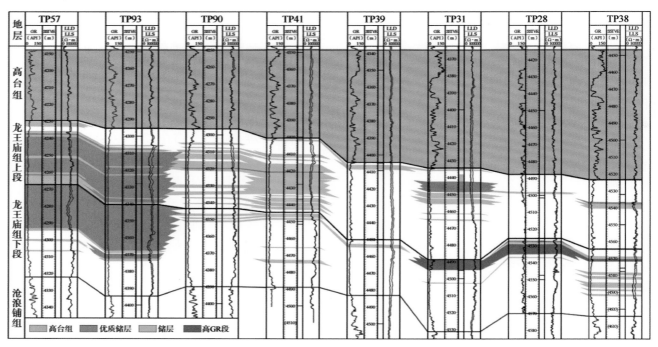

图 4　龙王庙组不同类型储层连井对比剖面（剖面位置参见图 1）

面分布基础上，以单井统计孔隙度超过 4%储层厚度为基础数据，以地震平均振幅能量属性平面分布图为约束，绘制优质储层厚度平面分图（图5）。结果显示磨溪溶蚀孔洞型储层主要分布于 TP93、TP87—TP53、TP57—TP56 井区；龙女寺溶蚀孔型储层主要在 TP34、TP31 和 TP104 井区；高石梯溶蚀孔洞型储层在 TP82—TP76 和 TP75、TP80 井区相对发育，最厚不超 12m。整体来看，外围区溶蚀孔洞连续性较磨溪差，厚度小于磨溪主体区。

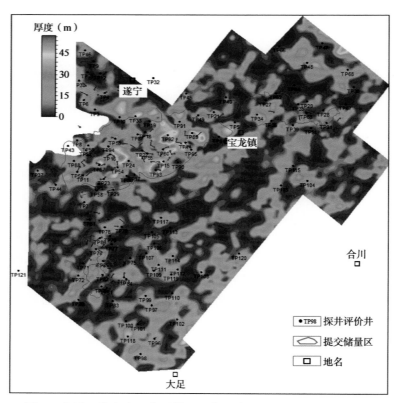

图 5　磨溪—龙女寺—高石梯地区龙王庙组优质储层厚度分布图

4 控制优质储层形成和分布的主要因素

　　碳酸盐岩储层的发育主要受沉积作用和成岩作用控制。多年来，许多学者针对川中龙王庙组颗粒滩宏观分布特征和储层形成的主控因素开展了大量的研究，指出乐山—龙女寺古隆起在沧浪铺组沉积时期已具雏形，龙王庙组沉积时期古隆起格局已基本展现，颗粒滩体在古隆起高部位广泛分布；认为颗粒滩沉积和准同生期、表生期岩溶作用共同控制了岩溶储层的分布[13, 16–22]。

　　虽然总体上龙王庙组颗粒滩具有围绕同沉积古隆起呈环带大面积分布的趋势，但实际大量钻探表明，即使在 3 个潜伏高带内部，颗粒滩体和优质储层展布也呈现出较高的非均质性特征（图5）。利用包括开发井和震旦系过路井在内的丰富钻井资料，对川中磨溪、龙女寺、高石梯地区沉积与岩溶古地貌特征进行再认识，认为沉积古地貌控制了颗粒滩体的展布、岩溶古地貌控制了岩

溶作用，尤其是表生期岩溶作用的范围和强度、沥青充填和晚期构造运动对储层的改造作用，是川中地区磨溪、龙女寺、高石梯区块优质储层发育特征差异的主要因素。

4.1 沉积微古地貌控制沉积微相类型和规模

　　根据中—下寒武统岩相古地理背景，高台组沉积继承了龙王庙组古地理格局，为连续沉积，且高台组在川中地区为碎屑岩夹碳酸盐岩沉积，含大量的陆源碎屑物质。综合分析认为，高台组沉积是一个填平补齐的过程，其厚度可反映龙王庙组沉积后地貌。高石梯—磨溪—龙女寺地区已钻井高台组钻遇厚度统计表明，高台组厚度在磨溪 105 井—磨溪 12 井—磨溪 101 井—磨溪 47 井以西遭受剥蚀，残余厚度 0~50m。以东属于未受剥蚀区，高台组厚度在磨溪主体为 40~60m，向东南方向地层厚度逐渐变大；在龙女寺地区较磨溪地区大，为 60~80m；高石梯地区则更大，为60~100m（图 6）。

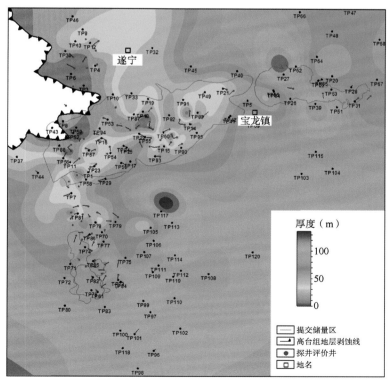

图 6　高磨地区高台组地层厚度分布图

　　高台组厚度小，代表古地貌高，高能颗粒滩体可多期滩叠置发育，厚度大；高台组厚度大，代表古地貌低，主要为滩间海相沉积，岩性为纹

层状泥质白云岩，测井响应为 GR 段，局部见低能颗粒滩体，厚度和规模小，多见夹层。已钻井证实，在高石梯及龙女寺地区分别存在一个滩间海

沉积中心，高 GR 段厚度可超过 20m（图 7）。

总体来说，龙王庙组沉积时期古隆起是一个同沉积的水下古隆起，控制了四川盆地龙王庙组隆凹相间的古地貌格局，进而对龙王庙组滩体的发育和分布起到重要的控制作用。磨溪主体区位于古地貌较高部位，高 GR 段不明显（图 4），颗粒滩相发育且连续性好；磨溪外围高石梯地区及龙女寺地区 TP39—TP26—TP28—TP38 井区古地貌较低，发育高 GR 段滩间海相沉积，颗粒滩相分布相对局限。

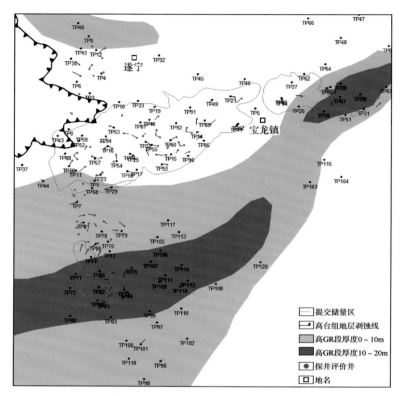

图 7　磨溪—龙女寺—高石梯地区龙王庙组高 GR 层段厚度分布图

4.2 岩溶古地貌控制表生期风化壳岩溶范围和强度

溶蚀作用是储层形成最重要的成岩作用。大量研究表明，安岳气田龙王庙组受同生期—准同生期、表生期和埋藏期 3 种溶蚀作用影响，其中表生期风化壳溶蚀作用对储层影响表现最为明显。乐山—龙女寺古隆起核部及周缘斜坡寒武系和奥陶系碳酸盐岩地层在沉积并固结成岩之后曾经历过两次大规模的褶皱隆升和剥蚀，在地层中留下两个区域不整合，同时伴随着两期风化壳岩溶。第一次隆起剥蚀是志留纪末期直到中石炭世黄龙组沉积时期之前的大约 1 亿年的风化剥蚀，使乐山—龙女寺古隆起的高部位普遍缺失志留系和泥盆系。第二次隆起剥蚀是中石炭世末至二叠系沉积前，历经 1000 多万年的风化剥蚀，乐山—龙女寺古隆起上普遍缺失石炭系沉积。两期岩溶难以区分开来，现今所发现的风化壳岩溶现象应该是两期岩溶叠加的产物。

从孔隙度的演化过程看来，志留纪末期的加里东运动使寒武系储层发生褶皱、抬升，并伴随有构造裂缝的产生，储层得到改造。在古隆起高部位，石炭纪末期的云南运动更进一步加剧了研究区寒武系储层的褶皱和隆升，寒武系被不断剥蚀风化，形成表生期岩溶并进入风化壳岩溶阶段。而构造低部位则仅仅是被抬升，但未暴露，其上还残留有数百米的奥陶系和志留系，可能并未受抬升期大气酸性水的影响，并一直到二叠纪才继续被加深埋藏。以龙王庙组至二叠系底地层厚度（图 8）表征表生期岩溶古地貌特征，与沉积古地貌具有继承性和相似性。

岩溶古地貌具有西部高，东部、南部低的特征，向南为陡坡，向东为缓坡，局部发育地形坡折带。磨溪主体区距剥蚀区近，岩溶储层大面积

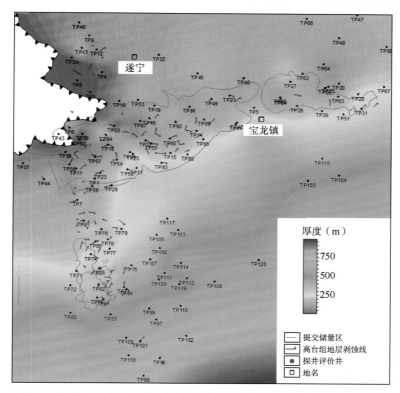

图 8 磨溪—龙女寺—高石梯地区龙王组顶至二叠系底地层厚度图

发育且主要以顺层溶蚀孔洞为主；向东至龙女寺地区，龙王庙组埋深增加，大气淡水主要沿断层和断层控制的裂缝流动，沿断裂带形成垂向溶蚀扩大（表生岩溶的渗流带），并产生顺层溶蚀（表生岩溶潜流带）（图 9）；向南至高石梯地区，龙王庙组

埋深增加，大气淡水主要沿断层和断层控制的裂缝流动，但断层及裂缝发育程度低于龙女寺地区，表生期岩溶作用更弱。岩溶古地貌差异造成外围区表生期岩溶作用主要发生在龙王庙组顶部以及断裂带周边，范围和强度均较磨溪主体区要小。

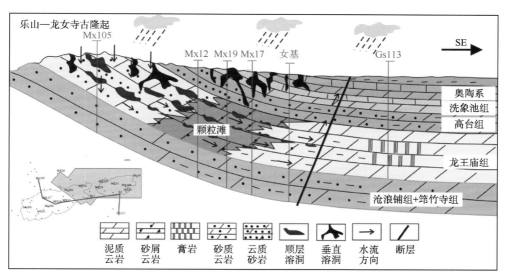

图 9 磨溪—龙女寺—高石梯地区加里东期表生岩溶作用模式图

4.3 沥青充填对储层物性的影响

磨溪地区及外围龙女寺区块龙王庙组颗粒滩

碳酸盐岩储层中含有大量的固体沥青，主要呈块状、多角状、针状、环带状及脉状等，赋存于白云岩晶间孔、粒间孔、溶蚀孔洞及裂缝中。沥青

充填减小储层有效孔隙度，而且改变了孔隙结构，降低储层渗透性，根据龙王庙组 16 块含沥青岩心样品实验,沥青溶解后孔隙度增加 0.25% ~ 2.20%，平均 1.01%，增幅 19%；渗透率增加 0.002 ~ 0.091mD，平均 0.04mD，增幅 67.3%。

关于沥青的成因，大量研究[23]认为热蚀变成因的焦沥青具有比较清楚、平直的边界，本次研究中观察到龙王庙组沥青也均具有清晰的边界。磨溪地区龙王庙组经历最高地温达到了 230℃左右，高于油藏中原油开始裂解的温度，表明其具有热裂解成因的可能。储层沥青有机地球化学特征显示龙王庙组沥青的碳同位素仅与下寒武统筇竹寺组烃源岩有着很好的成因联系，确定龙王庙组储层中沥青主要来自筇竹寺组的烃源岩。综上分析认为龙王庙组储层沥青主要属于热裂解成因，在龙王庙组普遍存在。

除热裂解成因外，龙王庙组储层中还存少量脱沥青作用成因的沥青，主要分布在断裂发育部位，此区域内轻质组分注入很容易造成沥青质沉淀。岩心观察发现，处于断层发育区的 TP21、TP91 井中大量垂直缝和大部分孔洞被沥青大部分充填或半充填，沥青含量达 3.47% ~ 4.22%，远高于其他区域钻井。脱沥青作用成因形成的沥青质在孔洞中的分布主要受重力作用的控制，一般呈他形充填构造，形态不规则，当沥青含量较少时，沥青则主要占据孔洞的下半部分。基于沥青质岩石样品岩石物理特征，建立测井解释模型，对磨溪—龙女寺区域内钻井的沥青含量进行了计算（图 10），沥青含量高的地方主要位于磨溪构造东翼断裂较发育区的 TP91、TP21、TP40、TP41 井区，应是受脱沥青作用成因沥青在该区含量较高的原因。沥青不断沉淀使得储层不断致密化，即使后期裂解，残余沥青的体积也较大，改变储层孔隙结构，极大地降低了储层渗透性和连通性，造成气井产能和控制储量低于其他区域井。

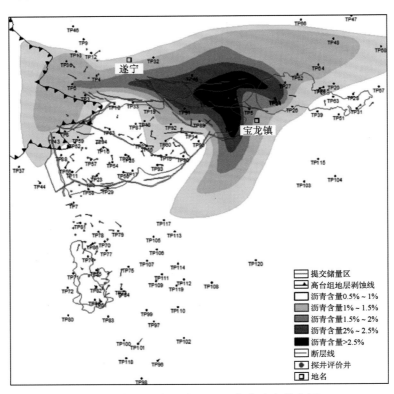

图 10 磨溪—龙女寺地区沥青孔隙度分布图

5 结论与认识

（1）磨溪、龙女寺、高石梯地区龙王庙组均属局限台地沉积，颗粒滩为有利沉积相带，储集空间以粒间溶孔、晶间溶孔、溶洞为主。

（2）颗粒滩相沉积是龙王庙组白云岩储层发育的物质基础，表生期溶蚀作用是最主要的建设性成岩作用，对龙王庙组储层影响明显，古隆起区龙王庙组尖灭线附近是与表生岩溶有关的滩相储层发育有利区域，龙女寺和高石梯地区距离不整合面远，颗粒滩体发育相对局限，风化壳岩溶作用弱，是这两个区域优质储层发育规模小的主要原因。

（3）热裂解成因沥青在磨溪—龙女寺区域龙王庙组储层内普遍存在，但含量较低；脱沥青作用形成的沉淀型沥青集中分布在磨溪构造东翼的断裂发育区，且含量较高，对储层物性产生较大影响。

（4）外围区优质储层在龙女寺地区的 TP31、TP34 和 TP104 井区，高石梯地区的 TP82—TP88 和 TP75 井区相对发育，厚度可超过 10m，是下一步的建产有利区域。

参考文献

[1] 马新华. 创新驱动助推磨溪区块龙王庙组大型含硫气藏高效开发[J]. 天然气工业，2016（2）：1-8.

[2] 李熙喆，郭振华，万玉金，等. 安岳气田龙王庙组气藏地质特征与开发技术政策[J]. 石油勘探与开发，2017（3）：398-406.

[3] 杜金虎，邹才能，徐春春，等. 川中古隆起龙王庙组特大型气田战略发现与理论技术创新[J]. 石油勘探与开发，2014（3）：268-277.

[4] 杨雪飞，王兴志，代林呈，等. 川中地区下寒武统龙王庙组沉积相特征[J]. 岩性油气藏，2015（1）：95-101.

[5] 马腾，谭秀成，李凌，等. 四川盆地及邻区下寒武统龙王庙组颗粒滩沉积特征与空间分布[J]. 古地理学报，2015（2）：213-228.

[6] 杨雪飞，王兴志，唐浩，等. 四川盆地中部磨溪地区龙王庙组沉积微相研究[J]. 沉积学报，2015，33（5）：972-982.

[7] 魏国齐，杨威，谢武仁，等. 四川盆地震旦系—寒武系大气田形成条件、成藏模式与勘探方向[J]. 天然气地球科学，2015（5）：785-795.

[8] 杜金虎，张宝民，汪泽成，等. 四川盆地下寒武统龙王庙组碳酸盐缓坡双颗粒滩沉积模式与储层成因[J]. 天然气工业，2016（6）：1-10.

[9] 汪泽成，王铜山，文龙，等. 四川盆地安岳特大型气田基本地质特征与形成条件[J]. 中国海上油气，2016（2）：45-52.

[10] 沈安江，陈娅娜，潘立银，等. 四川盆地下寒武统龙王庙组沉积相与储层分布预测研究[J]. 天然气地球科学，2017，28（8）：1176-1190.

[11] 杨威，魏国齐，谢武仁，等. 四川盆地下寒武统龙王庙组沉积模式新认识[J]. 天然气工业，2018，38（7）：8-15.

[12] 黄梓桑，杨雪飞，王兴志，等. 川北地区下寒武统龙王庙组沉积相及与储层的关系[J]. 海相油气地质，2019，24（1）：1-8.

[13] 杨伟强，刘正，陈浩如，等. 四川盆地下寒武统龙王庙组颗粒滩沉积组合及其对储集层的控制作用[J]. 古地理学报，2020，22（2）：251-265.

[14] 郭振华，李熙喆，李骞，等. 磨溪区块龙王庙组气藏储层缝洞发育特征及其对气井产能的影响[C]. 8th International Field Exploration and Development Conference，IFEDC 2019，Xi'An，China，2019：2226-2239.

[15] 张光荣，廖奇，喻颐，等. 四川盆地高磨地区龙王庙组气藏高效开发有利区地震预测[J]. 天然气工业，2017，37（1）：66-75.

[16] 谢武仁，杨威，李熙喆，等. 四川盆地川中地区寒武系龙王庙组颗粒滩储层成因及其影响[J]. 天然气地球科学，2018，29（12）：1715-1726.

[17] 张满郎，郭振华，张林，等. 四川安岳气田龙王庙组颗粒滩岩溶储层发育特征及主控因素[J]. 地学前缘，2021，28（1）：235-248.

[18] 杨威，魏国齐，谢武仁，等. 川中地区龙王庙组优质储层发育的主控因素及成因机制[J]. 石油学报，2020，41（4）：421-432.

[19] 陈娅娜，张建勇，李文正，等. 四川盆地寒武系龙王庙组岩相古地理特征及储层成因与分布[J]. 海相油气地质，2020，25（2）：171-180.

[20] 代林呈，王兴志，杜双宇，等. 四川盆地中部龙王庙组滩相储层特征及形成机制[J]. 海相油气地质，2016（1）：19-28.

[21] 田艳红，刘树根，赵异华，等. 川中地区下寒武统龙王庙组优质储层形成机理[J]. 桂林理工大学学报，2015（2）：217-226.

[22] 张建勇，罗文军，周进高，等. 四川盆地安岳特大型气田下寒武统龙王庙组优质储层形成的主控因素[J]. 天然气地球科学，2015（11）：2063-2074.

[23] 郝彬，胡素云，黄士鹏，等. 四川盆地磨溪地区龙王庙组储层沥青的地球化学特征及其意义[J]. 现代地质，2016（3）：614-626.

川中须家河组气藏地震预测陷阱分析及对策

——以龙女寺区块为例

李新豫[1] 张 静[1] 包世海[1] 张连群[1] 朱其亮[2] 闫海军[1] 陈 胜[1]

（1. 中国石油勘探开发研究院 北京 100083；2. 中国石油集团渤海钻探工程有限公司
井下作业分公司 河北任丘 062552）

摘 要：四川盆地中部地区上三叠统须家河组二段天然气资源量丰富，勘探开发潜力巨大，但近年来川中地区须二段气藏既无重大勘探发现，又无很好的开发经济效益，究其原因是对须二段气藏富集区的分布认识不清。通过研究总结了须二段气藏富集区地震预测中存在的 3 类致命预测陷阱：（1）没有充分认识须二段有效储层纵向分布位置及其对应的地震反射特征；（2）须二上亚段泥岩夹层发育，泥岩夹层和有效储层反射特征相似；（3）气层与水层、干层反射特征差异小。针对预测过程中存在的 3 类预测陷阱，通过开展大量的研究工作，形成模型正演识别纵向上不同位置储层反射特征、地震分频反演识别泥岩、叠前 AVO 技术区分气层、水层、干层的针对性技术对策。针对性技术对策在川中地区龙女寺区块须二段气藏预测中进行应用，预测成果有效支撑须二段气藏勘探开发工作，取得较好的效果。

关键词：四川盆地；上三叠统；须二段；预测陷阱；技术对策

The Analysis and Countermeasures of Seismic Prediction Traps for Xujiahe Gas Reservoir in the Middle of Sichuan Basin—Take the Longnvsi Block as an Example

Li Xinyu[1], Zhang Jing[1], Bao Shihai[1], Zhang Lianqun[1], Zhu Qiliang[2], Yan Haijun[1], Chen Sheng[1]

(1. *PetroChina Research Institute of Petroleum Exploration & Development, Beijing* 100083; 2. *Downhole Operation Company, Bohai Drilling Engineering Co. Ltd., Renqiu, Hebei* 062552)

Abstract: The Reservoir in Xu-2 formation of Upper Triassic in the middle of Sichuan Basin contains abundant natural gas resources, and it has great potential for exploration and development. However, in recent years, there have been no significant exploration and no good economic benefit in in the middle of Sichuan Basin, the reason for this is the unclear understanding of the distribution of the rich area of the Xu-2 reservoir. It summarizes three types of fatal prediction traps in the seismic prediction of the Xujiahe gas reservoir enrichment area: (1) it is insufficient understanding of the vertical distribution of the effective reservoir and its corresponding seismic reflection characteristics; (2) the characteristics of mudstone interlayer and effective reservoir reflection are similar; (3) the difference between gas layer, water layer and dry layer is small. According to the three kinds of prediction traps in the prediction process, through a lot of research work, it forms some targeted technical countermeasures including forward modeling to identify reservoir characteristics, seismic high resolution inversion to identify mudstone, pre-Stack AVO technology to distinguish gas layer, water layer and dry layer. The targeted technical are applied in the prediction of Xu-2 gas reservoir in the Longnusi block in the central of Sichuan Basin, the results of the prediction effectively support the exploration and development of the Xu-2 gas reservoir and it achieve good results.

Key words: Sichuan Basin; Upper Triassic; Xu-2 formation; prediction trap; technical countermeasure

基金项目：国家科技重大专项 "致密气有效储层预测技术"（2016ZX05047-002）资助。

第一作者简介：李新豫（1985—），男，硕士，2011 年毕业于西南石油大学地球探测与信息技术，高级工程师，主要从事储层预测与烃类检测方面研究工作。

E-mail：lixinyu69@petrochina.com.cn

四川盆地上三叠统须家河组有利勘探面积 $6×10^4km^2$，资源量达 $3.16×10^{12}m^3$，具有巨大的勘探开发潜力[1-3]，其中川中地区须二段气藏是须家河组主力产层，在川中地区先后发现了合川、安岳、龙女寺等多个气田[4-6]。但由于须家河组致密砂岩储层非均质性强，须二段气藏分布极其复杂，地震含气富集区预测中存在诸多陷阱造成富集区分布认识不清，故须二段气藏尚未得到大规模经济有效开发。

笔者结合多年来在四川盆地须家河组气藏地震预测中的实践经验，总结了须家河组气藏地震预测过程中由于气层纵向位置分布差异、泥岩夹层发育以及气层与水层、干层反射特征差异小所致的 3 类预测陷阱，通过对 3 类预测陷阱特征分析，总结形成了针对性的技术思路和对策，有效地解决了须二段气藏地震预测中的预测陷阱。并通过针对性技术对策的应用显著提高了须二段气藏地震预测精度，在川中龙女寺区块须二段气藏预测中取得较好的应用效果。

1 须二段气藏地震预测陷阱

通过大量实践证明，须家河二段主要为致密砂包砂气藏类型。须二段储层纵向、横向变化快，非均质性强，厚度变化大[7-9]，通过对已钻井测井解释成果分析，总结出须二上亚段储层主要有 4 种组合类型：（1）储层紧挨须三段底界：须二上亚段以大套致密砂岩夹有效储层为主，有效储层主要发育在须二段顶部，紧挨须三段底界泥岩；（2）储层位于须二上亚段中部：须二上亚段同样

以大套致密砂岩夹有效储层为主，储层段主要发育在须二上亚段中下部；（3）须二上亚段中部发育薄砂、泥岩互层；（4）须二上亚段中部发育泥岩夹层。由于须二段储层非均质性强、岩性组合多样、纵横向分布复杂，造成须二段气藏地震预测中存在诸多的陷阱。通过对川中地区安岳、高石梯、蓬莱、磨溪、龙女寺等多个区块须二段气藏的分析研究认为，在地震气藏预测过程中，主要存在 3 类预测陷阱：（1）没有充分认识须二段有效储层纵向分布位置及其对应的地震反射特征；（2）须二上亚段泥岩夹层发育，泥岩夹层和有效储层反射特征相似；（3）气层与水层、干层反射特征差异小，没有有效地解决气藏预测的多解性。

1.1 没有充分认识须二段储层纵向分布特征

川中地区须二段气藏储层非均质性强，纵向上储层分布位置差异大，通过研究发现有效储层总体上可分为两种类型：一类有效储层位于须二上亚段中部（图 1b），此类储层为川中须二段气藏主要储层组合类型，储层底界为亮点强反射特征；第二类有效储层位于须二上亚段顶部（图 1a），此类储层分布相对较局限，但部分钻井已证实效果较好，也是极其重要的储层类型，其底界同为亮点反射特征，但由于该类型储层与须三段底泥岩紧密相连，且储层与泥岩波阻抗值相近，故在地震剖面上形成复波反射特征，由于须三段底界解释精度不高，故此类储层极易丢失，从而造成气藏漏失。

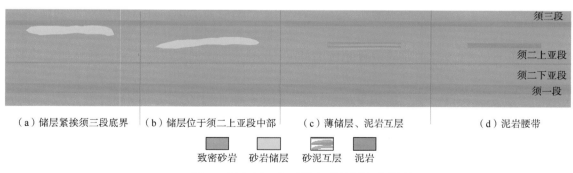

| （a）储层紧挨须三段底界 | （b）储层位于须二上亚段中部 | （c）薄储层、泥岩互层 | （d）泥岩腰带 |

致密砂岩　砂岩储层　砂泥互层　泥岩

图 1　川中须二上亚段主要储层组合类型

1.2 须二上亚段泥岩层发育

川中地区须二上亚段发育泥岩夹层，由岩石物理分析发现（图 2）泥岩层波阻抗范围为

$0.85×10^4 \sim 1.3×10^4[（g/cm^3）（m/s）]$，而储层（含气砂岩、含水砂岩）波阻抗值为 $1.0×10^4 \sim 1.32×10^4[（g/cm^3）（m/s）]$，泥岩层和储层波阻抗有较大的重叠区域，而其围岩均为致密砂岩，泥

岩层和储层均为低阻，其底界均呈现波峰强反射地震特征，采用波形特征差异或者波阻抗反演方法不能有效地区分储层与泥岩层，增加了预测多解性。

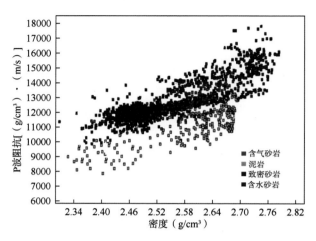

图 2   川中须二上亚段纵波阻抗与密度交会图

1.3 气层与水层、干层反射特征差异小，预测多解性强

川中地区须二段构造平缓、储层致密，通过前人研究成果并结合已钻井证实须二段气藏气水关系复杂。通过岩石物理分析（图 3）发现须二段含气砂岩、含水砂岩波阻抗值相近，而干层（致密砂岩与泥岩互层，图 1c）由于致密砂层高波阻抗和泥岩相对低阻抗相互平均，其波阻抗值与含气砂岩和含水砂岩也相近，在下覆地层均为致密砂岩的情况下，含气砂岩、含水砂岩、干层（薄砂、泥岩互层类型）底界均为从低阻到高阻的转换界面，结合川中地区须二段已钻井气层、水层、干层（薄砂、泥岩互层类型）地震反射特征发现，无论气层、干层还是水层底界均表现波峰强反射特征（图 2），三者在常规剖面上反射特征无明显区别，给须二段气藏预测带来了多解性。

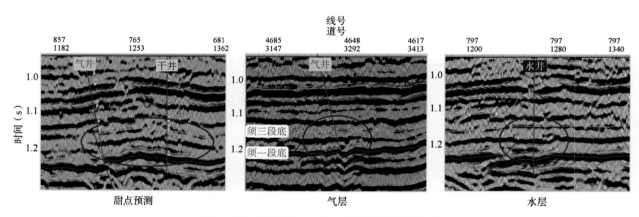

图 3   须二段气层、水层、干层反射特征对比

2 解决对策与关键技术

2.1 模型正演识别储层特征

通过研究发现，须三段底界的解释精度直接影响后续对部分储层类型的识别。而对研究区钻井合成记录精细标定发现，须三段底界反射特征不统一，总结起来主要有两种类型：一类为波峰强反射，另一类为波谷到波峰转换处的弱反射。为了准确的拾取须三段底界层位，首先结合研究区须二段储层位于须二上亚段中下部和储层紧挨须三段底两种主要储层组合类型建立有效的地质模型，并以此地质模型为基础开展地震模型正演（图 4）；通过模型正演发现当须三段泥岩分布稳定、相对较厚，且须二上亚段顶部的储层不发育

时，须三段底为波峰反射，反之，当须二上亚段顶部储层发育时，由于储层含不同流体后其波阻抗和须三段泥岩相近，造成波峰反射呈下拉现象，此时须三段底对应波谷到波峰转换处的弱反射。

以模型正演分析结果为基础，采用剖面特征分析和平面属性分析相结合的方法，通过反复的平面属性分析和剖面解释相互印证，提高须三段底解释精度。先对须三段底明显的位置进行解释，对解释方案不确定的区域，对照模型正演分析结果，对实际资料须三段底对应波峰反射还是弱反射进行综合分析，在全区须三段底初步解释结果的基础上，提取须三段底瞬时振幅属性。以平面瞬时振幅属性为指导，对须三段底解释波峰的位置进行剖面特征反复对比分析，确保解释的合理

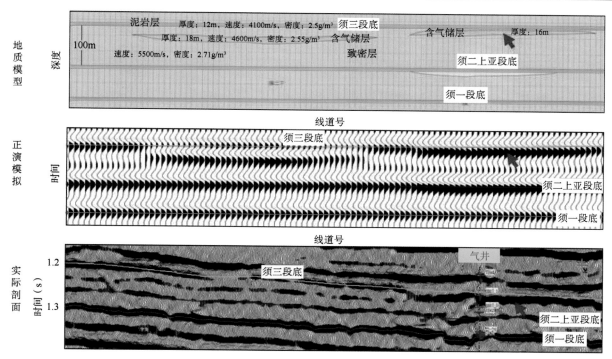

图4　须二段储层模型正演

性。以最终的解释结果为基础，提取瞬时振幅属性，并根据振幅属性，将须三段底对应波峰强反射还是波谷弱反射进行划分（图5），其中波峰强反射区域主要对应储层位于须二上亚段中下部的

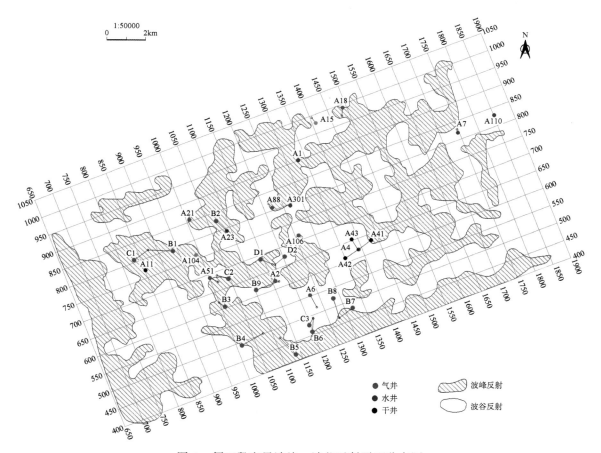

图5　须三段底界波峰、波谷反射平面分布图

类型，波谷弱反射区域对应储层紧挨须三段底的类型。通过此分析成果，有效地提高后续对储层紧挨须三段底的类型气藏预测精度。

2.2 地震分频反演识别泥岩

分频反演是通过频谱分析来确定地震数据的有效频带范围，并通过小波分频技术将地震数据分成低频、中频和高频分频数据体，同时在反演过程中加入振幅随频率变化的非线性多次关系（图 6）[10, 11]，且以此关系作为限定条件，通过支持向量机算法寻找地震数据体和目标曲线的非线性映射关系，得到最终的反演数据体[12]。由于地震波形是波阻抗和时间的函数，也就是说反演时仅根据振幅同时求解波阻抗和厚度，但已知一个参数求解两个未知数，结果是多解的，而通过加入振幅随频率变化的关系后，则增加了一个关于振幅随厚度变化的关系，可以对反演的结果起到限定的作用，从而减少反演的多解性。

以分频反演技术为基础，反演能够直接判定泥岩的泥质含量参数。图 7 为连井泥质含量反演剖面，绿色代表泥质含量高，指示泥岩发育，黄色代表泥质含量低，指示砂岩发育，剖面上两口井的投影曲线为自然伽马曲线，可以明显看出，反演的绿色范围和井上 GR 高值具有很好的对应关系，且横向分布规律符合地质认识，说明该技术在识别泥岩夹层方面有较好的效果。以此技术为基础，全区范围进行泥岩层预测，可以有效地降低后续对气藏分布预测的多解性。

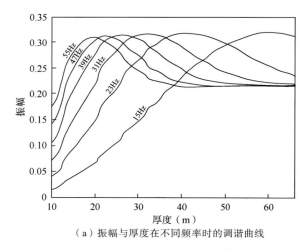

（a）振幅与厚度在不同频率时的调谐曲线

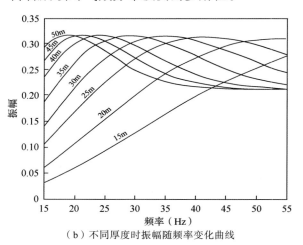

（b）不同厚度时振幅随频率变化曲线

图 6　振幅随频率变化关系图[14]

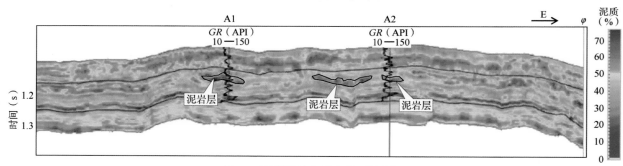

图 7　地震泥质含量参数反演剖面

2.3 叠前 AVO 技术区分气层、水层、干层

岩石物理分析发现龙女寺地区须二段气层泊松比值小于 0.2，而水层及致密层泊松比均大于 0.2，故泊松比是气层检测的敏感参数。根据 Zoeppritz 方程及其简化式，气层与围岩泊松比的差异直接影响气层反射振幅随偏移距变化规律（AVO）[14-18]。在实际应用中以 AVO 正演模拟为指导，优选最有利的近、远偏移距划分范围，形成近远道叠加剖面，结合研究区已完钻井的分析总结出气层、水层、干层的反射特征[19, 20]：气层特征为远道叠加剖面的反射振幅明显比近道强，近道叠加剖面为弱—中强振幅，而远道叠加剖面为中—强振幅特征，远道剖面横向上振幅强弱变

化明显，反射轴同相性差（图 8）。水层在近道叠加剖面和远道叠加剖面上振幅都比较强，远道叠加剖面的振幅比近道略有增强（含微气影响），但不明显，且同相轴较光滑、连续（图 8）。干层（薄砂、泥岩互层类型）与水层特征相似，近道叠加、远道叠加剖面上振幅都比较强，近、远道振幅差异不明显，呈高频连续的特征，干层与水层的差异是其横向延伸范围大（图 9）。

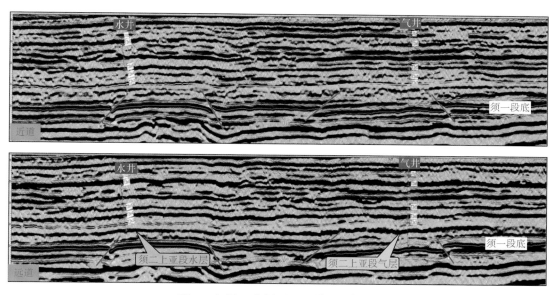

图 8   气层、水层近、远道对比剖面

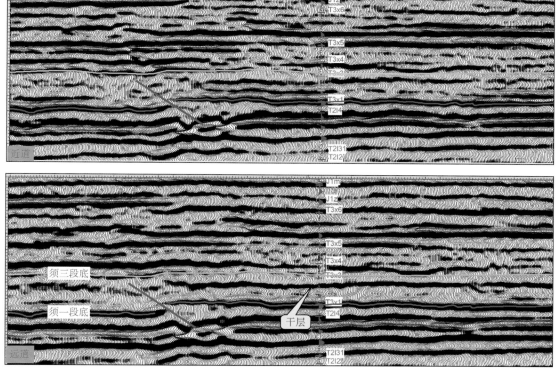

图 9   干层近、远道对比剖面

对研究区典型气层、水层、干层进行频谱分析发现，气层、水层、干层主频差异明显。由于气层段吸收衰减作用明显，实际资料表现为主频较低在 30Hz 左右，而水层和干层吸收衰减作用小，主频较高，其中水层段在 34Hz 左右，干层段在 38Hz 左右（图 10）。在实际气层、水层、干层预测中，主要以 AVO 近、远道振幅差异为基础，并通过频率信息的限定进一步降低气层识别的多解性。

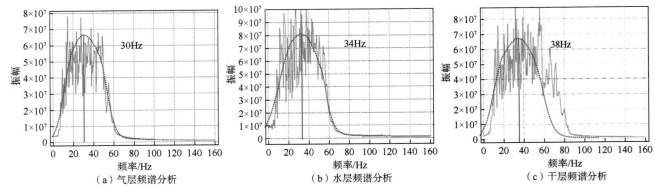

（a）气层频谱分析　（b）水层频谱分析　（c）干层频谱分析

图 10　川中地区须二段气层、水层、干层频谱分析图

3　应用效果

通过上述对川中地区须二上亚段气藏预测过程中的预测陷阱分析并形成了针对性技术对策，将该技术对策在川中龙女寺须二上亚段气藏中进行应用，取得较好的效果。首先对须三段底进行精细解释，保证须二上亚段不同位置的气藏在预测过程中不被遗漏，并对须二上亚段泥岩夹层分布进行预测，降低气层预测多解性，最后应用叠前 AVO 技术，把定性的 AVO 近道和远道剖面振幅差异定量化、同时加入频谱分析信息进行约束，充分考虑 AVO 振幅差异和频率信息，预测气藏的平面分布，从预测平面图（红黄色暖色调代表含气性好，反之含气性一般）可以看出（图 11），龙

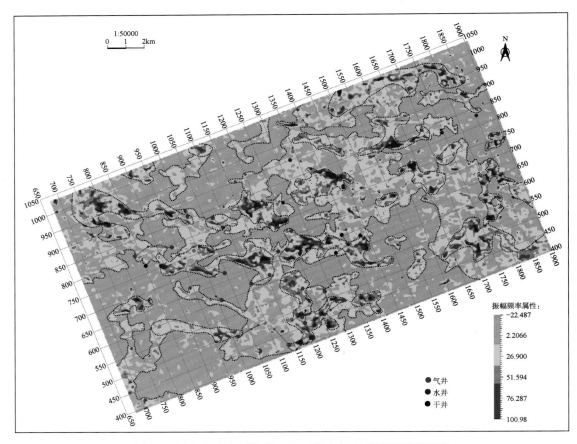

图 11　川中龙女寺区块须二上亚段含气有利区预测平面图

女寺区块须二段气藏平面分布复杂，含气有利区分布相对局限，主要分布于研究区中部。

对研究区新完钻测试的 14 口井进行效果分析，其中工业气井 9（A1 井—A9 井）口，小气井 3 口（B1 井—B3 井），微气井 2 口（D1 井、D2 井），从新完钻井在预测平面图的投影位置看出（图 11），14 口井中只有 1 口小气井（B3 井）不符合，总体预测符合率好。充分说明通过对须二段气藏预测中的陷阱分析及针对性技术对策的应用，能够有效降低气藏预测中的多解性，提高须二上亚段气藏预测精度，有力支撑勘探开发工作。

4 结 论

（1）通过模型正演识别储层特征、地震分频反演识别泥岩及叠前 AVO 技术区分气层、水层、干层的针对性技术对策的应用，有效的解决了须二段气藏富集区地震预测中存在的预测陷阱，取得较好的应用效果。

（2）对须家河气藏预测陷阱的解决技术对策可以在川中地区推广应用，提高须家河气藏的勘探开发效益。

参考文献

[1] 李国辉，李楠，谢继荣，等. 四川盆地上三叠统须家河组前陆大气区基本特征及勘探有利区[J]. 天然气工业，2012，32（3）：15-21.

[2] 赵文智，卞从胜，徐兆辉. 苏里格气田与川中须家河组气田成藏共性与差异[J]. 石油勘探与开发，2013，40（4）：400-408.

[3] 柴毓，王贵文. 致密砂岩储层岩石物理相分类与优质储层预测——以川中安岳地区须二段储层为例[J]. 岩性油气藏，2016，28（3）：74-84.

[4] 魏国齐，李剑，谢增业，等. 中国大气田成藏地质特征与勘探理论[J]. 石油学报，2013，34（增刊1）：1-13.

[5] 张响响，邹才能，朱如凯，等. 川中地区上三叠统须家河组储层成岩相[J]. 石油学报，2011，32（2）：257-264.

[6] 赖锦，王贵文. 川中蓬莱地区须二段气藏特征及有利含气区预测[J]. 岩性油气藏，2012，24（5）：43-48.

[7] 陶艳忠，蒋裕强，王猛，等. 遂宁—蓬溪地区须二段储层成岩作用与孔隙演化[J]. 岩性油气藏，2014，26（1）：58-64.

[8] 徐安娜，汪泽成，赵文智，等. 四川盆地须家河组二段储集体非均质性特征及其成因[J]. 天然气工业，2011，31（11）：53-58.

[9] 赵文智，王红军，徐春春，等. 川中地区须家河组天然气藏大范围成藏机理与富集条件[J]. 石油勘探与开发，2010，37（2）：146-157.

[10] 黄捍东，张如伟，郭迎春. 地震信号的小波分频处理[J]. 石油天然气学报，2008，30（3）：87-91.

[11] 庞锐，刘百红，孙成龙. 时频分析技术在地震勘探中的应用综述[J]. 岩性油气藏，2013，25（3）：92-96.

[12] 于建国，韩文功，刘力辉. 分频反演方法及应用[J]. 石油地球物理勘探，2006，41（2）：193-197.

[13] 李新豫，曾庆才，包世海，等. "两步法反演"技术在致密砂岩气藏预测中的应用——以苏里格气田苏 X 区块为例[J]. 岩性油气藏，2013，25（5）：81-85.

[14] 包世海，范文芳，党领群，等. AVO 检测方法在广安气田须六段气层的应用[J]. 天然气工业，2009，29（9）：38-41.

[15] 王秀姣，黄家强，等. AVO 不同含气砂岩的 AVO 响应类型及其近似式误差分析[J]. 岩性油气藏，2017，29（5）：120-126.

[16] 李宁，苏云，田军，等. AVO 流体反演技术在川东北某区烃类检测中的应用[J]. 岩性油气藏，2012，24（5）：102-105.

[17] 徐丽英，方炳钟，孙立旭，等. AVO 技术在铁匠炉地区油气检测中的应用[J]. 岩性油气藏，2011，23（5）：73-77.

[18] 吕姗姗，熊晓军，贺振华. 基于波动方程的 AVO 模型数值模拟方法研究[J]. 岩性油气藏，2011，23（6）：102-105.

[19] 李新豫，欧阳永林，包世海，等. 四川盆地川中地区须家河组气藏地震检测[J]. 天然气地球科学，2016，27（12）：2207-2215.

[20] 欧阳永林，曾庆才，郭晓龙，等. 塔中地区鹰山组储层分布规律与地震预测[J]. 天然气地球科学，2015，26（5）：893-903.

基于固液解耦的 PP-PS 波联合反演储层
流体识别方法

杜炳毅[1]　杨午阳[1]　张　静[1]　雍学善[1]　高建虎[1]　李海山[1]

（中国石油勘探开发研究院西北分院 甘肃兰州 730020）

摘　要：地震储层流体识别是目前叠前地震反演的主要研究目标，目前工业上有诸多用于流体识别的指示参数。然而，由于流体响应的敏感性低，且缺乏转换波约束，现有的流体预测方法往往不能提供可靠的结果。等效流体体积模量是一种基于固液解耦的有效流体参数，将其应用在流体检测工作中所得成果可信度较高。根据孔隙介质理论和固液解耦理论，本文推导了基于等效流体体积模量、固体刚性参数、孔隙度和密度的转换波线性 AVO 近似方程。基于贝叶斯理论框架，在岩石物理和测井数据的约束下，利用推导的近似方程直接获得高精度的弹性参数估计值，实现了基于固液解耦的 PP 波和 PS 波联合反演。本文利用合成地震道集和实际工区的多分量地震数据进行反演方法测试，该方法在增加了转换波信息约束的同时，又避免了间接反演过程中所导致的误差，结果表明，反演获得的流体因子与测井资料、地质信息吻合程度较高。这表明，利用本文提出的方法可以提高流体识别的精度，并为储层描述提供可靠的地球物理依据。

关键词：AVO/AVA；流体识别；多分量；贝叶斯反演；储层特征

Matrix-fluid Decoupling-Based Joint PP-PS Wave Seismic Inversion
for Fluid Identification

Du Bingyi[1], Yang Wuyang[1], Zhang Jing[1], Yong Xueshan[1], Gao Jianhu[1], Li Haishan[1]

(*Northwest Branch Institute, PetroChina Research Institute of Petroleum Exploration & Development, Lanzhou, Gansu* 730020)

Abstract: Seismic fluid identification is the main goal of current pre-stack seismic inversion. Various kinds of fluid indicators are used for fluid detection in the industry today. However, the existing methods cannot always provide reliable fluid prediction owing to insensitivity to fluid response and lacking of converted wave constraints. Equivalent fluid bulk modulus is an effective fluid factor based on matrix-fluid decoupling which can provide persuasive evidence for fluid detection. Combining poro-elasticity theory and matrix-fluid decoupling theory, we have deduced a new PS wave linear AVO approximation equation that provides estimations of equivalent fluid bulk modulus, rigidity, porosity and density. Then, the joint inversion of PP and PS waves based on matrix-fluid decoupling was executed in a Bayesian framework with constraints from rock physics and well log data obtaining elastic parameter estimation of high precision directly. We tested the new method on a synthetic example and field multi-component data and the results indicated that the estimated fluid factor matched with well data interpretation and geology information because of adding converted wave information and avoiding indirect inversion error. This demonstrated that the new method can enhance the quality of fluid detection and provide reliable geophysical evidence for reservoir characterization.

Key words: AVO/AVA; fluid identification; multi-component; Bayesian inversion; reservoir characterization

基金项目：中国石油天然气股份有限公司科学研究与技术开发项目"裂缝综合识别与评价新技术及软件开发"（2015B-3712）资助。

第一作者简介：杜炳毅（1985—），男，硕士，2014 年毕业于中国石油大学（华东）地球探测与信息技术专业并获硕士学位，2019 年至今攻读中国石油大学（华东）能源环保专业博士学位，工程师，主要从事石油地球物理勘探方法及应用研究工作。

E-mail：dubingyi2011@petrochina.com.cn

流体识别作为储层预测的主要研究方向，在改善复杂油气藏的储层特征描述方面变得越来越重要。叠前地震反演是储层油气预测的有效工具，包括 AVO 反演和弹性阻抗反演。由于增加了转换横波信息的约束，PP-PS 波地震资料的联合反演方法可以提高储层预测精度。将反演方程表示为待求弹性参数反射系数的线性化近似函数进行求解，避免了 Zoeppritz 方程的复杂性，并且可以直接估计参数，简化了计算方法[1, 2]。为了提高反演的稳定性，一些学者采用奇异值分解(SVD)算法进行了三项 PP 波和 PS 波联合地震反演，提供了比两项反演更准确的弹性参数估计[3-5]。PP 波和 PS 波联合反演可以在贝叶斯框架下进行，通过使用测井数据和岩石物理等地质先验信息约束反演[6, 7]。Hu（2011）假设地震噪声服从高斯分布，而待反演参数服从柯西分布，引入了协方差矩阵。合成地震数据体模型和实际多分量地震资料测试表明，新方法可以提高反演稳定性，提高反演分辨率[8]。Dang（2010）将高分辨率处理技术和联合反演技术应用于准噶尔盆地含油砂岩储层识别，获得了包含储层性质和岩性识别信息的保幅纵波和转换波角度道集[9]。

流体识别是储层地球物理研究的重要内容之一。流体因子由 Smith（1987）在 AVO 分析中首次引入，可用于指示饱和含气砂岩[10]。Russell（2003，2011）提出了与流体信息有关的流体因子（流体因子定义为 $\rho f=Z_P^2-cZ_S^2$，其中 Z_P、Z_S 分别是 P 波阻抗和 S 波阻抗，c 为常数）和 f（见式 5），并使用 Biot-Gassmann 理论推导了一种新的线性化 P 波反射系数方程[11, 12]。当缺少大角度道集时，通过双参数弹性阻抗反演可以直接获得流体因子[13, 14]。Yin 和 Zhang（2014）提出了一种新的可以突出储层流体响应的基于固液解耦的 PP 波 AVO 近似方程[15]。然后，在贝叶斯定理的框架下，他们提出了一种叠前地震反演方法，可以直接获得等效流体体积模量、刚度、孔隙度和密度的估计值。

为了解释流体和裂缝特征对地震响应的影响，Pan 和 Zhang（2018，2019）提出了一种方位 AVO 反演方法，该方法将 Gassmann 各向异性方程与线性滑动模型相结合，直接从宽方位观测地震数据估计气饱和裂缝性储层中的流体和裂缝参

数。考虑到非常规储层预测中的流体识别和裂缝检测问题[16, 17]。Chen（2018a，2018b）提出了一种新的对流体含量敏感的流体因子和衰减因子，并通过方位弹性阻抗反演进行了估计[18, 19]。

为了提高流体识别能力，本研究通过加入 PS 波信息的约束条件将 PP-PS 波地震资料联合反演与孔隙弹性理论相结合。首先，建立了一个新的线性 PS 波反射系数方程，用流体体积模量、刚度、孔隙度、密度和入射角表示。通过将得到的反射系数与 Zoeppritz 方程和 Aki & Richard 方程的结果进行比较，验证了新公式的准确性。然后，在贝叶斯框架下论证了基于固液解耦的 PP-PS 波联合反演理论并且将该方法在合成地震记录上进行测试。最后通过实际多分量地震资料的反演，验证了该方法的可行性和有效性。

1　多孔介质中 PP-PS 波的联合反演

1.1　一种新的转换波反射系数方程的推导

PP 波和 PS 波联合反演理论基于 Zoeppritz 方程，该方程精确描述了弹性波的传播过程。然而，由于 Zoeppritz 方程的复杂性，它不常用于储层预测的弹性参数估计。为了简化 Zoeppritz 方程，Aki 和 Richards（1980）推导了由入射角、纵波速度、横波速度和密度表示的线性纵波和转换波 AVO 近似反射系数方程[1]。

$$R_{pp\_aki}(\theta) = \frac{1}{2}\sec^2\theta\frac{\Delta V_P}{V_P} - 4\frac{\sin^2\theta}{\gamma_{sat}^2}\frac{\Delta V_S}{V_S} \\ + \frac{1}{2}\left(1-4\frac{\sin^2\theta}{\gamma_{sat}^2}\right)\frac{\Delta\rho}{\rho} \tag{1}$$

$$R_{ps\_aki}(\theta) = 4\gamma_{sat}\tan\varphi\left(\frac{\sin^2\theta}{\gamma_{sat}^2}-\frac{\cos\theta\cos\varphi}{\gamma_{sat}}\right)\frac{\Delta V_S}{V_S} \\ -\gamma_{sat}\tan\varphi\left(1-\frac{1}{\gamma_{sat}^2}\sin^2\theta+2\frac{1}{\gamma_{sat}}\cos\theta\cos\varphi\right)\frac{\Delta\rho}{\rho} \tag{2}$$

其中，V_P 是纵波速度，V_S 是转换横波速度，ρ 是地层密度，θ 是纵波入射角，φ 是转换波反射角，γ_{sat} 是饱和岩石中纵波速度与横波速度之比。

Yin 和 Zhang（2014）基于孔隙弹性理论和 AVO 理论，提出了一个新的可以更直接地描述流体性质 P 波反射系数方程，作为流体因子（等效流体体积模量 K_f）的函数[15]。新方程如下所示：

$$R_{PP}\_new(\theta) = \left[\left(1 - \frac{\gamma_{dry}^2}{\gamma_{sat}^2}\right)\frac{\sec^2\theta}{4}\right]\frac{\Delta K_f}{K_f}$$
$$+ \left[\frac{\gamma_{dry}^2}{4\gamma_{sat}^2}\sec^2\theta - \frac{2}{\gamma_{sat}^2}\sin^2\theta\right]\frac{\Delta(f_m)}{f_m}$$
$$+ \left(\frac{\sec^2\theta}{4} - \frac{\gamma_{dry}^2}{2\gamma_{sat}^2}\sec^2\theta + \frac{2}{\gamma_{sat}^2}\sin^2\theta\right)\frac{\Delta\phi}{\phi}$$
$$+ \left[\frac{1}{2} - \frac{\sec^2\theta}{4}\right]\frac{\Delta\rho}{\rho}$$

$$（3）$$

其中，$f_m = \phi\mu$ 是刚度系数，ϕ 是介质的孔隙度，μ 是剪切模量；$\gamma_{dry}^2 = [V_P/V_S]^2$，其中 V_P 和 V_S 是纵波速度和横波速度。

为了提高流体识别的精度，引入转换波地震资料进行约束反演。因此，需要将 PS 波 AVO 方程线性化为等效流体体积模量、刚度、孔隙度和密度的函数。Aki 和 Richards（1980）通过假设整个界面的弹性参数变化较小，将 Zoeppritz 方程线性化。简化的 PS 波反射系数用式（2）表示。

Russell（2011）研究了饱和流体多孔介质中的 AVO 理论，提出了一种新的流体因子，称为 Gassmann 流体项[12]（式（4））

$$f = V_P^2\rho - \gamma_{dry}^2 V_S^2\rho \qquad （4）$$

Du（2016）研究了基于 Russell 近似的联合反演，并推导了转换波反射系数方程作为参数的公式。如下所示。

$$R_{ps}(\theta) = 2\cos\theta\sin\varphi\frac{\gamma_{sat}^2 - \gamma_{dry}^2}{\gamma_{dry}^2}\frac{\Delta f}{f}$$
$$+ 2\tan\varphi\left(\frac{1}{\gamma_{sat}} - \cos\theta\cos\varphi\frac{\gamma_{sat}^2}{\gamma_{dry}^2}\right)\frac{\Delta\mu}{\mu}$$
$$- \tan\varphi\left(\gamma_{sat} + \frac{2}{\gamma_{sat}} - \frac{1}{\gamma_{sat}}\sin^2\theta\right)\frac{\Delta\rho}{\rho} \qquad （5）$$

Han 和 Batzle（2003）研究了等效体积模量计算方法，得到了 Gassmann 流体项 f 与等效体积模量之间的关系[20]。

$$f = G(\phi)K_f \qquad （6）$$

其中，$G(\phi) = \dfrac{(1 - K_n)^2}{\phi}$，是岩石骨架和孔隙度的综合响应；$K_n = \dfrac{K_{dry}}{K_m}$，$K_{dry}$ 是干燥岩石的体积模量，K_m 是岩石骨架的体积模量。

根据 Yin 和 Zhang（2014）提出的固液解耦方法，本文在 Du（2016）提出的 Russell 流体项转换波方程的基础上，推导了一个新的转换波 AVO 近似方程。新的转换波反射系数方程可以如下所示。

$$R_{ps}(\theta) = 2\cos\theta\sin\varphi\frac{\gamma_{sat}^2 - \gamma_{dry}^2}{\gamma_{dry}^2}\frac{\Delta K_f}{K_f}$$
$$+ 2\tan\varphi\left(\frac{1}{\gamma_{sat}} - \cos\theta\cos\varphi\frac{\gamma_{sat}^2}{\gamma_{dry}^2}\right)\frac{\Delta f_m}{f_m}$$
$$+ \left(2\cos\theta\sin\varphi\frac{2\gamma_{sat}^2 - \gamma_{dry}^2}{\gamma_{dry}^2} - 2\tan\varphi\frac{1}{\gamma_{sat}}\right)\frac{\Delta\phi}{\phi}$$
$$- \frac{1}{\gamma_{sat}}\tan\varphi\left(2 - \sin^2\theta + \gamma_{sat}^2\right)\frac{\Delta\rho}{\rho}$$

$$（7）$$

1.2 新推导的转换波反射系数方程的精度分析

为了测试新推导的转换波反射系数方程的精度，文中建立三层的砂岩模型。模型一的第一层是饱和气体的砂岩，而第二层是饱和水的砂岩，这两层的孔隙度不同。第二个模型有两层含水砂岩，其中填充的岩石骨架不同，孔隙度相同。第三种模型充填有不同的流体和孔隙度。3 种模型的相关参数见表 1。

表 1　砂岩模型参数

模型	地层	K_f（GPa）	K_{dry}（GPa）	μ_m（GPa）	μ（GPa）	ρ（g/cm³）	V_P（m/s）	V_S（m/s）	ϕ（%）
1	1	0.10	3.0	40.0	3.0	1.99	1920	1230	22
	2	2.38	3.0	40.0	3.0	2.26	2590	1150	20
2	1	2.38	3.0	40.0	2.0	2.26	2590	1150	20
	2	2.38	10.0	40.0	10.0	2.43	3690	2050	20
3	1	0.10	10.0	40.0	10.0	2.12	3240	2170	20
	2	2.38	3.0	40.0	1.0	2.22	2590	1260	22

利用 3 个模型中第一层和第二层界面的反射响应，验证了 Zoeppritz 方程、Aki& Richards 方程和基于固液解耦的新方程的准确性。图 1 显示了不同模型的 PP 和 PS 波 AVO 曲线，其中最大入射角为 40°。图 1（a）、（c）和（e）是三个模型的 PP 波 AVO 曲线，而图 1（b）、（d）和（f）是 PS 波 AVO 曲线。黑色实曲线是 Zoeppritz 方程 AVO 曲线，红色虚线是 Aki & Richards AVO 曲线，而蓝色圆曲线是固液解耦反射系数曲线。从图 1 可以看出，在 0°和 40°的范围内，基于固液解耦的 PP 波反射系数和 PS 波反射系数与 Aki & Richards 线性反射系数方程具有几乎相同的精度，并且当

入射角小于 30°时，它们与精确的 Zoeppritz 方程具有很高的匹配度。综合以上分析，可以得出结论，在多孔介质叠前反演中应用新的 AVO 方程，可以直接反演可靠的等效体积模量、刚度、孔隙度和密度。由于避免了间接误差，基于固液解耦的横波和转换波反射系数方程可以满足联合反演对精度的要求，降低了反演的不确定性。

1.3 基于固液解耦的纵横波叠前联合反演

利用贝叶斯框架，将纵波和转换波数据与测井和岩石物理等地质先验信息相结合。建立了包括等效流体体积模量、刚度、孔隙率和密度在内

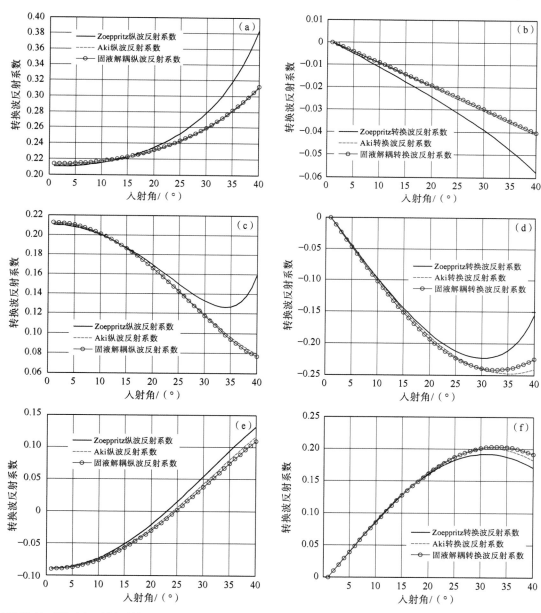

图 1 三种模型不同近似反射系数的比较图（a）（c）和（e）为 PP 波 AVO 曲线；图（b）（d）和（f）为 PS 波曲线
（黑色实心曲线代表精确的 Zoeppritz 方程，红色虚线代表 Aki & Richards 近似，蓝色圆曲线代表基于固液解耦的近似）

的目标函数。最后，提出了一个基于固液解耦的 PP 波和 PS 波联合反演流程，如图 2 所示。

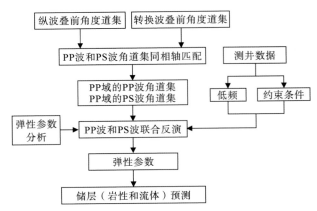

图 2　基于固液解耦的纵横波联合反演流体识别流程图

将式（3）和式（7）联立，不同入射角情况的纵波反射系数和转换波反射系数表示成系数矩阵与弹性参数变化率之间的关系

$$
\begin{bmatrix}
\boldsymbol{R}_{\mathrm{pp}}(\theta_1) \\
\vdots \\
\boldsymbol{R}_{\mathrm{pp}}(\theta_M) \\
\boldsymbol{R}_{\mathrm{ps}}(\theta_1) \\
\vdots \\
\boldsymbol{R}_{\mathrm{ps}}(\theta_M)
\end{bmatrix} =
$$

$$
\begin{bmatrix}
\boldsymbol{C_1}(\theta_1) & \boldsymbol{C_2}(\theta_1) & \boldsymbol{C_3}(\theta_1) & \boldsymbol{C_4}(\theta_1) \\
\vdots & \vdots & \vdots & \vdots \\
\boldsymbol{C_1}(\theta_M) & \boldsymbol{C_2}(\theta_M) & \boldsymbol{C_3}(\theta_M) & \boldsymbol{C_4}(\theta_M) \\
\boldsymbol{D_1}(\theta_1) & \boldsymbol{D_2}(\theta_1) & \boldsymbol{D_3}(\theta_1) & \boldsymbol{D_4}(\theta_1) \\
\vdots & \vdots & \vdots & \vdots \\
\boldsymbol{D_1}(\theta_M) & \boldsymbol{D_2}(\theta_M) & \boldsymbol{D_3}(\theta_M) & \boldsymbol{D_4}(\theta_M)
\end{bmatrix}
\begin{bmatrix}
\boldsymbol{R}_{K_{\mathrm{f}}} \\
\boldsymbol{R}_{f_{\mathrm{m}}} \\
\boldsymbol{R}_{\mathrm{por}} \\
\boldsymbol{R}_{\mathrm{rho}}
\end{bmatrix}
$$

（8）

其中，$\boldsymbol{R}_{\mathrm{pp}}(\theta_i)=\begin{bmatrix} R_{\mathrm{pp}}(\theta_i)_1 & \cdots & R_{\mathrm{pp}}(\theta_i)_N \end{bmatrix}^{\mathrm{T}}$，

$$
\boldsymbol{d} =
\begin{bmatrix}
\mathbf{Seis}_{\mathrm{pp}}(\theta_1) \\
\vdots \\
\mathbf{Seis}_{\mathrm{pp}}(\theta_M) \\
\mathbf{Seis}_{\mathrm{ps}}(\theta_1) \\
\vdots \\
\mathbf{Seis}_{\mathrm{ps}}(\theta_M)
\end{bmatrix},\quad
\boldsymbol{G}=
\begin{bmatrix}
\mathbf{wvlt}_{\mathrm{PP}}\boldsymbol{C_1}(\theta_1) & \mathbf{wvlt}_{\mathrm{PP}}\boldsymbol{C_2}(\theta_1) & \mathbf{wvlt}_{\mathrm{PP}}\boldsymbol{C_3}(\theta_1) & \mathbf{wvlt}_{\mathrm{PP}}\boldsymbol{C_4}(\theta_1) \\
\vdots & & & \vdots \\
\mathbf{wvlt}_{\mathrm{PP}}\boldsymbol{C_1}(\theta_M) & \mathbf{wvlt}_{\mathrm{PP}}\boldsymbol{C_2}(\theta_M) & \mathbf{wvlt}_{\mathrm{PP}}\boldsymbol{C_3}(\theta_M) & \mathbf{wvlt}_{\mathrm{PP}}\boldsymbol{C_4}(\theta_M) \\
\mathbf{wvlt}_{\mathrm{PS}}\boldsymbol{D_1}(\theta_1) & \mathbf{wvlt}_{\mathrm{PS}}\boldsymbol{D_2}(\theta_1) & \mathbf{wvlt}_{\mathrm{PS}}\boldsymbol{D_3}(\theta_1) & \mathbf{wvlt}_{\mathrm{PS}}\boldsymbol{D_4}(\theta_1) \\
\vdots & & & \vdots \\
\mathbf{wvlt}_{\mathrm{PS}}\boldsymbol{D_1}(\theta_M) & \mathbf{wvlt}_{\mathrm{PS}}\boldsymbol{D_2}(\theta_M) & \mathbf{wvlt}_{\mathrm{PS}}\boldsymbol{D_3}(\theta_M) & \mathbf{wvlt}_{\mathrm{PS}}\boldsymbol{D_4}(\theta_M)
\end{bmatrix},\quad
\boldsymbol{m}=
\begin{bmatrix}
\boldsymbol{R}_{K_{\mathrm{f}}} \\
\boldsymbol{R}_{f_{\mathrm{m}}} \\
\boldsymbol{R}_{\mathrm{por}} \\
\boldsymbol{R}_{\mathrm{rho}}
\end{bmatrix}
$$

$\mathbf{Seis}_{\mathrm{pp}}(\theta_1)$ 和 $\mathbf{Seis}_{\mathrm{ps}}(\theta_1)$ 是第 i 入射角的 PP 波和 PS 波地震数据，其形式类似于 $\boldsymbol{R}_{\mathrm{pp}}(\theta_i)$；$\mathbf{wvlt}_{\mathrm{PP}}$、

$R_{\mathrm{pp}}(\theta_i)_j$ 是第 i 个入射角的第 j 个采样点处的 PP 波反射系数；$\boldsymbol{R}_{\mathrm{ps}}(\theta_i)$ 同 $\boldsymbol{R}_{\mathrm{pp}}(\theta_i)$；$M$ 是入射角的数目；N 是反演中每个弹性参数的样本数；$\boldsymbol{C_1}(\theta_i)=$ $\mathrm{diag}\big(C_1(\theta_i)_1,\cdots,C_1(\theta_i)_N\big)$，$C_1(\theta_i)_j$ 是第 i 个入射角的第 j 个采样点处的 C_1 系数；$\boldsymbol{C_2}(\theta_i)$、$\boldsymbol{C_3}(\theta_i)$、$\boldsymbol{C_4}(\theta_i)$、$\boldsymbol{D_1}(\theta_i)$、$\boldsymbol{D_2}(\theta_i)$、$\boldsymbol{D_3}(\theta_i)$、$\boldsymbol{D_4}(\theta_i)$ 同上。

$$
C_1(\theta_i) = \left(1 - \frac{\gamma_{\mathrm{dry}}^2}{\gamma_{\mathrm{sat}}^2}\right)\frac{\sec^2\theta_i}{4}
$$

$$
C_2(\theta_i) = \frac{\gamma_{\mathrm{dry}}^2}{4\gamma_{\mathrm{sat}}^2}\sec^2\theta_i - \frac{2}{\gamma_{\mathrm{sat}}^2}\sin^2\theta_i
$$

$$
C_3(\theta_i) = \frac{\sec^2\theta_i}{4} - \frac{\gamma_{\mathrm{dry}}^2}{2\gamma_{\mathrm{sat}}^2}\sec^2\theta_i + \frac{2}{\gamma_{\mathrm{sat}}^2}\sin^2\theta_i
$$

$$
C_4(\theta_i) = \frac{1}{2} - \frac{\sec^2\theta_i}{4}
$$

$$
D_1(\theta_i) = 2\cos\theta_i\sin\varphi_i\frac{\gamma_{\mathrm{sat}}^2 - \gamma_{\mathrm{dry}}^2}{\gamma_{\mathrm{dry}}^2}
$$

$$
D_2(\theta_i) = 2\tan\varphi_i\left(\frac{1}{\gamma_{\mathrm{sat}}} - \cos\theta_i\cos\varphi_i\frac{\gamma_{\mathrm{sat}}^2}{\gamma_{\mathrm{dry}}^2}\right)
$$

$$
D_3(\theta_i) = 2\cos\theta_i\sin\varphi_i\frac{2\gamma_{\mathrm{sat}}^2 - \gamma_{\mathrm{dry}}^2}{\gamma_{\mathrm{dry}}^2} - 2\tan\varphi_i\frac{1}{\gamma_{\mathrm{sat}}}
$$

$$
D_4(\theta_i) = \frac{1}{\gamma_{\mathrm{sat}}}\tan\varphi_i\left(2 - \sin^2\theta_i + \gamma_{\mathrm{sat}}^2\right)
$$

另外，$\boldsymbol{R}_{K_{\mathrm{f}}}=\left[\left(\dfrac{\Delta K_{\mathrm{f}}}{K_{\mathrm{f}}}\right)_1 \cdots \left(\dfrac{\Delta K_{\mathrm{f}}}{K_{\mathrm{f}}}\right)_N\right]^{\mathrm{T}}$ 中 $\left(\dfrac{\Delta K_{\mathrm{f}}}{K_{\mathrm{f}}}\right)_j$ 是第 j 个采样点处的流体等效体积模量反射系数。$\boldsymbol{R}_{f_{\mathrm{m}}}$、$\boldsymbol{R}_{\mathrm{por}}$、$\boldsymbol{R}_{\mathrm{rho}}$ 同 $\boldsymbol{R}_{K_{\mathrm{f}}}$。

反射系数与小波矩阵卷积，反演问题可以表示为

$$
\boldsymbol{d}_{2MN\times 1} = \boldsymbol{G}_{2MN\times 4N}\boldsymbol{m}_{4N\times 1} \tag{9}
$$

其中，

$\mathbf{wvlt}_{\mathrm{PS}}$ 分别是 PP、PS 子波矩阵。

利用贝叶斯定理，后验概率分布、似然函数

和弹性参数的先验信息可以表示为

$$p(\boldsymbol{m}|\boldsymbol{d},\boldsymbol{I})=\frac{p(\boldsymbol{d}|\boldsymbol{m},\boldsymbol{I})\cdot p(\boldsymbol{m},\boldsymbol{I})}{p(\boldsymbol{d},\boldsymbol{I})} \quad (10)$$

其中，$p(\boldsymbol{m}|\boldsymbol{d},\boldsymbol{I})$ 是后验概率分布；$p(\boldsymbol{d}|\boldsymbol{m},\boldsymbol{I})$ 是似然函数；$p(\boldsymbol{m},\boldsymbol{I})$ 是先验信息；$p(\boldsymbol{d},\boldsymbol{I})$ 是常数变量；I 代表了地质、测井等先验信息。

假设所有入射角的真实角度道集数据和合成角度道集数据的噪声服从高斯分布，似然函数可以表示为

$$p(\boldsymbol{d}|\boldsymbol{m},\boldsymbol{I})=\left(\frac{1}{\sqrt{2\pi}\sigma_n}\right)^{4N}\exp\left(\frac{-(\boldsymbol{Gm}-\boldsymbol{d})^{\mathrm{T}}(\boldsymbol{Gm}-\boldsymbol{d})}{2\sigma_n^2}\right)$$
$$(11)$$

其中，σ_n 是噪声方差，即所有入射角的真实角度道集资料和合成角度道集资料的残差。

此外，假设模型参数服从高斯分布，先验信息为

$$p(\boldsymbol{m},\boldsymbol{I})=\left(\frac{1}{\sqrt{2\pi}\sigma_m}\right)^{4N}\exp\left[-\frac{1}{2\sigma_m^2}\boldsymbol{m}^{\mathrm{T}}\boldsymbol{C}_m^{-1}\boldsymbol{m}\right]$$
$$(12)$$

其中，σ_m 是反演模型参数的方差；$\boldsymbol{C}_m$ 是协方差矩阵，可表示为

$$C_m=\begin{bmatrix} \sigma_{R_{K_f}}^2 & \sigma_{R_{K_f}R_{f_m}} & \sigma_{R_{K_f}R_{por}} & \sigma_{R_{K_f}R_{rho}} \\ \sigma_{R_{K_f}R_{f_m}} & \sigma_{R_{f_m}}^2 & \sigma_{R_{f_m}R_{por}} & \sigma_{R_{f_m}R_{rho}} \\ \sigma_{R_{K_f}R_{por}} & \sigma_{R_{f_m}R_{por}} & \sigma_{R_{por}}^2 & \sigma_{R_{por}R_{rho}} \\ \sigma_{R_{K_f}R_{rho}} & \sigma_{R_{f_m}R_{rho}} & \sigma_{R_{por}R_{rho}} & \sigma_{R_{rho}}^2 \end{bmatrix}$$

其中，$\sigma_{R_xR_y}$ 是模型参数 x 反射率和模型参数 y 反射系数的协方差；$\sigma_{R_x}^2$ 是模型参数 x 反射系数的方差。

将式（10）和式（11）代入式（12），可以得到反演参数 m 的后验概率分布。如下所示：

$$p(\boldsymbol{m}|\boldsymbol{d},\boldsymbol{I})\propto p(\boldsymbol{d}|\boldsymbol{m},\boldsymbol{I})\cdot p(\boldsymbol{m},\boldsymbol{I})$$

$$\propto \frac{1}{\sqrt{2\pi}\sigma_n}\exp\left[\frac{-(\boldsymbol{Gm}-\boldsymbol{d})^{\mathrm{T}}(\boldsymbol{Gm}-\boldsymbol{d})}{2\sigma_n^2}\right]\cdot$$
$$\frac{1}{\sqrt{2\pi}\sigma_m}\exp\left[-\frac{1}{2\sigma_m^2}\boldsymbol{m}^{\mathrm{T}}\boldsymbol{C}_m^{-1}\boldsymbol{m}\right]$$

$$\propto \exp\left[\frac{-(\boldsymbol{Gm}-\boldsymbol{d})^{\mathrm{T}}(\boldsymbol{Gm}-\boldsymbol{d})}{2\sigma_n^2}-\frac{1}{2\sigma_m^2}\boldsymbol{m}^{\mathrm{T}}\boldsymbol{C}_m^{-1}\boldsymbol{m}\right]$$
$$(13)$$

最后，可以从式（13）中得到反演的目标函数：

$$J(\boldsymbol{m})=\frac{-(\boldsymbol{Gm}-\boldsymbol{d})^{\mathrm{T}}(\boldsymbol{Gm}-\boldsymbol{d})}{2\sigma_n^2}-\frac{1}{2\sigma_m^2}\boldsymbol{m}^{\mathrm{T}}\boldsymbol{C}_m^{-1}\boldsymbol{m}$$
$$(14)$$

假设模型参数是独立的[21, 22]，并得到向量 $\boldsymbol{m}$ 的偏导数，可以得到优化的目标参数估计。

$$\boldsymbol{m}=\left(\boldsymbol{G}^{\mathrm{T}}\boldsymbol{G}+\sigma_n^2\boldsymbol{Q}\right)^{-1}\boldsymbol{G}^{\mathrm{T}}\boldsymbol{d} \quad (15)$$

其中，Q 是一个对角矩阵。定义如下：

$$Q_{ii}=\begin{cases} \dfrac{1}{\sigma_1^2}, & 0<i\leqslant N \\[2mm] \dfrac{1}{\sigma_2^2}, & N<i\leqslant 2N \\[2mm] \dfrac{1}{\sigma_3^2}, & 2N<i\leqslant 3N \\[2mm] \dfrac{1}{\sigma_4^2}, & 3N<i\leqslant 4N \end{cases}$$

其中，σ_1、σ_2、σ_3、σ_4 分别是流体等效体积模量、刚度、孔隙度和密度的方差。

2 模型数据测试

文中根据实际测井资料合成地震道数据，用以测试基于固液解耦的 PP 波和 PS 波联合反演的可行性。原始测井数据如图 3 所示，其中显示了纵波速度、横波速度、密度和孔隙度曲线。阴影层段是通过解释测井数据确定的油藏。流体等效体积模量 K_f 由式（6）计算得到，它可以用 $K_f=\dfrac{f}{(1-K_n)^2}\phi$ 来表示，刚度可以用表达式 $f_m=\phi\mu$ 来估计。应用式（3）和式（7）可以产生不同入射角范围（从 1°到 30°）的 PP 和 PS 系数反射。反射系数与 Ricker 子波卷积，最后生成纵波和转换波合成角度道集数据。

本文提出了一种在无噪声和信噪比为 3 的情况下合成叠前角度道集的新方法。图 4 是由测井数据褶积合成的 PP 时间域的纵波和转换波叠前角度道集。其等效流体体积模量、固体刚性参数、孔隙度、密度的反演结果和误差如图 5 所示，图 5（a）、（c）、（e）和（g）显示了反演弹性参数和真实数据的比较，而图 5（b）、（d）、（e）和（f）是弹性参数的误差值。在图 5（a）、（c）、（e）和（g）中，黑色曲线是根据测井计算的真实数据，红色

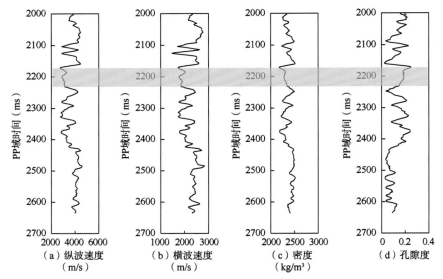

图 3 原始测井曲线纵波速度、横波速度、密度和孔隙度（蓝色阴影为含油储层的位置）

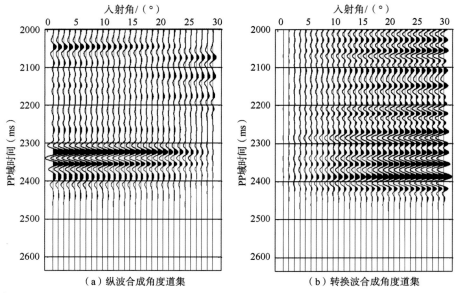

图 4 不加噪声时正演得到的角度道集

曲线是该方法下的反演结果。同时，图 6 是带噪声的 PP 和 PS 合成角度道集。信噪比为 3 的合成角度道集所得到的弹性参数反演结果和误差如图 7 所示。估计参数的相关误差见表 2，而相关系数见表 3。从表 2 可以看出，反演结果的相对误差在 10%以下，表 3 中的统计数据表明，反演相关性大于 0.95。因此，可以得出结论，反演的 K_f、f_m、孔隙度和密度与原始数据具有全局匹配性，从而证实了该方法的有效性。

3 实际工区测试

3.1 转换波处理

由于转换波射线路径的不对称性及其时距曲

线的非双曲性，对转换波的处理成为 PP 波和 PS 波联合反演中最关键的步骤。同时可知，传统的 CMP 道集处理方法不适用于转换波资料。Thomsen（1999）通过泰勒级数方法提出了一种新的转换波时距曲线方程[23]，并给出：

$$t_c^2(x) = t_{c0}^2 + x^2/V_{c2}^2 + A_4 x^4 + \cdots \quad (16)$$

其中，x 是偏移距；t_{c0} 是转换波在零偏移距下的的双程旅行时；V_{c2} 是近偏移距校正速度；A_4 是四次校正系数，具体表达如下：

$$t_{c0} = t_{p0}(1+\gamma), \quad x = pV_p^2 t_p + pV_s^2 t_s$$

$$V_{c2}^2 = \frac{V_p^2}{1+\gamma} + \frac{V_s^2}{1+1/\gamma}, \quad A_4 = \frac{-(\gamma-1)^2}{4(\gamma+1)t_{c0}^2 V_{c2}^4}$$

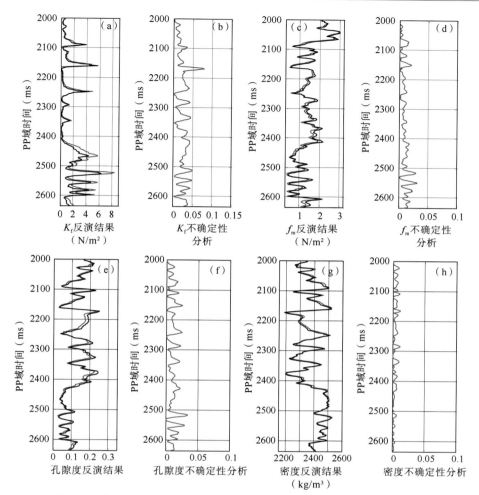

图 5　无噪声合成数据中 K_f、f_m、孔隙度和密度的反演结果及其误差

图（a）、（c）、（e）和（g）是反演结果，其中黑色曲线为真实测井曲线，而红色曲线为反演结果曲线；
图（b）、（d）、（f）和（h）是弹性参数的误差曲线

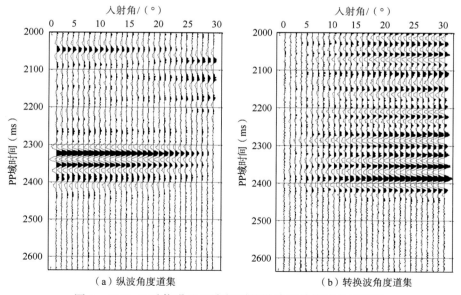

图 6　SNR=3 时信噪比正演得到的纵波和转换波角度道集

在上面的公式中，t_{p0} 是纵波在零偏移距下的单程旅行时；V_p 和 V_s 分别是纵波速度和横波速度；t_p 是单侧的纵波单程旅行时；t_s 是对应一侧的横波单程旅行时；p 是射线参数；γ 是纵横波速度比。

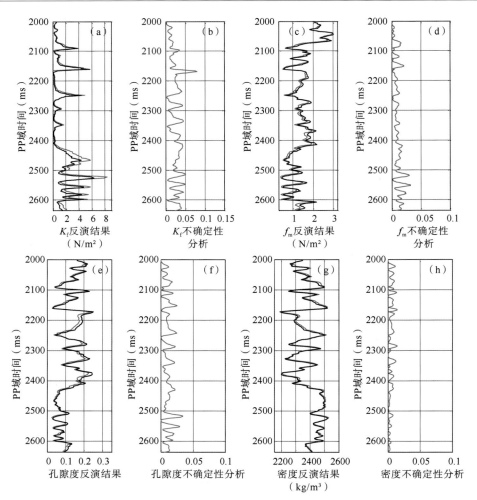

图 7　SNR=3 时合成数据中 K_f、f_m、孔隙度和密度的反演结果及其误差

图 7（a）、（c）、（e）和（g）是反演结果，其中黑色曲线为真实测井曲线，而红色曲线为反演结果曲线；
图 7（b）、（d）、（f）和（h）是弹性参数的误差曲线

表 2　合成角度道集弹性参数反演结果的误差分析

单位：%

反演参数的误差	K_f	f_m	ρ	ϕ
无噪声	9.96	5.85	4.66	9.21
SNR=3	9.99	5.91	4.68	9.25

表 3　合成角度道集反演弹性参数与实际数据的相关系数

反演参数的相关系数	K_f	f_m	ρ	ϕ
无噪声	0.9571	0.9898	0.9788	0.9856
SNR=3	0.9568	0.9892	0.9787	0.9853

此外，Thomsen（1999）提出了如下的转换波转换点计算公式[23]：

$$x_c(x,z) \approx x\left[C_0 + C_2 \frac{(x/z)^2}{\left(1 + C_3(x/z)^2\right)}\right] \quad （17）$$

式中，z 是反射界面的深度。C_0、C_2 和

表达式如下所示：

$$C_0 = \frac{\gamma}{1+\gamma}, \quad C_2 = \frac{\gamma(\gamma-1)}{2(1+\gamma)^3}, \quad C_3 = C_2/(1-C_0)$$

3.2　PP 波和 PS 波地震资料匹配

为了验证新方法的有效性，在实际的多分量地震数据上对联合反演进行了测试。由于 PP 波和 PS 波的速度不同，同一地层的反射次数也不同。因此，在反演之前需要进行 PP 波和 PS 波资料匹配。

在零偏移情况下，PP 波双程传播时间由下式给出：

$$t_{PP} = \frac{2H}{V_P} \quad （18）$$

其中，H 是单个地层的厚度。

同样，同一反射地层的 PS 波双程传播时间

（假设 P 波入射、S 波反射）由下式给出：

$$t_{PS} = \frac{H}{V_P} + \frac{H}{V_S} \qquad (19)$$

Tessmer 和 Behle（1988）推导出了 PS 波传播时间与 PP 波传播时间之比的方程[24]，可以写成：

$$\frac{t_{PS}}{t_{PP}} = \frac{\dfrac{H}{V_P} + \dfrac{H}{V_S}}{\dfrac{2H}{V_P}} = \frac{1 + \dfrac{V_P}{V_S}}{2} = \frac{1 + \gamma}{2} \qquad (20)$$

由上式可知，地震资料匹配的关键是获得高质量的纵波速度与横波速度之比 γ。根据井震联合解释，可以从 PP 波和 PS 波地震剖面解释获得 PP 波和 PS 波的双程旅行时。根据得到的纵波速度与横波速度之比，可以在 PP 时间域内获得匹配的 PS 波。

3.3 用于流体检测的 PP 波和 PS 波联合反演

为了获得可靠的共反射点 PS 波道集，在转换波处理过程中进行了非双曲的动校正，然后进行 PP 波和 PS 波匹配。资料匹配前后的 PP 波和转换波数据如图 8 所示。图 8a 显示了 PP 时间域的 PP 波地震剖面，根据测井数据解释，目标储层位于 3.50 ~ 3.54s（PP 时间域）。图 8b 和图 8c 分别显示了 PS 时间域（匹配前）和 PP 时间域（匹配后）中的 PS 波地震剖面。PP 波和 PS 波地震剖面显示，匹配后的 PP 时间域转换波地震剖面与 PP 波地震剖面的同相轴一致，并且在目标层位内表现出与 PP 波不同的性质。测井数据与 PP 波和 PS 波剖面的关系如图 9c 所示，提取的 PP 小波和 PS 小波如图 9a 和图 9b 所示。因此，从图 8 和图 9 可以得出结论，PP 波和 PS 波数据可以反映相同的地下地质信息，它可以为基于固液解耦的 PP 波和 PS 波联合反演奠定基础。此外，资料匹配后的 PP 波角度道集和 PS 波角度道集（PP 时间域）如图 10 所示。

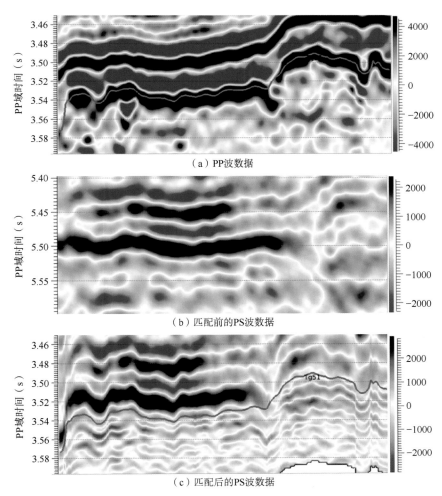

（a）PP波数据

（b）匹配前的PS波数据

（c）匹配后的PS波数据

图 8　匹配前后的 PP 波和 PS 波地震数据

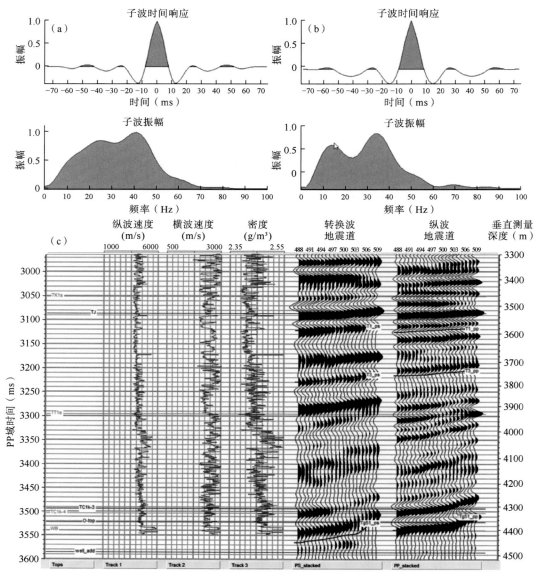

图 9　提取的 PP 子波（a）和 PS 子波（b）以及合成井系（c）

　　图 11 显示了该剖面的初始模型，图 12 是估算的有效流体体积模量、刚度、孔隙度和密度结果。白色箭头的位置是能够准确反映储层流体特征变化的油藏，与测井解释结果一致（储层区域时间范围为 3.52 ~ 3.53s）。图 13 显示了估计的弹性参数与实际测井资料的对比，二者吻合较好。因此，认为该方法可以为流体识别提供可靠的证据，并认为基于固液解耦的 PP 波和 PS 波联合反演是可行有效的。

4　讨　论

　　本文提出了一种新的基于固液解耦的 PP 波和 PS 波联合反演方法，该方法可以消除岩石骨架的影响，并且将该方法应用于合成地震数据和实际多波多分量地震数据，进行高精度流体检测。然而，考虑到独立弹性参数的联合概率密度分布函数是各参数密度分布函数的乘积，所以联合反演方法的一个假设是所有的弹性参数都是不相关的且均服从高斯分布[25]。由于 K_f、f_m、孔隙度和密度等弹性参数反映的是同一地层的性质，因此可能无法证明它们之间是相互关联的，也无法证明所有参数之间的真实关系。此处，弹性参数为高斯分布的假设可以通过每个独立弹性参数的高斯分布图[21]在井位上的分布特征来验证，继而在井位上得到所有独立弹性参数的联合分布。因此，本文的假设适用于联合反演方法。该方法的一个缺点是，有效孔隙流体体积模量可能不是储层孔隙流体性质的全部响应[26]。但有效流体体积模量

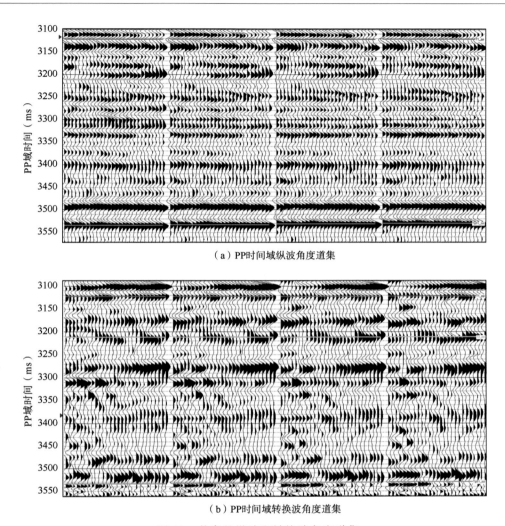

（a）PP时间域纵波角度道集

（b）PP时间域转换波角度道集

图 10　井旁的纵波和转换波角度道集

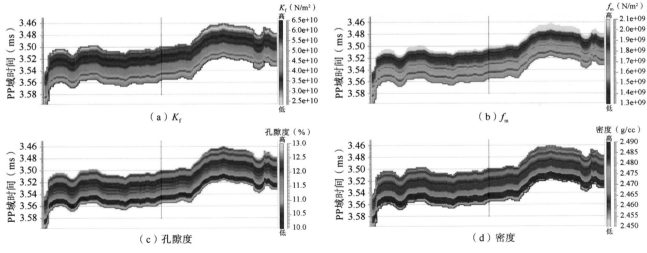

（a）K_f

（b）f_m

（c）孔隙度

（d）密度

图 11　K_f、f_m、孔隙度和密度联合反演的初始模型

是从有效介质理论中引入的，而有效介质理论是研究岩石孔隙流体特性的有效途径[27]。综合考虑，本文提出的利用基于固液解耦的 PP 波和 PS 波联合反演来提高流体识别精度的方法，虽然存在上述假设和不足，但总体上可以实现，并且该方法在孔隙流体识别方面有较高的准确性和灵敏性。

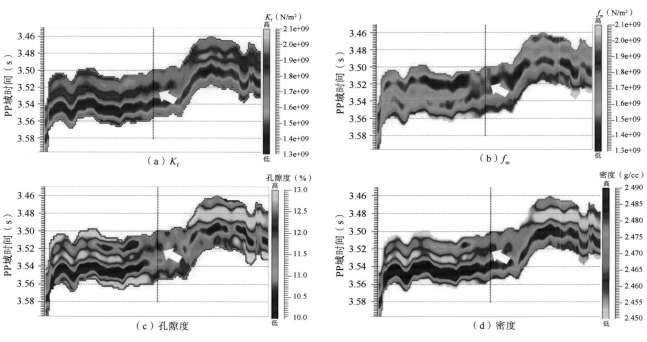

图 12 　K_f、f_m、孔隙度和密度的实际多分量地震资料联合反演结果

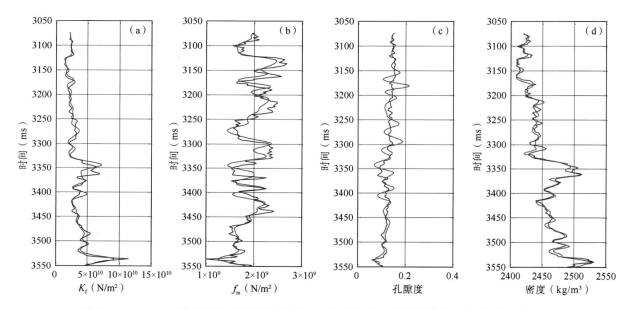

图 13 　K_f、f_m、孔隙度和密度反演结果（红曲线）与实际测井资料（蓝曲线）的对比

5 结 论

叠前地震反演在储层预测中具有重要作用，可为储层描述提供可靠的信息。结合 PP-PS 波联合反演和孔隙弹性理论，本文提出了一种基于固液解耦的 PP-PS 波联合反演方法。结果表明，该方法比传统的叠前反演方法具有更高的精度，可以获得更准确的有效流体体积模量，并用于流体识别。合成实例和实际资料测试表明，该反演方法稳定，可以应用于储层描述。然而，由于其在振幅、相位和频率匹配上存在一定的困难，所以以 PP 波和 PS 波数据高精度匹配的难以实现可能是联合反演的一个潜在弱点。同时，精细反演需要考虑到 PP 波和 PS 波不同的 AVO 响应，也就是要保证 PP 波和 PS 波叠前道集的质量。

参考文献

[1] Aki，Richards. P G Quantitative seismology：Theory and Methods[J]. W. H. Freeman and Co.，1980.

[2] Jeffrey A，Larsen M Sc. AVO Inversion by Simultaneous PP and PS inversion[D]. University of Calgary，1999.

[3] Mahmoudian F，G F Margrave. Three parameters AVO inversion with PP and PS data using offset binning[J]. SEG Technical Program Expanded Abstracts 2004. Society of Exploration Geophysicists，2004：240-243.

[4] Veire H H，M Landr. Simultaneous inversion of PP and PS seismic data[J]. Geophysics，2006（71）：R1-R10.

[5] Du Q Z，Yan H Z. PP and PS joint AVO inversion and fluid prediction[J]. Journal of Applied Geophysics. 2013（90）：110-118.

[6] 张广智，杜炳毅，李海山，等. 页岩气储层纵横波叠前联合反演方法[J]. 地球物理学报，2014，57（12）：4141-4149.

[7] 杜炳毅，杨午阳，王恩利，等. 基于 Russell 近似的纵横波联合反演方法研究[J]. 地球物理学报，2016（59）：3016-3024.

[8] Hu G Q，Liu Y，Wei X C，et al. Joint PP and PS AVO inversion based on Bayes theorem[J]. Journal of Applied Geophysics，2011（8）：293-302.

[9] Dang Y F，Lou B. Delineating oil-sand reservoirs with high-resolution PP-PS processing and joint inversion in the Junggar Basin，Northwest China[J]. The leading Edge，2010（29）：1212-1219.

[10] Smith G，P Gidlow. Weighted Stacking for Rock Property Estimation and Detection of GAS[J]. Geophysical prospecting，1987（35）：993-1014.

[11] Russell B H，K Hedlin，F J Hilterman，et al. Fluid-property discrimination with AVO[J]. A Biot-Gassmann perspective：Geophysics，2003（68）：29-39.

[12] Russell B H，D Gray，D P Hampson. Linearized AVO and poroelasticity[J]. Geophysics，2011（76）：C19-C29.

[13] 李超，印兴耀，张广智，等. 基于入射角的两相流体阻抗反演方法[J]. 地球物理学报，2014（57）：3442-3452.

[14] 印兴耀，张世鑫，张峰. 针对深层流体识别的两项弹性阻抗反演与 Russell 流体因子直接估算方法研究地球物理学报[J]. 2014（56）：2378-2390.

[15] Yin X Y，Zhang S X. Bayesian inversion for effective pore-fluid bulk modulus based on fluid-matrix decoupled amplitude variation with offset approximation[J]. Geophysics，2014（79）：R221-R232.

[16] Pan X，G Zhang. Estimation of fluid indicator and dry fracture compliances using azimuthal seismic reflection data in a gas-saturated fractured reservoir[J]. Journal of Petroleum Science and Engineering，2018（167）：737-751.

[17] Pan X，G Zhang. Fracture detection and fluid identification based on anisotropic Gassmann equation and linear-slip model[J]. Geophysics，2019（84）：R99-R112.

[18] H Chen，Y Ji，Kristopher A Innanen. Estimation of modified fluid factor and dry fracture weaknesses using azimuthal elastic impedance[J]. Geophysics，2018a（83）：WA73-WA88.

[19] H Chen，Kristopher A Innanen. Estimation of fracture weaknesses and integrated attenuation factors from azimuthal variations in seismic amplitudes[J]. Geophysics，2018b（83）：R711-R723.

[20] Han D，M Batzle. Gain function and hydrocarbon indicators[J]. SEG Technical Program Expanded Abstracts 2003，Society of Exploration Geophysicists，2003：1695-1698.

[21] Buland A，H More. Bayesian linearized AVO inversion[J]. Geophysics，2003（68）：185-198.

[22] Downtown J，Laurence R. Constrained three parameter AVO inversion and uncertainty analysis[J]. SEG Technical Program Expanded Abstracts 2001，Society of Exploration Geophysicists，2001：251-254.

[23] Thomsen L. Converted-wave reflection seismology over inhomogeneous，anisotropic media[J]. Geophysics，1999（64）：678-690.

[24] Tessmer G，Behle A. Common reaction point data-stacking technique for converted waves[J]. Geophysics Prospecting，1988（36）：671-688.

[25] Wubshet A，Mauricio D Sacchi. High-resolution three-term AVO inversion by means of a Trivariate Cauchy probability distribution[J]. Geophysics，2011（76）：R43-R55.

[26] 印兴耀，曹丹平，王保丽，等. 基于叠前地震反演的流体识别方法研究进展[J]. 石油地球物理勘探，2014（49）：22-34+46.

[27] Mavko G，T Mukerji，J Dvorkin. Rock physics handbook[J]. Cambridge University Press，1998.

附录 A

转换波固液解耦 AVO 方程推导

Du（2016）研究了基于 Russell 近似的联合反演，并导出了转换波反射系数方程作为 f-μ-ρ 的函数。如下所示：

$$R_{ps}(\theta) = 2\cos\theta\sin\varphi \frac{\gamma_{sat}^2 - \gamma_{dry}^2}{\gamma_{dry}^2}\frac{\Delta f}{f}$$

$$+2\tan\varphi\left(\frac{1}{\gamma_{sat}} - \cos\theta\cos\varphi\frac{\gamma_{sat}^2}{\gamma_{dry}^2}\right)\frac{\Delta\mu}{\mu} \quad （A-1）$$

$$-\tan\varphi\left(\gamma_{sat} + \frac{2}{\gamma_{sat}} - \frac{1}{\gamma_{sat}}\sin^2\theta\right)\frac{\Delta\rho}{\rho}$$

Han（2003）研究了从测井数据计算有效体积模量的方法，以获得 Gassmann 流体项 f 和有效体积模量之间的关系，如下所示：

$$f = G(\phi)K_f \quad （A-2）$$

其中，$G(\phi) = \dfrac{(1-K_n)^2}{\phi}$，代表岩石骨架和孔隙的综合响应。$K_n = \dfrac{K_{dry}}{K_m}$，$K_{dry}$ 是干燥岩石的体积模量，K_m 是岩石基质的体积模量。

在临界孔隙度范围内，体积模量、剪切模量和孔隙度之间的线性关系（Yin 和 Zhang，2014）可以用式（A-3）表示。

$$\begin{cases} K_{dry} = K_m\left(1 - \dfrac{\phi}{\phi_c}\right) \\ \mu_{dry} = \mu_m\left(1 - \dfrac{\phi}{\phi_c}\right) \end{cases} \quad （A-3）$$

其中，ϕ_c 是临界孔隙度。

通过将式（A-2）和式（A-3）代入式（A-1），并重新整理新方程，得到

$$R_{ps}(\theta) = 2\cos\theta\sin\varphi\frac{\gamma_{sat}^2 - \gamma_{dry}^2}{\gamma_{dry}^2}\frac{\Delta K_f}{K_f}$$

$$+2\tan\varphi\left(\frac{1}{\gamma_{sat}} - \cos\theta\cos\varphi\frac{\gamma_{sat}^2}{\gamma_{dry}^2}\right)\frac{\Delta\mu_m}{\mu_m}$$

$$+\left(2\cos\theta\sin\varphi\frac{2\gamma_{sat}^2 - \gamma_{dry}^2}{\gamma_{dry}^2} - 2\tan\varphi\frac{1}{\gamma_{sat}}\right)\frac{\Delta\phi}{\phi}$$

$$-\tan\varphi\left(\gamma_{sat} + \frac{2}{\gamma_{sat}} - \frac{1}{\gamma_{sat}}\sin^2\theta\right)\frac{\Delta\rho}{\rho}$$

$$+2\tan\varphi\left(\frac{1}{\gamma_{sat}} - \cos\theta\cos\varphi\frac{\gamma_{sat}^2}{\gamma_{dry}^2}\right)\left(\frac{\Delta\phi(\phi_c - \phi)}{\phi(\phi_c - \phi)}\right)$$

$$（A-4）$$

Yin 和 Zhang（2014）假设 $F_{poro} = \phi\mu_m(\phi_c - \phi) = \phi_c\phi\mu_m\left(1 - \dfrac{\phi}{\phi_c}\right)$，利用式（A-3），得到了关系式 $F_{poro} = \phi_c\phi\mu$。最后，使用之前引入的新参数 f_m，新的转换波反射系数方程变为

$$R_{ps}(\theta) = 2\cos\theta\sin\varphi\frac{\gamma_{sat}^2 - \gamma_{dry}^2}{\gamma_{dry}^2}\frac{\Delta K_f}{K_f}$$

$$+2\tan\varphi\left(\frac{1}{\gamma_{sat}} - \cos\theta\cos\varphi\frac{\gamma_{sat}^2}{\gamma_{dry}^2}\right)\frac{\Delta f_m}{f_m}$$

$$+\left(2\cos\theta\sin\varphi\frac{2\gamma_{sat}^2 - \gamma_{dry}^2}{\gamma_{dry}^2} - 2\tan\varphi\frac{1}{\gamma_{sat}}\right)\frac{\Delta\phi}{\phi}$$

$$-\frac{1}{\gamma_{sat}}\tan\varphi\left(2 - \sin^2\theta + \gamma_{sat}^2\right)\frac{\Delta\rho}{\rho}$$

$$（A-5）$$

碳酸盐岩储层复杂孔隙结构研究现状及进展

田　瀚 [1, 2, 3]　王贵文 [1]　冯庆付 [3]　李　昌 [2]　田明智 [2]

（1. 中国石油大学（北京）地球科学学院　北京　102249；2. 中国石油杭州地质研究院　浙江杭州　310023；
3. 中国石油勘探开发研究院　北京　100083）

摘　要：碳酸盐岩储层由于受沉积环境和成岩作用的影响，其往往表现出强烈的非均质性，传统储层"四性"评价已无法满足碳酸盐岩储层表征的要求，要想明确储层本质特征，微观孔隙结构评价成为必然选择。为了了解目前碳酸盐岩储层孔隙结构研究现状，在参阅大量文献的基础上，将目前碳酸盐岩储层孔隙结构评价方法系统分为五大类：实验分析法、核磁共振测井评价法、基于分形特征的定量表征法、成像测井孔隙度谱分析法和孔隙结构指数表征法。这些评价方法的使用均存在使用局限性，要想建立连续、方便及可靠的孔隙结构评价方法，今后还需从岩石导电机理方面深入研究，其中基于岩石物理实验分析及模拟的复杂孔隙导电规律是重要研究方向。
关键词：碳酸盐岩储层；测井评价；孔隙结构；孔隙结构指数；导电机理

Review and Prospective of Complex Pore Structure of Carbonate Reservoir

Tian Han[1, 2, 3], Wang Guiwen[1], Feng Qingfu[3], Li Chang[2], Tian Mingzhi[2]

(1. College of Geosciences, China University of Petroleum (Beijing), Beijing 102249; 2. PetroChina Hangzhou Research Institute of Geology, Hangzhou, Zhejiang 310023; 3. PetroChina Research Institute of Petroleum Exploration & Development, Beijing 100083)

Abstract: Due to the influence of sedimentary facies and diagenesis, the carbonate reservoir shows strong heterogeneity. The relationship between porosity and permeability is complex. Four relations of reservoir can no longer be used to accurately characterize carbonate reservoirs. In order to clarify the essential characteristics of reservoir, the study of micro-pore structure has become one of the important contents of reservoir evaluation. In order to understand the current research situation of the pore structure of carbonate reservoirs, this paper summarizes the current evaluation methods of pore structure, the methods are divided into five types: experimental analysis method, NMR logging evaluation method, quantitative characterization method based on fractal dimension, image logging porosity spectrum analysis method and porosity exponent (*m*) characterization method. Those evaluation models have potentially assumptions and conditions when using, In order to establish a continuous, convenient and reliable evaluation method for pore structure, it is necessary to conduct in-depth research from the aspects of electrical conductivity mechanism. And the research on the conductive rule of pore network based on petrophysical experiment.
Key words: carbonate reservoir; log evaluation; pore structure; porosity exponent; conductive mechanism

近年来，随着勘探程度的不断深入，中国海相碳酸盐岩油气勘探获得重大突破，特别是随着塔里木、四川、鄂尔多斯盆地深层—超深层一批大型碳酸盐岩油气藏的发现，其已然成为中国油气增储上产的重要领域[1-7]。与国外相比，中国海相碳酸盐岩复杂成岩过程决定了其储层特征与国外有很大差异，国外碳酸盐岩多为高孔高渗的孔隙性储层，而中国多数情况下碳酸盐岩储层孔隙度小于5%，渗透率小于1mD，原生孔隙不发育，以次生溶蚀孔洞为主[1, 6]。正因如此，中国复杂碳

基金项目：国家科技重大专项"大型油气田及煤层气开发"（2017ZX05008-005）；中国石油科技部重点项目"深层—超深层油气富集规律与区带目标评价"（2018A-0105）。
第一作者简介：田瀚（1989—），男，博士，工程师，主要从事碳酸盐岩储层评价及测井地质学研究。
E-mail：tianh_hz@petrochina.com.cn

酸盐岩储层测井评价工作一直困扰着测井工作者，在实际生产中常常出现"高孔高阻"干层和"高孔低阻"气层的现象，造成储层流体评价精度低，传统储层"四性"评价面临挑战，致使不得不认真研究碳酸盐岩储层的孔隙结构特征[8]。

在储层评价中，孔隙结构评价是储层微观性质研究的核心[9-11]。储层的孔隙结构是指岩石孔隙与喉道的几何形状、大小、分布及相互连通关系[12, 13]。由于碳酸盐岩储层受沉积环境及成岩作用等多重因素的影响，其往往表现出强烈的非均质性，孔渗关系复杂，常规宏观物性参数已无法满足表征碳酸盐岩储层的需求[11, 14-16]。因此，只有从孔隙结构研究入手，从微观机理出发，才能为储层评价提供可靠技术支持。

为了更好了解目前碳酸盐岩储层孔隙结构的研究现状，本文在国内外相关文献调研的基础上，将碳酸盐岩储层孔隙结构的评价方法大致归纳为五大类：实验分析法、核磁共振测井评价法、基于分形特征的定量表征法、成像测井孔隙度谱分析法和孔隙结构指数表征法。在实际应用中，各类方法均存在使用局限性，下文将详细阐述各种评价方法的特点，同时对今后孔隙结构评价的发展方向提出个人认识。

1 孔隙结构评价方法

1.1 实验分析法

实验分析法主要包括：铸体薄片、毛细管压力曲线法、扫描电镜及 CT 扫描等[17]，是目前最直观，也是应用最为广泛的评价岩石孔隙结构特征的方法。

铸体薄片可以直观反映岩石的孔隙类型、孔隙和喉道的分布特征，通过数字图像处理技术可对孔隙及喉道特征进行提取，从而定量评价[18]；毛细管压力曲线法是研究孔隙结构的主要手段，利用毛细管压力曲线所反映的排驱压力、孔喉半径中值等参数可以有效明确岩石孔喉大小；扫描电镜相对普通光学显微镜技术拥有更高分辨率的矿物和孔隙二维图像，分辨率达到几个纳米[19, 20]，作为重要的岩石孔隙结构特征研究手段，扫描电镜能够更加清楚的反映储层的孔隙类型，包括在普通光学显微镜下难以观察到的微孔隙和喉道类型，并且还可以获得孔喉半径等参数[17]；CT 扫描具有全方位、快速、对岩石样品无损伤的优点，并且可重建微观孔隙的三维结构[21]，岩心的 CT 扫描能够提供岩石孔喉结构特征，并准确获取孔隙形状、类型和连通性等定量信息（图 1）。

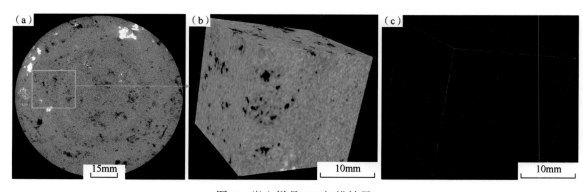

图 1　岩心样品 CT 扫描结果
（a）岩石样品横切面；（b）为（a）中方框区域的定量计算数据体；（c）为（b）所提取出的孔喉空间

实验分析法虽然能够有效直观表征岩石样品的孔隙结构特征，但是局限性也非常明显。铸体薄片只能直观反映二维平面上孔隙结构特征，很难精确定量表征"体"的概念；利用压汞实验获取毛细管曲线的方法，其无法获得孔隙和喉道的分布及形状，同时由于汞的特殊物理性质，其已慢慢被部分实验室所废弃；扫描电镜和 CT 扫描虽然能够清晰反映岩样孔隙结构特征，但测量视域过小，碳酸盐岩储层非均质性强，小岩样的测量结果无法代表真实储层情况。对于所有的实验分析法还存在一个普遍的"通病"，那就是只能测量孤立的、数量有限的岩心样品，而无法开展连续的孔隙结构评价。

1.2 核磁共振测井评价法

核磁共振测井因其在储层孔隙结构评价上具备常规测井所不具有的优势，为地质学家解决复杂储层评价提供了全新思路[22]。核磁共振测井 T_2

分布与孔隙结构直接相关，因此如何利用 T_2 谱研究储层孔隙结构已成为众多专家学者的研究方向。

核磁共振测井通过对测量的回波串信息进行反演得到核磁 T_2 分布谱。由于 T_2 谱形态与孔隙组分存在对应关系，Liu 和 Zhou 等[23, 24]提出了利用孔隙组分评价储层孔隙结构的方法，他们认为控制岩石孔隙结构的关键因素是孔隙系统中各孔隙度区间范围内孔隙占比情况，通过从 T_2 谱中提取各孔隙大小，以此来定量判断储层的孔隙结构；Mao 和肖亮等[25, 26]通过对不同类型的岩心样品在不同饱和水状态下的核磁共振实验分析发现，当储层孔隙结构较好和较差时，利用孔隙组分评价储层孔隙结构效果较好，但是当储层孔隙结构中等时，部分非润湿相的烃会进入储层孔隙空间而驱赶掉部分的孔隙水，在 T_2 谱上会导致弛豫时间较长的谱的位置向右移动，从而夸大实际储层特征。同时仔细分析还能发现，孔隙组分分析法将大孔隙发育与孔隙结构好挂钩，这是无法适用于高孔低渗、中孔低渗储层。

评价储层孔隙结构最直接有效的方法就是毛细管压力曲线，为了能够实现毛细管压力曲线连续评价储层孔隙结构的目的，不少学者尝试利用核磁共振测井构建连续的毛细管压力曲线[22]。Ausbrooks 于 1999 年首次提出利用有效弛豫率建立核磁 T_2 分布与孔隙尺寸分布曲线的关系，但是实际操作中，有效弛豫率较难确定[27]；Yakov 等于 2001 年首次提出建立横向弛豫时间和毛细管压力之间的转换关系，利用 $P_c=C/T_2$ 线性关系转换获得毛细管压力曲线[28, 29]，该方法对于均质的孔隙性储层，且核磁 T_2 谱形态与毛细管压力曲线形态完全一致时，应用效果较好[8]，但是在实际情况中，两种形态完全一致的样品是非常少的，导致转换系数 C 难以确定。虽说如此，但这种思路为后续研究提供了很好的启发，众多学者在如何准确确定转换系数 C 上进行了深入研究。运华云、刘堂晏等学者开展了利用核磁 T_2 分布进行岩石孔隙结构的研究，并且通过实际岩心实验也证实了核磁共振 T_2 分布与毛细管压力曲线之间是存在相关性的，同时提出了利用相似对比法来确定转换系数 C[30, 31]，但在实际应用时仍存在较大误差，尤其是对于孔隙结构复杂的储层；何雨丹等提出了针对单峰 T_2 谱用单一幂函数构造毛细管压力曲线，对于双峰 T_2 谱的大孔和小孔部分分别采用不同函数分段的想法，该方法相对传统线性刻度精度有明显提高[32]，但是没有考虑最大进汞饱和度问题，其不能完全反映样品不同毛细管压力情况进汞饱和度的真实增量[29]；邵伟志等提出利用二维分段等面积法来获取横向刻度系数以及大、小孔径的纵向刻度系数（图 2）[29]；苏俊磊等则提出利用

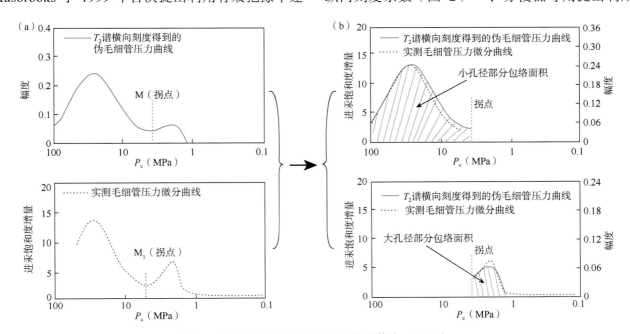

图 2　分段等面积刻度示意图（据邵伟志，2009）

图 a 为实测毛细管压力曲线和所构建的伪毛细管压力曲线；图 b 为利用二维分段等面积法构建不同孔隙区间的毛细管压力曲线

压汞孔径分布曲线孔径左右边界的方法来确定横向转换系数，利用改进二维分段等面积刻度方法确定纵向转换系数，从而来确保构建的伪毛细管压力曲线与实验室毛细管压力曲线基本一致[33]，该方法避免了利用相似对比法的局限性，结合最大进汞饱和度和利用二维等面积法刻度转换方法确定的纵向转换系数，可以显著提高所构建毛细管压力曲线的精度。

虽然学者们通过各种办法来尽量获取准确的刻度系数，但是这些方法不足之处在于所有样品的刻度都按照相同的压力点分段，而不是毛细管压力曲线的拐点，同时该方法的使用条件是在岩石孔隙 100%饱和水的情况下，当储层孔隙空间含有非润湿相烃时，会对核磁 T_2 谱的形态造成影响[22]。

为了解决线性转换刻度方法在构造核磁毛细管压力曲线过程中存在的诸多问题，部分学者通过对大量岩心数据分析发现，对于不同孔隙结构的岩心样品，在相同进汞压力下，对应不同进汞压力下的进汞饱和度在一定程度上可以反映岩心样品的孔隙结构特征[34]。肖忠祥和肖亮等通过对同时进行了压汞和核磁共振测量的样品分析发现，Swanson 参数与核磁共振测井横向弛豫时间几何平均值之间存在良好的相关性，其中 Swanson 参数是指毛细管压力曲线拐点处进汞饱和度 S_{Hg} 与毛细管压力 P_c 的比值（图 3），利用此关系，就可以从核磁共振测井资料中提取 Swanson 参数[35, 36]。进而通过建立 Swanson 参数与孔喉半径、毛细管压力中值、核磁总孔隙度等的关系来构建毛细管压力曲线[12]。利用该方法构建核磁毛细管压力曲线的过程中所用到的是实际核磁共振测井数据，可以消除储层孔隙含烃对构建结果的影响，具有一定的推广应用价值。

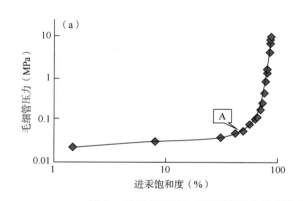
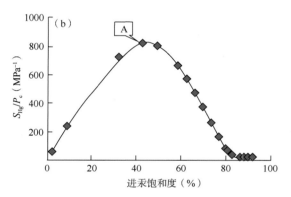

图 3　进汞饱和度—毛细管压力及汞饱和度/毛细管压力关系（据袁伟，2014）

图（a）为毛细管压力与进汞饱和度关系，A 点为毛细管压力曲线拐点；图（b）为汞饱和度/毛细管压力值与进汞饱和度关系图

A 点即为曲线顶点

1.3　基于分形特征的定量表征法

分形几何是 20 世纪 70 年代末期发展起来的描述事物不规则形态和随机现象的一个新兴数学分支学科[15]。分形的重要特征是自相似性，定量描述这种具有自相似性的研究对象的参数称为分形维数[37]。

近几年，不少学者提出了采用分形维数定量描述孔隙结构特征的可能性，并在定量表征碎屑岩储层孔隙结构复杂程度中进行了实际应用。张立强等研究发现分形维数与微观孔隙结构参数之间存在着密切关系，即分形维数越小，储层微观非均质性越弱，孔隙结构就越好，并依据分形维数实现了复杂储层的定量分类与评价[37, 38]；刘航宇等尝试将分形方法应用于碳酸盐岩储层评价中，其利用分形维数建立了孔隙型储层孔隙结构的定量评价方法[15]，但是对于碳酸盐岩中裂缝型及缝洞型储层，由于裂缝、溶蚀孔洞的存在，应用效果较差，导致利用这种分形方法存在着局限性。为了能够将分形理论更好用于不同类型的碳酸盐岩储层中，学者提出了利用二维图像分形维数评价储层孔隙结构的思路。随着测井技术的不断进步，成像测井已然成为碳酸盐岩油气藏中的一种常见测井系列，其相对常规测井而言，能够以图像的形式直观反映储集空间类型及其分布特征，而碳酸盐岩储层品质的好坏往往又与溶蚀孔洞发育程度密切相关，因此利用图像分形方法对电成像图开展量化研究，从而根据分形维数来评价储层的非均质性强弱，进而从宏观上表征储层品质好坏。如李昌等利用盒维数算法，对成像图开展盒维数计算，发现计算的分形维数与储层类型有很好的相关性，分形维数越小，溶蚀孔发育越均匀，在孔隙度一定的条件下，产能越高[39-41]。

虽然基于图像开展分形维数研究孔隙结构有一定的应用效果，但是计算的分形维数值与图像的尺寸大小、图像质量都有很大的关系，而且这种方法纯粹只是对图像像素的分析，图像的分形维数直接反映的是图像本身的非均质性强弱，是否与微观孔隙结构存在联系有待研究，因此该方法对孔隙结构的表征只能作为一种辅助手段。

1.4 成像测井孔隙度谱分析法

成像测井由于具有极高的纵向分辨率和直观反映井壁缝洞发育程度的优势，已然成为测井评价复杂碳酸盐岩储层有利手段。目前成像测井多被用于确定储层孔隙类型和孔、洞、缝发育程度[42-46]。为了能够充分利用成像测井所包含的丰富信息，不少学者尝试利用成像测井孔隙度谱开展储层孔隙结构研究[47-50]。

成像测井孔隙度谱是通过对一定窗长范围内每个电极测量的电阻率值反算得到的孔隙度值统计所得。由于后期成岩作用所形成的次生溶蚀孔洞的孔径通常比基质孔隙的孔径大，因此认为孔隙度谱靠前部分主要由基质孔隙贡献，而靠后部分是次生孔隙贡献。成像孔隙度谱与核磁共振测井 T_2 谱形态相似，不同的谱结构反映不同的孔隙成分组成，故可以通过孔隙度谱的分布形态对储层孔隙结构表征。吴煜宇等通过对四川盆地川西北栖霞组成像孔隙度谱分析发现，栖霞组成像孔隙度谱形态与储层孔隙结构具有很好的对应性。其中，无峰宽谱型和多峰中谱型主要为Ⅰ、Ⅱ类储层，储层孔隙结构好，测试产量高；单峰中谱型主要为Ⅲ类储层，测试产量低；单峰窄谱型主要为非储层或无效储层[42]。李宁等通过利用成像测井孔隙度谱的谱均值和谱方差分别建立过四川和塔里木盆地低孔致密灰岩储层的有效性评价方法，解释符合率提高20%以上[47]。

对于碳酸盐岩储层，在缺少核磁共振测井资料的情况下，利用成像测井孔隙度谱分析储层孔隙结构特征不失为一种手段，这种方法通过分析孔隙分布情况来间接评价孔隙结构，但是该方法在应用过程中存在明显局限性，那就是对于裂缝发育地层、或地层中含有高导矿物、或成像测井质量较差时，利用成像测井计算的孔隙度谱均会失真，影响评价结果。

1.5 孔隙结构指数表征法

众所周知，毛细管压力曲线和核磁共振测井研究孔隙结构是目前的主流思路，但是如何能在缺少核磁共振测井的情况下，开展连续的岩石孔隙结构定量评价也是学者们一直思考的问题，其中孔隙结构指数为人们提供了很好的思路。曾文冲等通过大量的岩心物理实验分析认为，孔隙结构指数 m 主要是受岩石孔隙结构控制，m 值的大小反映了岩石孔隙喉道分布及连通特征[51]（图4）；赵良孝通过研究认为，裂缝型储层的 m 值在 1.1 ~ 1.5 范围内变化，而对于连通性较好的孔洞型储层，其 m 值一般在 2.0 ~ 2.5 之间，连通性较差的孔洞型储层 m 值在 2.5 ~ 3.0 之间，以孤立分散孔洞为主的储层 m 值一般大于 3.0 [52]；张龙海等通过岩心实验进一步证实了孔隙结构指数 m 与孔隙结构存在着良好相关性，储层孔隙结构指数反映的是孔隙结构的配置和孔隙之间的连通情况[10]。因此利用孔隙结构指数 m 表征孔隙结构具有其内在的物理意义，同时还可以弥补在缺少压汞资料和核磁共振测井情况下评价孔隙结构的可能。

目前孔隙结构指数 m 主要通过 3 种方式获得：一、岩电实验，但受制于岩心样品数量且为离散样本点；二、介电扫描测井，斯伦贝谢公司推出的介电扫描测井利用不同频率的高频电磁波来测量岩石的介电常数和电导率，根据其特有的频散特征与岩石孔隙结构的关系，进而获得连续 m 值；三、理论公式推导，为了突破了传统实验手段以及介电扫描测井测量价格昂贵且应用普及率低的问题，不少学者着手从理论推导方面开展 m 值的计算研究[53-58]，目前关于孔隙结构指数 m 值的计算已取得较大进展，具体研究进程在文献[16]中有详细介绍，在此不做阐述。其中，田瀚等于 2019 年提出了基于裂缝形态的多孔介质模型，该模型较全面考虑了各种孔隙类型及裂缝倾角的影响，能够连续计算得到孔隙结构指数 m 值[59, 60]。图 5 为利用多孔介质模型计算的孔隙结构指数 m 值评价储层孔隙结构的探索，计算的孔隙结构指数 m 与介电扫描测井得到的 m 值相一致。可以发现在

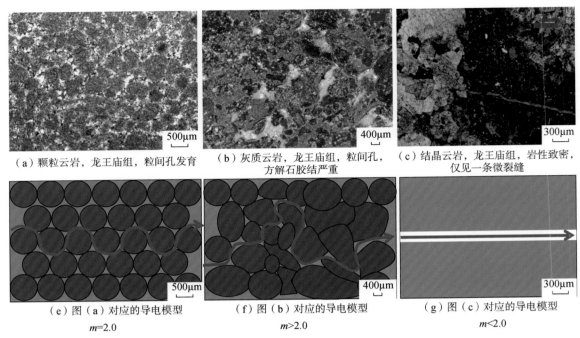

（a）颗粒云岩，龙王庙组，粒间孔发育　　（b）灰质云岩，龙王庙组，粒间孔，　　（c）结晶云岩，龙王庙组，岩性致密，
　　　　　　　　　　　　　　　　　　　　　　　　方解石胶结严重　　　　　　　　　　仅见一条微裂缝

（e）图（a）对应的导电模型　　　　　　　（f）图（b）对应的导电模型　　　　　　　（g）图（c）对应的导电模型
　　　　　$m=2.0$　　　　　　　　　　　　　　　　$m>2.0$　　　　　　　　　　　　　　　　$m<2.0$

图 4　不同孔隙结构特征与孔隙结构指数 m 关系

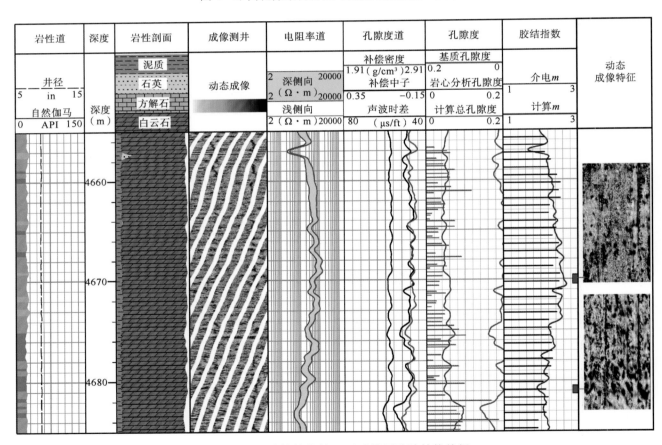

图 5　利用孔隙结构指数 m 反映储层孔隙结构特征

4669～4671m 处，计算 m 值为 2.6～2.7，成像图上表现为孤立溶蚀孔洞；而在 4681～4683m 处，计算 m 值为 1.9～2.2，成像图上表现为连通的均匀溶蚀孔洞特征，这说明孔隙结构指数 m 值从测井尺度上对孔隙结构特征进行表征，而且突破了传统的岩心尺度的束缚，更具使用价值。

2 结论及展望

传统储层"四性"关系是建立在均质各向同性、相互连通的粒间孔隙储层基础上[53]。而碳酸盐岩储层由于各种裂缝和溶洞的存在，其完全改变了孔隙型储层的性质，不同的孔隙类型和孔隙形态导致储层性质发生很大的变化，储层强烈的非均质性使得传统的"四性"关系遭到破坏，因此要想从本质上弄清楚碳酸盐岩储层发育特征，那就必须从微观机理入手，加大对储层孔隙结构的研究。从上述分析来看，孔隙度结构研究存在以下几个特点：

（1）岩石实验分析。压汞法、铸体薄片、CT扫描和扫描电镜是目前岩石孔隙结构研究的主要手段，压汞毛细管压力曲线虽然能够有效反映喉道及其相连通的孔隙空间情况，但是孔隙的大小、孔喉分布及配置关系难以表征；铸体薄片、CT扫描和扫描电镜虽然能直观反映孔隙结构特征，并需要通过数学图像处理来提取孔隙特征、孔隙大小分布及其特征参数，同时受岩石样品数量限制，岩石实验分析只能针对取心岩样开展研究，无法推广应用。

（2）核磁 T_2 谱分析。核磁共振 T_2 谱分布与孔隙结构直接相关，与传统的实验分析相比，具有快速、无损害、连续等特点，已成为孔隙结构评价的重要方法之一。不管是利用 T_2 谱构建核磁毛细管压力曲线还是谱形态分析，其关键就是如何确定核磁 T_2 谱与毛细管压力曲线之间的转换系数，对于碳酸盐岩复杂的孔喉配置关系，不同储层类型的转换系数不再是一个常数，制约着二者之间的有效转换。

（3）岩电机理分析。储层孔隙结构的差异直接影响着岩石导电特性，因此从导电机理入手，开展孔隙结构研究已成为新的趋势。成像孔隙度谱虽然采用类似核磁 T_2 谱的分析方式研究储层孔隙结构，但其是从溶蚀孔洞发育程度上间接表征孔隙结构，与孔隙结构参数并无明显直接联系，局限性较强；而孔隙结构指数 m 与储层孔隙结构有着相近的物理意义，随着岩石导电机理的深入研究，利用孔隙结构指数 m 值评价孔隙结构不失为一种有效方法，关键在于如何准确计算得到 m 值。

目前所应用的各种孔隙结构分析方法在应用时均存在潜在的假设和使用条件限制，面对复杂的碳酸盐岩储层，不同的评价方法存在相应的优劣势，因此如何能够建立有效的测井评价方法一直困扰着研究人员。如今随着数字岩心技术的发展，人们已经可以通过人为加入不同影响因素来进行数值模拟，在人为设置孔隙结构特征的情况下，开展数字岩心的岩石导电规律研究，尤其是孔隙结构指数 m 与孔隙结构之间的定量关系至关重要，这也是后续开展孔隙结构定量研究的方向。

参考文献

[1] 赵文智, 沈安江, 胡素云, 等. 中国碳酸盐岩储层大型化发育的地质条件与分布特征[J]. 石油勘探与开发, 2012, 39（1）: 1-12.

[2] 沈安江, 王招明, 杨海军, 等. 塔里木盆地塔中地区奥陶系碳酸盐岩储层成因类型、特征及油气勘探潜力[J]. 海相油气地质, 2006, 11（4）: 1-12.

[3] 张静, 胡见义, 罗平, 等. 深用优质白云岩储集层发育的主控因素与勘探意义[J]. 石油勘探与开发, 2010, 37（2）: 203-210.

[4] 沈安江, 周进高, 辛勇光, 等. 四川盆地雷口坡组白云岩储层类型及成因[J]. 海相油气地质, 2008, 13（4）: 19-28.

[5] 杨华, 黄道军, 郑聪斌. 鄂尔多斯盆地奥陶系岩溶古地貌气藏特征及勘探进展[J]. 中国石油勘探, 2006, 3（3）: 1-5.

[6] 李宁, 肖承文, 伍丽红, 等. 复杂碳酸盐岩储层测井评价: 中国的创新与发展[J]. 测井技术, 2014, 38（1）: 1-10.

[7] 汪泽成, 赵文智, 胡素云, 等. 我国海相碳酸盐岩大油气田油气藏类型及分布特征[J]. 石油与天然气地质, 2013, 34（2）: 153-160.

[8] 赵良孝. 碳酸盐岩复杂孔隙结构的研究[J]. 国外测井技术, 2014（4）: 20-22.

[9] Katz A J, Thompson A H. Quantitative prediction of permeability in porous rock [J]. Physical Review Bulletin, 1986, 34（3）: 8179-8181.

[10] 张龙海, 周灿灿, 刘国强, 等. 孔隙结构对低孔低渗储层电性及测井解释评价的影响[J]. 石油勘探与开发, 2006, 33（6）: 671-676.

[11] 姜均伟, 朱宇清, 徐星, 等. 伊拉克 H 油田碳酸盐岩储层的孔隙结构特征及其对电阻的影响[J]. 地球物理学进展, 2015, 30（1）: 203-209.

[12] 袁伟, 张占松, 何小菊, 等. 根据常规测井资料评价储层孔隙结构[J]. 科学技术与工程, 2014, 14（33）: 7-11.

[13] 王勇军, 罗利, 甘秀娥, 等. 低孔低渗层核磁共振孔隙结构评价方法与应用[J]. 测井技术, 2015, 39（1）: 62-67.

[14] 秦瑞宝, 李雄炎, 刘春成, 等. 碳酸盐岩储层孔隙结构的影响因素与储层参数的定量评价[J]. 地学前缘, 2015, 22（1）: 251-259.

[15] 刘航宇, 田中元, 徐振永. 基于分形特征的碳酸盐岩储层孔隙结构定量评价[J]. 岩性油气藏, 2017, 29（5）: 97-105.

[16] 田瀚, 李昌, 贾鹏. 碳酸盐岩储层含水饱和度解释模型研究[J]. 地球物理学进展, 2017, 32（1）: 279-286.

[17] 陈杰, 周改英, 赵喜亮, 等. 储层岩石孔隙结构特征研究方法综述[J]. 特种油气藏, 2005, 12（4）: 11-14.

[18] 蔡忠, 王伟锋, 候加根. 利用测井资料研究储层的孔隙结构[J]. 地质论评, 1993, 39（增刊）: 69-75.

[19] 刘伟新，承秋泉，王延斌，等. 油气储层特征微观分析技术及其应用[J]. 石油试验地质，2006，28（5）：489-492.

[20] 王海涛，杨叶，张晋言，等. 地质多孔介质成像技术现状与进展[J]. 地球物理学进展，2019，34（1）：191-199.

[21] 查明，尹向烟，姜林，等. CT 扫描技术在石油勘探开发中的应用[J]. 地质科技情报，2017，36（4）：228-235.

[22] 刘卫，肖忠祥，杨思玉，等. 利用核磁共振（NMR）测井资料评价储层孔隙结构方法的对比研究[J]. 石油地球物理勘探，2009，44（6）：773-778.

[23] Liu Zhonghua, Zhou Cancan, Liu Guoqiang, et al. An innovative method to evaluate formation pore structure using NMR logging data[C]//SPWLA 48th Annual Logging Symposium. Austin，Texas，2007：paper S.

[24] Zhou Cancan, Liu Zhonghua, Shi Yujiang, et al. Application of NMR logs to complex lithology interpretation of Ordos basin[C]//SPWLA 48th Annual Logging Symposium. Austin，Texas，2007：paper JJJ.

[25] Mao Zhiqiang, Kuang Lichuan, Sun Zhongchun, et al. Effects of hydrocarbon on deriving pore structure information from NMR T_2 data[C]//SPWLA 48th Annual Logging Symposium. Austin，Texas，2007：paper AA.

[26] 肖亮. 利用核磁共振测井资料评价储层孔隙结构的讨论[J]. 新疆石油地质，2008，29（2）：260-263.

[27] Ausbrooks R. Pore-size distributions in vuggy carbonates from core images. NMR and capillary pressure[C]//the 1999 SPE Annual Technical Conference and Exhibition. Houston：SPE，1999：1-14.

[28] Yakov V. A practical approach to obtain primary drainage capillary pressure curves from NMR core and log data[J]. Petrophysics，2001，42（4）：334-343.

[29] 邵维志，丁娱娇，刘亚，等. 核磁共振测井在储层孔隙结构评价中的应用[J]. 测井技术，2009，33（1）：52-56.

[30] 运华云，赵文杰，刘兵开，等. 利用 T_2 分布进行岩石孔隙结构研究[J]. 测井技术，2002，26（1）：18-21.

[31] 刘堂晏，王绍民，傅容珊，等. 核磁共振谱的岩石孔喉结构分析[J]. 石油地球物理勘探，2003，38（3）：328-333.

[32] 何雨丹，毛志强，肖立志，等. 核磁共振 T_2 分布评价岩石孔径分布的改进方法[J]. 地球物理学报，2005，48（2）：373-378.

[33] 苏俊磊，孙建孟，王涛，等. 应用核磁共振测井资料评价储层孔隙结构的改进方法[J]. 吉林大学学报（地球科学版），2011，41（增刊1）：380-386.

[34] Swanson B F. A Simple correlation between permeabilities and mercury capillary pressure [J]. J Pet Technol，1981，67（11）：2493-2503.

[35] 肖忠祥，肖亮. 基于核磁共振测井和毛细管压力的储层渗透率计算方法[J]. 原子能科学技术，2008，42（10）：868-871.

[36] 肖亮，刘晓鹏，陈兆明，等. 核磁毛细管压力曲线构造方法综述[J]. 断块油气田，2007，14（2）：84-86.

[37] 张立强，纪有亮，马文杰，等. 博格达山前带砂岩孔隙结构分形几何学特征与储层评价[J]. 石油大学学报（自然科学版），1998，22（5）：31-33.

[38] 马利民，林承焰，范梦玮. 基于微观孔隙结构分形特征的定量储层分类与评价[J]. 石油天然气学报，2012，34（5）：15-19.

[39] 李昌，司马立强，沈安江，等. 电成像测井储层非均质性评价方法在川东北 G 地区 FC 段地层的应用[J]. 地球物理学进展，2015，30（2）：725-732.

[40] 彭瑞东，谢和平，鞠杨. 二位数字图像分形维数的计算方法[J]. 中国矿业大学学报，2004，33（1）：19-24.

[41] 吴国铭，李熙喆，高树生，等. 基于 CT 图像分析探究孔洞型碳酸盐岩储层分维值与微观结构参数关系[J]. 科学技术与工程，2016，16（8）：87-92.

[42] 吴煜宇，赖强，谢冰，等. 成像孔隙度谱在川中地区下二叠统栖霞组储层测井评价中的应用[J]. 天然气勘探与开发，2017，40（4）：9-16.

[43] 李晓辉，周彦球，缑艳红，等. 电成像测井孔隙度分布技术及其在碳酸盐岩储层产能预测中的应用[J]. 吉林大学学报（地球科学版），2012，42（4）：928-934.

[44] 刘海啸，李卫新，刘晓虹，等. 碳酸盐岩储层产能预测方法探索[J]. 测井技术，2004，28（2）：151-154.

[45] 刘丹，潘保芝，房春慧，等. 利用成像测井评价储层孔隙空间的二维非均质性[J]. 世界地质，2014，33（3）：640-646.

[46] 张程恩，潘保芝，张晓峰，等. FMI 测井资料在非均质储层评价中的应用[J]. 石油物探，2012，50（6）：630-633.

[47] 李宁. 中国海相碳酸盐岩测井解释概论[M]. 北京：科学出版社，2013.

[48] 吴兴能，刘瑞林，雷军，等. 电成像测井资料变换为孔隙度分布图像的研究[J]. 测井技术，2008，32（1）：53-56.

[49] 田瀚，杨敏. 碳酸盐岩缝洞型储层测井评价方法[J]. 物探与化探，2015，39（3）：545-552.

[50] 周彦球，李晓辉，范晓敏. 成像测井孔隙度频谱技术与岩心孔隙分析资料对比研究[J]. 测井技术，2014，38（3）：309-314.

[51] 曾文冲，刘学锋. 碳酸盐岩非阿尔奇特征的诠释[J]. 测井技术，2013，37（4）：341-351.

[52] 赵良孝，陈明江. 论储层评价中的五性关系[J]. 天然气工业，2015，35（1）：53-60.

[53] Roberto F A, Roberto A. A triple porosity model for petrophysical analysis of naturally fractured reservoirs[J]. Petrophysics，2004，45（2）：157-166.

[54] Roberto A. Effect of fracture dip and fracture tortuosity on petrophysical evaluation of naturally fractured reservoirs[J]. Journal of Canadian Petroleum Technology，2010，49（9）：69-76.

[55] 潘保芝，张丽华，单刚义，等. 裂缝和孔洞型储层孔隙模型的理论进展[J]. 地球物理学进展，2006，21（4）：1232-1237.

[56] 漆立新，樊政军，李宗杰，等. 塔河油田碳酸盐岩储层三孔隙度测井模型的建立及其应用[J]. 石油物探，2010，49（5）：489-494.

[57] 赵辉，石新，司马力强. 裂缝性储层孔隙指数、饱和度及裂缝孔隙度计算研究[J]. 地球物理学进展，2012，27（6）：2639-2645.

[58] 田瀚，李明，杨敏，等. 缝洞型储层孔隙度指数的计算研究：基于改进前后的三孔隙度模型[J]. 地球物理学进展，2015，30（4）：1779-1784.

[59] 田瀚，沈安江，张建勇，等. 一种缝洞型碳酸盐岩储层胶结指数 m 计算新方法[J]. 地球物理学报，2019，62（6）：2276-2285.

[60] 田瀚，冯庆付，李昌，等. 碳酸盐岩缝洞型储层有效性评价新方法[J]. 测井技术，2019，43（2）：135-139.

叠前同时反演技术在含气白云岩储层预测中的应用
——以四川盆地为例

何巍巍[1,2]　郝晋进[1]　杨金秀[3]　关　旭[4]　代瑞雪[4]　李玉凤[5]

（1. 中国石油勘探开发研究院西北分院　甘肃兰州　730020；2.中国石油勘探开发研究院四川盆地研究中心
四川成都　610041；3. 中国石油大学（华东）　山东青岛　266580；4. 西南油气田分公司
四川成都　610000；5. 中国地质科学院　北京　100037）

摘　要： 叠前同时反演是一种通过分析振幅随偏移距的变化关系（AVO）来识别岩性和检测含油气的地震勘探技术。含气储层会引起纵波速度和密度的明显变化。为了有效识别四川盆地龙王庙组含气白云岩储层的分布，应用叠前反演方法开展含气白云岩储层预测研究。叠前反演主要流程包括岩石物理分析、AVO 正演和叠前同时反演。通过应用叠前反演，同时获得纵波阻抗、横波阻抗和密度。依据研究区已钻井龙王庙组岩石物理交会分析，得到含气白云岩储层的平面分布。最终预测结果表明龙王庙组上部发育含气白云岩储层，并与钻井结果一致。总之，叠前同时反演能有效预测含气白云岩储层，在其他研究区值得推广应用。

关键词： 四川盆地；含气白云岩储层；岩石物理分析；叠前同时反演

Application of Pre-stack Simultaneous Inversion to Predict Gas-bearing Dolomite Reservoir: A Case Study from Sichuan Basin, China

He Weiwei[1,2], Hao Jinjin[1], Yang Jinxiu[3], Guan Xu[4], Dai Ruixue[4], Li Yufeng[5]

(1. *Northwest Branch Institute, PetroChina Research Institute of Petroleum Exploration & Development, Lanzhou, Gansu 730020; 2. Research Center of Sichuan Basin, PetroChina Research Institute of Petroleum Exploration & Development, Chengdu, Sichuan 610041; 3. China University of Petroleum (East China), Qingdao, Shandong 266580; 4. PetroChina southwest oil & gas field, Chengdu, Sichuan 610041; 5. Chinese Academy of Geological Sciences, Beijing 100037*)

Abstract: Pre-stack simultaneous inversion is a seismic exploration technology which is widely applied to recognize lithology and detect oil and gas by analyzing the feature of amplitude variation versus offset (AVO). Gas-bearing reservoir can cause obvious change of P-impedance and density. To effectively discriminate gas-bearing dolomite within Longwangmiao Fm. in Sichuan Basin of China, pre-stack inversion method is employed by strict quality procedures. These procedures mainly include rock-physics analysis, AVO modeling and pre-stack simultaneous inversion. By using the technology, P-impedance, S-impedance and density are obtained simultaneously. The distribution of gas-bearing dolomite is identified by P-impedance verses density cross-plotting from well data. The final prediction result indicates the existence of gas-bearing dolomite in the upper part of Longwangmiao Fm. in the study area, which is consistent with well data. Generally, pre-stack simultaneous inversion represents effective method to predict gas-bearing dolomite reservoir and should be applicable in other study areas.

Key words: Sichuan Basin; gas-bearing dolomite reservoir; rock physics; pre-stack simultaneous inversion

　　岩性和流体的分布是储层预测中关注的核心问题。然而，由于受岩性、流体、泥质含量、孔隙度等的因素影响，储层预测中存在不确定性和多解性。与叠后地震数据相比，叠前地震数据包

基金项目：国家自然科学基金"拟海底反射层 BSR 的地震精细描述和数值模拟研究"（41406050）资助。

第一作者简介：何巍巍（1984—），男，硕士，2010 年毕业于中国地质大学（北京）地球探测与信息技术专业，高级工程师，主要从事油气勘探综合研究工作。

E-mail：hww@petrochina.com.cn

含更多关于岩性和流体信息。叠前地震资料的应用引起更多的关注。AVO（Amplitude versus offset）是一种叠前地震勘探技术，通过分析振幅随偏移距的变化特征来识别岩性和检测油气。它最早由Ostrander 于 1984 年提出，经过 30 多年的发展，现已成为主流的重要方法[1]。1919 年 Zoeppritz K 提出的 Zoeppritz 方程是 AVO 技术的理论基础。但是，Zoeppritz 方程的解析公式过于复杂，物理意义不明确。

自 20 世纪 60 年代以来，众多学者们在不同假设条件下推导出了 Zoeppritz 方程的近似式。其中，Aki-Richards（1980）[2]和 Shuey（1985）[3]近似式得到明确物理意义的截距属性和梯度属性，及由此衍生的其他 AVO 属性。AVO 技术开始从定性解释向定量解释发展。但是，由于 AVO 属性是弹性参数（纵波速度、横波速度和密度等）的综合响应，在预测岩性和流体实际应用中具有不确定性。为了降低不确定性，发展了弹性阻抗反演[4]和叠前同时反演等叠前反演技术，作为对 AVO 技术的进一步升级扩展，用于储层预测和流体检测。对比仅利用纵波和密度信息的叠后反演相比，由于横波在流体中不能传播，综合 CPR 道集数据、纵波、横波和密度信息的叠前反演技术增强了识别岩性和流体的能力。考虑到 AVO 效应，弹性阻抗反演利用部分角度叠加集进行阻抗反演。由于采用部分角度叠加道集，反演结果的信噪比显著提高，获得了更丰富、稳定、可靠的弹性参数[5, 6]。叠前同时反演作为弹性反演的更高级扩展，它利用纵波、横波、密度、V_p/V_s 等这些弹性参数预测储层和流体[7]。根据 Zoeppritz 方程不同近似式[8]，充分利用不同偏移距或角度道集数据和测井数据（纵波、横波和密度）获得弹性参数。现在，叠前同时反演因在储层预测和流体检测方面具有较高的精度而得到广泛应用。

四川盆地下寒武统龙王庙组是重要的含气层系，龙王庙组以白云岩沉积为主，岩性包括颗粒白云岩、晶粒白云岩、泥质白云岩，储层储集空间以晶间溶孔为主，储层纵向上发育在龙王庙组上部[9]。龙王庙组白云岩储层具有低孔、低渗、非均质性强、孔隙结构复杂的特点[10, 11]。这样的储层特征造成含气白云岩储层与其他岩性在叠后地震属性上差异小，对含气储层预测带来了很大难度。因此，在四川盆地利用常规地震解释技术预测龙王庙组含气白云岩储层分布面临很大挑战。

大量研究和实践证明，叠前同时反演技术能有效预测含气储层的分布，关键是选择一个合适的 Zoeppritz 方程的近似式作为反演理论基础。本文中选取基于 Fatti 近似公式的叠前同时反演，反演结果同时得到纵波阻抗、横波阻抗和密度的分布。利用纵波阻抗和密度这两个参数预测含气白云岩储层分布，预测结果得到后钻井的验证，本文最后讨论了反演的应用效果。

1 研究区概况与地震数据

1.1 研究区概况

研究区在地理上位于四川盆地中部（图 1）。四川盆地发育在扬子地块西北部，其为发育于中生代且复杂呈现逆冲推覆构造的挤压性构造盆地，具有独特的地质构造特征。盆地被其周缘大量造山带所包围，南为大娄山、东南部为江南—雪峰山褶皱带、东北为大巴山、西北为龙门山、北为米仓山等[12]。研究区东临绵阳—长宁拉张槽，绵阳—长宁拉张槽对四川盆地沿着裂陷槽的油气富集具有明显的作用，主要是对优质碳酸盐岩储层和泥岩烃源岩分布的影响[13]。绵阳—长宁拉张槽内下寒武统烃源岩（筇竹寺组下段）最厚，最厚达 130m，是四川盆地下寒武统的主要供烃中心之一[14]。绵阳—长宁拉张槽东西两侧的断阶形成的古地貌高控制了龙王庙组储层的形成与分布。龙王庙组储层主要为台地相颗粒滩沉积的白云岩，储层大多发育在龙王庙组的中上部，厚度 10～50m 不等[10]。

总之，绵阳—长宁拉张槽为龙王庙组优质碳酸盐岩储层的形成和大规模成藏提供了有利条件，并提高了成藏效率和规模[10]。充足的烃源岩条件、有利的油气运移路径、良好的储层发育，使得研究区成为四川盆地天然气勘探的重点地区。

1.2 地震数据

地震数据位置如图 1 中所示，地震数据的覆盖次数为 74；地震数据记录长度为 2.6s；采样速率为 1ms；面元为 40m；最小偏移距为 78m，最大偏移距为 5921m。本次研究中叠前 CRP 道集数据用于叠前同时反演，过 X1 井和 X2 井的地震数据共有 1311 个 CDP。图 2 中两个剖面分别对应 CDP1100 和 CDP1101 的叠前 CRP 道集，其中黑

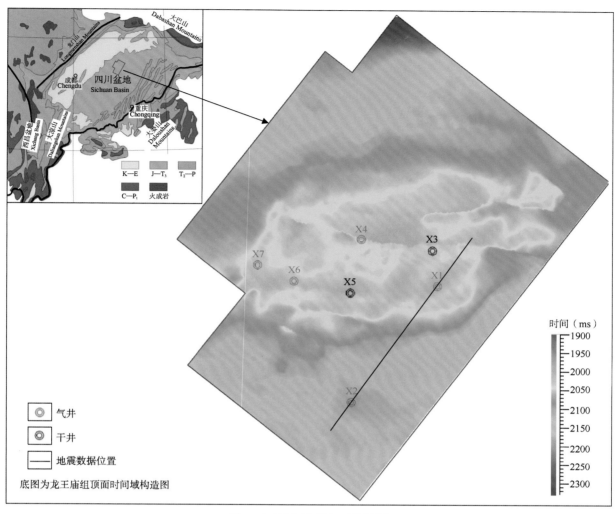

图 1 四川盆地研究区位置图

色代表波峰，红色代表波谷。在 CRP 道集剖面中，水平方向代表偏移距变化（78～5921m），垂直方向代表地震反射时间（0～2600ms）。目标层龙王庙组对应 2s 到 2.1s 之间的地震反射。通常 CRP 道集数据存在随机噪声、剩余时差等问题，会影响叠前地震反演结果的质量。因此，为了获得高质量的反演结果，必须对叠前 CRP 道集进行优化处理。对叠前 CRP 道集进行优化处理，流程包括超集叠加、相位补偿、抛物线拉东变换和非地表一致性静校正。图 3 为 CDP1100 的原始 CRP 道集数据和优化处理后 CRP 数据的对比。如图 3 所示，经过道集优化之后，随机噪声得到压制，道集得到拉平，振幅随偏移距的变化特征得到保持，优化处理后道集的信噪比显著提高。

2 岩石物理分析

岩石物理分析是连接地震属性与储层流体之间桥梁，精确可靠的岩石物理分析是开展叠前地震反演的基础，依据岩石物理分析结果，确定储层岩性、物性、流体性质的敏感弹性参数组合，并建立起研究区岩性、流体解释量版，进而确定叠前反演技术是否有效。

为了获取研究区对岩性流体敏感的弹性参数，对龙王庙组的纵波阻抗、横波阻抗、密度 3 个参数之间开展交会分析。图 4 是龙王庙组纵波阻抗与密度的交会图，横轴为纵波阻抗，纵轴为密度，Z 轴用色标表示龙王庙组不同岩性及含气白云岩储层。从图中可以看出，龙王庙组不同岩性及流体具有明显的分异性。大部分致密白云岩样点的纵波速度大于其他 3 类岩性及流体的样点，少量致密白云岩样点与泥质白云岩、白云岩储层样点叠置。由于孔隙的存在，含气白云岩储层和白云岩储层的纵波速度与密度均有所降低。当白云岩孔隙含气时，其纵波速度与密度显著降低。

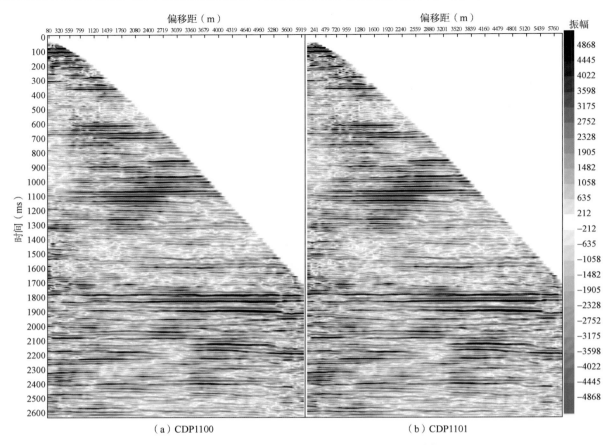

图 2　CDP1100 和 CDP1101 对应的叠前 CRP 道集

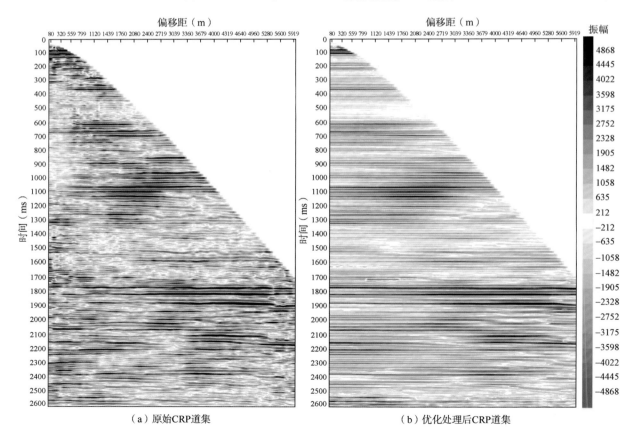

图 3　CDP1100 对应的 CRP 道集优化处理

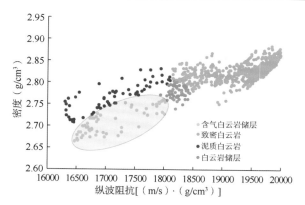

图 4 龙王庙组纵波阻抗与密度交会图

纵波阻抗对岩性敏感，而密度对孔隙流体敏感。通过对密度与纵波阻抗进行交会分析，可以确定含气白云岩储层的分布。图 4 中黑色椭圆指示了含气白云岩储层的分布，可以指导后续对叠前反演结果的定量解释。

3 含气白云岩储层模型 AVO 正演

钻井资料揭示含气白云岩储层主要发育在龙王庙组上部，并被上覆泥岩盖层覆盖。基于 AVO 正演理论，利用 Zoeppritz 方程及其近似式[2, 3, 8, 15, 16]计算研究区含气白云岩储层的 AVO 特征曲线。在分析含气白云岩储层的 AVO 特征基础上，选择合适的 Zoeppritz 方程近似式开展叠前同时反演。

根据研究区钻井资料，统计研究龙王庙组弹性参数并建立研究区含气白云岩储层模型（表 1），该模型第一层岩性为泥岩，第二层岩性为含气白云岩储层，模型相关参数见表 1。与泥岩相比，含气白云岩储层表现出低密度及高纵波、横波速度的特征，并且模型的弹性参数变化率较小（<8%）。

表 1 含气白云岩储层模型参数表

地层	岩性	ρ（g/cm³）	V_p（m/s）	V_s（m/s）
1	泥岩	2.76	6087	3526
2	含气白云岩储层	2.68	6631	3543

分别应用 AVO 公式（Zoeppritz 方程、Aki-Richards 近似式、Shuey 近似式、Fatti 近似式）正演含气白云岩模型的 AVA 响应曲线并分析每个公式的计算精度，模型正演结果如图 5 所示。从 4 个公式正演的含气白云岩储层模型 AVA 曲线看，反射系数呈现随着入射角增大而增大的 AVO 异常特征。

从正演 AVO 曲线可以看出，Fatti 近似公式

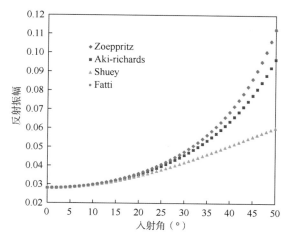

图 5 含气白云岩储层 AVO 正演

与 Zoeppritz 方程的计算精度基本相当。在小角度条件下（<30°），Aki-Richard 近似公式、Fatti 近似公式与 Zoepprit 方程计算结果接近，当 Shuey 近似公式入射角大于 20°时，其与 Zoeppritz 方程计算结果偏差越大。在大角度条件下（>30°），Aki-Richard 近似公式、Shuey 近似公式与 Zoepprit 方程计算结果偏差较大，而 Fatti 近似公式与 Zoepprit 方程计算结果接近。

通过对研究区含气白云岩储层模型的 AVO 正演模拟与分析，得出以下结论：（1）含气白云岩储层表现出 AVO 异常明显；（2）Fatti 近似与 Zoeppritz 方程的计算结果接近，适用于大入射角条件下 AVO 反演。因此，选择基于 Fatti 近似式的叠前反演技术求取龙王庙组弹性参数，进而才能准确可靠地预测含气白云岩储层的分布范围。

4 含气白云岩储层叠前同时反演

叠前同时反演是将叠前地震资料与井资料相结合，得到纵波阻抗、横波阻抗、密度等弹性参数体。叠前同时反演流程如图 6 所示。该技术在储层和流体预测中已得到成熟应用，不同叠前反演技术的区别在于采用不同的 AVO 近似公式。根据含气白云岩储层 AVO 正演分析，本文中采用基于 Fatti 近似公式[8]的叠前反演求取目的层的弹性参数。在岩石物理分析基础上，确定了对龙王庙组含气白云岩储层敏感的参数是纵波阻抗和密度，其反演过程如下。

4.1 部分角度道集生成

叠前反演需要部分角度叠加道集作为输入数

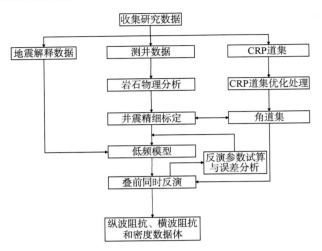

图 6　叠前同时反演流程图

据，部分角度叠加道集通过角度道集转换和部分角度道集叠加两个步骤获得。首先，通过层速度计算将优化处理后的 CRP 道集转成为入射角道集[17]。转换后的入射角道集如图 7 所示。对于龙王庙组目标层，入射角道集的最小入射角为 0°，最大为 38°。接着，需要确定最小入射角和最大入射角之间划分多少个角度。从理论上分析，入射角度划分与地震数据的 AVO 特征密切相关。然而，考虑到叠前道集信噪比、子波提取和标定等因素，通常会划分 3 ~ 5 个部分角度叠加道集。在本次研究中，入射角道集划分为 0° ~ 15°、15° ~ 25° 和 25° ~ 38° 3 个部分角度叠加道集。

4.2　角度子波提取与标定

反褶积理论认为地震子波影响反演质量的一个关键因素。从地震数据提取 3 个与角度相关的地震小波（图 8）——近角度（0° ~ 15°）、中角度（15° ~ 25°）和远角度（25° ~ 38°）。从图 8 可以看出，地震子波的能量和频率从近角到远角依次递减，其中 8°、22°、32°角度分别对应近角（0° ~ 15°）、中角（15° ~ 25°）、远角（25° ~ 38°）部分叠加道集。然后分别对近、中、远道集部分叠加数据体进行标定，图 9 是对 3 个部分角度叠加道集的精细标定结果，地震数据与合成记录具有很好的一致性。

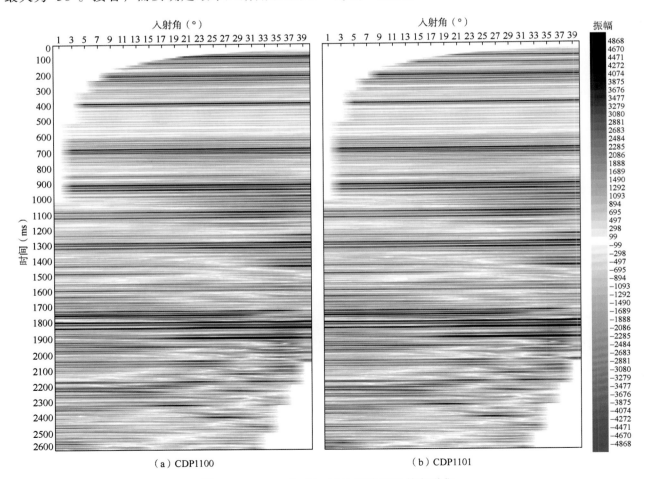

（a）CDP1100　　　　　　　　　（b）CDP1101

图 7　CDP1100 和 CDP1101 对应的叠前角道集

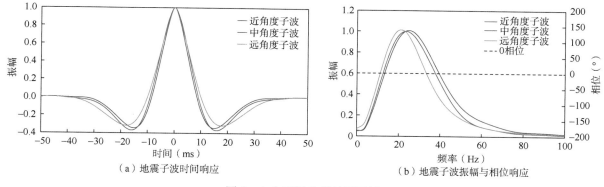

（a）地震子波时间响应　　　　　　　　（b）地震子波振幅与相位响应

图 8　3 个不同角度地震子波

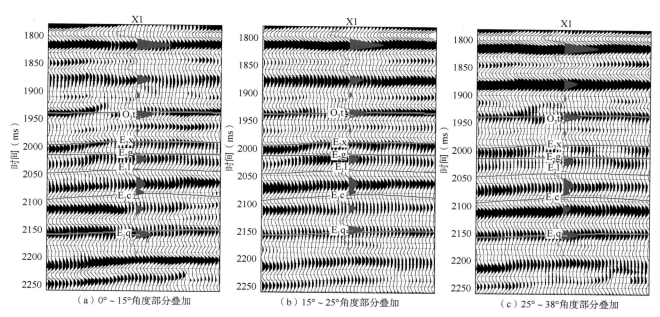

（a）0°～15°角度部分叠加　　　（b）15°～25°角度部分叠加　　　（c）25°～38°角度部分叠加

图 9　X1 井 3 个部分角度叠加道集标定

红色为合成地震记录

4.3 建立低频反演模型

基于部分叠加数据的叠前同时反演利用测井资料进行低频补偿的。它利用角度道集部分叠加资料，且用井旁道相应入射角的纵波阻抗、横波阻抗和密度数据来补充。井与井之间低频分量按距离加权计算，并利用解释的地震层位作为约束条件进行外推，从而建立起对应角度的整个数据体低频模型。低频模型对反演结果影响很大，它有两个作用：一是作为叠前反演初始模型并对反演过程进行约束；二是补充地震数据缺少的低频成分。

4.4 反演参数测试

反演参数测试作为验证反演结果的重要手段。在计算反演数据体之前，首先对 X1 井进行叠前同时反演试算以确定合适的反演关键参数。图 10 是 X1 井的原始测井曲线（蓝色曲线）与反演结果（红色曲线）对比。从对比结果看出，反演结果与测井曲线吻合度高并且二者相关系数达到 0.85，证明了反演结果的可靠性。

5 反演效果分析

叠前同时反演最终结果为纵波阻抗、横波阻抗和密度数据体，然后利用高分辨率反演结果预测含气白云岩储层。图 11 是研究区过 X1 井叠前同时反演结果，从图中黑色椭圆区可以看出，含气白云岩储层具有明显低纵波阻抗、低密度的特征。这样特征表明可以利用叠前同时反演得到的纵波阻抗和密度将含气白云岩储层与其他 3 种岩性区分开。最后，根据图 4 中含气白云岩储层分布范围，对反演结果进行定量解释，预测龙王庙

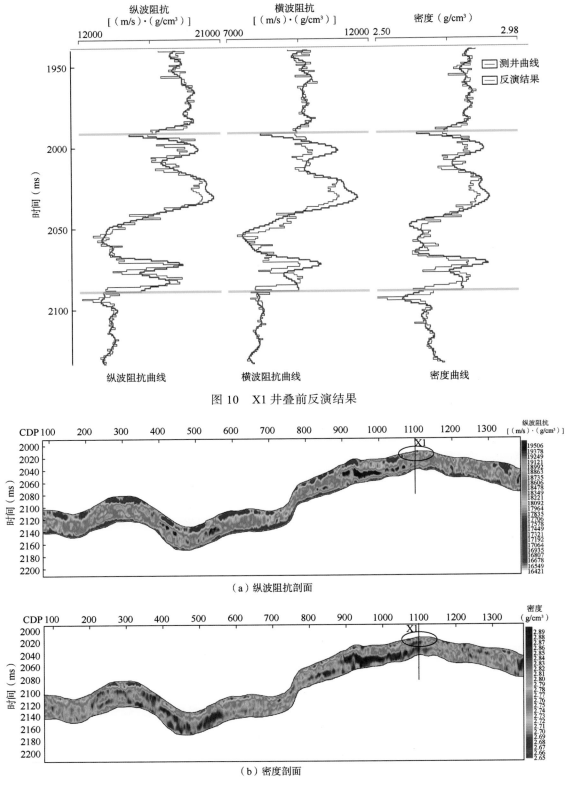

图 10　X1 井叠前反演结果

（a）纵波阻抗剖面

（b）密度剖面

图 11　龙王庙组叠前同时反演剖面

组含气白云岩储层的分布。图 12 为龙王庙组含气白云岩储层的预测结果。从图 12 可以看出，含气白云岩储层主要发育在龙王庙组上部，含气白云

岩储层横向上分布不连续，并且厚度变化较大。预测的龙王庙组含气白云岩储层结果与研究区龙王庙组含气储层分布的地质认识一致。图 12 中

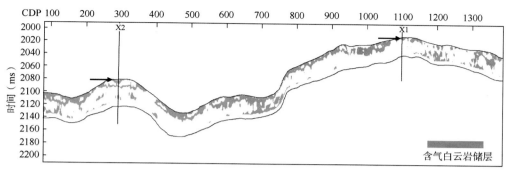

图12　含气白云岩储层预测结果

X1井位置预测龙王庙组含气白云岩储层对应实钻厚度18m的气层，预测 X1 井位置及其周围含气白云岩储层厚度相对较薄，含气白云岩储层横向不连续。X2井在龙王庙组上部获得了53m厚的产气层，这与 X2 井位置预测含气白云岩储层的结果吻合，进一步证实了预测结果的可靠性。总之，本文应用叠前同时反演技术可靠地预测含气白云岩储层的分布。

6　结论与认识

　　四川盆地应用叠前同时反演很好地预测了龙王庙组含气白云岩储层的分布。与龙王庙组白云岩储层、致密白云岩和泥质白云岩相比，含气白云岩储层具有明显的低纵波阻抗与低密度特征。采用基于Fatti近似式的叠前同时反演方法预测了含气白云岩储层，预测结果有效并得到钻井验证。叠前同时反演技术可推广应用其他地区含气白云岩储层预测。

　　含气白云岩储层预测受地震资料品质和反演方法影响，地震资料品质可通过优化处理提高。但由于反演算法不同，反演方法会对含气储层预测结果有一定影响。本文中采用基于Fatti近似式的叠前同时反演，达到预测含气白云岩储层分布的目的。为进一步提高含气储层预测精度，建议利用统计岩石物理方法预测储层含气饱和度。

参考文献

[1] Ostrander W J. Plane-wave reflection coefficients for gas sands at non normal angles of incidence[J]. Geophysics，1984，49（10）：1637-1648.

[2] Aki K I，Richards P G. Quantitative seismology：theory and methods[J]. W H Freeman and Co Cambridge，1980：144-154.

[3] Shuey R T. A simplification of the Zoeppritz equations[J]. Geophysics，1985，50：609-614.

[4] Connolly P. Elastic impedance[J]. The Leading Edge. 1999（18）. 438–452.

[5] David N W，Partrick A C，Roger L R，et al. Extended elastic impedance for fluid and lithology prediction[J]. Gephysics，2002，67（1）：63-67.

[6] Shao M L，George A M. Elastic impedance inversion of multichannel seismic data from unconsolidated sediments containing gas hydrate and free gas[J]. Geophysics，2004，（69）：164-179.

[7] Hampson D P，B H Russell，B Bankhead. Simultaneous inversion of pre-stack seismic data[J]. 75th Annual International Meeting，SEG，Expanded Abstracts，2005：1633-1636.

[8] Fatti J L，Smith G C，Vail P J，et al. Detection of gas in sandstone reservoirs using AVO analysis：A 3-D seismic case history using the Geostack technique[J]. Geophysics，1994，59（9）：1362-1376.

[9] 杨雪飞，王兴志，代林呈，等. 川中地区下寒武统龙王庙组沉积相特征[J]. 岩性油气藏，2015，27（1）：95-101.

[10] 刘树根，宋金民，赵异华，等. 四川盆地龙王庙组优质储层形成与分布的主控因素[J]. 成都理工大学学报（自然科学版），2014，41（6）：657-670.

[11] 姚根顺，周进高，邹伟宏，等. 四川盆地下寒武统龙王庙组颗粒滩特征及分布规律[J]. 海相油气地质，2013，18（4）：1-8.

[12] 王林琪，范存辉，范增辉，等. 地震勘探技术对四川盆地构造演化及其区域沉积作用的推定[J]. 天然气工业，2016，36（7）：18-26.

[13] 刘树根，王一刚，孙玮，等. 拉张槽对四川盆地海相油气分布的控制作用[J]. 成都理工大学学报（自然科学版），2016，43（1）：1-23.

[14] 刘树根，孙玮，罗志立，等. 兴凯地裂运动与四川盆地下组合油气勘探[J]. 成都理工大学学报（自然科学版），2013，40（5）：511-520.

[15] Zoeppritz K. Erdbebenwellen VIIIB：On the reflection and penetration of seismic waves through unstable layers[J]. Goettinger Nachrichten，1919（1）：66-84.

[16] Smith G，Gidlow P. Weighted stacking for rock property estimation and detection of gas，Geophys[J]. Prosp.，1987，35，993-1014.

[17] Bale R.，Leaney S，Dumitru G. Offset-to-angle transformations for PP and PS AVO analysis[J]. 71th Annual International Meeting，SEG，Expanded Abstracts，2001：235-238.

一种碳酸盐岩缝洞型储层有效性评价新方法

田　瀚[1,2]　冯庆付[2]　李　昌[1]　田明智[1]　李文正[1,2]　张　豪[1,2]　谷明峰[1,2]

（1. 中国石油杭州地质研究院　浙江杭州　310023；2. 中国石油勘探开发研究院四川盆地研究中心　四川成都　610041）

摘　要： 碳酸盐岩储层孔隙类型多样，孔隙结构复杂，如何有效提高储层评价精度一直以来是测井面临的难题，尤其是针对中国海相碳酸盐岩地层，仅依靠单一的孔隙度难以描述储层的有效性。笔者以四川盆地高石梯—磨溪地区龙王庙组缝洞型储层为例，优选出胶结指数 m 和基质孔隙度占比两个参数建立了储层有效性评价方法。其中，胶结指数 m 采用新提出的基于裂缝形态的多孔介质模型计算得到，该模型可以计算出随深度变化的胶结指数 m 值且精度高。研究发现，通常情况下对于产层，其胶结指数 m 小于 2.25，基质孔隙度占比大于 44%；对于差产层，其胶结指数 m 小于 2.25，但基质孔隙度占比小于 44% 或胶结指数 m 大于 2.25，基质孔隙度占比大于 44%；而对于干层，其胶结指数 m 大于 2.25 且基质孔隙度占比小于 44%。应用结果表明，该方法能够显著提高研究区储层有效性评价精度。

关键词： 碳酸盐岩；缝洞型储层；胶结指数；有效性评价

A New Method for Evaluating the Effectiveness of Carbonate Fracture-vug Reservoir

Tian Han[1,2], Feng Qingfu[1], Li Chang[1], Tian Mingzhi[1], Li Wenzheng[1,2], Zhang Hao[1,2], Gu Mingfeng[1,2]

(1. *PetroChina Hangzhou Research Institute of Geology, Hangzhou, Zhejiang* 310023; 2. *Research institute of Sichuan Basin, PetroChina Research Institute of Petroleum Exploration & Development, Chengdu, Sichuan* 610041)

Abstract: Due to the various pore types and complex pore structures, improving the accuracy of reservoir evaluation has always been a difficult problem, especially for China's marine carbonate reservoir, it is difficult to describe the effectiveness of the reservoirs only by single porosity. A case study was made on the fracture-vug reservoir of LWM Formation in Gaoshiti-Moxi area of Sichuan Basin. Cementation factor m and matrix porosity ratio are selected to establishing the reservoir evaluation method. The cementation factor m is calculated by a new method, porous media model based on fracture dip. To production layer, the cementation factor less than 2.25 and the matrix porosity ratio more than 44%. To low production layer, the cementation factor less than 2.25 and the matrix porosity ratio less than 44% or the cementation factor more than 2.25 and the matrix porosity ratio more than 44%. To dry layer, the cementation factor more than 2.25 and the matrix porosity ratio less than 44%. The result shows that this method can improve the accuracy of reservoir evaluation.

Key words: carbonate rock; fracture-vug reservoir; cementation factor; effectiveness evaluation

缝洞型储层是碳酸盐岩主要的储层类型，目前对储层有效性的判别方法大多是利用孔隙度—渗透率交会，通过划分孔隙度和渗透率下限来确定产层和非产层，且随着技术的发展，一些测井工作者也引入测井新技术进行储层评价[1,2]。李宁等利用成像测井孔隙度分布谱来判断酸化压裂后的有效工业储层，且在国内多个油田得到很好的应用[1]；王亮等利用斯通利波的反射和能量衰减程度来评价裂缝性储层的有效性，在四川盆地龙岗地区取得较好效果[3]；李军、吴丰等利用核磁共振测井在碳酸盐岩储层有效性评价中也进行了很好的应用[4,5]，这些新方法不仅对测井资料的要求较

基金项目：国家科技重大专项"大型油气田及煤层气开发"（2017ZX05008-005）和中国石油科技部重点项目"深层—超深层油气富集规律与区带目标评价"（2018A-0105）资助。

第一作者简介：田瀚（1989—），男，硕士，2015 年毕业于中国石油勘探开发研究院，工程师，主要从事碳酸盐岩测井地质学研究。

E-mail：tianh_hz@petrochina.com.cn

高，而且对物性相对较好的储层才有明显效果。近年来，随着勘探程度的不断提高，研究对象的储层品质恶劣化，导致仅依靠单一的孔隙度难以描述储层的有效性。参照四川盆地已有的碳酸盐岩储层分类评价标准[6]，对于Ⅱ、Ⅲ类储层，经常会出现储层有效性判断错误的现象：孔隙同样发育的储层，有的经过酸化压裂后可以达到工业产能，而有的则达不到工业产能，甚至为干层，出现这种情况的原因主要在于对储层的认识不深入、不全面[7]。孔隙度虽然能够直观的反映储层物性好坏，但是它只是从宏观方面进行评价，而无法对储层的微观孔隙结构进行有效表征，对于碳酸盐岩储层而言，孔隙结构的复杂程度才是影响储层有效性的关键所在。

基于这种认识，笔者从储层的微观孔隙结构和宏观特征两方面入手，提出了一种新的针对缝洞型储层有效性评价的方法。

1 有效性评价方法

1.1 胶结指数 m

储集岩孔隙结构是指岩石所具有的孔隙喉道的几何形状、大小、分布及其相互连通关系[8, 9]。目前对于孔隙结构的研究方法主要有压汞、CT扫描、核磁共振和岩电分析法等。其中，压汞和CT扫描主要是针对单个岩石样品所进行的实验分

析，虽说是目前孔隙结构研究的重要手段之一，但是由于缺乏连续性和规模性，无法用于全井段的连续分析。核磁共振测井的出现为连续分析储集岩孔隙结构提供了可能，但核磁共振测井成本昂贵，普遍推广使用不现实。岩电分析得到的孔隙结构指数能够反映孔隙喉道分布和连通特征[8]：如对于均匀溶蚀的颗粒岩，由于其导电关系与碎屑岩相类似，m 值近似为理论值2；对于成岩作用比较复杂的岩石，由于后期经历胶结、溶蚀和白云石化作用等多重成岩作用的影响，使得原始沉积时形成的孔隙结构发生很大改变，导致岩石整体的导电关系变得复杂，此时 m 值会大于2；而当裂缝发育时，由于裂缝是良好的导电通道，此时 m 值小于2（图1）。如果能够快速得到连续准确的胶结指数 m 值，那么为复杂孔隙结构的储层就可以提供一种潜在的表征方法。

众多学者对胶结指数 m 进行过研究，也提出了很多胶结指数 m 的计算方法，目前要以三孔隙度模型最为主流[10-14]。三孔隙度模型思想认为不同的孔隙空间对储层的导电贡献不同。如孔洞型储层，当溶蚀孔洞连通性较差时，如发育粒内孔、铸膜孔和体腔孔，这些孤立孔洞的发育虽然能够显著增加储集空间，但是储层电阻率随孔隙度的变化不如孔隙型储层明显；而裂缝型储层，裂缝虽然不能显著增加储集空间但是对导电性能的改善是显著的，正是基于这种认识，学者们采用串

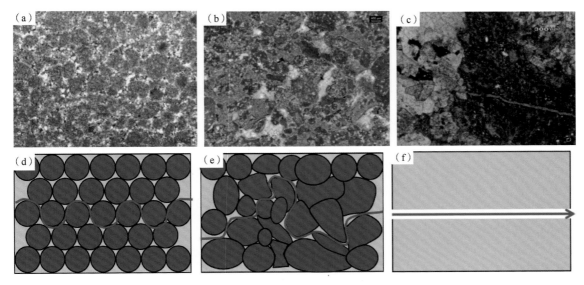

图1 导电路径示意图

（a）均匀溶蚀的颗粒白云岩，粒间孔发育；（b）灰质白云岩，明显的方解石胶结作用；（c）生屑云岩，见裂缝发育；
（d）、（e）、（f）分别为（a）、（b）、（c）所对应的电路导电路径示意图

并联思想来考虑不同孔隙空间的导电作用。这种模型创新性的提出了一种胶结指数 m 的计算方法，同时学者们也对胶结指数 m 的影响因素及变化规律进行深入分析。曾文冲[15]通过对大量岩心的实际测定发现，对于碳酸盐岩等非均质储层，即使在相同岩性和相同孔隙度、矿化度和含水饱和度条件下，m 值也会有相当大的变化。他以 PG2 井的飞仙关组上段白云岩储层为例，虽然储集空间主要为溶蚀孔洞型，但 18 块岩样实际测定的 m 值变化甚大，变化范围在 1.60 ~ 3.57 之间，同时他还综合多个地区基质孔隙、裂缝与溶蚀孔的岩心岩电实验数据系统展示了不同类型储集空间胶结指数 m 值具有不同的变化规律和分布特点；Towle[16]在考虑孔隙几何形态的情况下，通过理论

模型的推导认为，对于孔洞型储层，胶结指数 m 一般从 2.67 至 7.3+变化，而对于裂缝型储层，胶结指数 m 要小于 2；正是由于碳酸盐岩储层非阿尔奇现象突出，利用三孔隙度模型计算的含水饱和度相对传统方法有明显的效果[16-17]。但是仔细深入分析就可以发现，目前的三孔隙度模型虽然考虑了孔隙空间类型及大小对储层的影响，却忽略了孔隙形态的作用，尤其是裂缝形态。对于碳酸盐岩储层而言，裂缝形态往往不是一成不变的。笔者以四川盆地高石梯—磨溪地区已钻井为例，对其成像资料进行分析，可以发现不同的井裂缝倾角是存在明显差异（图 2）。因此笔者在前人三孔隙度模型基础上，进一步考虑裂缝形态的影响，并提出了新的基于裂缝倾角的多孔介质模型[式（5）]。

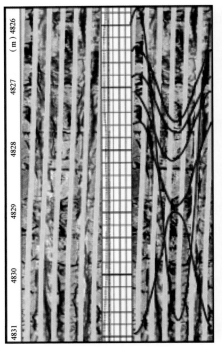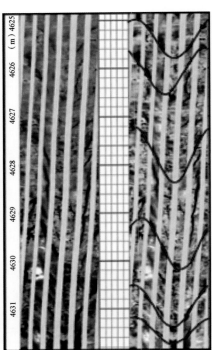

图 2　储层裂缝发育情况

在现实情况下，裂缝倾角的变化只会在两种极端状态之间变化，即裂缝倾角为 0°的水平裂缝和裂缝倾角为 90°的垂直裂缝。假设电流是水平流入地层，那么对于水平裂缝，由于电流流向与裂缝走向一致，此时地层整体电导率最大，而当是垂直裂缝时，由于电流流向与裂缝走向相垂直，此时地层整体电导率最小[12]。结合成像测井所测量的裂缝倾角情况，就可以得到任意裂缝形态下，地层整体导电情况。于是笔者通过严格理论推导，最终得到了全新的基于裂缝形态的多孔介质模型[式（5）]。

$$F_{\theta=0} = 1/\left[\phi_2 + (1-\phi_2) \cdot \phi_b^{mb}\right] \tag{1}$$

$$F_{\theta=90} = \phi_2 + (1-\phi_2) \cdot \phi_b^{-mb} \tag{2}$$

$$F = (1-\phi_{nc}) \frac{F_{\theta=0} \cdot F_{\theta=90}}{F_{\theta=90} \cdot \cos^2\theta + F_{\theta=0} \cdot \sin^2\theta} + \phi_{nc} \tag{3}$$

$$\phi_{nc} = \frac{\phi - \phi_b}{1-\phi_b} - \phi_2 \tag{4}$$

$$m = -\frac{\log[(1-\phi_{nc}) \dfrac{F_{\theta=0} \cdot F_{\theta=90}}{F_{\theta=90} \cdot \cos^2\theta + F_{\theta=0} \cdot \sin^2\theta} + \phi_{nc}]}{\log\phi} \tag{5}$$

式中　ϕ——储层总孔隙度，由中子密度交会获得；

　　　ϕ_2——裂缝孔隙度，由深、浅双侧向电阻率或成像测井获得；

　　　ϕ_b——基质孔隙度，由声波时差测井获得；

　　　ϕ_{nc}——储层孤立孔洞孔隙度，利用式（4）获得；

　　　$F_{\theta=0}$——水平裂缝情况下，混合体的地层因素值；

　　　$F_{\theta=90}$——垂直裂缝情况下，混合体的地层因素值；

　　　θ——裂缝倾角，（°）；

　　　mb——基质部分的胶结指数；

　　　m——缝洞型储层的胶结指数。

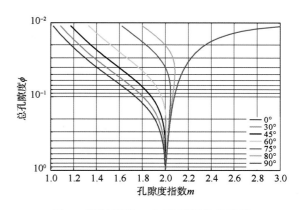

图3　胶结指数 m 与裂缝倾角的关系

　　为了能进一步了解裂缝倾角对胶结指数 m 的影响，笔者进行了一系列的数值模拟分析。假设储层裂缝孔隙度为1%，裂缝倾角分别为0°、30°、45°、60°、75°、80°和90°情况下，分析胶结指数 m 的变化情况，同时进一步假设储层在不发育裂缝时，其胶结指数 m 为理论值2.0。如图3所示，可以发现：当裂缝倾角较小时（<60°），胶结指数 m 的确小于理论上没有裂缝时的情况，即 m 值小于2.0；但是随着裂缝倾角的增大，这种情况就开始发生变化，当裂缝倾角较大时，胶结指数 m 出现大于2.0的现象，也就是说此时裂缝并没有改善储层整体导电能力，这与人们认为裂缝一定会促进地层电流的流通相左，而且，随着裂缝倾角的逐渐增大，出现胶结指数 m 大于2.0时所要求的孔隙度下限值是逐渐降低的。

　　国内海相碳酸盐岩的特殊性，决定了其与国外碳酸盐岩储层存在较大差异。中国海相碳酸盐岩都经历了多旋回构造运动的叠加和改造，具有年代古老、时间跨度大、埋藏深度大、埋藏—成岩历史漫长而复杂的特点[18]，使得其储层物性相对国外的碳酸盐岩储层整体偏差。图4a为高石梯—磨溪地区龙王庙组岩心分析孔隙度统计直方图，统计了该区1515块岩心分析数据，可以发现，龙王庙组储层孔隙度集中分布于1.0%～5.0%之间，参照四川盆地已有的碳酸盐岩储层分类评价标准，储层整体以Ⅱ、Ⅲ为主；图4b为该区22口成像测井的裂缝倾角数据统计直方图，可以发现研究区储层整体以发育高角度裂缝为主，裂缝倾角一般大于70°。基于前面的分析可知，在这种情况下，可能会出现裂缝对储层整体导电能力减弱的现象，因此为了能够得到准确的胶结指数 m，有必要在实际研究中考虑裂缝倾角的影响。

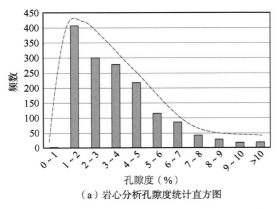

（a）岩心分析孔隙度统计直方图

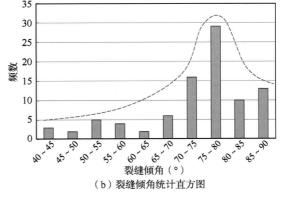

（b）裂缝倾角统计直方图

图4　岩心物性及裂缝倾角特征

　　新方法计算的胶结指数 m 值与斯伦贝谢ADT（Array Dielectric Tool）介电扫描测井测量的 m 值有很好的吻合性。ADT介电测井为斯伦贝谢公司最新一代介电扫描测井，其最大的优势就是能够测量随地层深度变化的胶结指数 m，从而为准确评价储层中含水饱和度提供可靠参数。而基于新方法所计算的结果与 ADT 测量值相一致，且基于得到的胶结指数 *m* 所计算的含水饱和度与岩心分析含水饱和度相吻合，说明计算结果可靠，同时在研究区其他取心井也得到验证（图 5）。

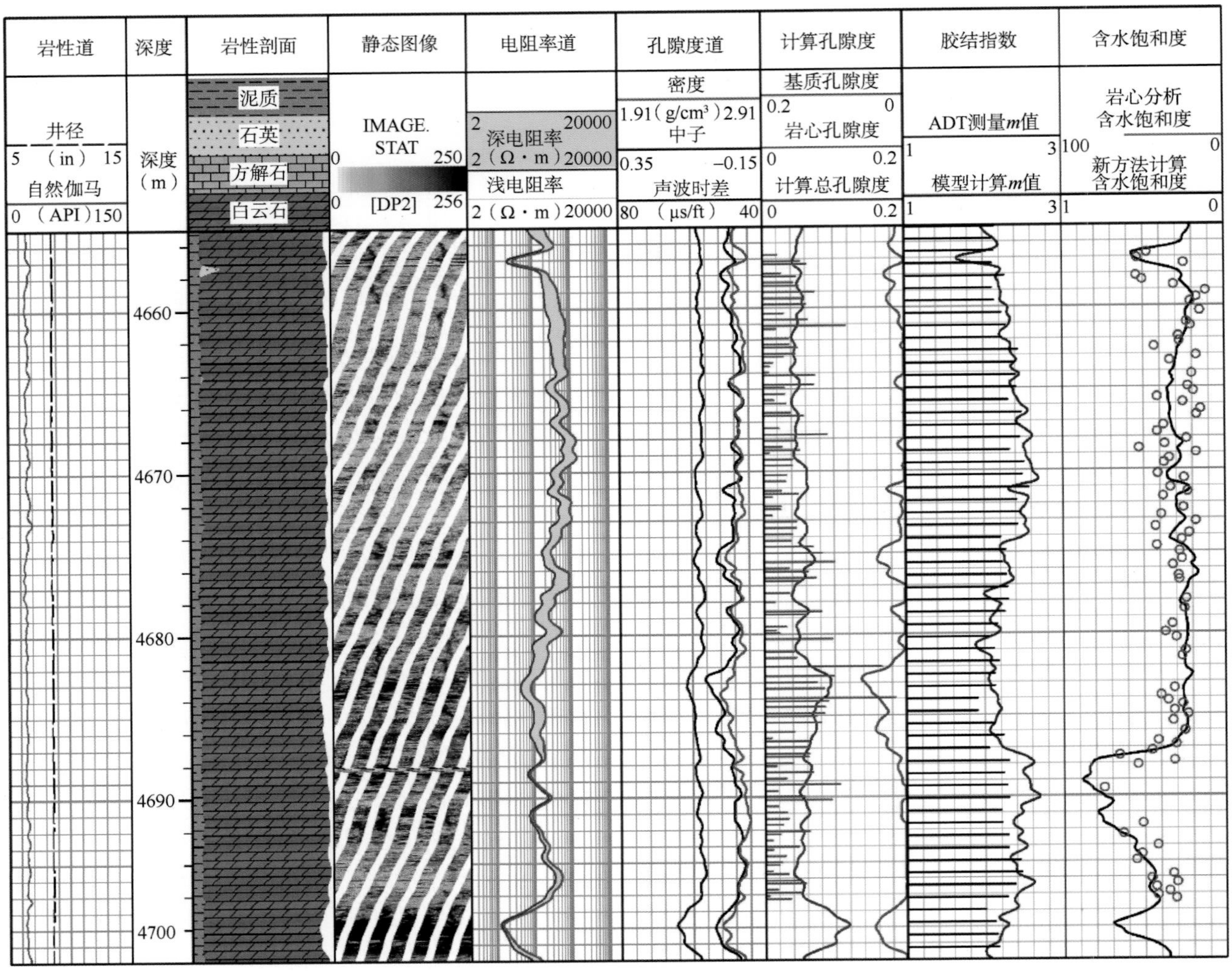
岩性道
深度
岩性剖面
静态图像
电阻率道
孔隙度道
计算孔隙度
胶结指数
含水饱和度
井径
5 (in) 15
自然伽马
0 (API) 150
深度 (m)
泥质
石英
方解石
白云石
IMAGE. STAT
0 250
0 [DP2] 256
深电阻率
2 (Ω·m) 20000
浅电阻率
2 (Ω·m) 20000
密度
1.91 (g/cm³) 2.91
中子
0.35 −0.15
声波时差
80 (μs/ft) 40
基质孔隙度
0.2 0
岩心孔隙度
0 0.2
计算总孔隙度
0 0.2
ADT测量m值
1 3
模型计算m值
1 3
岩心分析含水饱和度
100 0
新方法计算含水饱和度
1 0
4660
4670
4680
4690
4700

图 5　利用模型计算的胶结指数 *m* 和 ADT 测量的 *m* 值

1.2 基质孔隙度占比

前人研究表明，四川盆地下寒武统龙王庙组储层主要发育于内缓坡的颗粒滩微相（平均孔隙度 5.03%），而滩间海（平均孔隙度 0.89%）及潟湖（平均孔隙度为 1.03%）等其他沉积微相区储层不发育，颗粒滩微相的主要岩石类型为颗粒碳酸盐岩（图 6），颗粒碳酸盐岩是形成优质储层的物质基础[19]，现今所见的粒间孔、晶间孔主要是在原始孔隙基础上经过后期成岩改造后保留下来的，也是龙王庙组主要的储集空间类型。我们知道基质孔隙主要反映的是储层原始物性情况，而根据声波时差测井的基本原理可以知道声波时差测井孔隙度主要反映的就是基块岩石孔隙度[20]。

基质孔隙度占比是指基质孔隙部分占总孔隙空间的百分比。其中，基质孔隙度由声波时差测井计算得到，其主要反映的是粒间、晶间孔隙所占的空间大小；而总孔隙度由中子密度交会得到，根据中子密度测井的基本原理可知，其所得到的孔隙度不仅包括基质部分，还包括因后期成岩作用所产生的裂缝和溶蚀孔洞。基质孔隙度占比相比纯粹的孔隙度，更能反映储层本身的好坏，而只采用基质孔隙度，由于其相对岩石真实孔隙度而言整体偏小，可能会导致部分产层段被认为是非储层。

结合试油和测井计算孔隙度，可以先建立储层及非储层的判别标准，从而剔除物性差的非储层段。针对储层段，认为基质孔隙度占比越大，

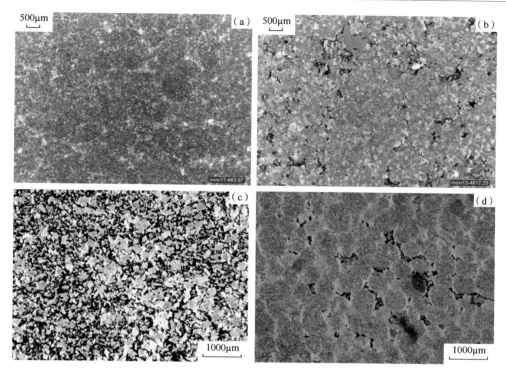

图 6 储集空间类型及岩性特征

（a）砂屑白云岩，粒间孔发育，磨溪 17 井，龙王庙组，4663.97m，铸体片，单偏光；（b）细晶白云岩，晶间孔见沥青，磨溪 13 井，龙王庙组，4617.25m，铸体片，单偏光；（c）细晶白云岩，晶间孔发育，磨溪 12 井，龙王庙组，4646.5m，铸体片，单偏光；（d）残余鲕粒白云岩，粒间溶孔发育，孔边缘见沥青，高石 6 井，龙王庙组，4546.07m，铸体片，单偏光

反映储层原始物性越好；而基质孔隙度占比越小，则表明储层主要以后期溶蚀孔洞为主。对于均匀溶蚀孔，其在声波时差测井上是有反映的，这里将其归并到基质岩块孔隙中，从而利用基质孔隙度占比来间接反映储层的好坏。为此，笔者对研究区部分已钻井的单井基质孔隙度占比和测试产量进行了统计（表 1），可以发现，对于基质孔隙度占比大的储层，常规的裸眼井测试，其储层段就有流体产出，而对于基质孔隙度占比小的储层，即使后期经过酸化压裂改造，最终产出也不尽如人意。

表 1 单井基质孔隙度占比与试油产量关系

井名	总孔隙度（%）	基质孔隙度（%）	基质孔隙度占比（%）	试油方式	试油产量
GS10	3.72	1.90	53.76	—	水 355.2m³
GS11	3.23	1.28	41.49	酸压	干层
GS17	3.54	0.87	28.81	—	干层
MX208	3.90	1.09	28.21	酸压	干层
GS28	4.42	2.63	62.44	—	水 75.8m³
GS6	3.61	1.82	60.39	—	气 104.7×10⁴m³
GS8	3.60	1.88	57.78	—	水 31m³
MX203	4.52	1.99	53.98	—	水 187m³

2 应用效果

依据上述思路，笔者针对高磨地区龙王庙组储层，利用胶结指数 m 和基质孔隙度占比这两个参数建立了相应的储层有效性评价图版（图 7）。

可以发现，该方法能够有效区分产层、差产层和干层，其中右下角为产层区，表现为胶结指数 m 值小，基质孔隙度占比大；而左上角为干层区，表现为胶结指数 m 值大，基质孔隙度占比小。

胶结指数 m 和基质孔隙度占比这两个参数之

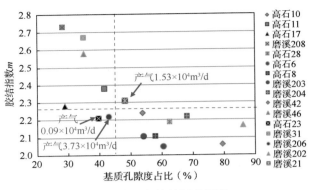

图 7 储层有效性评价图版

所以能够有效表征储层的好坏，其实是有明确的物理意义。胶结指数 m 反映的是储层孔隙结构的分布及其连通程度，在储层物性一定的情况下，胶结指数 m 越小，说明储集空间彼此连通性好，后期酸化压裂油气更容易产出；胶结指数 m 越大，储集空间连通性差，储集空间彼此孤立，使得油气的

排出难度更大。基质孔隙度占比主要反映的储层原始物性的好坏，由于龙王庙组储层是典型的相控型储层，原始物质基础的好坏间接反映了沉积相带的好坏。因此，可以利用这两个参数从微观孔隙结构和宏观的储层特征两个方面对储层进行表征。

图 8 为 MX46 井龙王庙组测井成果图，常规处理结果为：4720～4755m 段储层平均孔隙度3.8%，储层有效厚度 27m，原始解释为气层，最终测试为干层。通过本方法重新评价后发现：基质孔隙度占比仅为 35.03%，虽然测井计算的孔隙度较高，但是基质孔隙相对不发育，推测其孔隙空间主要是溶蚀孔洞或裂缝；而胶结指数 m 高达2.58，进一步推测这些储集空间发育孤立孔洞就是发育高角度裂缝，而储层段的成像测井刚好证实了这一点，确实以发育高角度缝为主。该点落入干层区，与试油结论相一致。

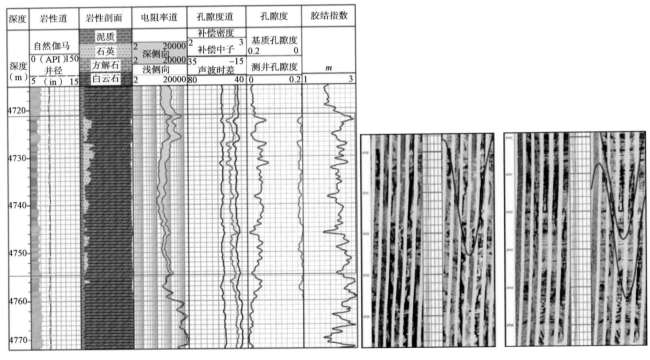

图 8 MX46 井测井解释成果图

3 结 论

（1）碳酸盐岩储层储集空间类型多样、孔隙结构复杂，尤其是中国的海相碳酸盐岩储层。在综合考虑孔隙空间大小和形态基础上提出的基于裂缝倾角的多孔介质模型计算的胶结指数 m 精度更高，且能很好的用于储层表征。

（2）利用胶结指数 m 和基质孔隙度占比建立的储层有效性评价方法应用效果明显。胶结指数 m 值越大，反映储层孔隙结构越复杂，孤立孔洞或高角度裂缝越发育，反之说明连通缝洞越发育；基质孔隙度占比越大，则表明储层基质孔越发育，原始物质基础越好，反之说明孤立孔洞越发育。

参考文献

[1] 李宁，肖承文，伍丽红，等. 复杂碳酸盐岩储层测井评价：中国的创新与发展[J]. 测井技术，2014，38（1）：1-10.

[2] 闫建平，梁强，李尊芝，等. 连通域标识法在 FMI 图像溶洞信息定量拾取中的应用[J]. 地球物理学报，2016，59（12）：4759-4770.

[3] 王亮，司马立强，谢彬，等. 龙岗地区雷口坡组复杂碳酸盐岩储层有效性评价[J]. 特种油气藏，2011，18（5）：37-40.

[4] 吴丰，戴诗华，赵辉. 核磁共振测井在磨溪气田碳酸盐岩储层有效性评价中的应用[J]. 测井技术，2009，33（3）：249-252.

[5] 李军，张超谟，唐小梅，等. 核磁共振资料在碳酸盐岩储层评价中的应用[J]. 江汉石油学院学报，2004，26（1）：48-50.

[6] 谢彬. 四川盆地乐山—龙女寺古隆起震旦系—下古生界储层测井评价技术研究[R]. 内部材料，2013.

[7] 张兆辉，高楚桥，高永德. 孔洞型储层有效性评价新方法[J]. 天然气地球科学，2013，4（3）：529-533.

[8] 蔡忠，王伟锋，候加根. 利用测井资料研究储层孔隙结构[J]. 地质论评，1993，39：69-75.

[9] 张帆，闫建平，李尊芝，等. 碎屑岩阿尔奇公式岩电参数与地层水电阻率研究进展[J]. 测井技术，2017，41（2）：127-134.

[10] AI-Ghamdi，Chen B，Behmanesh H，et al. An improved triple-porosity model for evaluation of naturally fractured reservoirs[C]. SPE-132879-PA SPE Reservoir Evaluation & Engineering. 2010.

[11] Roberto F A，Roberto A. A triple porosity model for petrophysical analysis of naturally fractured reservoirs[J]. Petrophysics，2004，45（2）：157-166.

[12] Roberto A. Effect of fracture dip and fracture tortuosity on petrophysical evaluation of naturally fractured reservoir[J]. Journal of Canadian Petroleum Technology，2010，49（9）：69-76.

[13] 田瀚，李明，杨敏，等. 缝洞型储层孔隙度指数的计算研究：基于改进前后的三孔隙度模型[J]. 地球物理学进展，2015，30（4）：1779-1784.

[14] 潘保芝，张丽华，单刚义，等. 裂缝和空洞型储层空隙模型的理论进展[J]. 地球物理学进展，2006，21（4）：1232-1237.

[15] 曾文冲，刘学锋. 碳酸盐岩非阿尔奇特性的诠释[J]. 测井技术，2013，37（4）：341-351.

[16] Towle G. 1962. An analysis of the formation resistivity factor-porosity relationship of some assumed pore geometries[C]. Houston，Texas：Third Annual Meeting of SPWLA.

[17] 漆立新，樊政军，李宗杰，等. 塔河油田碳酸盐岩储层三孔隙度测井模型的建立及其应用[J]. 石油物探，2010，49（5）：489-494.

[18] 赵文智，沈安江，胡素云，等. 中国碳酸盐岩储集层大型化发育的地质条件与分布特征[J]. 石油勘探与开发，2012，39（1）：1-12.

[19] 张建勇，罗文军，周进高，等. 四川盆地安岳特大型气田下寒武统龙王庙组优质储层形成的主控因素[J]. 天然气地球科学，2015，26（11）：2063-2074.

[20] 司马立强. 碳酸盐岩缝—洞性储层测井综合评价方法及应用研究[D]. 成都：西南石油学院，2005.

正演模拟技术在白云岩薄储层预测研究中的应用

张 强[1,2] 王 鑫[1] 张建新[1,2] 乐幸福[1]

（1. 中国石油勘探开发研究院西北分院 甘肃兰州 730020；2. 中国石油勘探开发研究院
四川盆地研究中心 四川成都 610041）

摘 要：四川盆地白云岩储层普遍发育，勘探潜力巨大，但是由于其复杂性，导致储层预测极其困难。针对这种情况，开展地震正演模拟方法研究白云岩储层的地震响应特征进而指导储层预测是十分必要的。某地区二叠统栖霞组白云岩储层地震响应不清，为了厘清储层的地震响应特征，结合已钻井情况，建立了不同的地质正演模型来研究储层的地震响应。通过分析正演模拟结果得到：在下伏为高速地层时，储层的地震响应为弱波峰反射；在下伏为低速地层时，储层的响应特征受下伏地层影响，表现为波谷反射，但是在消除下伏地层影响后储层响应仍表现为弱波峰反射特征。地震正演模拟方法为研究白云岩储层地震响应特征提供了一定的依据，同时也为白云岩储层进一步研究提供了手段。

关键词：白云岩储层；地震响应；正演模拟

Application of Forward Modeling to Research of Thin Dolomite Reservoir

Zhang Qiang[1,2], Wang Xin[1], Zhang Jianxin[1,2], Le Xingfu[1]

(1. Northwest Branch Institute, PetroChina Research Institute of Petroleum Exploration & Development, Lanzhou, Gansu 730020; 2. Research Center of Sichuan Basin, PetroChina Research Institute of Petroleum Exploration & Development, Chengdu, Sichuan 610041)

Abstract: The dolomite reservoir, with huge potential prospecting, is widespread in Sichuan basin. Due to various reasons, it results in extremely difficulties to predict dolomite reservoir. In order to guide reservoir prediction, forward modeling is introduced to research the dolomite reservoir seismic response. The seismic response of Permian Qixia dolomite reservoir of project is not clear, in order to clarify the seismic response characteristics, combine with the situation of drilling, different forward models are established. It is obtained by analysis of forward modeling results that on the one hand, reservoir seismic response is weak wave reflection when the underlying strata is high-speed formation; on the other hand, the response characteristics of the reservoir is influenced by the underlying strata, characterized by trough reflection, but still shows the weak wave reflection characteristics after eliminate the influence of the underlying strata otherwise low speed formation. Not only forward modeling provides a basis for study dolomite reservoirs seismic response characteristics, but also as a means for further study on the dolomite reservoir.

Key words: dolomite reservoir; seismic response; forward modeling

四川盆地白云岩储层普遍发育，勘探潜力巨大。但是由于其地表条件复杂，地层埋藏深、年代久远，加之多期构造活动和储层类型多样，储层非均质性强，气水关系复杂，使得地震成像困难，信噪比、分辨率低，给地震储层预测和流体识别带来了挑战[1,2]。针对白云岩储层预测的困难，首先开展精细的岩石物理分析，明确储层的敏感参数，同时进行保幅保真的地震资料处理，确保地震成像的精度和准确性；接着利用井震结合，一方面进行精细沉积相带刻画，确定储层发

基金项目：中国石油西南油气田分公司勘探开发研究院项目"双鱼石构造下二香统地震资料精细解释"（XNS14NH2015-009）资助。

第一作者简介：张强（1990—），男，硕士，2015 年毕业于中国石油大学（北京）地球探测与信息技术专业，工程师，目前主要从事储层综合预测研究工作。

E-mail：zhangq1017@petrochina.com.cn

育有利区，另一方面厘清储层的地质特征和地球物理响应特征，建立储层的地球物理响应模式，分析其非线性特征，从而揭示储层内部的不连续性、不规则性；最后使用不同反演算法等手段定量计算储层物性和含油气性[3-5]。

地震正演模拟方法分为物理模拟和数值模拟，物理模拟是按一定比例制作与实际地质体相对应的地质模型，参照野外探测的情况进行模拟。一般是通过物理实验过程模拟地震波场的传播过程和现象以及在接收点上的波场记录，模拟过程直观、结果真实可靠，且不受计算方法和假定条件等方面的限制，但是物理模拟的推广和应用受到模型材料、制作工艺、激发接收设备、实验条件等方面的限制。数值模拟是基于弹性介质波场传播理论的计算机环境下模拟实际地质模型的方法，由于数值模拟方法其参数和模型修改方便快捷，计算方便，简单快捷，可以实时地解决实际生产中的问题，得到了广泛的应用。数值模拟的方法主要有射线追踪法和波动方程法，射线追踪基于Huygens原理和Snell定律，简单反映波的运动学特征；波动方程法基于弹性或黏弹性理论，反映更多的波场信息[6-11]。由于本次研究只是针对白云岩储层的地震响应特征，利用简单正演模型即可达到目的，所以使用自激自收的射线追踪方法即可开展本地区的研究。

本研究区地震勘探的主频在20～30Hz之间，本次研究的目的层二叠系储层厚度基本在10m左右，即使在极限分辨率8/λ的情况下，也不能明确地分辨储层，通常反映的是储层及其围岩的整体地震响应特征。所以如何在现有情况下，利用正演模拟技术，发现并识别储层的地震响应特征是十分迫切的工作。

正演模拟可以解决有无与油气藏有关的地震异常、异常的地震反射特征、引起异常的原因等问题。正演模拟结果与众多因素密切相关，包括地层厚度、岩性、物性、子波类型、频率及空间变化、观测系统的设计关系、计算方法、资料处理方法等[12]。利用正演模拟技术开展储层地震响应特征研究，可以厘清储层地震响应特征，从而进一步指导储层预测研究并提供了有力的支撑，在四川盆地利用地震正演模拟技术进行储层预测由来已久同时是十分必要的，且取得显著的效果[13-17]。

本次研究区位于四川盆地北部古中坳陷低缓构造区北缘，跨越龙门山山前断褶构造带，大地构造位置隶属上扬子克拉通北缘龙门山山前褶皱带，属地质构造和地貌复杂的区域。工区位于盆地西北部边缘，属高山地带。其山势陡峻，沟谷狭窄，地形切割厉害。该区上二叠统沉积主要为碳酸盐岩缓坡、台地相，中、下三叠统历经台地斜坡至潮坪、潟湖、台地蒸发环境，上三叠统历经了滨海、滨湖环境，具有油气生成基础。根据现今地质情况分析，可能具有有利于油气成藏的构造条件。在川西地区，钻探过程中已在茅口组、栖霞组、吴家坪组、长兴组、飞二段、飞三段、须二段不同程度获气，其中海相碳酸盐岩纵向上发育有多套储层，勘探潜力巨大。但截至2011年获天然气探明地质储量$800.83 \times 10^8 m^3$，海相占11%，海相地层勘探程度较低。B井在川西北地区下二叠统栖霞组、茅口组成功钻遇高产气层，A井下二叠统栖霞组及泥盆系观雾山组获良好显示，海相领域获得重大突破，进一步揭示该区巨大的勘探潜力。本地区的地震勘探工作始于20世纪70年代，直到2000年三维地震和二维数字地震采集的应用较大程度的改善了地震资料的品质，使地震勘探有了较大的突破。依据多轮地震勘探成果，在邻区有多口井钻遇或钻穿下二叠统，有利于在研究区开展深入的地质测井特征分析、井震标定、连井对比等工作，为研究区开展地震响应特征分析、储层预测及裂缝预测等工作奠定良好基础。目前工区只钻有A、B两口井，但其储层的地震响应不同，A井储层的地震响应特征为弱波峰反射，B井储层的地震响应特征为波谷反射，这使储层地震响应变的复杂，增加了该区域的勘探开发难度。储层地震响应特征识别是后续地震储层预测和流体识别的重要基础资料，所以为了厘清该地区白云岩储层的地震响应特征，并结合A、B两口钻井资料，利用正演模拟技术对白云岩储层的地震响应进行研究。

1 白云岩储层基本特征

四川盆地大部分天然气储集在白云岩中，白云岩储层相对于石灰岩来说基质物性较好，普遍具有低孔、低渗的特征，其储集类型分为裂缝—孔隙型、孔隙型、裂缝—孔洞型和裂缝型。碳酸盐岩通过白云化作用形成白云岩，但是由于白云岩强烈受控于成岩作用，原生孔隙难以保存，其储集空间基本上是多期次溶蚀作用叠加改造形成的。而溶蚀作用改造结果与其沉积物有密切关系，所以储层基本上受控于沉积作用和成岩作用。一般情况下有利沉积相带是储层发育的基础，而白云化作用是孔隙型储层形成的必要条件，同时在不同时期的岩溶作用是储集空间形成的决定因素[18-20]。

本地区白云岩储层同样具有低孔、低渗的特征，其储集空间为裂缝—孔隙型，且储层较薄，横向连续性差，识别比较困难。储层的测井响应特征为低速、低伽马的特征，声波时差曲线对其储层敏感性较差，而中子曲线对储层敏感，能较好地区分白云岩和石灰岩，如图1所示。

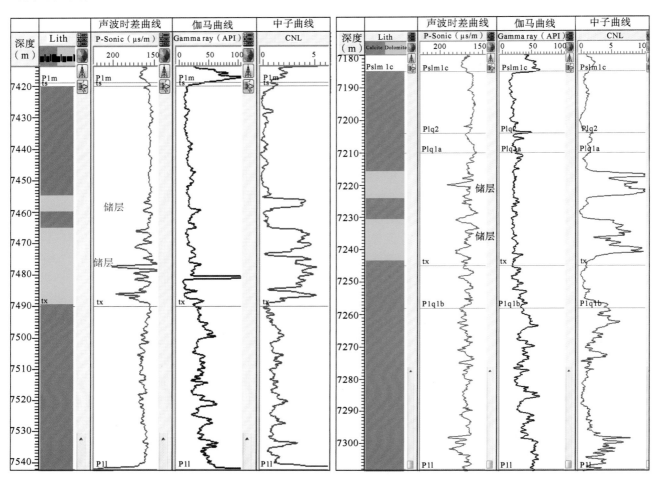

图 1 　储层测井响应特征分析

2 正演模拟与分析

2.1 正演模型建立

结合该地区已钻井资料及地质认识，总结了该地区的栖霞组沉积规律及测井响应特征，初步建立了该区白云岩储层地质模型。在明确该地区栖霞组整体地层岩性结构的基础上，通过对A、B井及邻区井栖霞组岩石物理参数进行统计分析，确定了研究区重点井的栖霞组石灰岩、白云岩及下伏地层的速度（表1），最终确定了该地区几类不同的地质模型。

正演地质模型一为单储层发育正演模型，根

表 1 　A、B 井栖霞组及下伏地层速度

井名	栖霞组速度（m/s）		下伏地层速度（m/s）
	石灰岩	白云岩	
A	6150～6250	5700	6300
B	5800～6200	5720	5300

据其测井曲线中的声波时差测井曲线和伽马曲线综合判断其岩性及得到其地层的速度，这类地质模型的特征为栖霞组顶部接触的茅口组，地层速度为6050m/s；栖二段及栖一a亚段地层岩性以石灰岩为主，地层速度为6200m/s，其中夹一套厚度为20m左右的白云岩储层，储层速度相对较低，

为5700m/s；而栖一b亚段发育石灰岩及泥灰岩地层，石灰岩地层速度6170m/s，泥灰岩地层速度为6250m/s。栖霞组下伏直接接触高速石炭系，速度为6300m/s，厚度为10m。石炭系向下接触低速泥岩地层，速度为5000m/s，泥岩地层向下接触6000m/s的石灰岩地层。石灰岩地层下伏接触高速泥盆系，速度为6600m/s（图2）。

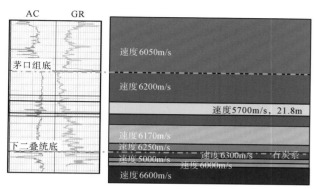

图2 单层储层发育地质模型

正演地质模型二是双层储层发育正演模型，根据其测井曲线中的声波时差测井曲线和伽马曲线综合判断其岩性及得到其地层的速度，其特征为栖霞组顶部接触的茅口组速度为6100m/s，栖二段及栖一a亚段地层岩性以石灰岩为主，地层速度为6200m/s，在其中夹两套厚度分别为10m、13m的白云岩薄储层，储层速度相对较低，为5720m/s。而栖一b亚段发育多套石灰岩及泥灰岩地层，石灰岩地层速度6100m/s，泥灰岩地层速度为5880m/s，下伏梁山组地层速度为5800m/s，预测梁山组下伏地层为低速的志留系，速度为5300m/s（图3）。为了说明下伏低速地层对储层地震响应的影响，将正演地质模型二中梁山组下伏

低速的志留系变为高速地层来研究储层的地震响应特征。

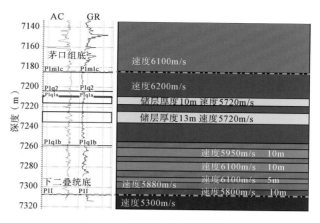

图3 双层储层发育地质模型

2.2 正演结果分析

利用地质模型进行正演模拟，得到其地震正演响应。地质模型一正演结果表现为下二叠统顶界、底界表现为强振幅波峰反射特征，而储层的响应则表现为宽缓波形中的弱波峰反射，这与过A井的地震剖面相吻合；如果去除地质模型一中的储层段，则其正演结果只有二叠系顶底界面的反射，这说明该储层段的地震响应为弱波峰反射，如图4所示。地质模型二地震正演结果中，下二叠统顶界表现为强振幅波峰反射，而下二叠统底界由于接触下伏的低速地层，形成强波谷反射，在储层段受分辨率及储层厚度较薄等因素的影响，并未形成有效反射，表现为波谷反射特征，这与过B井地震剖面相吻合，如图5所示。如果将地质模型二中下伏低速地层替代为高速地层，则其正演结果中储层段对应处出现弱波峰反射，如图6所

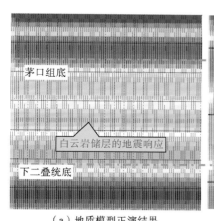

（a）地质模型正演结果

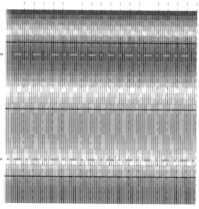

（b）地质模型去除储层段正演结果

（c）过A井地震剖面

图4 单层储层发育地质模型正演结果分析

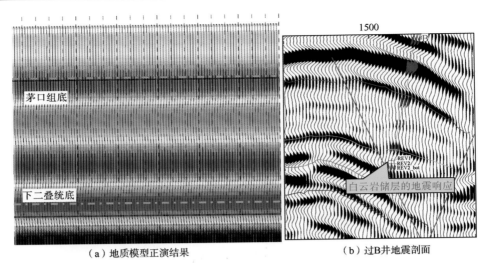

（a）地质模型正演结果　　　　　　　（b）过B井地震剖面

图5　双层储层发育地质模型正演结果分析

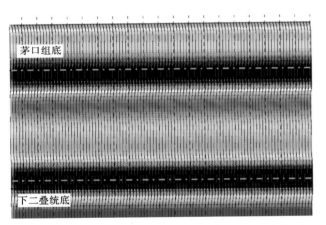

图6　双层储层发育地质模型下伏高速地层正演结果

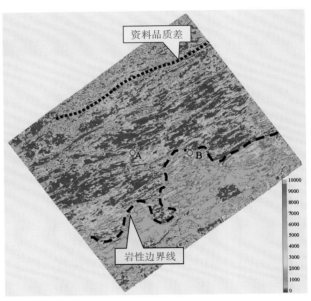

图7　最大波峰振幅属性储层预测平面图

示。故当下伏地层为低速时，即使栖霞组发育储层，其地震响应也会受到下伏低速地层影响，不会表现出明显响应特征。

综上所述，在下伏地层为高速地层时，储层段的地震响应为弱波峰反射。在下伏地层为低速地层时，由于受到下伏地层的影响，储层段的响应被湮没；当把下伏低速地层变为高速地层后，储层段的地震响应则变为弱波峰反射，说明该地区储层的地震响应为弱波峰反射。

通过地震正演模拟研究，虽然A、B井都发育白云岩储层，但是由于下伏地层的影响，从而导致有不同的地震响应特征，对于下伏高速地层，储层具有弱波峰地震响应特征的情况，优选地震最大波峰振幅属性，定性预测储层平面分布情况；对于下伏低速地层，储层不具有弱波峰地震响应特征的情况，应利用反演等其他手段进行白云岩储层预测（图7）。

通过地震属性的方法定性地预测了白云岩储层的分布，可以看出白云岩储层在本区域广泛发育，利用高精度拟波阻抗反演方法定量地预测了白云岩储层的平面分布，如图8、9所示。可以看出，白云岩储层主要发育在区域的西部和东北部，储层厚度最厚达到 26m，储层平均厚度达到 12.7m，储层厚度大于 10m 的面积有 340km^2。反演预测的储层厚度在井点处与钻井非常吻合，在平面上也很好的预测了白云岩储层的分布规律。

3　结论与认识

通过正演模拟该地区储层发育地质模型，得

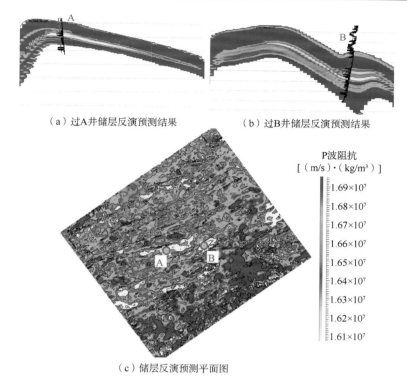

（a）过A井储层反演预测结果   （b）过B井储层反演预测结果

（c）储层反演预测平面图

图 8　高精度反演储层预测过井剖面和平面图

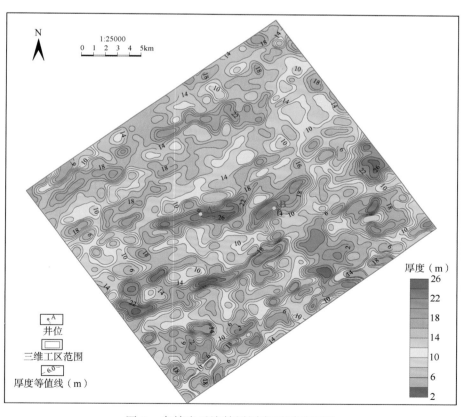

图 9　高精度反演储层厚度预测平面图

到以下结论和认识：

（1）单层储层地质模型—正演结果说明其储

层段的地震响应为弱波峰反射，去除储层段后的
正演结果也证明储层段地震响应为弱波峰反射的

正确性。

（2）双层储层地质模型二正演结果是其储层段表现为波谷反射，当把下伏低速地层变为高速地层，储层段的地震响应则变为弱波峰反射。

（3）经过正演模拟，说明该地区储层的地震响应为弱波峰反射，但是当下伏为低速地层时，储层段的地震响应会受到下伏地层的影响，表现为波谷反射。

（4）正演模拟基本上可以厘清该地区储层的地震响应特征，为白云岩储层预测提供了依据，同时还有结合地震属性、地震反演等其他手段才能做好白云岩储层预测和流体识别的工作。

参考文献

[1]　韩翀. 海相碳酸盐岩地震储层预测技术及应用——以塔里木盆地塔中地区奥陶系为例[D]. 成都：成都理工大学，2011.

[2]　王权锋. 礁滩相储层地震预测及油气检测技术研究——以四川盆地川东北 SYB 地区为例[D]. 成都：成都理工大学，2008.

[3]　陈宗清. 论四川盆地中二叠统栖霞组天然气勘探[J]. 天然气地球科学，2009，20（3）：325-337.

[4]　何治亮，魏修成，钱一雄，等. 海相碳酸盐岩优质储层形成机理与分布预测[J]. 石油与天然气地质，2011，32（4）：489-498.

[5]　张蕾，王军，张中巧，等. 基于地震正演模拟的地层超覆线识别及刻画技术[J]. 石油地质与工程，2014，28（4）：58-61.

[6]　Claerbout J F. Imaging the Earth's Interior[M]. Stanford University，1985：233-246.

[7]　崔永福，彭更新，吴国忱，等. 孔洞型碳酸盐岩储层地震正演及叠前深度偏移[J]. 石油学报，2015，36（7）：827-836.

[8]　黄诚，杨飞，李鹏飞. 利用正演模拟识别各类地震假象[J]. 工程地震物理学报，2013，10（4）：493-496.

[9]　陆孟基，王永刚. 地震勘探原理（第三版）[M]. 北京：中国石油大学出版社，2009：289-313.

[10]　李雪英，李庆东，王博运，等. 基于波动方程的薄互层正演模拟方法[J]. 地球物理学进展，2014，29（6）：2697-2701.

[11]　Yilmaz. Seismic data analysis：processing，inversion，and interpretation of seismic data[M]. Society of Exploration Geophysicists，2011：628-638.

[12]　龚洪林，张虎权，王宏斌，等. 基于正演模拟的奥陶系潜山岩溶储层地震响应特征[J]. 天然气地球科学，2015，26（增刊 1）：148-153.

[13]　何军，王奕. 模型正演技术在碳酸盐岩储层预测中的应用——以川东南地球茅口组为例[J]. 江汉石油职工大学学报，2006，19（2）：3-5.

[14]　胡修权，施泽进，王长城，等. 涪陵地区飞仙关组储层地球物理响应特征及正演模拟[J]. 地球物理学进展，2014，29（3）：1148-1156.

[15]　肖玲，魏钦廉. 川西孝新合地区雷口坡组礁滩储集层地震预测[J]. 新疆石油地质，2012，33（3）：324-326.

[16]　谢世良. 模型正演技术在川西地区砂体预测中的应用研究[J]. 天然气工业，2004，24（10）：35-37.

[17]　曾臻，陈祖庆，彭嫦姿. 川东南涪陵地区长兴组礁滩储层三维地震识别[J]. 天然气技术与经济，2012，6（3）：18-21.

[18]　洪海涛，杨雨，刘鑫，等. 四川盆地海相碳酸盐岩储层特征及控制因素[J]. 石油学报，2012，33（增刊 2）：64-72.

[19]　舒晓辉，张军涛，李国蓉，等. 四川盆地北部栖霞组—茅口组热液白云岩特征与成因[J]. 石油与天然气地质，2012，33（3）：442-458.

[20]　赵文智，沈安江，郑剑锋，等. 塔里木、四川及鄂尔多斯盆地白云岩储层孔隙成因探讨及对储层预测的指导意义[J]. 中国科学，2014，44（9）：1925-1939.

一种缝洞型碳酸盐岩储层胶结指数 m 计算新方法

田　瀚 [1,2,3]　　沈安江 [1,2]　　张建勇 [1,2,3]　　冯庆付 [3]　　王　慧 [1,2]　　辛勇光 [1,3]

李文正 [1,2,3]　　李　昌 [1,2]　　田明智 [1]　　张　豪 [1,3]

（1. 中国石油杭州地质研究院　浙江杭州　310023；2. 中国石油天然气集团公司碳酸盐岩储集层重点实验室　浙江杭州　310023；3. 中国石油勘探开发研究院　北京　100083）

摘　要： 碳酸盐岩储集空间类型多样、孔隙结构复杂，具有很强的非均质性，使得传统的阿尔奇公式应用效果不佳，主要原因之一在于胶结指数 m 的无法准确确定。基于多孔介质理论，在深入分析不同孔隙空间对储层导电贡献外，进一步考虑了孔隙形态对导电性能的影响，尤其是裂缝倾角，进而给出了全新的计算胶结指数 m 的方法，并深入剖析组成碳酸盐岩复杂孔隙空间的各部分对胶结指数 m 的影响。认为对于物性较差的缝洞型储层，裂缝倾角对胶结指数 m 的影响很大，当裂缝角度较小时，裂缝会使胶结指数 m 变小，而当裂缝角度较大时，裂缝反而会使胶结指数 m 变大；当储层物性很好时，裂缝倾角的影响则可以忽略。实际应用表明，利用基于裂缝倾角的多孔介质模型得到的胶结指数 m 所计算的含水饱和度精度相比传统方法有较大提高，且该方法适用于任何类型的储层，具有很好的应用性。

关键词： 碳酸盐岩储层；胶结指数；含水饱和度；多孔介质模型

A New Calculation Method of Cementation Exponent m for Fracture-vuggy Carbonate Reservoirs

Tian Han[1,2,3], Shen Anjiang[1,2], Zhang Jianyong[1,2,3], Feng Qingfu[3], Wang Hui[1,2], Xin Yongguang[1,3], Li Wenzheng[1,2,3], Li Chang[1,2], Tian Mingzhi[1], Zhang Hao[1,3]

(1. *PetroChina Hangzhou Research Institute of Geology, Hangzhou, Zhejiang* 310023; 2. *CNPC Key Laboratory of Carbonate Reservoirs, Hangzhou, Zhejiang* 310023; 3. *PetroChina Research Institute of Petroleum Exploration & Development, Beijing* 100083)

Abstract: Carbonate reservoirs have various types and complex pore structures. Due to the strong heterogeneity, the application effect of Archie formula in carbonate reservoirs is not good. One of the main reasons is that the cementation exponent m cannot be accurately determined. Based on porous media theory, not only the pore space types on the conductivity of the reservoir is considered, but also the space form is, especially the fracture dip. A new method for calculating the cementation exponent m is established, and the influence of various parts of the complex pore space of carbonate reservoir on the cementation exponent m is analyzed. It is believed that the fracture dip has a great influence on the cementation exponent m for the carbonate reservoirs with poor physical property. When the fracture angle is low, the fracture part will make the cementation exponent smaller, and when the fracture angle is higher, the fracture part will make the cementation exponent bigger. But when the physical property is good, the influence of fracture dip can be neglected. Actual application shows that the calculation of water saturation by using of the porous medium model based on fracture dip is more accuracy compared with the traditional methods, and this method is applicable to any type reservoir.

Key words: carbonate reservoirs; cementation exponent; water saturation; porous medium model

基金项目：国家科技重大专项"大型油气田及煤层气开发"（2017ZX05008-005）和中国石油科技部重点项目"深层—超深层油气富集规律与区带目标评价"（2018A-0105）资助。

第一作者简介：田瀚，男（1989—），硕士，2015 年毕业于中国石油勘探开发研究院，工程师，主要从事碳酸盐岩测井地质学研究。

E-mail：tianh_hz@petrochina.com.cn

阿尔奇公式作为连接电阻率与孔隙度、饱和度之间的桥梁，从半个多世纪的应用实践中证明了其正确性，同时也表现出局限性和不足[1, 2]。碳酸盐岩储层由于其岩石成分、孔隙结构的复杂性和储层空间的多样性，使得建立在均质、各项同性地层基础上的阿尔奇公式出现了明显的不适用性[3, 4]，其主要原因在于强烈的非均质性导致阿尔奇公式中的参数变化范围加大，尤其是胶结指数 m。目前对于胶结指数 m 的评价主要有两个方向：一是岩电实验分析，二是孔隙模型推导[5]。碳酸盐岩储层由于自身特性，导致采用传统方法得到的固定 m 值不能有效表征其储层特征；而孔隙模型推导是目前研究的主要方向。自 1976 年 Aguilera 首次提出一种处理基质和裂缝孔隙的双孔隙模型，该模型是基于不同孔隙类型，采用串并联导电思想建立，随后很多学者对这种分析储层导电特性的思想感兴趣，并基于这种思想尝试建立了适合复杂储层的胶结指数计算模型且应用于实际中[6-12]。2011 年 Al-Ghamdi 在系统考虑孔、洞、缝的影响下，又给出了最一般形式的三孔隙度模型，即改进型三孔隙度模型[13]。该模型将储层空间类型分为三类：基质孔隙、连通缝洞和孤立孔洞，并深入分析了不同储集空间的导电特性，如基质部分，认为其是均质、各项同性的，以粒间孔隙为主，该部分的导电特性与致密砂岩相似；连通缝洞部分其实就是裂缝，它虽然对孔隙度的贡献很小，但是对储层整体的导电性能影响很大，是岩石优势导电路径，能大大增强岩石的导电性；孤立孔洞部分主要是一些孤立的溶蚀孔洞，该部分虽然对储层的孔隙度贡献大，但是对岩石的导电性贡献相对较小[4, 14]。基于这种认识，改进型三孔隙度模型认为储层导电特性可以等效认为是基质部分与连通缝洞先并联导电后再与孤立孔洞部分串联导电的结果（图 1）。这种方法虽然考虑了

不同孔隙空间的导电特性，但是其仅仅是考虑不同孔隙空间大小的影响，而忽略了孔隙形态的作用，尤其是裂缝形态。本文基于这点考虑，在原有只考虑孔隙空间大小的基础上，尝试进一步考虑裂缝形态的影响，探索出一种基于裂缝倾角的多孔介质模型来计算胶结指数 m，并深入分析了每个因素对胶结指数 m 的影响情况。

1 全新多孔介质模型推导

碳酸盐岩储层储集空间类型多样，孔、洞、缝均有发育，且形态各异。前人三孔隙度模型聚焦分析的是不同孔隙空间对导电性能的影响，其理论基础是裂缝有助于电流流通，而孤立孔洞有碍于电流流通。然而我们知道，对于实际的缝洞型储层，裂缝形态往往不是一成不变的，认为裂缝一定有助于电流的流通，这个结论是存在偏颇的，因为这与裂缝倾向和电流方向相对关系有关。如果电流流向与裂缝倾向一致，此时的裂缝和基质部分可以等效认为是并联导电；而当电流流向与裂缝倾向相互垂直时，此时的裂缝和基质部分则应该是串联导电，不同状态下的裂缝对储层导电性的影响是存在差异的[15]。前人的三孔隙度模型忽略了裂缝形态对导电性能的影响，那么能否在考虑孔隙空间大小的情况下，进一步去分析形态对导电性能的影响呢？尤其是裂缝倾角。

在前人三孔隙度模型的基础上，要想进一步分析裂缝倾角对导电性能的影响，那么首先要重点分析基质与连通缝洞这一部分。孤立孔洞不利于电流流通，会导致胶结指数 m 增大，已是大家一致同意的观点，在实际生产中也得到证实[4]。而对于基质与裂缝混合部分，因为基质与裂缝导电特性不同，假设基质部分的电导率为 ε_e，裂缝体部分的电导率为 ε_i（图 2），那么根据有效介质理论中 Maxwell-Garnett 公式可知，沿任意方向（如 x 方向）的电导率情况[16]，公式如下：

$$\varepsilon_{\mathrm{eff},x} = \varepsilon_e + \phi_f \varepsilon_e \frac{\varepsilon_i - \varepsilon_e}{\varepsilon_e + (1 - \phi_f) N_x (\varepsilon_i - \varepsilon_e)} \quad (1)$$

式中 $\varepsilon_{\mathrm{eff},x}$ ——沿 x 方向的混合体有效电导率；

ϕ_f ——为裂缝孔隙度；

N_x ——为沿 x 方向的退极化因子。

裂缝倾角是指裂缝面与水平面所成的角。在实际中，裂缝倾角的变化一般介于两种状态间，即裂缝倾角为 0° 时的水平裂缝和裂缝倾角为 90°

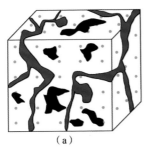

图 1 缝洞型储层空间示意图（a）与三孔隙度模型示意图（b）

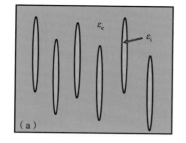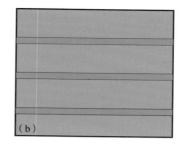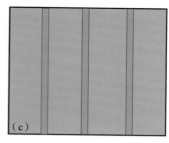

图 2　基质与裂缝混合体（a）、水平裂缝（b）与垂直裂缝（c）

时的垂直裂缝（图 2）。假设电流是水平流动，那么对于水平裂缝而言，电流流向与裂缝倾向是一致的，此时退极化因子 N_x 为 0，混合体电导率值最大；而对于垂直裂缝而言，电流方向与裂缝倾向相垂直，此时的退极化因子 N_x 为 1，混合体电导率值最小，从而可以分别得到水平裂缝和垂直裂缝状态下的地层因素值[16]，具体如下：

$$\varepsilon_{\text{eff,max}} = \phi_f \varepsilon_i + (1 - \phi_f)\varepsilon_e \tag{2}$$

$$\varepsilon_{\text{eff,min}} = \frac{\varepsilon_i \varepsilon_e}{\phi_f \varepsilon_e + (1 - \phi_f)\varepsilon_i} \tag{3}$$

$$\frac{1}{R_{\theta=0}} = \phi_f \left(\frac{1}{R_w}\right) + (1 - \phi_f)\left(\frac{1}{R_o}\right) \tag{4}$$

$$\frac{1}{R_{\theta=90}} = \frac{\left(\dfrac{1}{R_w}\right)\left(\dfrac{1}{R_o}\right)}{\phi_f\left(\dfrac{1}{R_o}\right) + (1 - \phi_f)\left(\dfrac{1}{R_w}\right)} \tag{5}$$

$$F_{\theta=0} = 1 / \left[\phi_f + (1 - \phi_f) \cdot \phi_b^{m_b}\right] \tag{6}$$

$$F_{\theta=90} = \phi_f + (1 - \phi_f) \cdot \phi_b^{-m_b} \tag{7}$$

式中　$\varepsilon_{\text{eff, max}}$——水平裂缝情况下，混合体的有效电导率；

　　　$\varepsilon_{\text{eff, min}}$——垂直裂缝情况下，混合体的有效电导率；

　　　$R_{\theta=0}$——水平裂缝情况下，混合体的电阻率值，$\Omega \cdot \text{m}$；

　　　$R_{\theta=90}$——垂直裂缝情况下，混合体的电阻率值，$\Omega \cdot \text{m}$；

　　　R_w——地层水电阻率值，$\Omega \cdot \text{m}$；

　　　R_o——基质部分的电阻率值，$\Omega \cdot \text{m}$；

　　　$F_{\theta=0}$——水平裂缝情况下，混合体的地层因素值；

　　　$F_{\theta=90}$——垂直裂缝情况下，混合体的地层因素值；

　　　ϕ_b——基质孔隙度；

　　　m_b——基质部分的胶结指数。

在已知裂缝倾角的情况下，结合式（6）、式（7）就可以得到在任意裂缝倾角状态下，基质与裂缝混合体的地层因素值，如式（8）：

$$F_{\text{fo}} = \frac{F_{\theta=0} \cdot F_{\theta=90}}{F_{\theta=90} \cdot \cos^2\theta + F_{\theta=0} \cdot \sin^2\theta} \tag{8}$$

式中　F_{fo}——基质与裂缝混合体的地层因素值；

　　　θ——裂缝倾角，（°）。

分析完基质与裂缝混合部分后，根据三孔隙度模型的思想，即混合体部分与孤立孔洞部分串联导电，结合式（9）就得到了储层整体的地层因素值[式（10）]，再根据阿尔奇公式[式（11）]可得到最终的考虑了裂缝倾角的多孔介质模型，如式（12）：

$$F = (1 - \phi_{\text{nc}})F_{\text{fo}} + \phi_{\text{nc}} \tag{9}$$

$$F = (1 - \phi_{\text{nc}})\frac{F_{\theta=0} \cdot F_{\theta=90}}{F_{\theta=90} \cdot \cos^2\theta + F_{\theta=0} \cdot \sin^2\theta} + \phi_{\text{nc}} \tag{10}$$

$$F = \frac{1}{\phi^m} \tag{11}$$

$$m = -\frac{\log\left[(1 - \phi_{\text{nc}})\dfrac{F_{\theta=0} \cdot F_{\theta=90}}{F_{\theta=90} \cdot \cos^2\theta + F_{\theta=0} \cdot \sin^2\theta} + \phi_{\text{nc}}\right]}{\log\phi} \tag{12}$$

式中　F——缝洞型储层的地层因素值；

　　　ϕ_{nc}——孤立孔洞孔隙度；

　　　ϕ——总孔隙度；

　　　m——缝洞型储层的胶结指数。

式（12）为考虑了裂缝倾角的多孔介质模型，可以发现，胶结指数 m 与众多因素有关，也正是因为影响因素众多且相互掺杂在一起，这才导致在复杂储层中出现非阿尔奇现象，那么这些因素对胶结指数 m 有什么影响呢？下面就重点分析不同因素对胶结指数的影响情况。

2 影响胶结指数的因素分析及模拟

2.1 裂缝倾角

　　前人的三孔隙度模型更多关注的是不同孔隙空间大小对储层导电性能的影响，而忽略了孔隙形态的作用，尤其是裂缝倾角。那么裂缝倾角对储层导电性能有什么影响呢？为此，本文进行了一系列模拟分析，假设裂缝孔隙度为定值（裂缝孔隙度为 1%），在其他条件均相同的情况下，分别模拟裂缝倾角为 0°、30°、45°、60°、75°、80° 和 90°时，裂缝倾角对胶结指数 m 的影响，如图 3a 所示。可以发现，当裂缝倾角较小时，裂缝的确是有助于电流的流通，此时储层的胶结指数 m 整体是小于 2（假设无裂缝情况下储层的胶结指数为理论值 2），这与人们认为裂缝有助于电流流通，会导致胶结指数 m 变小的观点一致，但是随

着裂缝倾角的增大，这种现象就发生了改变。随着裂缝倾角的增大，储层的胶结指数 m 出现先增大后减小的现象，而且裂缝倾角越大，发生这种现象所要求的储层孔隙度下限值越低。如当裂缝倾角为 60°，总孔隙度为 16%时，就出现胶结指数 m 大于 2 的现象；而当裂缝倾角为 75°时，总孔隙度只要达到 4%就出现这种现象；当裂缝倾角为 90°时，裂缝更是导致胶结指数变大。这就与传统认为裂缝有助于电流流通的认识存在偏差。

　　为了更加清楚了解不同裂缝倾角对胶结指数 m 的影响，笔者进一步分析地层因素 F 与孔隙度 ϕ 之间的关系。在对数坐标中，地层因素 F 与孔隙度 ϕ 呈线性关系，其斜率即为胶结指数 m。图 3b、c 分别为水平裂缝和垂直裂缝状态下，地层因素 F 与孔隙度 ϕ 的关系。可以发现，在水平裂缝情况下，胶结指数 m 小于无裂缝状态下的胶结指数值，而

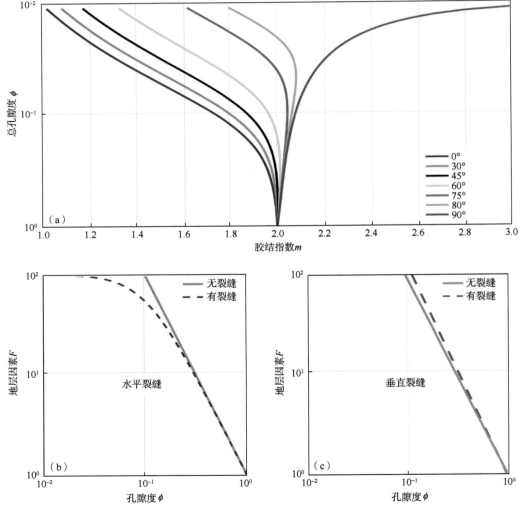

图 3　不同裂缝倾角条件下胶结指数 m 的变化情况

对于垂直裂缝，其胶结指数 *m* 是大于无裂缝状态下的胶结指数，且这种差异随着孔隙度的减小逐渐增大。

对于中国碳酸盐岩储层而言，其储层物性整体相对较差[17]。图 4a 为四川盆地高石梯—磨溪地区 1515 块岩样分析结果统计直方图，岩心孔隙度集中分布在 1% ~ 7%；图 4b 则是对该区 20 口井成像资料得到的裂缝倾角的统计，可以发现该区储层主要以发育高角度裂缝为主，裂缝倾角主体大于 65°。基于前面分析结果可知，当储层物性较差，且发育高角度裂缝时，裂缝倾角对胶结指数 *m* 的影响是比较大的，因此有必要考虑裂缝倾角的作用。

通过上述理论分析认为，当裂缝倾角较小时，裂缝会使胶结指数 *m* 变小，而当裂缝倾角较大时，裂缝反而会使胶结指数 *m* 变大，尤其是储层物性

较差时，而该结论也在数字岩心模拟中得到了验证。该实验模拟了在不同基质孔隙度的储层中，分别加入一定裂缝宽度的水平裂缝和垂直裂缝，分析在有、无裂缝状态下地层因素 *F* 与孔隙度 *ϕ* 之间的关系。如图 5b、c 所示，数字岩心模拟的结果与本文给出的基于裂缝倾角的多孔介质模型分析的结果相一致。可以发现，当储层物性较差时，尤其是孔隙度小于 10% 时，发育水平裂缝情况下的胶结指数 *m* 值明显小于无裂缝状态下的 *m* 值，而垂直裂缝时，则明显大于无裂缝状态下的 *m* 值；但是当储层孔隙度较大时，裂缝倾角对胶结指数 *m* 的影响则不明显，尤其是垂直裂缝状态下，胶结指数 *m* 无明显差异，说明当储层物性好时（储层孔隙度大于 20%），裂缝倾角对储层导电性能的影响是可以忽略的。

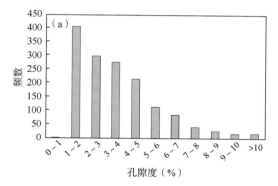

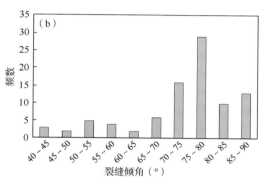

图 4　四川盆地高石梯—磨溪地区岩心孔隙度及裂缝倾角统计

（a）数字岩心示意图

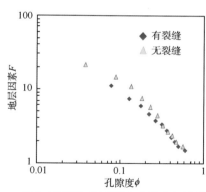

（b）水平裂缝时地层因素 *F* 与孔隙度 *ϕ* 的关系

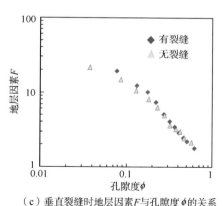

（c）垂直裂缝时地层因素 *F* 与孔隙度 *ϕ* 的关系

图 5　不同裂缝倾角情况下地层因素与孔隙度交会图

2.2　裂缝孔隙度

前面分析了裂缝倾角对胶结指数 *m* 的影响，那么在不同的裂缝倾角情况下，裂缝孔隙度又是怎样影响胶结指数 *m* 的变化？为此，本文分别模拟了裂缝倾角为 0°、30°、45°、60° 和 90°，基质

孔隙度和孤立孔洞孔隙度一定的条件下，裂缝孔隙度对胶结指数 *m* 的影响。如图 6 所示，在水平裂缝时，随着裂缝孔隙度的增大，胶结指数 *m* 逐渐减小；而当裂缝倾角逐渐增大时，胶结指数 *m* 出现先减小后增大的现象；当裂缝倾角为 90° 时，裂缝孔隙度越大，胶结指数也越大。这说明裂缝

孔隙度对胶结指数 m 的影响与裂缝倾角有关，当裂缝倾向与电流方向相一致时，即裂缝与电流流向的夹角较小时，裂缝越发育，胶结指数越小；而当裂缝倾向与电流方向越接近于垂直状态时，裂缝越发育，胶结指数反而越大。

直裂缝除外）；而对于垂直裂缝，由于此时储层的胶结指数 m 已经很大（垂直裂缝、孤立孔洞都导致胶结指数 m 变大），所以随着基质孔隙度的增大，胶结指数会迅速减小，直到接近基质孔隙度指数值。

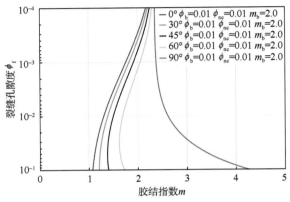

图 6　裂缝孔隙度对胶结指数 m 的影响

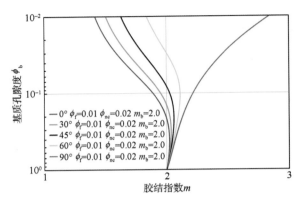

图 7　基质孔隙对胶结指数 m 的影响

2.3　基质孔隙度

碳酸盐岩储层中基质部分的导电特性与致密砂岩类似[4]，为了了解基质孔隙对胶结指数 m 的影响，本文同样分别模拟了裂缝倾角为 0°、30°、45°、60° 和 90°，且裂缝孔隙度和孤立孔洞孔隙度一定的条件下，基质孔隙度对胶结指数 m 的影响。如图 7 所示，基质孔隙度对储层胶结指数的影响不如裂缝那么强烈，可以发现，随着基质孔隙度的逐渐增大，胶结指数 m 一般是先增大后逐渐接近于基质孔隙度指数值，且增大的幅度有限（垂

2.4　孤立孔洞孔隙度

对于碳酸盐岩储层而言，孤立孔洞主要是指那些因为后期溶蚀作用所形成的粒内孔、铸模孔等，它们彼此之间相互独立，虽然对孔隙度的贡献很大，但是对储层整体的导电性改善作用不大。本文分别模拟了裂缝倾角为 0° 和 90°，且裂缝孔隙度和基质孔隙度一定的条件下，孤立孔洞孔隙度对胶结指数 m 的影响。如图 8 所示，可以发现，不论裂缝形态如何，孤立孔洞部分只会使岩石导电路径变复杂，使胶结指数 m 变大。只是当裂缝

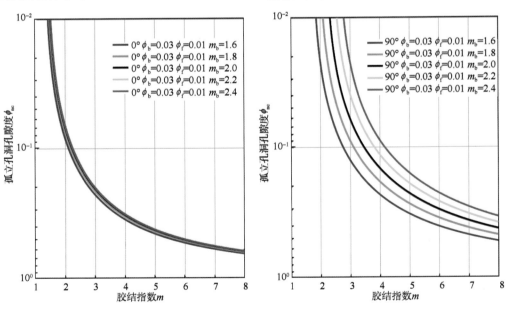

图 8　孤立孔洞对胶结指数 m 的影响

倾角较小，孤立孔洞发育时，基质孔隙度指数对胶结指数 m 的影响不大，而当裂缝倾角较大，孤立孔洞发育时，基质孔隙度指数对 m 的影响很显著。

通过以上分析可以发现，组成碳酸盐岩复杂储层中的每个"元素"对胶结指数 m 都有影响且各不相同，其中裂缝倾角的影响很大，尤其是在储层物性较差时。

3 模型参数的确定方法

从式（12）可以发现，基于裂缝倾角的多孔介质模型涉及参数众多，模型能否很好的应用，

相关参数的准确求取是前提，下面就简单介绍各参数的求取方法。

3.1 总孔隙度

通常来说，中子密度求取的孔隙度主要反映地层的总孔隙度，但是在实际应用中发现，利用这种方法计算的孔隙度有时比岩心分析的结果往往偏小。由于研究区岩性复杂，故本次研究采用变骨架的中子密度来求取总孔隙度，通过多口取心井的验证发现，该方法计算的结果与岩心分析结果相一致（图9）。方法具体如下：

$$\begin{cases} \mathrm{Rho\_ma} = \mathrm{Rho\_illite} \times V_1 + \mathrm{Rho\_quartz} \times V_2 + \mathrm{Rho\_calcite} \times V_3 + \mathrm{Rho\_dolomite} \times V_4 \\ \\ \mathrm{Nphi\_ma} = \mathrm{Nphi\_illite} \times V_1 + \mathrm{Nphi\_quartz} \times V_2 + \mathrm{Nphi\_calcite} \times V_3 + \mathrm{Nphi\_dolomite} \times V_4 \\ \\ \mathrm{DT\_ma} = \mathrm{DT\_illite} \times V_1 + \mathrm{DT\_quartz} \times V_2 + \mathrm{DT\_calcite} \times V_3 + \mathrm{DT\_dolomite} \times V_4 \end{cases} \quad (13)$$

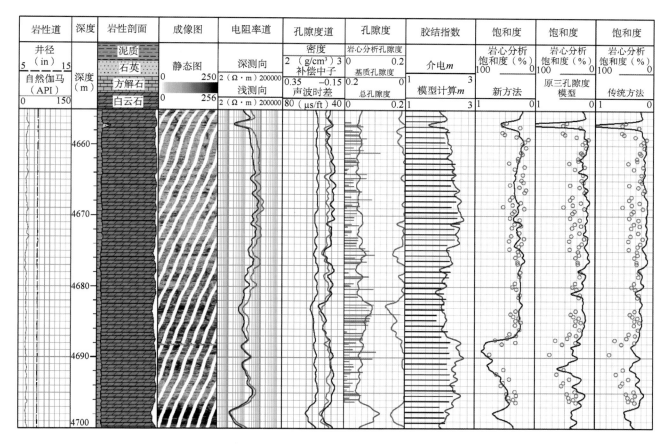

图 9　磨溪 xx 井缝洞型储层含水饱和度计算对比图

$$\phi_{\mathrm{d}} = \frac{\rho_{\mathrm{b}} - \mathrm{Rho\_ma}}{\rho_{\mathrm{mf}} - \mathrm{Rho\_ma}}, \phi_{\mathrm{n}} = \frac{\psi_{\mathrm{n}} - \mathrm{Nphi\_ma}}{\psi_{\mathrm{mf}} - \mathrm{Nphi\_ma}} \quad (14)$$

$$\phi = \sqrt{\frac{\phi_{\mathrm{d}}^2 + \phi_{\mathrm{n}}^2}{2}} \quad (15)$$

式中　V_1、V_2、V_3、V_4——分别为泥质、石英、方解石和白云石矿物含量；

Rho_illite、Nphi_illite、DT_illite——分别为泥质骨架的密度值、中子值和声波时差值，g/cm^3、%、$\mu s/ft$；

Rho_quartz、Nphi_quartz、DT_quartz——分别为石英骨架的密度值、中子值和声波时差值，g/cm^3、%、$\mu s/ft$；

Rho_calcite、Nphi_calcite、DT_calcite——分别为石灰岩骨架的密度值、中子值和声波时差值，g/cm^3、%、$\mu s/ft$；

Rho_illite、Nphi_illite、DT_illite——分别为泥质骨架的密度值、中子值和声波时差值，g/cm^3、%、$\mu s/ft$；

Rho_dolomite、Nphi_dolomite、DT_dolomite——分别为白云石骨架的密度值、中子值和声波时差值，g/cm^3、%、$\mu s/ft$；

Rho_ma、Nphi_ma、DT_ma——分别为岩石骨架的密度值、中子值和声波时差值，g/cm^3、%、$\mu s/ft$；

ϕ_d——密度孔隙度；

ϕ_n——中子孔隙度；

ϕ——总孔隙度；

ρ_b、ρ_{mf}——分别为仪器测量密度值和流体的密度测井值，g/cm^3；

ψ_n、ψ_{mf}——分别为仪器测量中子值和流体中子值，%。

3.2 基质孔隙度

声波纵波是体压缩波，沿岩石骨架传播，地层中发育的次生溶蚀孔洞对传播时间影响不大，其主要反映基质孔隙情况[18]。本次研究中，利用裂缝及次生溶蚀孔隙不发育段的岩心分析结果对声波时差计算的孔隙度进行校正，然后利用校正后的公式进行基质孔隙度的求取。

3.3 裂缝孔隙度

裂缝孔隙度的求取和标定目前尚无完善的方法，主要依靠电成像资料，但是电成像对低于其分辨率的微裂缝无法有效识别，故本次研究采用电成像标定后的深、浅侧向电阻率来计算裂缝孔隙度。对于裂缝明显发育段，电成像是能够很好识别的，针对这些明显裂缝发育段，利用成像测

井处理后的裂缝孔隙度对深、浅侧向电阻率计算的裂缝孔隙度进行校正，再采用校正后的深、浅侧向电阻率方法计算全井段的裂缝孔隙度，这样就可以得到连续的裂缝孔隙度值，而深、浅侧向电阻率计算裂缝孔隙度的方法采用的是"八五"期间攻关所建立的公式[19]，计算公式如下：

$$\phi_f = (8.52253/R_{xo} - 8.242778/R_t + 0.00071236) \times R_{mf}(R_t > R_{xo})$$

$$\phi_f = (1.19927/R_t - 0.992719/R_{xo} + 0.000318291) \times R_{mf}(R_t < R_{xo})$$

（16）

式中　R_t、R_{xo}——分别为实测的深、浅侧向电阻率值，$\Omega \cdot m$；

R_{mf}——为地层温度下泥浆滤液的电阻率值，$\Omega \cdot m$。

对于裂缝倾角，则是依靠成像测井处理后得到的倾角信息，由于成像测井处理后得到的倾角信息都是离散的点，故针对具体储层段，可以选取倾角平均值来代替。

4　实例应用

为了简化运算，在实际处理过程中提出两点假设：（1）认为深、浅侧向电阻率测井系列在实际测量过程中，其发射的电流是近乎水平方向，此时成像测井所得到的裂缝倾角即为电流方向与裂缝之间夹角[20]；（2）对于储层段，其裂缝展布形态可能不是完全一致的，这里采用储层段的平均倾角值来代替整个储层段的裂缝倾角（个别裂缝倾角变化较大的忽略不计）。

磨溪 xx 井是四川盆地乐山—龙女寺古隆起高石梯—威远斜坡带的一口预探井。该井储层段裂缝发育，且以高角度裂缝为主，倾角主要分布在 65°~75° 之间，平均值为 70°，故认为裂缝与水平电流的夹角为 70°。

对于每个参数的求取方法在前面已经阐述，故不再做重复。图 9 为基于裂缝倾角的多孔介质模型所处理得到的成果图。其中，第七道是基于上述方法所计算的总孔隙度和基质孔隙度，可以发现计算的总孔隙度与岩心分析结果吻合较好；第八道为基于裂缝倾角的多孔介质模型所计算的随深度变化的胶结指数 m 和斯伦贝谢公司介电扫描测井所测量的胶结指数 m，可以发现基于模型计算的结果与仪器测量结果有很好的一致性；第

九道是采用本文所提出的基于裂缝倾角的多孔介质模型计算的含水饱和度；第十、十一道分别为原三孔隙度模型和传统阿尔奇公式所计算的含水饱和度。可以发现利用新方法计算的含水饱和度与岩心分析的结果具有一致性，而原始三孔隙度模型及传统方法计算结果与岩心分析结果存在明显差异。例如，在 4660～4700m 井段，传统方法和原始三孔隙度模型计算结果均偏小；而在 4686～4698m 水层段，计算结果与实际岩心分析差异更大。从第八道计算的胶结指数 *m* 可以发现，胶结指数 *m* 并不是一个固定值，这种随深度而变化的 *m* 更能代表储层本身的变化特性，而基于新方法所计算的含水饱和度精度明显提高。

虽然新方法相对于传统方法，其计算含水饱和度的精度有很大的改善，但是仍存在一些地方值得后续进一步研究和探索，主要有以下几个方面：（1）对于实际地层中，储层段的裂缝可能是多期的，当多期裂缝倾角彼此存在较大差异或裂缝密集发育形成了网状缝时，采用平均值代替储层段的裂缝倾角情况存在不妥；（2）裂缝孔隙度的准确计算目前仍是一个难点。目前计算裂缝孔隙度的方法主要有两种：成像测井和双侧向电阻率测井，成像测井对于低于其分辨率的微裂缝无法探测，其计算的裂缝孔隙度往往偏小，而且不同的人解释的结果不尽相同；双侧向测井计算的裂缝孔隙度通常又往往偏大，如何准确计算裂缝孔隙度仍需进一步研究；（3）我们认为电流流向是水平的，成像测井得到的裂缝倾角即为电流与裂缝的夹角，但实际情况是否如此还需进一步分析。

5 结　论

（1）碳酸盐岩储层不同的储集空间大小及形态均对储层导电性能有影响，而且裂缝形态的影响是显著的。通过模拟分析表明：在储层整体物性较差时，当裂缝倾角较小时，裂缝会使胶结指数 *m* 变小，而当裂缝倾角较大时，裂缝反而会使胶结指数变大；而当储层整体物性较好时，裂缝倾角的影响作用可以忽略。对于中国的海相碳酸盐岩储层，若不考虑裂缝倾角所产生的影响，会导致胶结指数 *m* 计算错误，进而影响饱和度的计算精度。

（2）全新的多孔介质模型，既考虑了孔隙空间大小的影响，也考虑了裂缝倾角的作用，结合常规测井和电成像资料，可以得到更加准确的胶结指数 *m* 和更加合理的含水饱和度计算结果，对于复杂储层具有很好的应用性。

参考文献

[1] Archie G E. The electrical resistivity log as an aid in determining some reservoir characteristics[J]. AIME, 1942, 146: 54-61.

[2] 李宁. 中国海相碳酸盐测井解释概论[M]. 北京：科学出版社, 2013.

[3] 赵良孝, 陈明江. 论储层评价中的五性关系[J]. 天然气工业, 2015, 35（1）: 53-60.

[4] 曾文冲, 刘学锋. 碳酸盐岩非阿尔奇特征的诠释[J]. 测井技术, 2013, 37（4）: 341-351.

[5] 韩双, 潘保芝. 孔隙储层胶结指数 *m* 的确定方法及影响因素[J]. 油气地球物理, 2010, 8（1）: 43-47.

[6] Rasmus J C. A variable cementation exponent, *M*, for fractured carbonates[J]. The Log Analyst, 1983, 24（6）: 13-23.

[7] Serra O. Formation Microscanner Image Interpretation. Houston: Schlumberger Educational Sevices[M]. SMP-7028, 117.

[8] Roberto F A, Roberto A. A triple porosity model for petrophysical analysis of naturally fractured reservoirs [J]. Petrophysics, 2004, 45（2）: 157-166.

[9] 潘保芝, 张丽华, 单刚义, 等. 裂缝和空洞型储层空袭模型的理论进展[J]. 地球物理学进展, 2006, 21（4）: 1232-1237.

[10] 张丽华, 潘保芝, 单刚义. 应用三重孔隙模型评价火成岩储层[J]. 测井技术, 2008, 32（1）: 37-40.

[11] 应海玲, 欧阳敏, 刘瑞林, 等. 三孔隙度模型计算胶结指数在火山岩储层中的验证[J]. 测井技术, 2010, 34（6）: 559-563.

[12] 漆立新, 樊正军, 李宗杰, 等. 塔河油田碳酸盐岩储层三孔隙度测井模型的建立和应用[J]. 石油物探, 2010, 49（5）: 489-494.

[13] AI-Ghamdi, Chen B, Behmanesh H, et al. An improved triple-porosity model for evaluation of naturally fractured reservoirs[J]. SPE-132879-PA SPE Reservoir Evaluation & Engineering, 2010.

[14] 田瀚, 李昌, 贾鹏. 碳酸盐岩储层含水饱和度解释模型研究[J]. 地球物理学进展, 2017, 32（1）: 279-286.

[15] Roberto A. Effect of fracture dip and fracture tortuosity on petrophysical evaluation of naturally fractured reservoir[J]. Journal of Canadian Petroleum Technology, 2010, 49（9）: 69-76.

[16] Aguilera C G, Aguilera R. Effect of fracture dip on petrophysical evaluation of naturally fractured reservoirs[J]. JCPT, 2009, 48（7）: 25-29.

[17] 赵文智, 沈安江, 胡素云, 等. 2012. 中国碳酸盐岩储集层大型化发育的地质条件与分布特征[J]. 石油勘探与开发, 2012, 39（1）: 1-12.

[18] 司马立强. 碳酸盐岩缝洞性储层测井综合评价方法及应用研究[D]. 成都：西南石油大学, 2005.

[19] 李善军, 汪涵明, 肖承文, 等. 碳酸盐岩地层中裂缝孔隙度的定量解释[J]. 测井技术, 1997, 21（3）: 205-214.

[20] 赖富强, 孙建孟, 王敏. 应用随裂缝倾角变化的孔隙模型改进储层饱和度计算[J]. 吉林大学学报（地球科学版）, 2010, 40（3）: 713-720.

基于方位角 AVO 反演非常规储层地应力预测与评价方法

杜炳毅 [1, 2, 3]　　张广智 [1]　　张　静 [2, 3]　　高建虎 [1]　　雍学善 [2]　　杨午阳 [2]

姜　仁 [3]　　王述江 [2, 3]　　李海亮 [2]　　王恩利 [2]

（1. 中国石油大学（华东）　山东青岛　266580；2. 中国石油勘探开发研究院西北分院

甘肃兰州　730020；3. 中国石油勘探开发研究院　北京　100083）

摘　要： 为了提高裂缝发育预测的准确性，提出了一种非常规储层应力评价的新方法。水平应力差异比（Differential Horizontal Stress Ratio，DHSR）可以反映裂缝性储层的应力特征。为了更直观、更简单地计算 DHSR，重新推导了泊松比和裂缝密度表示的 DHSR 计算公式。同时，推导了基于泊松比和裂缝密度新的方位纵波 AVO 近似方程，用于直接反演上述弹性参数。因此，需要上述两步来实现应力评估。首先，在测井数据或岩石物理信息等先验信息的约束下，利用不同方位角度的叠前角度道集在贝叶斯理论的框架下进行叠前 AVAZ 反演，实现弹性和裂缝参数的估算。然后，利用泊松比和裂缝密度估计 DHSR。最后，利用实际资料对新方法进行了测试，结果表明，估计的 DHSR 能够反映应力特性，符合地质规律和新的钻井解释。因此，可以得出结论，本研究中新导出 DHSR 和纵波方位 AVO 方程的结合为非常规储层的 DHSR 估计提供了一种可行的方法，新方法可以为应力评估提供可靠的地球物理信息。

关键词： 各向异性；储层表征；地震反演

Stress Prediction and Evaluation Approach Based on Azimuthal AVO Inversion of Unconventional Reservoirs

Du Bingyi[1, 2, 3], Zhang Guangzhi[1], Zhang Jing[2, 3], Gao Jianhu[2], Yong Xueshan[2], Yang Wuyang[2], Jiang Ren[3], Wang Shujiang[2, 3], Li Hailiang[2], Wang Enli[2]

(1. *China University of Petroleum (East China)*, *Qingdao, Shandong* 266580; 2. *Northwest Branch, Insititute PetroChina Research Institute of Petroleum Exploration & Development, Lanzhou, Gansu* 730020; 3. *PetroChina Research Institute of Petroleum Exploration & Development, Beijing*, 100083)

Abstract: A novel approach of unconventional reservoir stress evaluation is proposed to enhance the accuracy of fracture development prediction. Differential Horizontal Stress Ratio (DHSR) can reflect the stress characteristic of fractured reservoir. To calculate the DHSR more intuitionistic and simpler, we re-derive its formula with Poisson's ratio and fracture density. Meanwhile, a new azimuthal PP-wave Amplitude Versus Offset equation based on Poisson's ratio and fracture density was derived for inverting above elastic parameters directly. Therefore, two steps are needed to realize stress evaluation. First, Amplitude Versus AZimuthal angle inversion in Bayesian framework in constraint of prior information such as well log data or rock physics information is executed for elastic and fracture parameters using pre-stack angle gathers of different azimuth angles. The second procedure is to estimate DHSR with Poisson's ratio and fracture density. Finally, a real dataset is studied to test the new approach and the

基金项目：中国石油勘探与生产分公司科技项目"川南深层页岩气综合地质评价和效益开发技术研"（kt2021-11-01）资助。

第一作者简介：杜炳毅（1985—），男，硕士，2014 年毕业于中国石油大学（华东）地球探测与信息技术专业并获硕士学位，2019 年至今攻读中国石油大学（华东）能源环保专业博士学位，工程师，主要从事石油地球物理勘探方法及应用研究工作。

E-mail：dubingyi2011@petrochina.com.cn

result demonstrated that the estimated DHSR can reflect the stress property and it agrees with geological law and the new drilled well interpretation. Therefore, we can conclude that the combination of new derived DHSR and azimuthal PP-wave Amplitude Versus Offset equation in this study provides an available method for estimating DHSR of unconventional reservoirs and the new approach can offer reliable geophysical information for stress evaluation.

Key words: anisotropy; reservoir characterization; seismic inversion

地应力评价是非常规油藏水力压裂的主要问题之一。最大水平主应力、最小主应力、垂向主应力等地下主应力与杨氏模量、泊松比等弹性模量密切相关。以上参数均从叠前宽方位角和大入射角度叠前角度道集出发，利用叠前 AVAZ（Amplitude Versus AZimuth）反演进行估算。Gray 等（2010）提出水平应力差异比（Differential Horizontal Stress Ratio，DHSR）可以反映非常规储层的应力特性，是裂缝发育特征的主要参数，可以从三个主应力进行估计。为实现 DHSR 的计算，需要基于各向异性介质理论的叠前 AVAZ 反演来估算各向异性参数[1]。

Thomsen（1986）提出了弱各向异性介质理论并引入了各向异性参数 $\varepsilon^{(V)}$、$\delta^{(V)}$ 和 γ，为各向异性理论奠定了基础[2]。Ruger（1996）研究了水平横向各向同性（HTI）介质中的反射响应，并分析了 AVAZ 反演的方位各向异性特性[3]。利用线性滑动和薄硬币等裂缝理论建立裂缝参数（法向柔度和切向柔度 K_N、K_T，或裂缝弱点 Δ_N，Δ_T）与 Thomsen 参数之间的关系[4, 5]。为了克服反演不确定性的缺点，在 HTI 介质的 AVAZ 反演中利用贝叶斯理论来确认弹性和裂缝参数的不确定性，并通过引入岩石物理约束同时获得这些参数[6, 7]。裂隙介质中的入射角、方位角、弹性参数（纵波阻抗、横波阻抗、杨氏模量和泊松比）、各向异性参数（如各向异性梯度、裂缝密度、裂缝方向）及流体含量（如裂缝流体因子）对纵波传播特征有重要的影响[8-13]。基于杨氏模量、泊松比和各向异性梯度新的纵波方位角 AVO 近似方程用于直接估计弹性参数和各向异性参数[14]。

地应力（最大垂直应力、最小水平应力和最大水平应力）显然是控制水力压裂的最重要因素，它们与各向异性参数密切相关[15, 16]。Dubinya 等（2018）开发了一个裂缝网络模型来区分水力和非水力传导裂缝，裂缝导流特征的差异可以动态地改变地质力学性质[17]。近年来，利用非均质介质叠前 AVAZ 反演裂缝弱度（法向弱度和切向弱度）和偏移矢量片（Offset Vector Tile，OVT）角度道集（包括入射角和方位角）来评价非常规储层 t 特征，可以通过地下地应力特征与裂缝参数之间的关系来描述地应力特征[18, 19]。Perez 等（2012）提出使用地震数据估计地下应力，可以为钻井和水力增产提供可靠的地球物理学证据，利用 Lambda-Mu-Rho（Lambda 和 Mu 为 Lame 参数 λ 和 μ，Rho 为密度）反演数据与地下应力的关系作为工程数据的约束条件[20]。页岩气藏闭合应力是水平应力差异引起岩石破裂的重要参数，Appalachian 盆地 Marcellus 页岩的页岩气储层开发体现了闭合应力的重要性，忽略构造应变和各向异性构造应变的影响，在垂直和横向上反演泊松比来重建应力梯度方程[21]。

为了更准确地估计应力特性，提出了一种基于方位各向异性反演理论的非常规储层应力评估新方法。DHSR 是确定由应力变化引起的裂缝性质的关键参数。首先，从 Gray 方程[1]出发推导了基于泊松比和裂缝密度表示的新公式。然后，从 Ruger 方程出发推导了新的方位纵波反射系数表达式，为杨氏模量、泊松比和裂缝密度的函数，因此，可以通过在叠前各向异性反演方法中直接使用该方程来估计泊松比和裂缝密度。最后，将新方法应用于致密储层，预测结果与测井数据和地质数据等已知信息具有较高的一致性。

1 方法原理

1.1 水平应力差异比估计

杨氏模量和泊松比反映了岩石的脆性特性，表明了从宽方位角和大入射角地震数据估计的储层地质力学特征[22]。同时，垂直主应力 σ_v、最大水平主应力 σ_H 和最小水平主应力 σ_h 等主应力与杨氏模量和泊松比密切相关[22]。在 Schoenberg 和 Sayers（1995）提出的线性滑动理论的方向下[23]，应变和应力满足胡克定律：

$$
\begin{bmatrix} \varepsilon_1 \\ \varepsilon_2 \\ \varepsilon_3 \\ \varepsilon_4 \\ \varepsilon_5 \\ \varepsilon_6 \end{bmatrix} = \begin{bmatrix} \dfrac{1}{E}+Z_N & -\dfrac{\nu}{E} & -\dfrac{\nu}{E} & 0 & 0 & 0 \\ -\dfrac{\nu}{E} & \dfrac{1}{E} & -\dfrac{\nu}{E} & 0 & 0 & 0 \\ -\dfrac{\nu}{E} & -\dfrac{\nu}{E} & \dfrac{1}{E} & 0 & 0 & 0 \\ 0 & 0 & 0 & \dfrac{1}{\mu} & 0 & 0 \\ 0 & 0 & 0 & 0 & \dfrac{1}{\mu}+Z_T & 0 \\ 0 & 0 & 0 & 0 & 0 & \dfrac{1}{\mu}+Z_T \end{bmatrix} \begin{bmatrix} \sigma_1 \\ \sigma_2 \\ \sigma_3 \\ \sigma_4 \\ \sigma_5 \\ \sigma_6 \end{bmatrix}.
$$

（1）

在式（1）中，μ 是横波模量；E 是杨氏模量；ν 是泊松比；E 和 ν 表征主体介质不包含裂缝；Z_N 和 Z_T 分别是裂缝法向和切向柔度。

假设最大水平应变和最小水平应变等于零，可以得到最大水平应力和最小水平应力的方程式为

$$\sigma_h = \sigma_v \frac{\nu(1+\nu)}{1+EZ_N-\nu^2} \tag{2}$$

$$\sigma_H = \sigma_v \frac{\nu(1+EZ_N+\nu)}{1+EZ_N-\nu^2} \tag{3}$$

为了避免估计垂直主应力，引入了水平应力差异比，它是杨氏模量、泊松比和法向柔度的函数[1]：

$$\text{DHSR} = \frac{\sigma_H-\sigma_h}{\sigma_H} = \frac{EZ_N}{1+EZ_N-\nu^2} \tag{4}$$

由于方便获得具有更直观物理意义的裂缝密度，我们提出了一个新的 DHSR 公式作为泊松比和裂缝密度的函数：

$$\text{DHSR}_{\text{new}} = \frac{4e(1-2\nu)}{[3g(1-g)-4e](1-\nu)+4e(1-2\nu)} \tag{5}$$

其中，g 是 S 波速度与 P 波速度的平方；e 是裂缝密度。

通过叠前方位角 AVO 反演，可以直接估算泊松比和裂缝密度，避免间接反演误差累积。间接反演系统误差由两部分组成。第一部分来自反演纵波速度、横波速度和密度的叠前反演；第二部分来自以上 3 个弹性参数的弹性参数计算[24]。然后，可以应用式（5）中的关系来计算 DHSR。为了直接反演泊松比和裂缝密度，推导出了一个新的纵波方位角 AVO 方程。

1.2　裂缝介质中的方位角 AVO 特性分析

地下垂直裂隙介质可以用横轴各向同性（Horizontal Transverse Isotropic，HTI）介质来描述。HTI 介质的示意图如图 1 所示。Thomsen（1986）介绍了各向异性参数 $\varepsilon^{(V)}$、$\delta^{(V)}$、γ [见附录式（A-1）至式（A-3）]。Ruger（1996）研究了 PP 波在各向同性半空间和 HTI 介质之间的界面上传播的地震波反射特性，他提出了近似的方位 PP 反射系数[附录式（A-4）][25]。

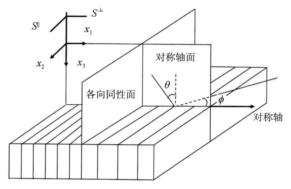

图 1　HTI 介质示意图（$S^{\parallel}$ 是平行于各向同性表面；$S^{\perp}$ 是垂直于各向同性表面）

为了分析不同的 Thomsen 参数对方位 PP 波 AVO 特性的影响，应用表 1 中给出的 Rüger（1996）的模型参数，分析了由 Thomsen 参数差异引起的 HTI 介质界面的 AVO 反射系数变化。模型 1 只考虑了 Thomsen 参数 γ 的影响，模型 2 用于研究 Thomsen 参数 $\delta^{(V)}$ 对方位纵波 AVO 反射系数 $R_{\text{pp}}(\theta,\phi)$ 的影响，而模型 3 用于分析 Thomsen 参数 $\varepsilon^{(V)}$ 的影响，模型 4 考虑了 3 个 Thomsen 参数 $\varepsilon^{(V)}$、$\delta^{(V)}$、γ 的影响。不同模型的方位纵波 AVO 曲线如图 2 和图 3 所示。图 2 是不同方位角下的纵波反射系数随入射角的变化特征（AVO 特征）：方位角分别为 0°（蓝色曲线）、30°（红色曲线）、

表 1　不同模型的弹性和各向异性参数

	模型 1	模型 2	模型 3	模型 4
$\Delta V_p/\overline{V}_p$	0.1	0.1	0.1	0.1
$\Delta G/\overline{G}\ \Delta Z/\overline{Z}$	0.2	0.2	0.2	0.2
$\Delta Z/\overline{Z}\ \Delta I_p/\overline{I}_p$	0.1	0.1	0.1	0.1
$\delta^{(V)}$	0	−0.1	0	−0.05
$\varepsilon^{(V)}$	0	0	−0.1	−0.05
γ	0.1	0.1	0.1	0.15

60°（黑色曲线）和90°（绿色曲线），图 2a、b、c、d 分别为模型 1、2、3、4 的 PP 波 AVO 曲线，最大入射角为 40°。图 2a、d 中不同方位角的方位角 AVO 曲线表明，Thomsen 参数 γ 是方位角 AVO 特性最关键的因素，而 Thomsen 参数 $\varepsilon^{(V)}$ 和 $\delta^{(V)}$ 对方位角 AVO 特性的影响较小。图 3 是不同入射角下纵波反射系数随着方位角的变化特征（AVAZ 特

征），入射角分别为 10°（蓝色曲线）、20°（红色曲线）、30°（绿色曲线）、40°（黑色曲线）。从图 3 可以看出，当入射角小于 20°时，AVAZ 特征不是很明显。因此，发现 Thomsen 参数对 AVAZ 特征有很大的影响。Thomsen 对纵波方位系数反射的影响能够更准确地估计 HTI 介质的裂缝性质（Ruger 1998）。

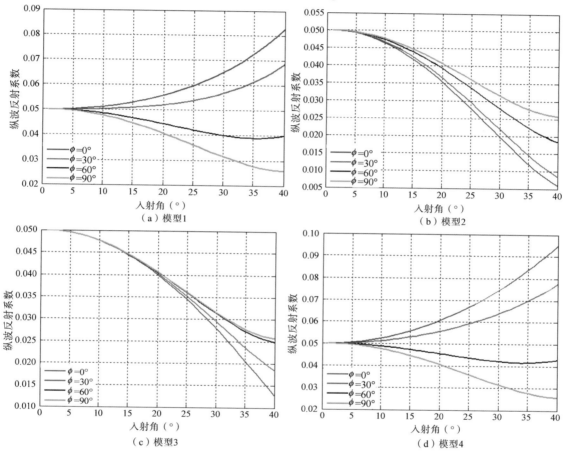

图 2　不同模型的 AVO 曲线特征
（a）至（d）分别为模型 1 至模型 4 的 AVO 曲线，不同颜色代表不同方位角：蓝色代表方位角 0°，
红色代表方位角 30°，黑色表示方位角 60°，绿色表示方位角 90°

1.3 新的 PP 波方位角 AVO 反射系数表达式

Ruger（1996）在各向异性理论的基础上提出了方位 PP 波 AVO 近似公式[附录式（A-4）][3]。根据微扰理论，PP 波方位角 AVO 反射系数方程可分为背景场（各向同性项）和绕动场（各向异性项）：

$$R_{pp}^{HTI}(\theta,\phi) = R_{pp}^{ISO}(\theta,\phi) + \Delta R_{pp}^{HTI}(\theta,\phi) \qquad (6)$$

其中，

$$R_{pp}^{ISO}(\theta,\phi) \approx \left(1+\tan^2\theta\right)\left(\frac{1}{2}\frac{\Delta V_P}{\overline{V}_P}\right) - 8k^2\sin^2\theta\left(\frac{1}{2}\frac{\Delta V_S}{\overline{V}_S}\right) + \left(1-4k^2\sin^2\theta\right)\left(\frac{1}{2}\frac{\Delta\rho}{\overline{\rho}}\right)$$

$$\Delta R_{pp}^{HTI}(\theta,\phi) = \left(\sin^2\phi\cos^2\phi\sin^2\theta\tan^2\theta + \cos^2\phi\sin^2\theta\right)\left(\frac{1}{2}\Delta\delta^{(V)}\right)$$

$$+ \left(\cos^4\phi\sin^2\theta\tan^2\theta\right)\left(\frac{1}{2}\Delta\varepsilon^{(V)}\right) + 8k^2\cos^2\phi\sin^2\theta\left(\frac{1}{2}\Delta\gamma\right)$$

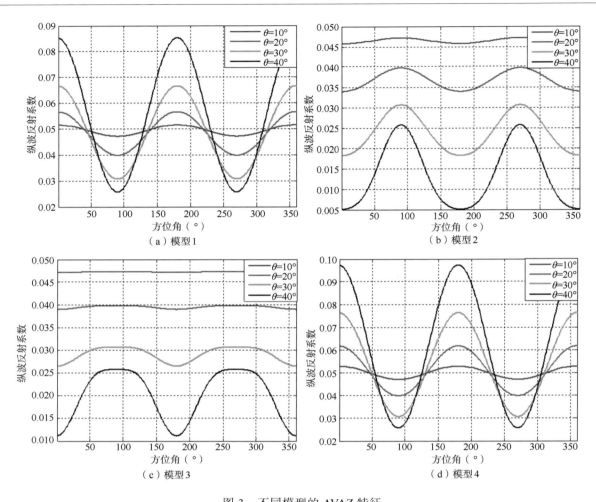

图 3　不同模型的 AVAZ 特征

（a）至（d）分别是模型 1 至模型 4 的 AVAZ 曲线，不同颜色代表不同入射角：蓝色代表入射角 10°，

红色代表入射角 20°，黑色代表入射角 30°，绿色代表入射角 40°

式中　θ——入射角；

　　　　ϕ——方位角；

　　　　$k=\dfrac{V_{S0}}{V_{P0}}$——在垂直方向传播的横波速度与纵波速度之比；

　　　　$\dfrac{\Delta V_{P}}{\overline{V_{P}}}$、$\dfrac{\Delta V_{S}}{\overline{V_{S}}}$ 和 $\dfrac{\Delta \rho}{\overline{\rho}}$——分别是垂直 PP 波速度反射系数、垂直 PS 波速度反射系数和密度反射系数；

　　　　$\Delta\varepsilon^{(V)}$、$\Delta\delta^{(V)}$ 和 $\Delta\gamma$——分别是 Thomsen 参

数的差。

　　利用式（6），可以通过方位角叠前 AVAZ 反演来估算 P 波速度、S 波速度、密度和 Thomsen 参数。但杨氏模量、泊松比等弹性参数需要根据弹性参数计算，间接反演方法可能会引入累积的系统误差。因此，为了提高叠前反演的精度，在 Gardner 公式[26]的指导下，根据各向异性梯度与 Thomsen 参数之间的关系，提出了一种用杨氏模量、泊松比和各向异性梯度表示的新的方位 PP 波 AVO 近似方程。PP 波 AVO 方程如下所示（Du 等，2015）：

$$R_{pp}^{YPG}(\theta,\phi)=\left[2g\sin^{2}\theta\frac{1-2g}{3-4g}+\left(\frac{1}{2(a+2)}\sec^{2}\theta+\frac{a}{2(a+2)}\right)\frac{(2g-3)(2g-1)^{2}}{g(4g-3)}\right]\frac{\Delta v}{\overline{v}}$$
$$+\left[\frac{1}{2(a+2)}\sec^{2}\theta+\frac{a}{2(a+2)}-2g\sin^{2}\theta\right]\frac{\Delta E}{\overline{E}}+\cos^{2}\phi\sin^{2}\theta(\Delta\Gamma) \tag{7}$$

式中　a——Gardner 公式中的幂指数；

　　　Γ——各向异性梯度，$\Delta\Gamma=\left(\dfrac{1}{2}\Delta\delta^{(V)}\right)+$

$8k^2\left(\dfrac{1}{2}\Delta\gamma\right)$。

对于干裂和含气裂缝，在薄的、孤立硬币形状的裂缝情况下，根据 Hudson 模型，Thomsen 参数可以用裂缝密度 e 来表示[27]。

$$\varepsilon^{(V)}=-\frac{8}{3}e \qquad (8)$$

$$\delta^{(V)}=-\frac{8}{3}e\left[1+\frac{g(1-2g)}{(3-2g)(1-g)}\right] \qquad (9)$$

$$\gamma=-\frac{8}{3(3-2g)}e \qquad (10)$$

结合式（7）、式（8）、式（9）和式（10），可以得到各向异性梯度与裂缝密度之间的关系。最后，可以得到新方程，它是 $x1$ 和 $x2$ 方向上的杨氏模量、泊松比和裂缝密度的方程：

$$R_{pp}\text{new}(\theta,\phi)=\left[2g\sin^2\theta\frac{1-2g}{3-4g}+\left(\frac{1}{2(a+2)}\sec^2\theta+\frac{a}{2(a+2)}\right)\frac{(2g-3)(2g-1)^2}{g(4g-3)}\right]\frac{\Delta v}{\bar{v}}$$
$$+\left[\frac{1}{2(a+2)}\sec^2\theta+\frac{a}{2(a+2)}-2g\sin^2\theta\right]\frac{\Delta E}{\bar{E}}+\frac{4}{3}\cos^2\phi\sin^2\theta\frac{8g^2-4g-3}{2g^2-5g+3}(\Delta e) \qquad (11)$$

1.4　基于新方程的叠前 AVAZ 反演

为了获得可靠的地震反演结果，在考虑先验地质信息、测井数据和岩石物理信息的基础上，在贝叶斯反演中，假设真实数据和合成地震记录的噪声以及估计的参数服从高斯分布。因此，在先验地质和地球物理信息的约束下，建立反演杨氏模量、泊松比和裂缝密度的目标函数。

不同入射角的方位 PP 波反射系数是系数矩阵和反射系数矩阵的乘积。数组形式如式（12）所示

$$\begin{bmatrix} R_{pp}(\theta_1,\phi_1) \\ R_{pp}(\theta_2,\phi_1) \\ \vdots \\ R_{pp}(\theta_N,\phi_M) \end{bmatrix}=\begin{bmatrix} C_1(\theta_1) & C_2(\theta_1) & C_3(\theta_1,\phi_1) \\ C_1(\theta_2) & C_2(\theta_2) & C_3(\theta_2,\phi_1) \\ \vdots & \vdots & \vdots \\ C_1(\theta_N) & C_2(\theta_N) & C_3(\theta_N,\phi_M) \end{bmatrix}\begin{bmatrix} R_E \\ R_v \\ R_e \end{bmatrix} \qquad (12)$$

其中，$R_{pp}(\theta_i,\phi_j)=\left[R_{pp}(\theta_i,\phi_j)_1,\cdots,R_{pp}(\theta_i,\phi_j)_K\right]^T$，$R_{pp}(\theta_i,\phi_j)_k$ 是第 i 个入射角和第 j 个方位角的第 K 个样本的方位 PP 波反射率。N 是入射角的个数。M 是方位角的个数。K 是每个反弹性参数的样本数。$C_1(\theta_i)=\text{diag}\left(C_1(\theta_i)_1,\cdots,C_1(\theta_i)_K\right)$，其中 $C_1(\theta_i)_K$ 是第 i 个入射角的第 K 个样本的系数。$C_2(\theta_i)$ 类似于 $C_1(\theta_i)$ 的形式。$C_3(\theta_1,\phi_1)=\text{diag}\left(C_3(\theta_i,\phi_j)_1,\cdots,\right.$

$\left.C_3(\theta_i,\phi_j)_K\right)$，其中 $C_3(\theta_i,\phi_j)_K$ 是第 i 个入射角和第 j 个方位角的第 K 个样本的系数。$R_E=\left[R_{E1},\cdots,R_{EK}\right]^T$，$R_v=\left[R_{v1},\cdots,R_{vK}\right]^T$ 和 $R_e=\left[R_{e1},\cdots,R_{eK}\right]^T$。

$$C_1(\theta_i)=\frac{1}{2(a+2)}\sec^2\theta_i+\frac{a}{2(a+2)}-2g\sin^2\theta_i$$

$$C_2(\theta_i)=2g\sin^2\theta_i\frac{1-2g}{3-4g}+$$
$$\left(\frac{1}{2(a+2)}\sec^2\theta_i+\frac{a}{2(a+2)}\right)\frac{(2g-3)(2g-1)^2}{g(4g-3)}$$

$$C_3(\theta_i,\phi_j)=\frac{4}{3}\sin^2\theta_i\cos^2\phi_j\frac{8g^2-4g-3}{2g^2-5g+3}$$

此外，$R_E=\left[\left(\dfrac{\Delta E}{E}\right)_1 \quad L \quad \left(\dfrac{\Delta E}{E}\right)_K\right]^T$，其中 $\left(\dfrac{\Delta E}{E}\right)_K$ 是杨氏模量反射系数的第 K 个样本。R_v 类似于 R_E，是泊松比的反射系数。$R_e=\left[(\Delta e)_1 \quad L \quad (\Delta e)_K\right]^T$，$(\Delta e)_K$ 其中是裂缝密度差的第 K 个样本。

振幅是反射矩阵和子波矩阵的乘积，用来建立地震响应和弹性参数之间的关系。因此，反演问题可以表示为

$$d_{NMK\times1}=G_{NMK\times3K}m_{3K\times1} \qquad (13)$$

其中：

$$d_{\mathrm{NMK}\times 1}=\begin{bmatrix} S(\theta_1,\phi_1)\\ M\\ S(\theta_N,\phi_1)\\ S(\theta_1,\phi_2)\\ M\\ S(\theta_N,\phi_M) \end{bmatrix},\ m_{3K\times 1}=\begin{bmatrix} R_E\\ R_V\\ R_e \end{bmatrix}$$

$$G_{\mathrm{NMK}\times 3K}=\begin{bmatrix} \mathbf{wvlt}\cdot C_1(\theta_1) & \mathbf{wvlt}\cdot C_2(\theta_1) & \mathbf{wvlt}\cdot C_3(\theta_1,\phi_1)\\ \mathbf{wvlt}\cdot C_1(\theta_2) & \mathbf{wvlt}\cdot C_2(\theta_2) & \mathbf{wvlt}\cdot C_3(\theta_2,\phi_1)\\ M & M & M\\ \mathbf{wvlt}\cdot C_1(\theta_N) & \mathbf{wvlt}\cdot C_2(\theta_N) & \mathbf{wvlt}\cdot C_3(\theta_N,\phi_M) \end{bmatrix}$$

其中，$S(\theta_i,\phi_j)=\begin{bmatrix} S(\theta_i,\phi_j)_1 & L & S(\theta_i,\phi_j)_K \end{bmatrix}^{\mathrm{T}}$，$S(\theta_i,\phi_j)_K$ 是第 i 个入射角和第 j 个方位角的合成地震记录的第 K 个样本，$\mathbf{wvlt}$ 是子波矩阵。

通过假设模型参数 M 是独立的[28]，可以在贝叶斯框架中估计弹性参数，目标函数如附录 B 中式（B-5）所示。

2 实际数据测试

为验证新提出的应力评估算法的稳定性和有效性，利用宽方位角和大入射角数据的叠前角度道集实例进行叠前方位角 AVAZ 反演。然后，可以通过使用反演结果估计 DHSR 来评估地应力特性。

2.1 研究区地质信息

研究区位于中国西南部的四川盆地。目标层为侏罗系 XJH2 组，沉积厚度大，钻孔厚度 204.5 ～ 253m，埋深 3419 ～ 3700m。岩性以浅灰色细—粗长石石英质砂岩和岩屑长石砂岩为主，其次为长石岩屑砂岩、岩屑砂岩和长石砂岩。

XJH2 段顶（图 4）边界背斜形态的短轴方向近北东向。这条背斜的两侧被两条平行于长轴的大型逆断层切割，使得该构造的轴和翼不完整。研究区内，WX2 为水平井和注入井以提高采收率，其他井为直井和生产井。

该研究区储层品质很差且开发潜力有限。该储层是典型的致密储层，平均孔隙度为 4%，渗透率小于 0.1mD，平均含水饱和度为 60%。该区构造裂缝十分发育，平均线密度 2.80 条/m，背斜上部发育裂缝（图 5），其次是构造轴转折端发育裂缝，主要孔隙空间为裂缝孔隙类型，裂缝发育对控制气井产能具有重要作用。

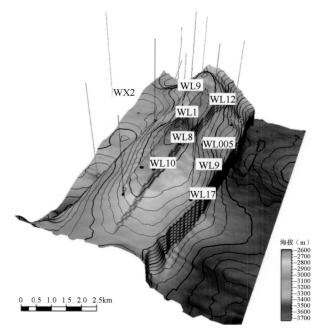

图 4　研究区域深度域中 XJH2 段顶界面的结构

2.2 非常规储层应力预测与评价

首先，开展井震标定（图 6），从图中可以看出，合成的地震记录与井旁道地震数据具有较高的一致性。

为了预测 DHSR，OVT 角度道集优化处理是进行叠前地震反演的必要步骤。OVT 角度道集分为不同的叠前方位角度道集。它们分别是方位角 0° ～ 60° 方位叠加道集、方位角 40° ～ 100° 方位叠加道集、方位角 80° ～ 140° 方位叠加道集、方位角 120° ～ 180° 方位叠加道集，如图 7 所示。合成角度道集与真实角度道集的对比以及不同方位角的 AVO 曲线如图 8 所示。从图 8b 至 e，蓝色点线表示合成角度道集 AVO 曲线，红色点线表示真实角度道集 AVO 曲线，从图 7 和图 8 可以看出，方位角度道集质量较高，目标区角度道集同相轴非常平坦，合成地震记录和真实角度道集的 AVO 属性具有很好的一致性。相反，不同方位角度道集之间存在明显的振幅差异，为叠前各向异性反演提供了 AVAZ 特性。

在叠前反演之前，测井的弹性参数是必不可少的，并且应用各向异性岩石物理模型来估计纵波速度、横波速度和 Thomsen 参数（$\varepsilon^{(V)}$、$\delta^{(V)}$ 和 γ）。混合矿物模量采用 V-R-H 模型和 Backus 平均法计算，DEM 模型和 K-T 模型引入了有机孔隙和粒间孔隙，使用 Hudson 模型将裂缝添加到各向

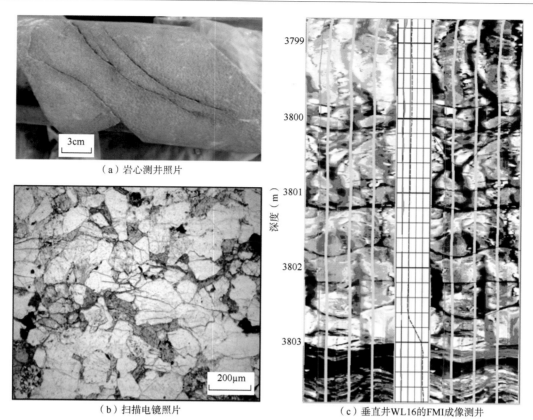

（a）岩心测井照片

（b）扫描电镜照片

（c）垂直井WL16的FMI成像测井

图 5　研究区目的层裂缝特性

红色曲线是 GR 对数；蓝色曲线是井径测井曲线；成像上的蓝线代表解释的裂缝

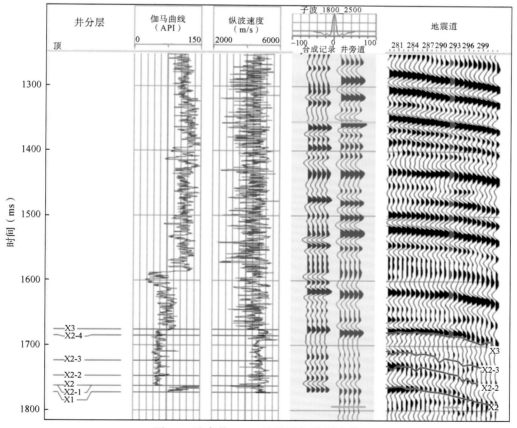

图 6　垂直井 WL6 的地震与井间连接

蓝色地震记录为合成地震记录的显示；红色地震记录为垂直井 WL6 的真实地震记录显示；黑色地震记录是垂直井 WL6 附近的地震剖面

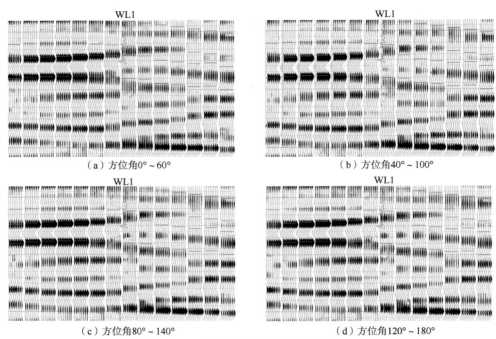

（a）方位角0°～60°　　　　　　　　　　　　　　（b）方位角40°～100°

（c）方位角80°～140°　　　　　　　　　　　　　　（d）方位角120°～180°

图 7　WL1 井不同方位角的叠前角度道集

角度道集上的蓝线是感兴趣层的解释层位

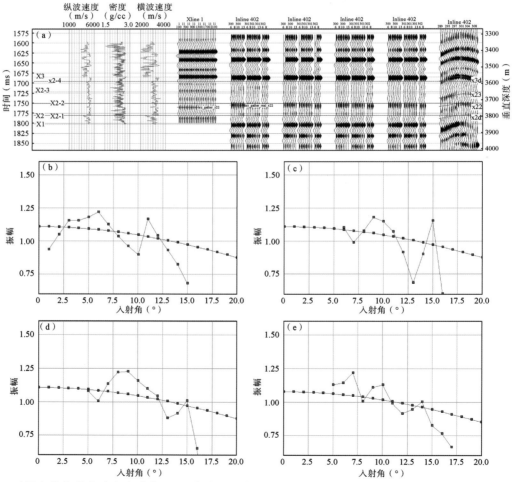

图 8　不同方位角的合成角度道集 AVO 曲线（蓝色点线）与真实角度道集 AVO 曲线（红点线）的对比

（a）不同方位角的合成角度道集和真实角度道集；（b）方位角为 0°～60°的 AVO 曲线；（c）方位角为 40°～100°的 AVO 曲线；

（d）方位角为 80°～140°的 AVO 曲线和；（e）方位角为 120°～180°的 AVO 曲线

同性骨架中，流体置换由 Brown-Korringa 方程完成，计算杨氏模量、泊松比和裂缝密度，用于建立反演初始模型。图 9 显示了通过 WL18 井的各向异性岩石物理模型估算的弹性参数。图 9a 至 g 分别为纵波速度（蓝色曲线为真实值，红色曲线为估计值）、纵波速度相对误差、横波速度（蓝色曲线是真实值，红色曲线是估计值）、横波速度相

对误差、杨氏模量、泊松比和裂缝密度。图 9 蓝色框 WL18 井的 FMI 成像测井图如图 10 所示。弹性参数估计表明，井位纵横波速度误差低于 10%，大部分低于 5%。同时，蓝框内裂缝密度较大，与相应深度的 FMI 成像测井图一致。因此，可以得出结论，各向异性岩石物理建模是可靠且有用的。

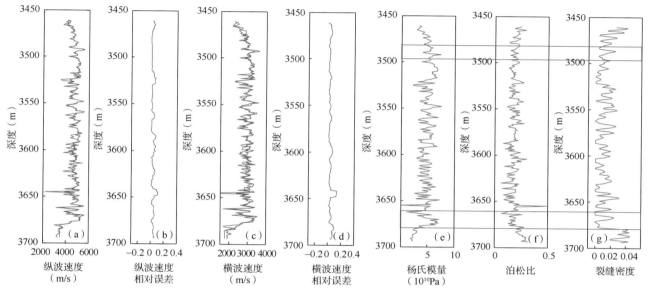

图 9　通过直井 WL18 的各向异性岩石物理模型估算的弹性参数

（a）纵波速度（蓝色曲线是真实值，红色曲线是估计值）；（b）估计的纵波速度相对误差；（c）横波速度（蓝色曲线是真实的横波速度，红色曲线是估计的横波速度）；（d）估计的横波速度相对误差；（e）杨氏模量；（f）泊松比和（g）裂缝密度（蓝色矩形代表裂缝发育的储层）

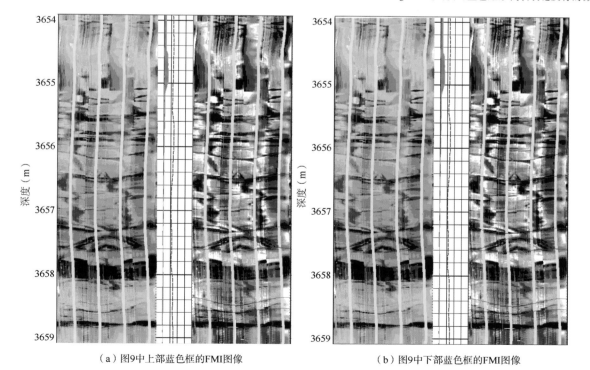

（a）图9中上部蓝色框的FMI图像　　　　　　（b）图9中下部蓝色框的FMI图像

图 10　垂直井 WL18 的 FMI 图像测井图片

红色曲线是 GR 曲线，蓝色曲线是井径曲线；成像上的蓝线代表解释的裂缝

在 OVT 道集处理和各向异性岩石物理建模的基础上，通过叠前各向异性反演得到泊松比（图 11）和裂缝密度（图 12）。图中显示了横穿井 WL1 和 WL3 井 XJH2 段的反演的泊松比和裂缝密度水平切片。

图 13 显示了估计的 DHSR，其中不同颜色和形状的气柱代表天然气产量。从图中可以看出，高产井位于断裂和裂缝发育带附近的高 DHSR 区域。相比之下，低产井分布在远离裂缝带的低 DHSR 区域。估计结果与构造图、测井解释结果和先验地质信息一致。因此，可以证实新提出的方法可以为非常规油藏的应力评估提供可靠的证据。

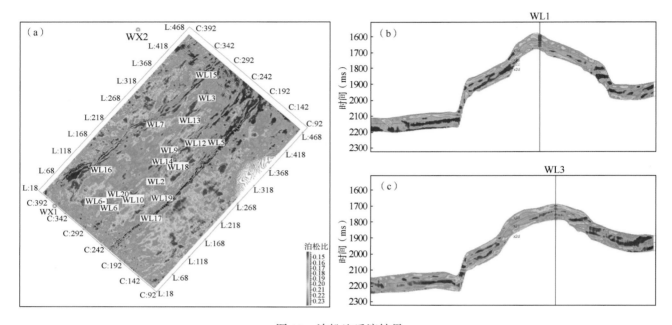

图 11　泊松比反演结果
（a）研究项目中 XJH2 泊松比反演的水平切片；（b）垂直井 WL1 内联 269 的泊松比反演剖面；
（c）垂直井 WL3 内联 403 的泊松比反演剖面

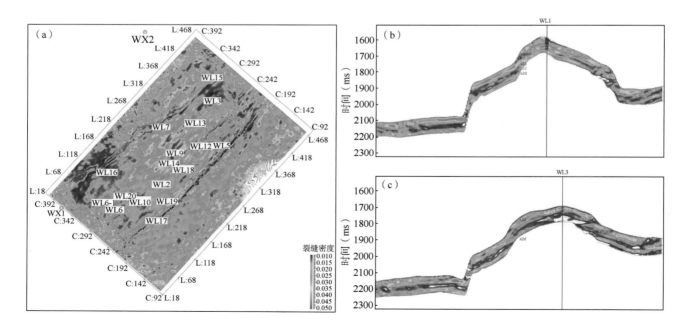

图 12　裂缝密度反演结果
（a）研究项目中 XJH2 的裂缝密度反演水平切片；（b）直井 269 垂直井 WL1 的裂缝密度反演剖面；
（c）直井 403 垂直井 WL3 的裂缝密度反演剖面

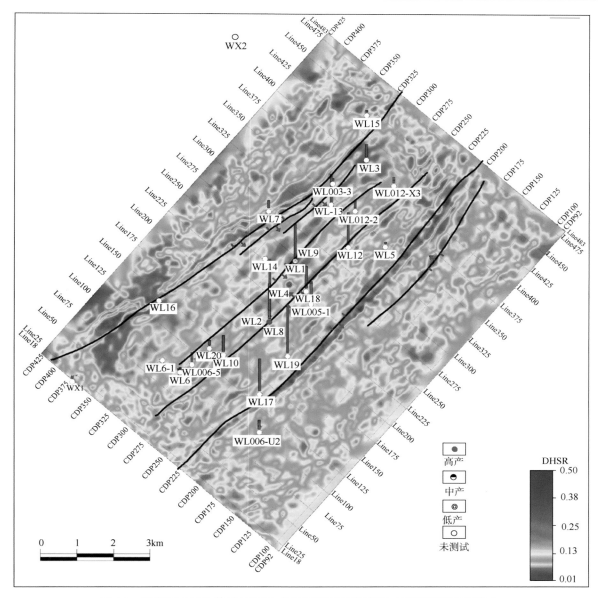

图 13   研究区 XJH2 估计 DHSR 水平图和天然气产量（不同形状和颜色）

3 结 论

地应力评价是非常规油藏水力压裂的一个非常关键的方面，宽方位叠前地震角度道集可以通过叠前各向异性反演提供有益的地球物理证据，结合新推导的 DHSR 计算公式和方位 PP 波 AVO 方程，泊松比和裂缝密度用于估算反映应力特征的水平应力差异比。该方法通过 AVAZ 反演直接得到泊松比和裂缝密度，避免了误差的累积，使得应力评价更加准确和方便。实际数据测试表明，新的应力特性预测方法对于 DHSR 估计是稳定的，其结果与测井解释和地质先验信息一致，研究区 DHSR 分布估算值与井产气量准确吻合。因

此，可以证实该新方法具有精度高、稳定性好等优点，可为非常规储层应力评价提供可靠依据。

参考文献

[1] Gray D，Schmidt D P，Delbecq F. Optimize shale gas field development using stresses and rock strength derived from 3D seismic data[J]. Canadian Unconventional Resources and International Petroleum Conference，Calgary，Alberta，Canada，SPE-137315-MS，2010.

[2] Thomsen L. Weak elastic anisotropy[J]. Geophysics 51，1986：1954-1966.

[3] Rüger A. Reflection coefficients and azimuthal AVO analysis in anisotropic media[D]. Colorado School of Mines，1996.

[4] Bakulin A，Grechka V，Tsvankin I. Estimation of fracture parameters from reflection seismic data —Part I：HTI model due to a single fracture set[J]. Geophysics 65，2000：1788-1802.

[5] Sayers C M, Dean S. Azimuth-dependent AVO in reservoirs containing non-orthogonal fracture sets[J]. Geophysical Prospecting 49, 2001: 100-106.

[6] Downton J, Gray D. AVAZ parameter uncertainty estimation[J]. 76th SEG Annual Meeting, New Orleans, Louisiana, USA, Expanded Abstracts, 2006: 234-238.

[7] Downton J, Roure B. Azimuthal simultaneous elastic inversion for fracture detection[J]. 80th SEG Annual Meeting, Denver, Colorado, USA, Expanded Abstracts, 2010: 263-267.

[8] 宗兆云, 印兴耀, 吴国忱. 基于叠前地震纵横波模量直接反演的流体检测方法[J]. 地球物理学报, 2012, 55 (1): 284-292.

[9] 张广智, 陈怀震, 印兴耀, 等. 基于各向异性 AVO 的裂缝弹性参数叠前反演方法[J]. 吉林大学学报 (地球科学版), 2012, 42 (3): 845-871.

[10] Zhang G Z, Chen H Z, Wang Q, et al. Estimation of S-wave velocity and anisotropic parameters using fractured carbonate rock physics model[J]. Chinese Journal of Geophysics 56, 2013: 1707-1715 (in Chinese).

[11] 张广智, 陈怀震, 王琪, 等. 基于碳酸盐岩裂缝岩石物理模型的横波速度和各向异性参数预测[J]. 吉林大学学报 (地球科学版), 2012, 42 (3): 845-871.

[12] Chen H Z, Zhang G Z, Yin X Y. AVAZ inversion for elastic parameter and fracture fluid factor[J]. 82th SEG Annual Meeting, Las Vegas, Nevada, USA, Expanded Abstracts, 2012: 1-5.

[13] Chen H, Ji Y, Innanen K. Estimation of modified fluid factor and dry fracture weaknesses using azimuthal elastic impedance[J]. Geophysics 83, 2018: WA73-WA88.

[14] 陈怀震, 印兴耀, 高成国, 等. 基于各向异性岩石物理的缝隙流体因子AVAZ反演[J]. 地球物理学报, 2014, 57(3): 968-978.

[15] 杜炳毅, 杨午阳, 王恩利, 等. 基于杨氏模量、泊松比和各向异性梯度的裂缝介质 AVAZ 反演方法[J]. 石油物探, 2015, 54 (2): 72-79.

[16] Warpinski N R, Smith M B. Rock mechanics and fracture geometry[M]//Recent Advances in Hydraulic Fracturing. J L Gidley, S A Holditch, D E Nierode, et al., SPE Monograph Series 1989 (12): 57-80.

[17] Iverson W P. Closure stress calculations in anisotropic formations[J]. Low Permeability Reservoirs Symposium, Denver, Colorado, USA, SPE-29598-MS, 1995.

[18] Dubinya N, Bayuk I, Tikhotskiy S, et al. Localization and Characterization of Hydraulically Conductive Fractured Zones at Seismic Scale with the Help of Geomecha[J]. 80th EAGE Annual Meeting, Copenhagen, Denmark, Expanded Abstracts, Tu C 08, 2018.

[19] Liu H J, Ling Y, Guo X Y, et al. Fracture prediction based on stress analysis and seismic information: a case study[J]. 81st SEG Annual Meeting, San Antonio, Texas, USA, Expanded Abstracts, 2011: 1118-1123.

[20] Zong Z Y, Yin X Y, Wu G C. AVAZ inversion and stress evaluation in heterogeneous medium[J]. 83rd SEG Annual Meeting, Houston, Texas, USA, Expanded Abstracts, 2013: 428-431.

[21] Perez M, Goodway B, Purdue G. Stress Estimation through Seismic Analysis[J]. 82nd SEG Annual Meeting, Las Vegas, Nevada, USA, Expanded Abstracts, 2012: 1-5.

[22] Starr J. Closure Stress Gradient Estimation of the Marcellus Shale from Seismic Data[J]. 81st SEG Annual Meeting, San Antonio, Texas, USA, Expanded Abstracts, 2011: 1789-1793.

[23] Gray D, Anderson P, Logel J, et al. Estimation of stress and geomechanical properties using 3D seismic data[J]. First Break 30, 2012: 59-68.

[24] Schoenberg M, Sayers C. Seismic anisotropy of fractured rock[J]. Geophysics 60, 1995: 204-211.

[25] Zong Z Y, Yin X Y, Zhang F, et al. Reflection coefficient equation and pre-stack seismic inversion with Young' modulus and Poissson's ratio[J]. Chinese Journal of Geophysics 55, 2012: 3786-3794.

[26] Rüger A. Variation of P-wave reflectivity with offset and azimuth in anisotropic media[J]. Geophysics 63, 1998: 935-947.

[27] Gardner G, Gardner L, Gregory A. Formation velocity and density-the diagnostic basics for stratigraphic traps[J]. Geophysics 39, 1974: 770-780.

[28] Hudson J A. Overall properties of a cracked solid[J]. Mathematical Proceedings of the Cambridge Philosophical Society 88, 1980: 371-384.

[29] Buland A, Omre H. Bayesian linearized AVO inversion[J]. Geophysics 68, 2003: 185-198.

[30] Downton J, Pickford S, Lines L. Constrained three parameter AVO inversion and uncertainty analysis[J]. 71st SEG Annual Meeting, San Antonio, Texas, USA, Expanded Abstracts, 2001: 251-254.

附录 A

裂隙介质中的 P 波方位 AVO 方程

Thomsen （1986） 在弱各向异性假设下引入了各向异性参数 $\varepsilon^{(V)}$、$\delta^{(V)}$、γ。Thomsen 参数可以用刚度张量系数表示：

$$\varepsilon^{(V)} = \frac{c_{11} - c_{33}}{2c_{33}} \qquad （A\text{-}1）$$

$$\delta^{(V)} = \frac{(c_{13} + c_{55})^2 - (c_{33} - c_{55})^2}{2c_{33}(c_{33} - c_{55})} \qquad （A\text{-}2）$$

$$\gamma = \frac{c_{66} - c_{44}}{2c_{44}} \qquad （A\text{-}3）$$

Rüger （1996）研究了 PP 波在各向同性半空间和 HTI 介质之间的界面上传播的地震波反射特性。他建立了以下方程来近似方位 PP 波反射系数：

$$R_{pp}(\theta,\phi) = \frac{1}{2}\frac{\Delta Z}{\overline{Z}} + \frac{1}{2}\left\{ \frac{\Delta V_P}{\overline{V}_P} - \frac{4V_{S0}^2}{V_{P0}^2}\frac{\Delta G}{\overline{G}} + \left(\Delta\delta^{(V)} + \frac{8V_{S0}^2}{V_{P0}^2}\Delta\gamma \right)\cos^2\phi \right\}\sin^2\theta$$
$$+ \frac{1}{2}\left[\frac{\Delta V_P}{\overline{V}_P} + \cos^4\phi\Delta\varepsilon^{(V)} + \sin^2\phi\cos^2\phi\Delta\delta^{(V)} \right]\sin^2\theta\cos^2\theta \qquad （A\text{-}4）$$

其中，θ 是入射角；ϕ 而是方位角；V_P 是垂直纵波速度；Z 是垂直纵波阻抗，$Z = V_P\rho$；G 是垂直横波模量，$G = V_S^2\rho$；V_{P0} 和 V_{S0} 分别是平均垂直纵波速度和平均垂直横波速度；$\Delta\varepsilon^{(V)}$、$\Delta\delta^{(V)}$ 和 $\Delta\gamma$ 是 Thomsen 参数的差值。

附录 B

贝叶斯框架下的叠前 AVAZ 反演

在贝叶斯框架下，弹性参数 m 的后验概率分布、似然函数和先验信息可以表示为

$$p(m|d,I) = \frac{p(|d|m,I) \cdot p(m,I)}{p(|d,I)} \qquad （B\text{-}1）$$

其中，$p(m|d,I)$ 是后验概率分布，$p(|d|m,I)$ 是似然函数，$p(m,I)$ 是先验信息，$p(|d,I)$ 是一个常数量；I 表示地质、测井信息等先验信息。

假设所有入射角和模型参数的真实角度道集数据和合成角度道集数据的噪声服从高斯分布，似然函数和先验信息可以表示为[29]

$$p(d|m,I) = \left(\frac{1}{\sqrt{2\pi}\sigma_n} \right)^{3K} \exp\left(\frac{-(Gm-d)^T(Gm-d)}{2\sigma_n^2} \right) \qquad （B\text{-}2）$$

$$p(m,I) = \left(\frac{1}{\sqrt{2\pi}\sigma_m} \right)^{3K} \exp\left[-\frac{1}{2\sigma_m^2}m^T C_m^{-1}m \right] \qquad （B\text{-}3）$$

其中，σ_n、σ_m 分别表示噪声和反演模型参数的方差；C_m 是协方差矩阵：

$$C_m = \begin{bmatrix} \sigma_{R_E}^2 & \sigma_{R_E R_v} & \sigma_{R_E R_e} \\ \sigma_{R_E R_v} & \sigma_{R_v}^2 & \sigma_{R_v R_e} \\ \sigma_{R_E R_e} & \sigma_{R_v R_e} & \sigma_{R_e}^2 \end{bmatrix}$$

在协方差矩阵中，$\sigma_{R_x R_y}$ 是模型参数 x 反射系数和模型参数 y 反射系数的协方差；$\sigma_{R_x}^2$ 是模型参数 x 反射系数的方差。

通过假设模型参数是独立的（ Buland and Omre，2003）并获得向量的偏导数，可以得到优化的目标参数估计。 函数如公式（B-4）所示：

$$m = (G^T G + \sigma_n^2 Q)^{-1} G^T d \qquad （B\text{-}4）$$

其中，Q 是以下对角矩阵：

$$Q_{ii} = \begin{cases} 1/\sigma_1^2, & 0 < i \leqslant K \\ 1/\sigma_2^2, & K < i \leqslant 2K \\ 1/\sigma_3^2, & 2K < i \leqslant 3K \end{cases}$$

其中，σ_1、σ_2、σ_3 分别是杨氏模量、泊松比和裂缝密度的方差。

碳酸盐岩储层孔隙结构对电阻率的影响研究

田 瀚 [1,2,3] 王贵文 [1] 王克文 [3] 冯庆付 [3] 武宏亮 [3] 冯 周 [3]

（1. 中国石油大学（北京）地球科学学院 北京 102249； 2. 中国石油杭州地质研究院 浙江杭州 310023；
3. 中国石油勘探开发研究院 北京 100083）

摘 要：碳酸盐岩储层孔隙类型多样，各种孔隙的尺寸变化范围可以跨越几个数量级，孔隙结构非常复杂，这种复杂孔隙结构和不均匀分布的多元孔隙空间使得储层电性呈现明显非阿尔奇特性。为了了解影响电阻率变化的控制因素，本次研究选取中三叠统雷口坡组的 8 块全直径碳酸盐岩岩样，开展了核磁共振、岩电实验、孔渗实验、压汞实验及薄片等实验，并利用数字图像分析法定量分析了孔隙结构特征。研究结果表明：（1）孔隙度是影响电阻率高低的重要因素，但并非唯一因素，除孔隙度以外，孔隙尺寸和数量、孔隙网络复杂程度远比喉道大小对电阻率的影响大；（2）在孔隙度一定的条件下，胶结指数 m 随储层中孤立大孔隙占比的增多而增大，当孔隙度增大到一定程度后，胶结指数 m 又随大孔隙占比的增多而减小，微裂缝起重要沟通作用；（3）在给定孔隙度时，以简单大孔隙为主的岩样表现为胶结指数 m 值较大，而以复杂孔隙网络、细小孔隙为主的岩样表现为胶结指数 m 值较小，具分散、孤立大孔隙的岩样，胶结指数 m 值最高；（4）依据孔隙几何参数与电阻率和胶结指数之间的关系，可以利用测井资料间接判别储层类型，从而提高储层有效性和含水饱和度评价精度。

关键词：碳酸盐岩储层；全直径岩样；胶结指数；孔隙结构；电阻率测井

Study on the Effect of Pore Structure on Resistivity of Carbonate Reservoir

Tian Han[1,2,3], Wang Guiwen[1], Wang Kewen[3], Feng Qingfu[3], Wu Hongliang[3], Feng Zhou[3]

(1. *College of Geosciences, China University of Petroleum (Beijing), Beijing 102249; 2. PetroChina Hangzhou Research Institute of Geology, Hangzhou, Zhejiang 310023, 3. PetroChina Research Institute of Petroleum Exploration & Development, Beijing, 100083*)

Abstract: The pore types of carbonate reservoirs are diverse, and the size of various pores can span several orders of magnitude, and the pore structure is very complex. The complicated pore structure and pore space heterogeneous distribution of carbonate rock has caused the non-Archie phenomenon. In order to understand the control factors those affect the resistivity, 8 full-diameter carbonate rock samples from the middle Triassic Leikoupo Formation were collected, and a series of analyses were carried out, including nuclear magnetic resonance (NMR), petroelectric experiment, porosity and permeability experiment, mercury injection experiment and thin section. The results show: (1) Porosity is an important factor affecting the resistivity, but it is not the only factor. In addition to porosity, the size and number of pores and the complexity of pore network have a greater impact on the resistivity than the throat size; (2) With a certain porosity, the cementation component m increases with the increase of the proportion of isolated macropores, when the porosity increases to a certain extent, the cementation component m decreases with the increase of the proportion of macropores, and microfractures play an important role in communication; (3) In a given porosity, rock samples with simple macropore show the cementation component m value is big, while rock samples with complex pore network and small pores show the cementation component m value is small, and rock samples with dispersed and isolated macropores have the highest cementation component m value; (4) Based on the relationship between pore geometry parameters, resistivity and cementation component m, the logging data can be used to indirectly identify the reservoir types, so as to improve the reservoir effectiveness

基金项目：国家科技重大专项"大型油气田及煤层气开发"（2017ZX05008-005），中国石油科技部重点项目"深层—超深层油气富集规律与区带目标评价"（2018A-0105）。

第一作者简介：田瀚（1989— ），男，博士，工程师，主要从事碳酸盐岩储层评价及测井地质学研究。

E-mail：tianh_hz@petrochina.com.cn

and water saturation evaluation accuracy.

Key words: carbonate reservoir; whole core; cementation exponent; pore structure; fesistivity log

电阻率测井是目前用于碳酸盐岩储层表征最常用的方法之一，其可以用于岩性识别、孔隙度评价和含水饱和度计算等，尤其是在储层流体性质判别中至关重要。传统认为，沉积岩的岩体是低导电体，电流是通过占据孔隙空间的流体传导，充注了流体的沉积岩电阻率值主要受孔隙空间大小和孔隙结构的影响，因此孔隙的大小、形状、分布和连通性都影响着电流的流动。

碳酸盐岩储层的孔隙结构复杂程度远超碎屑岩储层，主要原因在于碳酸盐岩储层受到沉积作用、成岩作用和构造作用共同控制[1]，尤其是成岩作用。后期成岩改造作用（压实作用、胶结作用、溶解作用和白云石化作用）可以导致碳酸盐沉积物孔隙度的增加或者减少，也可以通过对原始沉积物矿物成分的改变，来改变原始孔隙几何形态和分布[2]，最终导致碳酸盐岩储层孔隙体系异常复杂。

虽说碳酸盐岩储层孔隙结构与电阻率之间的关系尚无明确说明，但是对于均质的砂岩而言，其电阻率特性已被学者们所认识。Archie 在 1942 年通过对大量岩心实验分析，发现岩石电阻率与孔隙度之间存在某种定量关系，并正式发表了对电法测井具有划时代意义的 Archie 公式[3,4]：

$$F = R_o / R_w = a / \phi^{-m}$$

式中 F——地层因素；

R_o——饱和地层水岩石的电阻率；

R_w——地层水电阻率；

ϕ——岩石孔隙度；

a——岩性系数；

m——胶结指数，对于碎屑岩通常取数值 2。

胶结指数 m 量化了在一定孔隙度条件下岩石电阻率的变化情况，而这种变化取决于岩石孔隙形态和分布，其实质上反映了孔隙结构的变化，赵良孝等和蔡忠等[5,6]认为，应将 m 值理解为孔隙结构指数。对于碳酸盐岩地层，Towel[7]在考虑了孔隙几何形态的情况下，认为孔洞型储层，m 值一般从 2.67 至 7.3+ 变化，而裂缝型储层，m 值要小于 2；曾文冲等[8]通过对以粒间孔隙为主的碳酸盐岩储层分析发现，m 值一般变化在 1.7 ~ 1.9 之间，但是对于以溶蚀孔洞为主的储层，m 值在 2.0 ~

2.8 之间变化，这是因为溶蚀孔洞对储层的孔隙度贡献大，而对岩石导电性贡献相对较小，而对于以裂缝为主的储层，其恰好与孔洞型储层相反，裂缝为储层提供了极佳渗流通道，构成了岩石优势导电路径，导致 m 值在 1.2 ~ 1.5 之间变化，碳酸盐岩储层胶结指数 m 值主要受三种"元素"（基质孔隙、裂缝和溶蚀孔洞）及其耦合关系控制；Lucia[9]认为 m 值是分散孔洞孔隙度与总孔隙度比值的函数，在非连通孔洞型碳酸盐岩中，分散孔洞对电荷的流通没有贡献，导致电阻率值较高，m 值较高，变化范围为 1.8 ~ 4.0，在存在裂缝和其他连通孔洞孔隙类型的碳酸盐岩中，孔隙彼此连通性好，导电能力增强，m 值较低，可能小于 1.8；田瀚等[10]的模拟研究表明，缝洞型碳酸盐岩储层不同孔隙空间大小及其形态对电阻率均有影响，尤其是当储层孔隙度较小（ϕ<10%）时，裂缝倾角越小，胶结指数 m 值就越小。低角度裂缝储层的 m 值趋向于 1.1，高角度裂缝趋向于 1.5，网状裂缝近似为 1.3[5]。

Weger 等和 Klaas 等[2,11]利用一种数字图像分析方法对岩石薄片图像进行处理，从而获取岩石孔隙结构参数，利用这些参数来定量表征碳酸盐岩孔隙结构的几何形状特征。依据该方法在量化孔隙结构、评价孔隙结构特征与声波速度、岩石渗透率和电阻率关系方面取得较大进展。

笔者借鉴类似研究方法，同时为了进一步分析碳酸盐岩孔隙结构与电阻率的关系，利用所采集的全直径岩样，系统开展了核磁共振、岩电实验、孔渗分析、压汞实验和岩样电阻率测量，结合岩样薄片的数字图像分析，探讨了孔隙大小和形态、孔隙结构复杂程度与电阻率特性之间的关系。

1 岩心样品及实验

1.1 岩石样品

碳酸盐岩储层非均质性强，为了全面反映储层的孔隙特征，研究中采用了 8 块直径为 105mm 的全直径岩石样品（图 1）。样品来自中国四川盆地中坝气田 Z80 井中三叠统雷口坡组。矿物组分分析结果证实，非碳酸盐矿物含量不到 3%，矿物

图 1　全直径岩样

成分单一，岩性为泥—粉晶藻屑白云岩。样品的孔隙结构复杂，发育藻间溶孔、粒内溶孔、晶间孔和裂缝。

1.2 岩石物理测量

为了研究孔隙结构对碳酸盐岩电性的影响及规律，除常规的孔隙度、渗透率参数测量之外，重点进行了全直径岩心核磁、岩电测量，并在完成上述实验之后，从 8 块全直径岩样中钻取了 21 块柱塞样品开展压汞实验分析，并从岩样一端切割，制作了岩心薄片进行电镜实验及数字图像处理，具体实验测量数据见附录。

1.2.1 核磁共振实验

利用 AniMR-150 型岩心核磁共振分析系统测量全直径岩样的核磁 T_2 谱。测前按照仪器要求设定磁体控制温度，并使探头和磁体保持恒温，仪器预热 16h 以上，然后将标准水样、油样、标准样、待测岩样放入恒温箱中，温度设定为磁体工作温度，恒温 6h，设定测量参数后，对恒温后的标准水样、油样、标准样进行测量，将测量结果与标准谱对比，确定测量仪器的稳定性和准确性。测量过程中，将测量结果与标准谱对比，确定测量仪器的稳定性和准确性。测量过程中，将完全饱和水的全直径岩样用不含氢的非磁性容器装好，放入测量腔中，选择 CPMG 脉冲序列，设置测量参数后开始测量，实验中使用的主要采集参数为 T_W=6000ms、T_E=0.3ms、扫描次数=32、回波个数=12000。

1.2.2 岩电实验

利用 TH2828A 型 LCR 数字电桥仪器测定岩样电阻率，在测量之前，首先对岩心样品进行了洗油、洗盐等预处理，接着进行烘干并抽空 24 小时以上，然后根据储层实际地层水，配制了矿化度为 100000mg/L 的 NaCl 溶液进行加压饱和，加压饱和时间为 24 小时以上。完全饱和后，测量全直径岩心饱含水电阻，最后将样品放置夹持器内，进行加压驱替，围压 3MPa、驱替压力 0.1～3MPa，在此测量岩心重量及电阻，驱替数次，获得几组不同含水饱和度的岩心重量及电阻数据。

1.2.3 孔渗分析实验

采用液体饱和法测量岩样孔隙度。基于达西定律，在利用游标卡尺确定岩样体积后，应用岩心气测渗透率仪测量气体渗透率。其中，孔隙度和渗透率的测量相对误差不超过 0.5%。

1.2.4 压汞实验

测量前对岩样进行洗油等预处理，岩样清洗干净、烘干至恒重，并测量其几何尺寸、孔隙度和渗透率，将称得干岩样质量后于密封容器中将岩样抽真空，然后按照压汞仪器的操作要求，测定岩样每个点毛细管压力和对应的汞饱和度，并在半对数坐标图上绘制毛细管压力与汞饱和度的关系曲线。

2 孔隙特征定量分析

薄片的数字图像分析借鉴 Weger 等（2009）和 Klaas 等（2011）所描述的方法，利用特殊图像处理方法对单偏光条件下获取的薄片图像进行处理。该方法通过利用图像分割技术将图片中的孔隙空间单独提取出来，进而对所提取的孔隙系统进行计算，获取反映孔隙形态的参数，此处获取的形态参数均来自二维图像。

Weger 等（2009）曾提出了两种最能描述孔隙几何形态的参数，分别为周长面积比和优势孔隙大小，其中，周长面积比被视为孔隙比表面积在二维图像上的表现，这两个参数与岩石物理特性相关。本次研究充分利用岩心薄片图像进行孔隙

特征定量分析，其中图像分辨率约为 1μm²/像素。对于岩心薄片，首先对岩心薄片图像进行预处理，然后利用阈值分割法将图像划分为孔隙和骨架两相，最后对孔隙相进行定量分析，计算孔隙比表面积（SPoR）、优势孔隙大小（DOMsize）等参数。

孔隙比表面积（SPoR）是指孔隙空间的总表面积与总体积之比，孔隙比表面积的大小与孔隙结构存在密切关系。通常孔隙比表面积越小，孔隙几何形态越简单；比表面积越大，孔隙几何形态越复杂。

（a）岩心薄片，单偏光　　　　　　（b）采用图像处理软件提取的　　　　　（c）软件对孔隙系统分析及图像统计
　　　　　　　　　　　　　　　　　　　孔隙空间平面分布

图 2　薄片数字图像处理流程

优势孔隙大小（DOMsize）是指薄片上组成 50%孔隙度的孔隙大小上限对应值，即占据一半孔隙空间所需要的孔隙最大尺寸。通过图像处理软件对薄片中孔隙体系进行单独提取，统计出孔隙尺寸、数量及总面孔率，将孔隙尺寸从小到大排列，确定优势孔隙大小，这一参数主要用来衡量样品中占主导优势的孔隙大小的范围。

3　孔隙结构与电阻率的关系

3.1　全直径核磁特征

核磁共振资料的横向弛豫时间是岩石孔隙结构的一种反映，因此，核磁 T_2 谱被广泛用于孔隙结构定量评价[12-14]。图 3 为 7 块全直径岩样核磁共振 T_2 谱（其中样品 1-X 破坏，无法开展全直径核磁共振测试），岩样横向弛豫时间介于 0.1 ~ 3000ms，核磁 T_2 谱呈明显单峰右偏或双峰特征，其中两个主峰所对应的横向弛豫时间分别为 50ms 和 500ms。

由核磁共振测量原理可知，横向弛豫时间 T_2 与孔隙大小密切相关：孔隙越小，氢核在做横向弛豫的过程中，与孔隙壁的碰撞几率越大，弛豫时间 T_2 越短；相反，孔隙越大，弛豫过程中氢与

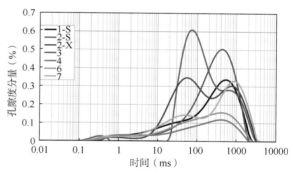

图 3　全直径岩样核磁 T_2 谱特征

孔隙壁的碰撞几率越低，弛豫时间 T_2 越长。由于 T_2 谱反映了孔隙大小的分布特征，因此可以利用核磁 T_2 谱对不同大小孔隙的发育情况进行定量分析[15-17]。

从研究所选取的 7 块全直径岩样核磁 T_2 谱（图 3）可以看出，岩心微孔隙不发育，T_2 谱峰值均在 50ms 以上，因此，重点分析了岩心大孔与小—中孔的发育情况及其对岩石电性的影响。依据 T_2 谱形态，选取 193ms 作为大孔、小—中孔的区间分界值。利用该区间分界值，定量计算了不同岩心大孔、小—中孔孔隙度及其所占比例，结果见表 1。从表 1 可以看出，7 块全直径岩样岩心核磁孔隙度介于 2.3% ~ 7.7%，其中大孔隙占比在

表 1 全直径岩样不同孔隙空间大小

样品序号	总孔隙度（%）	小—中孔（%）	大孔（%）	大孔隙占比（%）
1-S	5.079	2.342	2.737	53.89
2-S	7.653	4.876	2.777	36.29
2-X	6.878	4.065	2.813	40.90
3	6.474	2.712	3.762	58.11
4	2.372	1.453	0.919	38.74
6	3.11	1.808	1.302	41.86
7	5.257	2.352	2.905	55.26

36%～58%，表明后期溶蚀作用所形成的次生溶蚀大孔占比较大。

3.2 胶结指数与孔隙结构

图 4 为孔隙度与胶结指数 m 交会图，其中孔隙度为全直径岩样和柱塞样品实测结果，胶结指数 m 值根据实测岩石电阻率和孔隙度计算，其数值范围为 1.88～2.414。交会结果发现，胶结指数 m 值随岩样孔隙度的增大而增大，反映出孔隙结构随储层物性变好而变复杂。

为了弄清楚为什么储层物性变好，储层孔隙结构却变复杂的原因，笔者将胶结指数 m 与大孔隙占比交会分析，以了解不同孔隙空间对孔隙结构的影响，其中大孔隙占比是指大孔隙部分占整个孔隙空间的比例，大孔隙占比越大，说明储集空间中大孔隙部分越多。当岩样总孔隙度小于 6.5%（图中虚线框中的数据点），胶结指数 m 随大孔隙占比的增多而增大，且呈明显线性关系，相关性可达 0.91，从右侧对应岩样的岩心薄片可以看出，虽然溶蚀孔洞发育，但大孔隙空间多呈分散孤立状态（图 5），溶蚀孔洞增加了储集空间大小，但并未改善连通性，甚至导致孔隙结构更加复杂，这就解释了为什么胶结指数 m 随孔隙度增大而变大。

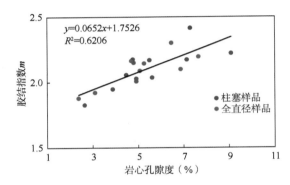

图 4 孔隙度与胶结指数 m 交会图

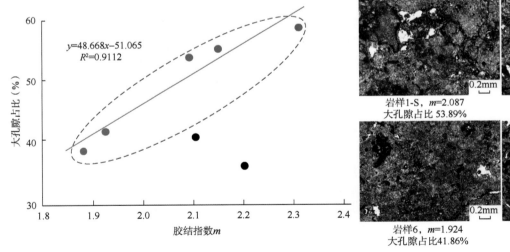

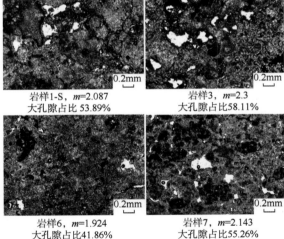

岩样1-S，m=2.087
大孔隙占比 53.89%

岩样3，m=2.3
大孔隙占比58.11%

岩样6，m=1.924
大孔隙占比41.86%

岩样7，m=2.143
大孔隙占比55.26%

图 5 不同大孔隙占比的岩样微观特征及大孔隙占比与胶结指数 m 交会图（一）

为了进一步说明是因为孤立大孔隙部分导致岩样的孔隙结构变得复杂，笔者挑选了两块物性相近的岩样进行对比分析，具体岩石物理参数见表 2。两块岩样的总孔隙度相差仅有 0.178%，且该差异主要是由大孔隙空间所引起，样品 1-S 的大孔隙部分孔隙度为 2.737%，样品 7 的为 2.905%，大孔隙部分相差 0.168%，但是二者的胶结指数差异明显，样品 1-S 的胶结指数 m 值为 2.087，样品 7 的 m 值为 2.143，这说明样品 7 的孔隙结构要比样品 1-S 复杂。虽然样品 7 的物性要好于样品 1-S，但是样品 7 孔隙结构比样品 1-S 复杂，导致所测量的电阻率值要大于样品 1-S，这与传统认识存在差异，通常认为电阻率值随岩石物性变好而减小，而这两个岩样的测量结果则说明孔隙度不是影响电阻率高低的唯一因素，在物性相当的情况下，孔隙结构的复杂程度对电阻率的影响不容忽视，而胶结指数 m 可以很好表征孔隙结构的复杂程度。

表 2　样品 1-S 与岩样 7 岩石物理参数表

序号	总孔隙度（%）	小—中孔（%）	大孔（%）	大孔隙占比（%）	m 值	电阻率（Ω·m）
1-S	5.079	2.342	2.737	53.89	2.087	40.92
7	5.257	2.352	2.905	55.26	2.143	56.42

但是当岩样整体物性变好，总孔隙度大于6.5%时，胶结指数 m 随大孔隙占比的增多反而减小。如图 6 所示，虽说只有两个样本点，但是已表现出这种变化趋势。从图 6 右侧岩样对应岩心薄片可以看出，这两块岩样与前述岩样存在明显差异，这两块岩样的薄片中可见明显微裂缝发育，且微裂缝将孔隙空间相互连通，孔隙彼此不再孤立，裂缝增进了孔隙之间的连通性。

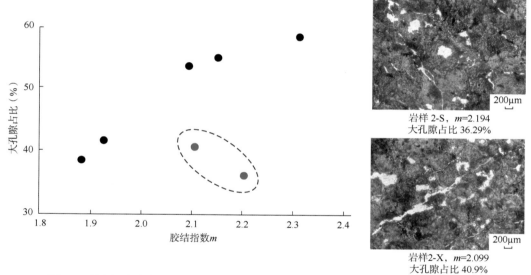

图 6　不同大孔隙占比的岩样微观特征及大孔隙占比与胶结指数 m 交会图（二）

样品 2-S 的总孔隙度为 7.653%，大孔隙占比为 36.29%，胶结指数 m 为 2.194，岩石电阻率为 19.36Ω·m；样品 2-X 的总孔隙度为 6.868%，大孔隙占比为 40.9%，m 值为 2.099，岩石电阻率为 21.82Ω·m，微裂缝造成胶结指数 m 随大孔隙占比的增大而减小。

因此可以看出，当岩石物性较差时，胶结指数 m 随孔隙空间中孤立大孔隙部分的增多而增大，孔隙结构变复杂，而当物性增大到一定程度后，胶结指数 m 随大孔隙的增多而减小，孔隙结构变简单，可能是由于微裂缝发育所引起的。

3.3　胶结指数与孔隙空间几何形态

图 7 为地层因素与孔隙度交会图，图中颜色分别代表不同岩样对应薄片经图像处理后所得到的数字图像参数 DOMsize（图 7a）和 SPoR（图7b）。从交会图上可以发现参数 DOMsize 和 SPoR表现出相反的变化趋势，即在孔隙度一定的条件下，SPoR 为低值的样品（孔隙几何形状简单）具有较大的地层因素值，而 SPoR 为高值的样品（孔隙几何形状复杂）则具有相对较小的地层因素值，除虚线框中两个样品外（2-X 和 2-S），这两个样品微裂缝发育，其电性特征与孔隙性储层存在差异。参数 DOMsize 同样也表现出类似变化趋势，随着 DOMsize 值的增大，在相同孔隙度条件下，地层因素值相对较高，而 DOMsize 值较小的样品，地层因素值也较低。这说明，在孔隙度一定的情况下，具有简单大孔隙的样品电阻率值要高于具有以小孔隙为主，且具有复杂孔隙网络样品的电阻率值。

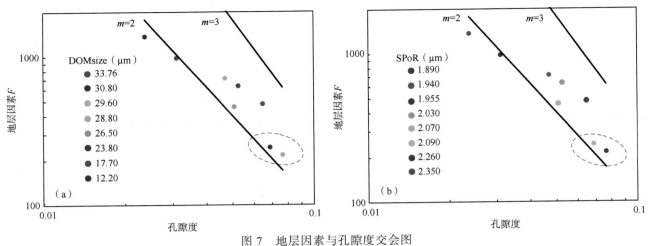

图 7　地层因素与孔隙度交会图
图（a）颜色代表优势孔隙大小值，图（b）颜色代表孔隙比表面积大小

图 8 为胶结指数与数字图像参数交会图，可以看出参数 DOMsize 和 SPoR 与胶结指数具有明显的相关性，DOMsize 和 SPoR 与胶结指数 m 的相关系数分别为 0.688 和 0.828，但二者与胶结指数的变化关系刚好相反，胶结指数随 DOMsize 值的增大而增大，却随 SPoR 值的增大而减小。胶结指数与参数 DOMsize 和 SPoR 所生成的二元线性关系的相关系数更是高达 0.83，这种高相关性就意味着，在孔隙度一定的条件下，这两个几何参数就可以解释电阻率变化的主要原因。

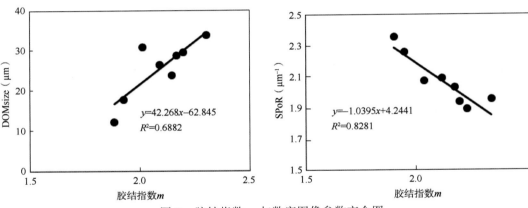

图 8　胶结指数 m 与数字图像参数交会图

胶结指数与孔隙结构具有明显相关性，图 9 为 DOMsize 和 SPoR 交会图，其中颜色代表不同岩样，下方的数据则是对应样品胶结指数 m 值的大小。交会图可以清晰反映几何参数 DOMsize 和 SPoR 与胶结指数之间的关系。即具有高 DOMsize 值和低 SPoR 值的样品，其胶结指数 m 值相对较高，而那些具有低 DOMsize 值和高 SPoR 值的样品，其 m 值相对较低，具体反映到样品上就是那些具有简单孤立大孔隙的岩样，其胶结指数值较高，而那些以小孔隙为主，且孔隙网络复杂的岩样，其胶结指数值往往较低。

3.4　孔隙喉道与孔隙结构

利用压汞毛细管压力曲线的形态特征及其特

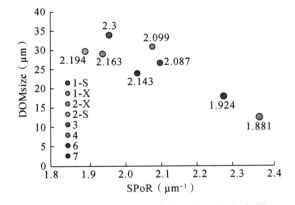

图 9　优势孔隙大小与孔隙比表面积交会图

征参数可以定性和定量评价岩石的孔隙结构[1]。为了进一步分析孔隙结构特征，本次研究从 8 块全直径岩样中又分别钻取了 21 块直径为 2.5cm 柱塞

岩样开展核磁共振、压汞和岩电实验，图 10 为不同压汞特征参数与孔隙结构分析交会图。

图 10a 为饱和度中值压力与地层因素交会图。饱和度中值压力是进汞饱和度为 50%时所对应的毛细管压力，其能综合反映储层孔隙结构复杂情况。可以发现地层因素与中值压力的变化具有一致性，即中值压力越大（孔隙结构变差），岩石导电能力越差。

图 10b 为饱和度中值压力与实测柱塞样品孔隙度交会图。整体来看，中值压力与孔隙度存在较好相关性，随着储层物性变好，中值压力明显变小，但是在一定物性区间范围内，中值压力与孔隙度的相关性较差，如孔隙度在 4%～6%时，

二者关系并不明显，这表明物性好坏并非孔隙结构唯一影响因素。

图 10c 为中值压力与孔隙喉道半径交会图。虽说中值压力随喉道半径增大有减小的趋势，但是这种相关性很差。相同喉道半径的样品表现出来的中值压力可以跨越一个数量级，这说明对于碳酸盐岩储层而言，单纯的喉道大小对储层孔隙结构的影响远没想象中重要。

图 10d 为胶结指数与喉道半径交会图。可以看出喉道半径大小对储层孔隙结构好坏没有明显影响，并未出现随着喉道半径增大，胶结指数 m 变小的情况，二者的相关性极差，这也进一步说明单纯的喉道半径对储层孔隙结构好坏影响程度低。

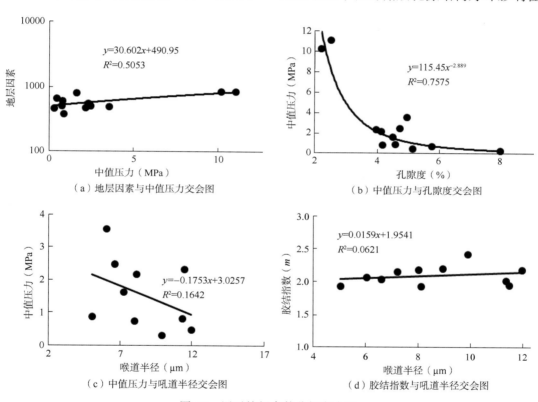

图 10　压汞特征参数分析交会图

4　讨　论

孔隙大小和孔隙网络连通性是影响整个岩样导电特性的关键因素。除了孔隙度这一主要影响因素外，对电阻率的控制因素还需要考虑三点：（1）孤立孔洞的数量[9]；（2）孔隙喉道的大小[2, 8]；（3）孔、洞、缝"三元"耦合关系[8]。

本次研究可以发现，那些微裂缝不发育、以分散孤立大孔隙为主的岩样的胶结指数 m 值往往

较高，这正如 Lucia 等认为胶结指数 m 值的高低与分散孤立孔洞的数量有关一致。这种特点在前述样品 1-S 和样品 7 的对比中更加明显，在总孔隙度一定的条件下，分散大孔隙占比越多，胶结指数 m 值越大，电阻率值越高，而以小孔隙为主的样品，其胶结指数值相对偏低。这种电阻率的变化可以用李宁等[18]提出的"潜在连通性"进行解释。如图 11 所示，假设岩石立方体中存在 5 个大小一样的孔洞，从 A 到 B 的连通路径不会超过

10 条，即为 10¹ 数量级，如果保持孔洞 A 和孔洞 B 大小不变，将其他的分解为一系列大小不一的孔洞，但是它们体积之和保持与原球一致，即分解前后的总孔隙度不变，这样一来从 A 到 B 可能产生的连通路径激增到 10³ 数量级。这种密集的孔隙网络大大增加了潜在的连通性，因此在孔隙度一定的条件下，以细小孔隙为主的岩石电阻率往往较低。

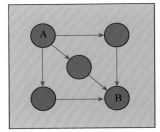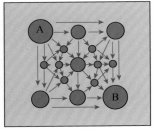

图 11　两种孔隙结构下的潜在连通性对比（据李宁，2013）

学者们通过对孔洞型储层数值模拟发现，孔隙喉道可以通过对电流量的限制来影响电阻率值的变化，在孔隙度一定的条件下，当孔隙喉道比较狭窄，单位时间内通过喉道的电流量减少，电阻率值就会变大[2, 19]。曾文冲等认为，从岩石物理学角度，喉道主要影响岩石的渗透率和导电性，岩石孔隙系统可以分解为无数个孔腔（孔隙体）和喉道的组合，孔腔与喉道截面积的数量关系与胶结指数 m 值相关，随着喉道截面积的减小或孔腔截面积的增大（相当于溶蚀孔洞的发育，孔喉比增大），m 值也随之增大。岩心的岩电实验结果却表明，随着溶蚀孔洞的发育，胶结指数 m 值并非一直呈增大趋势，之所以碳酸盐岩储层溶蚀孔洞的发育引起 m 值增大，很大程度受孔隙度约束。一般情况，随着溶蚀孔洞发育并引起孔隙度增大，m 值亦逐步增大并达到一定的上限值，若孔隙度进一步增大，溶蚀孔洞更为发育时，碳酸盐岩储层的连通性就会得到明显改善，这又会导致胶结指数 m 值逐步减小。实验研究发现，碳酸盐岩储层中孔隙喉道对电阻率的影响作用较弱，图 12 为样品 7C1 和样品 7C2 核磁共振和压汞实验分析对比图，样品 7C1 和样品 7C2 来自同一块全直径岩样，二者实测孔隙度相近，分别为 4.569% 和 4.493%。但是从核磁 T_2 谱和孔喉半径分布图对比中可以发现，二者孔隙结构存在明显差异[20]：样品 7C1 的平均喉道半径为 5.046μm，而样品 7C2 的平均喉道半径为 7.219μm，虽说样品 7C1 的喉道半径小，但是其实际测得的胶结指数 m 值和岩石电阻率均小于样品 7C2，其中样品 7C1 的胶结指数 m 值为 1.926，岩石电阻率为 30.762Ω·m；样品 7C2 的胶结指数 m 值为 2.15，岩石电阻率为 64.664Ω·m，可以看出，在物性相近的情况下，喉道半径大的样品 7C2 的岩石电阻率反而大于喉道半径小的岩样 7C1。这就表明，对于碳酸盐岩储层而言，岩石的喉道半径对岩石电阻率并没有决定性影响，喉道半径大的岩样电阻率值不一定

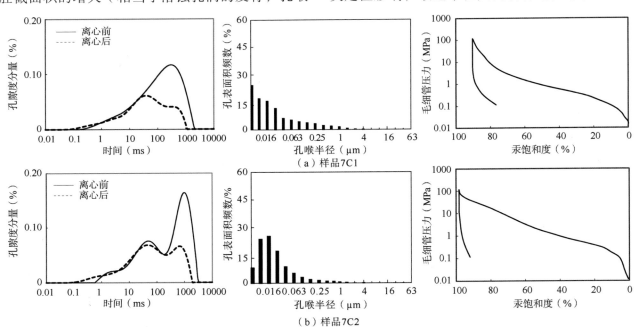

图 12　样品 7C1 和样品 7C2 核磁共振和压汞实验对比图

小于喉道半径小的岩样电阻率，这与以粒间孔隙为主的碎屑岩地层存在明显差异。

虽然孤立大孔隙占比越多，胶结指数 m 值越大，但这仅限于孔洞型储层，一旦储层中裂缝发育，m 值会明显减小。这是因为裂缝构成了岩石中电流的优势输导路径，同时能将孔隙空间相互串接起来，改善孔隙网络连通性，增强电荷的流通能力，所以储层中孔、洞、缝三者的耦合关系也直接影响着岩石电阻率的变化。

总之，孔隙度和孔隙结构二者均影响着电阻率的变化，虽说孔隙度是主因，但孔隙结构的作用不可忽视，在实际研究中存在着大量高孔高电阻率的情况，中坝气田雷三^{3}亚段就是如此，在岩性和物性相同的情况下，传统雷口坡组气层电阻率下限值为 $200\Omega \cdot m$，而中坝气田气层下限值高达 $1000\Omega \cdot m$。通过岩石物理实验和孔隙几何参数分析发现，孔隙尺寸和数量、孔隙网络复杂程度及不同类型孔隙的耦合关系是孔隙结构参数中影响电阻率变化最为重要的几个因素。在孔隙度一定的条件下，以简单、分散大孔隙所构成的岩样之所以电阻率高，就是因为其孔隙网络简单，输导电荷的通道数量少，而以细小孔隙为主，但孔隙网络复杂或大孔隙发育，但裂缝发育的岩样，其潜在的孔隙连通路径多，有利于电荷的流通，所以电阻率较低。该认识对碳酸盐岩储层流体性质的判别影响很大，胶结指数 m 值正确与否直接影响含水饱和度的计算，若胶结指数从 2 变为 2.5，含水饱和度可从 34.6%变化到 73.2%，判别结论就会出现巨大差异，保持固定的胶结指数值可能会导致错误的结果，因此，在储层评价中考虑孔隙结构的影响会明显提高判别结果。

5 结 论

碳酸盐岩电阻率的变化范围广，在孔隙度一定的条件下，电阻率值的差异可达几个数量级。电阻率的剧烈变化范围影响着测井对储层流体性质的判断，而导致这种变化的原因很大程度上与孔隙结构有关，而非流体性质差异所引起。

（1）孔隙度是影响电阻率高低的重要因素，但并非唯一因素，除了孔隙度以外，孔隙结构的作用不容忽视，但孔隙结构中，孔隙尺寸和数量、孔隙网络复杂程度远比孔隙喉道大小对电阻率的影响大。

（2）全直径核磁共振、岩电实验和量化后的孔隙几何参数分析表明，在孔隙度一定的条件下，以分散、孤立简单大孔隙为主的岩样电阻率高，胶结指数 m 值大，且胶结指数值随大孔隙占比增多而增大，这是因为不连通的孔隙结构抑制了电荷的流动；那些以细小、复杂孔隙网络为主或以大孔隙为主，但微裂缝发育的岩样电阻率较低，原因在于潜在的连通孔隙数量大，孔、洞、缝"三元"耦合关系好，有利于电荷的流通。

（3）胶结指数 m 可以很好的表征孔隙结构复杂程度，对于具有复杂孔隙结构的碳酸盐岩地层，固定的胶结指数值往往会导致错误的计算结果，如何获取准确的胶结指数值对储层有效性和含水饱和度的评价很重要，而基于岩石物理实验、数字岩心模拟和多孔介质模型分析的岩石导电规律研究是明确胶结指数变化行之有效的手段。

（4）依据量化后孔隙几何参数（优势孔隙大小和孔隙比表面积）与电阻率和胶结指数的关系，在明确孔隙度的情况下，可以利用测井资料间接了解储层孔隙类型，针对不同孔隙类型储层建立含水饱和度的计算模型，从而提高测井评价精度。

参考文献

[1] 郭振华，李光辉，吴蕾，等. 碳酸盐岩储层孔隙结构评价方法——以土库曼斯坦阿姆河右岸气田为例[J]. 石油学报，2011，32（3）：459-465.

[2] Klaas Verwer, Gregor P Eberli, Ralf J Weger. Effect of pore structure on electrical resistivity in carbonates[J]. AAPG Bulletin, 2011, 95（2）：175-190.

[3] Archie G E. The electrical resistivity log as an aid in determining some reservoir characteristics [J]. AIME, 1942, 146: 54-61.

[4] 孙建孟，王克文，李伟. 测井饱和度解释模型发展及分析[J]. 石油勘探与开发，2008，35（1）：101-107.

[5] 赵良孝，陈明江. 论储层评价中的五性关系[J]. 天然气工业，2015，35（1）：53-60.

[6] 蔡忠，王伟锋，候加根. 利用测井资料研究储层的孔隙结构[J]. 地质论评，1993，39（增刊）：69-75.

[7] Towle G. An analysis of the formation resistivity factor-porosity relationship of some assumed pore geometries[C]. Houston, Texas: Third Annual Meeting of SPWLA, 1962.

[8] 曾文冲，刘学锋. 碳酸盐岩非阿尔奇特性的诠释[J]. 测井技术，2013，37（4）：341-351.

[9] Lucia F J, Conti R D. Rock fabric, permeability, and log relationship in an upward-shoaling, vuggy carbonate sequence[J]. The University of Texas at Austin, Bureau of Economic Geology, Geological Circular, 1987, 87-5: 22.

[10] 田瀚，沈安江，张建勇，等. 一种缝洞型碳酸盐岩储层胶结指数 m 计算新方法[J]. 地球物理学报，2019，62（6）：2276-2285.

[11] Ralf J Weger, Gregor P Eberli, Gregor T Baechle, et al.

四川盆地天然气研究

Quantification of pore structure and its effect on sonic velocity and permeability in carbonates[J]. AAPG Bulletin, 2009, 93, 10: 1297-1317.

[12] 李军, 张超谟, 唐小梅, 等. 核磁共振资料在碳酸盐岩储层评价中的应用[J]. 江汉石油学院学报, 2004, 26（1）: 48-50.

[13] 李艳, 范宜仁, 邓少贵, 等. 核磁共振岩心实验研究储层孔隙结构[J]. 勘探地球物理进展, 2008, 31（2）: 130-132.

[14] 高敏, 安秀荣, 祗淑华, 等. 用核磁共振测井资料评价储层的孔隙结构[J]. 测井技术, 2000, 24（3）: 188-193.

[15] 姜均伟, 朱宇清, 徐星, 等. 伊拉克 H 油田碳酸盐岩储层的孔隙结构特征及其对电阻的影响[J]. 地球物理学进展, 2015, 30（1）: 203-209.

[16] 谭茂金, 郭越, 张松扬. 碳酸盐岩储层测井流体替换方法与应用分析[J]. 地球物理学进展, 2015, 30（6）: 2772-2777.

[17] 刘晓鹏, 胡晓新. 近五年核磁共振测井在储集层孔隙结构评价中的若干进展[J]. 地球物理学进展, 2009, 24（6）: 2194-2201.

[18] 李宁. 中国海相碳酸盐岩测井解释概论[M]. 北京: 科学出版社, 2013.

[19] 张兆辉, 高楚桥, 高永德. 孔洞型储层电阻率理论模拟及影响因素[J]. 西南石油大学学报（自然科学版）, 2014, 36（2）: 79-84.

[20] 张龙海, 周灿灿, 刘国强, 等. 孔隙结构对低孔低渗储集层电性及测井解释评价的影响[J]. 石油勘探与开发, 2006, 33（6）: 671-676.

附录：全直径岩石物理测量结果及数字图像处理参数

样品编号	ϕ（%）	F	m	K（mD）	SPoR（mm^{-1}）	DOMsize（mm）	R_o（$\Omega \cdot m$）
1-S	5.079	458.326	2.087	1.44	2.092	26.5	40.919
1-X	4.701	713.001	2.163	0.79	1.937	28.8	51.336
2-S	7.653	216.895	2.194	2.13	1.890	29.6	19.364
2-X	6.878	244.406	2.099	2.02	2.072	30.8	21.821
3	6.474	478.279	2.3	1.72	1.955	33.76	42.701
4	2.372	1369.977	1.881	0.01	2.357	12.2	122.312
6	3.110	979.683	1.924	3.16	2.261	17.7	87.466
7	5.257	631.937	2.143	0.07	2.030	23.8	56.419

柱塞岩石物理测量结果及数字图像处理参数

样品编号	ϕ（%）	F	m	K（mD）	喉道半径（μm）	R_o（$\Omega \cdot m$）	备注
1-S-D11	4.583	242.395	1.781	4.06	13.397	19.876	裂缝发育
1-S-D12	4.569	375.148	1.921	0.24	5.046	30.762	
1-S-D2	5.127	639.761	2.175	0.11	11.955	52.46	
1-X-C1	4.168	591.453	2.009	0.14	11.351	48.499	
1-X-C2	3.958	539.804	1.948	0.17	11.477	44.264	
1-X-D	4.353	974.875	2.196	0.21	8.931	79.94	
2-S-C	6.173	264.076	2.002	0.92	6.988	21.654	
2-S-D	9.567	183.814	2.222	0.76	9.822	15.073	
2-X-C1	5.919	465.186	2.173	0.93	7.722	38.145	
2-X-C2	4.409	509.912	1.997	0.72	7.578	41.813	
2-X-D	3.776	790.005	2.036	0.19	8.277	64.78	
3C	7.925	455.149	2.414	1.39	9.899	37.322	
3D	5.727	497.314	2.171	0.17	8.005	40.78	
4C	2.211	834.707	1.765	0.58	0.282	68.446	
4D	2.525	840.033	1.83	0.55	0.15	68.883	
6C	1.457	967.601	1.626	0.61	10.966	79.343	
7C1	4.126	464.232	1.926	0.4	8.118	38.067	
7C2	4.493	788.579	2.15	0.39	7.219	64.664	
7D1	4.93	489.15	2.057	0.17	6.047	40.11	
7D2	4.711	491.915	2.029	0.45	6.606	40.337	

注：ϕ—孔隙度；K—渗透率；F—地层因素；m—胶结指数；R_o—岩石电阻率。

重庆石柱地区奥陶纪—志留纪之交硅质岩
地球化学特征及地质意义

卢 斌[1,2] 邱 振[1] 高日胜[1] 梁 峰[1] 王 南[1] 段贵府[1,3]

（1. 中国石油勘探开发研究院 北京 100083; 2. 中国地质大学（北京）北京 100083;
3. 中国石油大学（北京）北京 102249）

摘 要：中国华南地区奥陶纪—志留纪之交发育着大量的硅质页岩及硅质岩，不同区域的硅质成因及沉积环境存在较大差异。基于重庆石柱地区漆辽剖面五峰组和龙马溪组 35 件硅质岩样品的岩石学特征、主量元素与稀土元素数据等资料，对该地区奥陶纪—志留纪之交硅质岩成因及沉积环境展开研究。利用 Al-Fe-Mn 三角图、Fe/Ti—Al/（Al+Fe+Mn）、Al_2O_3—SiO_2/Al_2O_3、Al_2O_3/TiO_2—Al/（Al+Fe+Mn）、TFe_2O_3/TiO_2—Al_2O_3/（$Al_2O_3+TFe_2O_3$）、TFe_2O_3/（$100-SiO_2$）—Al_2O_3/（$100-SiO_2$）、（La/Ce）$_n$—Al_2O_3/（$Al_2O_3+TFe_2O_3$）等关系图解、稀土元素 δCe、（La/Yb）$_N$ 等特征元素及比值，并结合薄片观察、古构造、古气候演化等综合分析得出：（1）漆辽剖面五峰组与龙马溪组硅质岩成因基本不受热液作用影响，而与陆源碎屑有关，局部有硅质生物参与，属于正常海相成因硅质岩，且造成五峰组—龙马溪组硅质含量差异的原因可能是由于硅质生物和火山活动；（2）重庆石柱地区在奥陶纪—志留纪转折期处于被动大陆边缘，其五峰组和龙马溪组硅质页岩及硅质岩的沉积环境为半局限的深水陆棚环境。

关键词：硅质岩；五峰组；龙马溪组；地球化学；重庆石柱

Geochemical Characteristics and Geological Significance of Chert Across the Ordovician and Silurian Transition in Shizhu Area, Chongqing

Lu Bin[1,2], Qiu Zhen[1], Gao Risheng[1], Liang Feng[1], Wang Nan[1], Duan Guifu[1]

(1. *PetroChina Research Institute of Petroleum Exploration & Development*, Beijing 100083; 2. *China University of Geosciences (Beijing)*, Beijing 100083; 3. *China University of Petroleum (Beijing)*, Beijing 102249)

Abstract: The chert and siliceous shale are widely depsited across the Ordovician and Silurian Transition in South China and there is big difference on the origin and sedimentary environment of the chert in different parts. Based on the petrological characteristics, main elements and rare earth elements of 35 Wufeng-Longmaxi chert of Qiliao section in Shizhu area of Chongqing, we did some research on the origin and sedimentary environment of the chert across the Ordovician and Silurian Transition in this area. Based on Al-Fe-Mn triangle diagram, relationship diagrams such as Fe/Ti–Al/(Al+Fe+Mn), Al_2O_3–SiO_2/Al_2O_3, Al_2O_3/TiO_2–Al/(Al+Fe+Mn), TFe_2O_3/TiO_2–Al_2O_3/($Al_2O_3+TFe_2O_3$), TFe_2O_3/($100-SiO_2$)–Al_2O_3/($100-SiO_2$), (La/Ce)$_n$–Al_2O_3/($Al_2O_3+TFe_2O_3$), δCe, (La/Yb)$_N$, thin section observation, paleostructure and paleoclimatological evolution, comprehensive analysis suggests that: (1) Chert in Wufeng and Longmaxi formation of Qiliao section was deposited in normal marine environment and without hydrothermal influence. Origin of the chert mainly related to clastics but biogenic silica involved partly. The difference of silica content between Wufeng formation and Longmaxi formation may be due to siliceous organisms and volcanic activities. (2) Shizhu area in Chongqing might locate in the passive continental margin across the Ordovician and Silurian Transition. The sedimentary environment of chert and siliceous shale in Wufeng and Longmaxi formation was deep shelf and moderately restricted.

Key words: chert; Wufeng formation; Longmaxi formation; geochemistry; Shizhu area of Chongqing

第一作者简介：卢斌（1988—），男，博士，2019 年毕业于中国科学院大学矿物学、岩石学、矿床学专业，高级工程师，主要从事石油地质与油气地球化学研究工作。
E-mail：lubin0921@163.com

硅质岩主要成分为 SiO₂，结构致密，具有较强的抵抗后期风化作用和成岩改造的能力，蕴含着丰富的地球化学信息，对沉积盆地的构造特征、古地理、古气候和古环境的演化具有重要指示意义[1-11]。硅质岩中硅的来源广泛，主要包括大陆来源、深部来源和生物来源三种。大陆来源主要指大陆上硅酸盐岩和硅铝酸岩的风化产物[9-10]；深部来源主要为火山作用和海底热液作用带入的硅[12]；生物来源主要是指放射虫、硅藻和海绵骨针等硅质生物从海水中吸收和分解硅质，生物死亡后堆积或溶解后沉淀[13, 14]而成。

中国华南地区古生代地层中发育有大量的硅质岩，目前对于该地区硅质岩的研究主要集中在寒武纪和二叠纪地层[1, 2, 15-19]，而对于奥陶纪—志留纪之交的硅质岩研究相对较少，且对其成因及沉积环境的认识存在较大争议[20-25]。例如，黄志诚等（1991）[20]认为下扬子区五峰组放射虫硅质岩是深海环境的火山—生物共同作用形成的；李文厚（1997）[21]认为扬子地台北部边缘龙马溪组放射虫硅质岩形成于水深相对较浅的深水陆棚与大陆坡过渡的环境中，水深在 200 m 左右；雷卞军等（2002）[22]提出鄂西地区五峰组和龙马溪组硅质岩为正常海水中生物化学沉积，其沉积环境为四周被古陆或台地环绕的半封闭深水相滞流盆地；刘伟等（2010）[23]认为五峰组含放射虫硅质岩主要沉积于半局限浅海中的深水地区；王淑芳等（2014）[24]在四川盆地长宁双河剖面五峰组与龙马溪组富有机质页岩中发现了大量的硅质生物，认为该硅质为生物成因，并且页岩沉积环境为深水陆棚；Ran 等（2015）[25]提出扬子板块上奥陶统—下志留统硅质岩为正常沉积成因，而非热液成因，沉积于大陆边缘或者更深的大陆架盆地，而广泛分布的火山灰提供了硅源，从而导致高的古生产力和放射虫的爆发，水体的变深与陆源碎屑输入的减少促进了富含放射虫硅质岩的形成。因此，开展研究区五峰组—龙马溪组页岩中硅质研究，对于认识该地区古沉积环境和构造演化特征具有重要指导意义。

1　地质背景及样品概况

四川盆地位于上扬子板块西部，米仓山和大巴山以南，龙门山以东，大凉山和大娄山以北[26, 27]。

古生代以来，该盆地经历了持续张拉、裂谷作用、逆冲推覆作用等多期构造运动，特别是在晚奥陶世—早志留世时期，受华夏板块与扬子板块挤压作用的影响，形成了雪峰隆起、川中隆起和黔中隆起等古隆起构造，从而形成了大面积低能、缺氧和欠补偿的水体环境[28, 29]。受海浸和构造运动等的影响，晚奥陶世五峰组发育了富含笔石薄层黑色页岩，包括硅质岩和硅质页岩[28]，早志留世龙马溪组主要沉积了一套富笔石黑色页岩[30, 31]。

研究剖面为重庆石柱地区的漆辽剖面，处于四川盆地东部地区（图 1）。该剖面地层由老到新依次可分为宝塔组、临湘组、五峰组和龙马溪组。其中，宝塔组岩性主要为瘤状灰岩，而临湘组以石灰岩和泥灰岩为主；五峰组和龙马溪组岩性主要为富笔石黑色硅质页岩，且五峰组观音桥层发育一段厚约 30cm 的介壳灰岩层。同时，在五峰组和龙马溪组中还广泛发育着较多火山灰层。此次研究共采集了 35 件硅质岩样品，其中五峰组样品 16 件，观音桥层样品 5 件，龙马溪组底部样品 14 件。

2　分析方法

野外采集新鲜硅质岩样品，开展相关的研究分析。研究手段包括岩石学观察和地球化学实验测定分析，其中岩石学观察主要以野外露头观察和显微镜下薄片鉴定为基础，地球化学实验主要包括主量元素和稀土元素分析，二者均在中国科学院地质与地球物理研究所完成。主量元素是利用日本岛津公司 X 射线荧光光谱仪（XRF-1500）进行测定，分析误差小于 1%；稀土元素是通过 FINNIGAN MAT 公司制造的 ELEMENT 电感耦合等离子体质谱仪（ICP-MS）进行测定，分析误差小于 3%。利用球粒陨石和北美页岩对所有样品的稀土元素含量进行标准化处理，其中 $Ce/Ce^* = Ce_N/(La_N \times Pr_N)^{1/2}$，$Eu/Eu^* = Eu_N/(Sm_N \times Gd_N)^{1/2}$，$Ce_{anom} = lg[3Ce_n/(2La_n + Nd_n)]$（$N$ 代表球粒陨石标准化值，n 北美页岩标准化值）。

3　分析结果

3.1　岩石学特征

漆辽剖面五峰组—龙马溪组硅质岩野外露头呈灰黑色—黑色，富含笔石，风化程度较小，硬

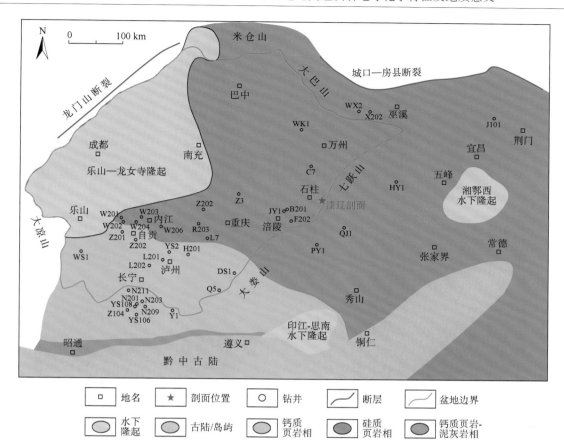

图 1　四川盆地及周缘五峰组沉积相图与采样位置示意图（据邹才能等，2015 修改）[30]

度高且脆性大。五峰组间隔分布着数层的火山灰层，而龙马溪组中火山灰层则相对较少。显微薄片观察结果表明，硅质岩中发现了少量放射虫、海绵骨针等微体生物化石，且仅限于五峰组硅质岩样品中，放射虫含量小于 5%，呈圆形或椭圆形，直径主要介于 50～150μm（图 2）。

3.2　地球化学特征

3.2.1　主量元素

主量元素蕴含着丰富的地球化学信息，且已被广泛应用于研究页岩的古沉积环境、古气候、物源示踪、古构造演化等诸多方面。重庆漆辽剖面五峰组—龙马溪组页岩主量元素分析表明，重庆漆辽剖面龙马溪组、观音桥层和五峰组页岩的主量元素含量在纵向上变化较大（表 1、图 3）。纵向上，龙马溪组、观音桥层和五峰组 SiO_2 含量差异较大，整体上表现为五峰组>龙马溪组>观音桥层；龙马溪组、观音桥层和五峰组 TiO_2 含量均较低，大致表现为龙马溪组>五峰组>观音桥层；龙马溪组、观音桥层和五峰组 Al_2O_3 含量也存在一定差异，大致表现为龙马溪组>五峰组>观音桥层；

龙马溪组、观音桥层和五峰组 TFe_2O_3 含量也存在一定差异，大致表现为观音桥层>龙马溪组>五峰组；龙马溪组、观音桥层和五峰组 MnO 含量整体较低，局部表现为观音桥层 MnO 含量显著增高，且观音桥层 MnO 含量明显高于龙马溪组和五峰组；龙马溪组、观音桥层和五峰组 MgO 含量也整体较低，局部上表现为观音桥层 MgO 含量显著增高，观音桥层 MgO 含量明显高于龙马溪组和五峰组；龙马溪组、观音桥层和五峰组 CaO 含量整体较低，局部上表现为观音桥层 CaO 含量显著增高，观音桥层 CaO 含量明显高于龙马溪组和五峰组；龙马溪组、观音桥层和五峰组 Na_2O 含量存在较小差异，大致表现为龙马溪组>观音桥层>五峰组；龙马溪组、观音桥层和五峰组 K_2O 含量存在较小差异，大致表现为龙马溪组>五峰组>观音桥层；龙马溪组、观音桥层和五峰组 P_2O_5 含量整体较低，且观音桥层 P_2O_5 含量明显高于龙马溪组和五峰组（表 1、图 3）。

3.2.2　稀土元素

通过对重庆漆辽剖面稀土元素分析显示，龙马溪组页岩中稀土元素 ΣREE 值介于 141.43～

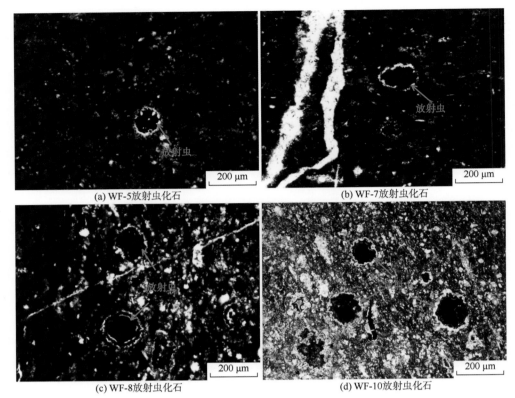

(a) WF-5放射虫化石　　　　　　　　　(b) WF-7放射虫化石

(c) WF-8放射虫化石　　　　　　　　　(d) WF-10放射虫化石

图 2　漆辽剖面含放射虫硅质岩显微特征

表 1　重庆漆辽剖面五峰组—龙马溪组页岩主量元素含量统计表

地层	项目	SiO$_2$	TiO$_2$	Al$_2$O$_3$	TFe$_2$O$_3$	MnO	MgO	CaO	Na$_2$O	K$_2$O	P$_2$O$_5$
龙马溪组	最小值（%）	66.64	0.34	6.36	1.11	0	0.51	0.04	0.56	1.76	0.03
	最大值（%）	80.70	0.73	13.21	3.52	0.01	1.02	0.13	1.44	3.67	0.09
	数量（个）	14	14	14	14	14	14	14	14	14	14
	平均值（%）	74.51	0.53	9.59	2.03	0.01	0.75	0.08	0.91	2.70	0.07
观音桥层	最小值（%）	19.66	0.13	2.11	4.14	0.02	0.76	0.47	0.25	0.58	0.12
	最大值（%）	59.52	0.58	10.62	6.83	0.46	13.22	21.87	1.96	2.55	0.27
	数量（个）	5	5	5	5	5	5	5	5	5	5
	平均值（%）	34.96	0.29	5.19	5.56	0.30	8.46	13.84	0.76	1.36	0.17
五峰组	最小值（%）	64.70	0.15	3.22	0.58	0	0.30	0.02	0.17	0.86	0.02
	最大值（%）	90.20	0.48	9.28	4.92	0.01	0.73	0.29	1.39	2.67	0.24
	数量（个）	16	16	16	16	16	16	16	16	16	16
	平均值（%）	83.42	0.31	6.02	1.49	0	0.52	0.07	0.40	1.75	0.05

322.92μg/g，平均值为 189.43μg/g，略高于北美页岩平均值（173.20μg/g）；观音桥层页岩中稀土元素 ΣREE 值介于 55.85 ~ 243.58μg/g，平均值为 125.23μg/g，低于北美页岩平均值；五峰组页岩中稀土元素 ΣREE 值介于 66.57 ~ 240.31μg/g，平均值为 121.63μg/g，低于北美页岩平均值（表 2）。

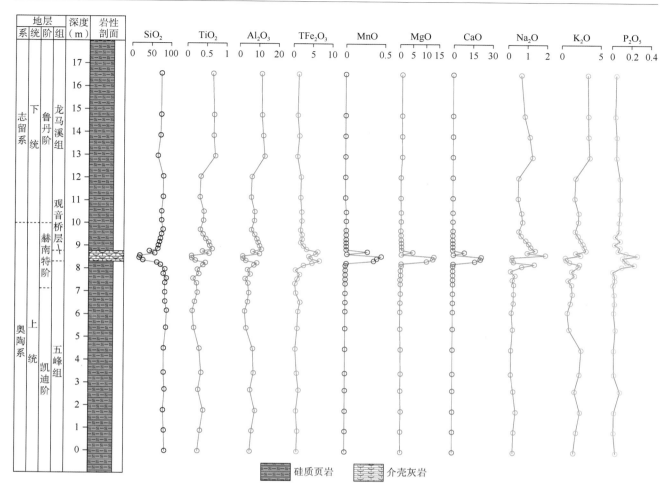

图 3　重庆漆辽剖面五峰组—龙马溪组页岩主量元素含量纵向分布图

表 2　重庆漆辽剖面五峰组—龙马溪组页岩 REE 特征值统计表

地层	项目	ΣLREE（μg/g）	ΣHREE（μg/g）	ΣREE（μg/g）	L/H	Ce/Ce*	Eu/Eu*	（La/Yb）$_N$	（Ce/Yb）$_N$	（La/Sm）$_N$	（Gd/Yb）$_N$
龙马溪组	最小值	123.60	11.57	141.43	6.94	0.90	0.56	8.14	5.99	3.26	1.66
	最大值	292.36	30.56	322.92	15.16	0.98	0.65	19.05	13.92	5.55	2.57
	数量/个	14	14	14	14	14	14	14	14	14	14
	平均值	170.83	18.60	189.43	9.35	0.95	0.60	11.28	8.50	4.03	1.95
观音桥层	最小值	47.35	8.50	55.85	4.95	0.88	0.60	4.71	3.72	2.91	1.34
	最大值	215.89	27.70	243.58	7.79	0.99	0.74	9.00	7.09	3.80	1.91
	数量/个	5	5	5	5	5	5	5	5	5	5
	平均值	108.31	16.92	125.23	6.01	0.94	0.66	6.38	4.77	3.36	1.63
五峰组	最小值	58.29	7.25	66.57	5.87	0.87	0.51	6.18	4.44	3.23	0.92
	最大值	226.93	23.31	240.31	16.95	1.03	0.68	17.63	10.93	7.32	2.22
	数量/个	16	16	16	16	16	16	16	16	16	16
	平均值	109.57	12.07	121.63	9.09	0.91	0.59	9.52	6.64	4.74	1.41

因此，龙马溪组、观音桥层和五峰组页岩中总稀土元素含量差异较小，表现为观音桥层与五峰组相近，而低于龙马溪组。

五峰组—龙马溪组页岩 REE 球粒陨石标准化

配分模式图非常相似，且表现出 Eu 中等负异常特征，轻稀土元素部分较陡，而重稀土元素部分较平坦（图 4）。并且，龙马溪组、观音桥层和五峰组页岩中 Ce/Ce*值均接近 1.00，平均值分别为0.95、0.94、0.91，表现出轻微 Ce 负异常特征（表2）。然而，龙马溪组、观音桥层和五峰组页岩中Eu/Eu*平均值分别为 0.60、0.66、0.59，具有明显的 Eu 负异常的特征（表 2）。五峰组—龙马溪组页岩 REE 北美页岩标准化配分模式图除观音桥层变

化较大外，整体较平坦，且变化趋势一致（图5）。球粒陨石标准化配分模式和北美页岩标准化配分模式图均体现出五峰组—龙马溪组页岩相似的稀土分配模式，意味着具有相似的物质来源和沉积环境。

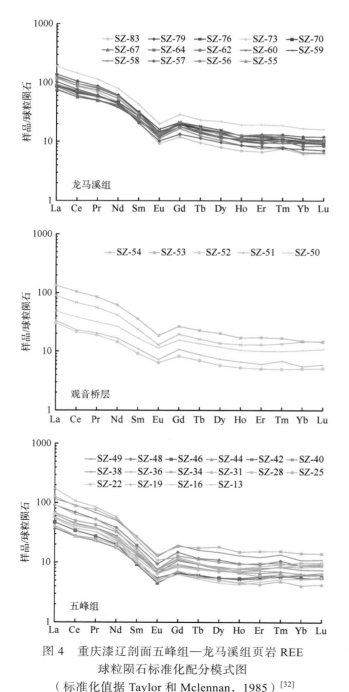

图 4　重庆漆辽剖面五峰组—龙马溪组页岩 REE
球粒陨石标准化配分模式图
（标准化值据 Taylor 和 Mclennan，1985）[32]

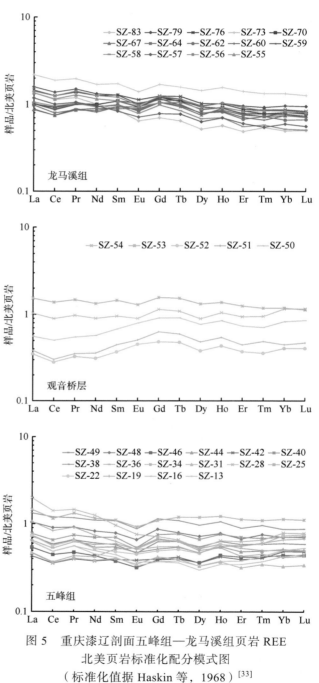

图 5　重庆漆辽剖面五峰组—龙马溪组页岩 REE
北美页岩标准化配分模式图
（标准化值据 Haskin 等，1968）[33]

　　龙马溪组页岩中 L/H 值介于 6.94 ~ 15.16、平均值为 9.35，观音桥层页岩中 L/H 值介于 4.95 ~ 7.79、平均值为 6.01，五峰组页岩中 L/H 值介于 5.87 ~ 16.95、平均值为 9.09（表 2）。因此，龙马

溪组、观音桥层和五峰组页岩中 L/H 值整体较高，龙马溪组和五峰组相似，且明显高于观音桥层，表明三者轻、重稀土元素分异较明显，且均具有轻稀土元素富集，而重稀土元素亏损的特征。

龙马溪组页岩中（La/Yb）$_N$ 值介于 8.14～19.05、平均值为 11.28，观音桥层页岩中（La/Yb）$_N$ 值介于 4.71～9.00、平均值为 6.38，五峰组页岩中（La/Yb）$_N$ 值介于 6.18～17.63、平均值为 9.52；龙马溪组页岩中（Ce/Yb）$_N$ 值介于 5.99～13.92、平均值为 8.50，观音桥层页岩中（Ce/Yb）$_N$ 值介于 3.72～7.09、平均值为 4.77，五峰组页岩中（Ce/Yb）$_N$ 值介于 4.44～10.93、平均值为 6.64（表 2）。因此，龙马溪组、观音桥层和五峰组页岩中（La/Yb）$_N$、（Ce/Yb）$_N$ 值均较高，表现为龙马溪组>五峰组>观音桥层，表明三者轻、重稀土元素分异较明显，且均具有轻稀土元素富集，而重稀土元素亏损的特征。

龙马溪组、观音桥层和五峰组页岩中（La/Sm）$_N$ 值差异较小，龙马溪组页岩中（La/Sm）$_N$ 值介于 3.26～5.55、平均值 4.03，观音桥层页岩中（La/Sm）$_N$ 值介于 2.91～3.80、平均值 3.36，五峰组页岩中（La/Sm）$_N$ 值介于 3.23～7.32、平均值为 4.74，表明页岩中轻稀土元素分异明显（表 2）。龙马溪组、观音桥层和五峰组页岩中（Gd/Yb）$_N$ 值相似，龙马溪组页岩中（Gd/Yb）$_N$ 值介于 1.66～2.57、平均值为 1.95，观音桥层页岩中（Gd/Yb）$_N$ 值介于 1.34～1.91、平均值为 1.63，五峰组页岩中（Gd/Yb）$_N$ 值介于 0.92～2.22、平均值为 1.41，表明页岩中重稀土元素分异程度低（表 2）。

4 讨 论

4.1 硅质岩成因

硅质岩成因主要包括生物成因、交代成因和生物化学成因三种[1, 2, 34-36]。前人研究认为前寒武纪地层中的硅质岩为海底热液成因[37-39]，而古生代以来的硅质岩是由于硅质生物死亡后堆积或溶解后沉淀而成[13, 14, 40]，目前也有学者提出古生代以来的硅质岩与海底热液有关[1, 2, 41, 42]。

Murray 等（1994）[11]提出，由于沉积物中 Mn、Fe、Al 等主量元素及稀土元素受后期成岩作用的影响较小，因此可以用来作为硅质岩热液成

因与生物成因的地球化学判识指标。研究表明，主量元素中的 Al 和 Ti 与陆源碎屑输入相关，而 Fe 与 Mn 受热液活动所影响[11, 12, 36, 42]。根据以上关系，相关学者建立了 Al-Fe-Mn 三角判识图解[36]。研究还发现，距离扩张中心越远 Al/（Al+Fe+Mn）比值就越大[12]，并且，碎屑成因硅质岩该比值高于 0.40，而热液成因硅质岩该比值低于 0.40[43]。与此同时，也有学者对热液成因与生物成因硅质岩进行了划分，其中生物成因硅质岩中 Al/（Al+Fe+Mn）约为 0.60，而热液成因硅质岩 Al/（Al+Fe+Mn）约为 0.01[36, 42]。另有学者建立了 Fe/Ti—Al/（Al+Fe+Mn）判识图解，并将现代海洋中硅质岩的成因划分为热液、陆源和生物三种类型[43]。并且，研究发现正常海相沉积硅质岩中 Al_2O_3/TiO_2 比值为 22.08±2.32[44]，而当存在火山碎屑输入时，Al_2O_3/TiO_2 与 Al/（Al+Fe+Mn）均表现出显著降低[45]。根据主量元素与硅质来源关系，一些学者建立了 Al_2O_3—SiO_2/Al_2O_3 与 Al_2O_3/TiO_2—Al/（Al+Fe+Mn）等判识图解[46, 47]。过量硅是指高于碎屑沉积环境下的 SiO_2 含量[48, 49]，王淑芳等（2014）[24]在对四川盆地长宁双河剖面五峰组和龙马溪组页岩中硅质成因进行研究时，采用了相关计算公式对过量硅进行了计算，并发现五峰组和龙马溪组页岩中最高达到 63.00%的 SiO_2 不在铝硅酸岩相中。

重庆漆辽剖面五峰组—龙马溪组页岩主量元素分析表明，龙马溪组页岩中 Fe 含量介于 0.77%～2.46%、平均值为 1.42%，Al 含量介于 3.37%～6.99%、平均值 5.08%，Mn 含量介于 0～0.01%、平均值为 0.01%；观音桥层页岩中 Fe 含量介于 2.90%～4.78%、平均值为 3.89%，Al 含量介于 1.12%～5.62%、平均值为 2.75%，Mn 含量介于 0.02%～0.40%、平均值为 0.27%；五峰组页岩中 Fe 含量介于 0.41%～3.44%、平均值为 1.04%，Al 含量介于 1.70%～4.91%、平均值为 3.19%，Mn 含量介于 0～0.01%。整体上来看，页岩中 Fe 含量表现为观音桥层>龙马溪组>五峰组，Al 含量表现为龙马溪组>五峰组>观音桥层，Mn 含量表现为观音桥层>龙马溪组>五峰组。并且，Al-Fe-Mn 三角判识图解表明，五峰组和龙马溪组页岩主要表现为非热液成因，而观音桥层页岩主要表现为热液成因（图 6a）。因此，观音桥层页岩中的硅质主要

受热液的影响，而五峰组和龙马溪组页岩中的硅质主要受陆源碎屑的影响。

重庆漆辽剖面龙马溪组页岩 Fe/Ti 比值介于 1.78～6.76、平均值为 4.88，Al/（Al+Fe+Mn）比值介于 0.71～0.90、平均值为 0.77；观音桥层页岩 Fe/Ti 比值介于 11.95～38.0、平均值为 28.40，Al/（Al+Fe+Mn）比值介于 0.25～0.58、平均值为 0.36；五峰组 Fe/Ti 比值介于 2.51～11.92、平均值为 5.81，Al/（Al+Fe+Mn）比值介于 0.59～0.89、平均值为 0.76（表 3）。页岩中 Fe/Ti 比值表现为观音桥层>五峰组>龙马溪组，Al/（Al+Fe+Mn）比值表现为龙马溪组>五峰组>观音桥层，五峰组

和龙马溪组所有样品 Al/（Al+Fe+Mn）比值均大于 0.40，表明均受陆源碎屑影响，但不受热液的影响，而观音桥层大部分样品 Al/（Al+Fe+Mn）比值小于 0.40，表明主要受热液的影响。Fe/Ti—Al/（Al+Fe+Mn）关系图解显示，五峰组和龙马溪组样品主要分布在陆源物质端元沉积物、生物成因硅质岩、生物化学沉积的硅岩、平均远洋黏土四个区域，而观音桥层样品主要分布在与热水成因有关的硅岩附近（图 6b）。因此，五峰组和龙马溪组页岩样品硅质主要受陆源碎屑和生物的影响，而不受热液的影响，而观音桥层页岩样品硅质主要受热液的影响。

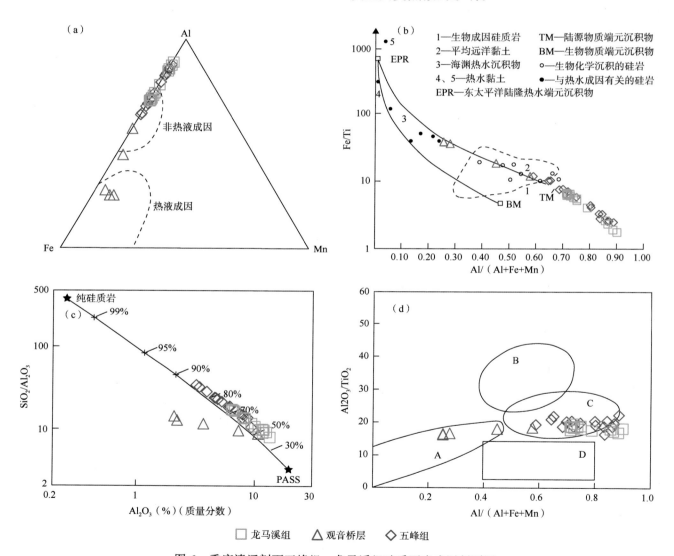

图 6　重庆漆辽剖面五峰组—龙马溪组硅质页岩成因判别图

（a）底图据 Adachi 等，1986[36]；（b）底图据 Boström 等，1973[43]；（c）底图据黄虎等，2013[47]；（d）底图据黄虎等，2012[46]；A 区为基性火山热液成因硅质岩；B 区为含酸性火山碎屑非热液成因硅质岩；C 区为正常海相非热液成因硅质岩；D 区为含基性火山碎屑非热液成因硅质岩

表 3　重庆漆辽剖面五峰组—龙马溪组页岩中主量与微量元素特征比值统计表

地层	项目	Fe/Ti	Al/（Al+Fe+Mn）	TFe₂O₃/TiO₂	Al₂O₃/（Al₂O₃+TFe₂O₃）	SiO₂/Al₂O₃	Al₂O₃/TiO₂	TFe₂O₃/（100−SiO₂）	Al₂O₃/（100−SiO₂）	Si过量（%）	（La/Yb）N	（La/Ce）n
龙马溪组	最小值	1.78	0.71	1.52	0.76	5.04	16.88	0.03	0.33	9.40	1.17	1.10
	最大值	6.76	0.90	5.79	0.92	12.65	19.57	0.11	0.47	27.14	2.73	1.23
	数量/个	14	14	14	14	14	14	14	14	14	14	14
	平均值	4.88	0.77	4.18	0.82	8.33	18.23	0.08	0.37	19.04	1.62	1.16
观音桥层	最小值	11.95	0.25	10.23	0.33	5.60	16.21	0.05	0.03	5.50	0.68	1.11
	最大值	38.03	0.58	32.56	0.64	10.07	18.42	0.15	0.26	10.34	1.29	1.27
	数量/个	5	5	5	5	5	5	5	5	5	5	5
	平均值	28.40	0.36	24.32	0.44	7.70	17.13	0.09	0.10	7.80	0.91	1.18
五峰组	最小值	2.51	0.59	2.15	0.65	6.97	16.35	0.04	0.26	14.97	0.89	1.11
	最大值	11.92	0.89	10.21	0.91	28.01	22.21	0.14	0.48	36.86	2.53	1.41
	数量/个	16	16	16	16	16	16	16	16	16	16	16
	平均值	5.81	0.76	4.98	0.81	15.55	19.70	0.09	0.37	29.08	1.36	1.25

重庆漆辽剖面龙马溪组页岩 SiO_2/Al_2O_3 比值介于 5.04 ~ 12.65、平均值为 8.33，Al_2O_3/TiO_2 比值介于 16.88 ~ 19.57、平均值为 18.23；观音桥层页岩 SiO_2/Al_2O_3 比值介于 5.60 ~ 10.07、平均值为 7.70，Al_2O_3/TiO_2 比值介于 16.21 ~ 18.42、平均值为 17.13；五峰组页岩 SiO_2/Al_2O_3 比值介于 6.97 ~ 28.01、平均值为 15.55，Al_2O_3/TiO_2 比值介于 16.35 ~ 22.21、平均值为 19.70（表 3）。页岩中 SiO_2/Al_2O_3 比值表现为五峰组>龙马溪组>观音桥层，Al_2O_3/TiO_2 比值表现为五峰组>龙马溪组>观音桥层，且五峰组和龙马溪组样品 Al_2O_3/TiO_2 比值与正常海相沉积硅质岩相近，而观音桥层大部分样品 Al_2O_3/TiO_2 比值明显低于正常海相沉积硅质岩。并且，Al_2O_3/TiO_2—Al/（Al+Fe+Mn）和 Al_2O_3—SiO_2/Al_2O_3 关系判识图解表明，五峰组和龙马溪组硅质页岩为正常海相成因硅质岩，受热液活动影响较小，而观音桥层页岩中硅质受火山热液的影响（图 6c 至 d）。

据前文所述，研究剖面五峰组—龙马溪组页岩样品镜下薄片鉴定发现了放射虫、海绵骨针等微体生物化石。龙马溪组页岩中 Si过量 含量介于 9.40% ~ 27.14%、平均值为 19.04%，观音桥层 Si过量 含量介于 5.50% ~ 10.34%、平均值为 7.80%，五峰组 Si过量 含量介于 14.79% ~ 36.86%、平均值为 29.08%（表 3）。页岩中 Si过量 含量表现为五峰组>龙马溪组>观音桥层。并且，五峰组—龙马溪组中分布着大量火山灰层，且五峰组火山灰层明显多于龙马溪组（图 7）。因此，五峰组—龙马溪组硅质页岩主要受陆源碎屑输入的影响，而导致龙马溪组—五峰组页岩中 SiO_2 含量差异的原因很可能就是由于硅质生物。此外，火山灰不仅可以提供一定量的硅质，而且还含有丰富的营养物质和 Fe、SiO_2、Mn 等主微量元素，有利于硅质生物的生长。因此，火山活动也是造成五峰组—龙马溪组页岩中硅质含量差异的一个重要因素。

以上证据均表明，重庆漆辽剖面五峰组和龙马溪组页岩中硅质的来源基本不受热液活动的影响，而主要受陆源碎屑输入的影响，其次受硅质生物影响，为正常海相成因硅质岩。但是，观音桥层页岩中硅质含量较低，且主要受热液活动的影响。研究认为，造成五峰组—龙马溪组硅质含量差异的原因可能是由于硅质生物和火山活动。

4.2　硅质岩沉积环境

主量元素 $Al_2O_3/（Al_2O_3+TFe_2O_3）$ 值可以指示硅质岩成因及沉积环境，大陆边缘硅质岩 $Al_2O_3/（Al_2O_3+TFe_2O_3）$ 值为 0.50 ~ 0.90，洋中脊 $Al_2O_3/（Al_2O_3+TFe_2O_3）$ 值通常小于 0.40，大洋盆地处于二者之间，$Al_2O_3/（Al_2O_3+TFe_2O_3）$ 值为 0.40 ~ 0.70[9, 11]。此外，大陆边缘附近的硅质岩 Fe_2O_3/TiO_2

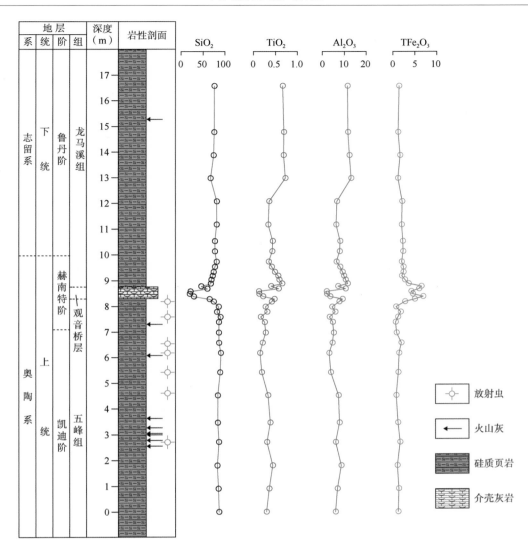

图 7　重庆漆辽剖面五峰组—龙马溪组硅质页岩主量元素纵向分布图

低于 50.00，$Al_2O_3/（Al_2O_3+TFe_2O_3）$高于 0.50；大洋中脊附近的硅质岩 Fe_2O_3/TiO_2 高于 50.00，$Al_2O_3/（Al_2O_3+TFe_2O_3）$低于 0.50[1, 2]。根据硅质岩地球化学特征与沉积环境之间的关系，Murray 等（1994）[11]建立了 TFe_2O_3/TiO_2—$Al_2O_3/（Al_2O_3+TFe_2O_3）$、$TFe_2O_3/（100-SiO_2）$—$Al_2O_3/（100-SiO_2）$及（$La/Ce$）$_n$—$Al_2O_3/（Al_2O_3+TFe_2O_3）$等沉积环境判识图解。

　　Murray 等（1991，1992，1994）[9-11]通过对不同沉积构造背景下沉积物中稀土元素特征研究发现，洋中脊附近硅质岩 δCe 介于 0.18～0.60、平均值为 0.29，（La/Ce）$_n$ 介于 1.66～5.19、平均值为 3.44，（La/Yb）$_n$ 平均值约为 0.30；开阔洋盆 δCe 介于 0.50～0.76、平均值为 0.60，（La/Ce）$_n$ 介于 1.30～2.48、平均值为 1.82，（La/Yb）$_n$ 平均值约

为 0.70；大陆边缘 δCe 介于 0.67～1.52、平均值为 1.11，（La/Ce）$_n$ 介于 0.67～1.33、平均值为 0.93，（La/Yb）$_n$ 介于 1.49～1.74。

　　重庆漆辽剖面五峰组—龙马溪组页岩主量元素分析表明，龙马溪组页岩中 $Al_2O_3/（Al_2O_3+TFe_2O_3）$比值介于 0.76～0.92、平均值为 0.82，TFe_2O_3/TiO_2比值介于 1.52～5.79、平均值为 4.18，$TFe_2O_3/（100-SiO_2）$比值介于 0.03～0.11、平均值为 0.08，$Al_2O_3/（100-SiO_2）$比值介于 0.33～0.47、平均值为 0.37，（La/Ce）$_n$ 比值介于 1.10～1.23、平均值为 1.16；观音桥层页岩中 $Al_2O_3/（Al_2O_3+TFe_2O_3）$比值介于 0.33～0.64、平均值为 0.44，TFe_2O_3/TiO_2比值介于 10.23～32.56、平均值为 24.32，$TFe_2O_3/（100-SiO_2）$比值介于 0.05～0.15、平均值为 0.09，$Al_2O_3/（100-SiO_2）$比值介于 0.03～0.26、

平均值为 0.10，（La/Ce）$_n$ 比值介于 1.11 ~ 1.27、平均值为 1.18；五峰组页岩中 Al_2O_3/（Al_2O_3+TFe_2O_3）比值介于 0.65 ~ 0.91、平均值为 0.81，TFe_2O_3/TiO_2 比值介于 2.15 ~ 10.21、平均值为 4.98，TFe_2O_3/（100–SiO_2）比值介于 0.04 ~ 0.14、平均值为 0.09，Al_2O_3/（100–SiO_2）比值介于 0.26 ~ 0.48、平均值为 0.37，（La/Ce）$_n$ 比值介于 1.11 ~ 1.41、平均值为 1.25（表 3）。整体上来看，页岩中 Al_2O_3/（Al_2O_3+TFe_2O_3）比值表现为龙马溪组>五峰组>观音桥层，TFe_2O_3/TiO_2 比值表现为观音桥层>五峰组>龙马溪组，TFe_2O_3/（100–SiO_2）比值相近，Al_2O_3/（100–SiO_2）比值表现为五峰组>龙马溪组>观音桥层，（La/Ce）$_n$ 比值表现为五峰组>观音桥层>龙马溪组。五峰组—龙马溪组大多数页岩样品 Al_2O_3/（Al_2O_3+TFe_2O_3）比值均处于大陆边缘硅质岩附近，而 TFe_2O_3/TiO_2 均小于 50.00，为大陆边缘沉积环境。并且，TFe_2O_3/TiO_2—Al_2O_3/（Al_2O_3+TFe_2O_3）、TFe_2O_3/（100–SiO_2）—Al_2O_3/（100–SiO_2）及（La/Ce）$_n$—Al_2O_3/（Al_2O_3+TFe_2O_3）等沉积环境判识图解表明五峰组—龙马溪组页岩主要形成于大陆边缘沉积环境，观音桥层少量页岩样品分布在洋脊附近（图 8）。

此外，龙马溪组页岩稀土元素分析表明，龙马溪组页岩中（La/Yb）$_n$ 比值介于 1.17 ~ 2.73、平均值为 1.62，δCe 值介于 0.90 ~ 0.98、平均值为 0.95；观音桥层页岩中（La/Yb）$_n$ 比值介于 0.68 ~ 1.29、平均值为 0.91，δCe 值介于 0.88 ~ 0.99、平均值为 0.94；五峰组页岩中（La/Yb）$_n$ 比值介于 0.89 ~ 2.53、平均值为 1.36，δCe 值介于 0.87 ~ 1.03、平均值为 0.91（表 2、表 3）。整体上来看，页岩中（La/Yb）$_n$ 比值表现为龙马溪组>五峰组>观音桥层，δCe 值表现为龙马溪组>观音桥层>五峰组。由此可知，大多数样品（La/Yb）$_N$ 比值和 δCe 值均分布在大陆边缘附近。以上证据均表明，重庆漆辽剖面五峰组—龙马溪组硅质页岩主要沉积于大陆边缘沉积环境。

从奥陶世五峰组沉积早期开始，中上扬子地区周缘受华夏板块与扬子板块挤压作用的影响，雪峰隆起、川中隆起和黔中隆起等古隆起构造不断扩大，海平面不断上升，逐渐形成了被古隆起和地台包围的半局限的深水陆棚沉积环境，且发生过多次海浸过程[22, 23, 50–52]。五峰组沉积时期半

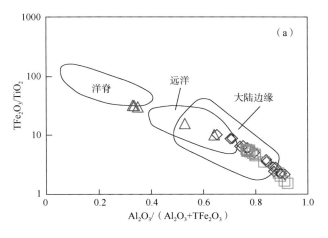

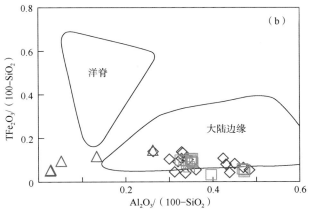

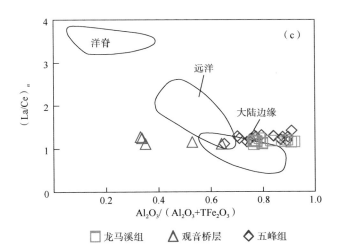

图 8　重庆漆辽剖面五峰组—龙马溪组硅质页岩沉积环境判别图

局限深水陆棚环境，水体滞留缺氧，有利于有机质的保存和硅质岩的形成，并且多次海浸过程带入了大量的陆源碎屑物质，为有机质和硅质岩的形成提供了物源[20, 22, 24, 25, 52–56]，且随着水体滞留缺氧程度的增加，有机质含量逐渐增加，在五峰组顶部达到最大值。观音桥层沉积时期，受冈瓦

纳冰川作用，海平面下降，水体变浅，陆源物质输入量减少，水体缺氧程度降低，不利于有机质的保存和硅质岩的形成[22, 56]。下志留统龙马溪组底部又开始发生海浸，海平面上升，水体滞留缺氧，陆源碎屑输入增多，主要为深水陆棚沉积环境，再一次为有机质和硅质岩的形成创造了条件[21, 22, 24, 25, 52-58]。张春明等（2012）[57]认为随着川中乐山、龙女寺古隆起和雪峰山古隆起的形成并不断扩大，川东南—黔北地区志留系沉积过程中，海域逐渐缩小，水体深度也不断变浅，沉积速率逐渐变大，且龙马溪组沉积时期古地理演化总体上由龙马溪组沉积早期的以深水陆棚为主开始，到龙马溪组沉积晚期深水陆棚区逐渐缩小、浅水陆棚区不断扩大。熊小辉等（2015）[53]提出渝东北地区田坝剖面奥陶纪—志留纪处于扬子北缘被动大陆边缘，主要受陆源碎屑的影响，而不受热水沉积作用影响。

根据以上各证据综合分析表明，研究区在奥陶纪—志留纪转折期处于被动大陆边缘，主要受陆源碎屑的影响，而不受热水沉积作用影响，且五峰组和龙马溪组硅质岩及硅质页岩的沉积环境为半局限的深水陆棚环境。

5 结　论

（1）Al-Fe-Mn 三角图、Fe/Ti—Al/（Al+Fe+Mn）、Al_2O_3—SiO_2/Al_2O_3、Al_2O_3/TiO_2—Al/（Al+Fe+Mn）关系图解、Si 过量及镜下薄片观察等证据均表明，重庆漆辽剖面五峰组和龙马溪组页岩中硅质的来源基本不受热液活动的影响，而主要受陆源碎屑输入的影响，其次受硅质生物影响，为正常海相成因硅质岩；观音桥层页岩中硅质含量较低，且主要受热液活动的影响。造成五峰组—龙马溪组硅质含量差异的原因可能是由于硅质生物和火山活动。

（2）基于 TFe_2O_3/TiO_2-$Al_2O_3/$（Al_2O_3+TFe_2O_3）、$TFe_2O_3/$（100-SiO_2）—$Al_2O_3/$（100-SiO_2）及（La/Ce）$_n$—$Al_2O_3/$（Al_2O_3+TFe_2O_3）关系图解，稀土元素 δCe、（La/Yb）$_N$ 等特征元素及比值，并结合古构造、古气候演化等综合分析认为，研究区在奥陶纪—志留纪转折期处于被动大陆边缘，主要受陆源碎屑影响，而不受热水沉积作用影响，且

五峰组和龙马溪组硅质岩及硅质页岩的沉积环境为半局限深水陆棚环境。

参考文献

[1] 邱振，王清晨. 湘黔桂地区中上二叠统硅质岩的地球化学特征及沉积背景[J]. 岩石学报，2010，26（12）：3612-3628.

[2] 邱振，王清晨. 广西来宾中上二叠统硅质岩海底热液成因的地球化学证据[J]. 中国科学（地球科学），2011，41（5）：725-737.

[3] 杜远生，朱杰，顾松竹. 北祁连肃南一带奥陶纪硅质岩沉积地球化学特征及其多岛洋构造意义[J]. 地球科学（中国地质大学学报），2006，31（1）：101-109.

[4] 杜远生，朱杰，顾松竹，等. 北祁连造山带寒武系—奥陶系硅质岩沉积地球化学特征及其对多岛洋的启示[J]. 中国科学（地球科学）2007，37（10）：1314-1329.

[5] Chen D，Qing H，Yan X，et al. Hydrothermal venting and basin evolution（Devonian, South China）：Constraints from rare earth element geochemistry of chert[J]. Sedimentary Geology，2006，183（3-4）：203-216.

[6] 周永章，何俊国，杨志军，等. 华南热水沉积硅质岩建造及其成矿效应[J]. 地学前缘，2004，11（2）：373-377.

[7] 徐跃通. 江西永平地区石炭纪硅质岩成因地球化学特征及沉积环境[J]. 大地构造与成矿学，1996，20（1）：20-28.

[8] Murray R W，Buchholtzt B M R，Jones D L，et al. Rare earth elements as indicators of different marine depositional environments in chert and shale[J]. Geology，1990，18（3）：268-271.

[9] Murray R W，Brink M R B T，Gerlach D C，et al. Rare earth, major, and trace elements in chert from the Franciscan Complex and Monterey Group，California：Assessing REE sources to fine-grained marine sediments[J]. Geochimica Et Cosmochimica Acta，1991，55（7）：1875-1895.

[10] Murray R W，Brink M R B T，Gerlach D C，et al. Rare earth, major, and trace element composition of Monterey and DSDP chert and associated host sediment：Assessing the influence of chemical fractionation during diagenesis[J]. Geochimica Et Cosmochimica Acta，1992，56（7）：2657-2671.

[11] Murray R W. Chemical criteria to identify the depositional environment of chert：general principles and applications[J]. Sedimentary Geology，1994，90（3-4）：213-232.

[12] Boström K，Peterson M N A. The origin of aluminum-poor ferromanganoan sediments in areas of high heat flow on the East Pacific Rise[J]. Marine Geology，1969，7（5）：427-447.

[13] Murchey Benita L，Jones David L. A Mid-Permian Chert Event：Widespread Deposition of Biogenic Siliceous Sediments in Coastal，Island Arc and Oceanic Basins[J]. Palaeogeogr Palaeoclimatol Palaeoecol，1992，96（1）：161-174.

[14] Thurston D R. Studies on Bedded Cherts[J]. Contributions to Mineralogy and Petrology，1972，36（4）：329-334.

[15] 张亚冠，杜远生，徐亚军，等. 湘中震旦纪—寒武纪之交硅质岩地球化学特征及成因环境研究[J]. 地质论评，2015，61（3）：

499-510.

[16] 遇昊，陈代钊，韦恒叶，等. 鄂西地区上二叠乐平统大隆组硅质岩成因及有机质富集机理[J]. 岩石学报，2012，28（3）：1017-1027.

[17] 林良彪，陈洪德，朱利东. 川东茅口组硅质岩地球化学特征及成因[J]. 地质学报，2010，84（4）：500-507.

[18] 江永宏，李胜荣. 湘、黔地区前寒武—寒武纪过渡时期硅质岩生成环境研究[J]. 地学前缘，2005，12（4）：622-629.

[19] 李胜荣，高振敏. 华南下寒武统黑色岩系中的热水成因硅质岩[J]. 矿物学报，1996，14（4）：416-422.

[20] 黄志诚，黄钟瑾，陈智娜. 下扬子区五峰组火山碎屑岩与放射虫硅质岩[J]. 沉积学报，1991，9（2）：1-15.

[21] 李文厚. 汉中下志留统放射虫硅质岩的岩石学特征及其地质意义[J]. 沉积学报，1997，15（3）：171-173.

[22] 雷卞军，阙洪培，胡宁，等. 鄂西古生代硅质岩的地球化学特征及沉积环境[J]. 沉积与特提斯地质，2002，22（2）：70-79.

[23] 刘伟，许效松，冯心涛，等. 中上扬子上奥陶统五峰组含放射虫硅质岩与古环境[J]. 沉积与特提斯地质，2010，30（3）：65-70.

[24] 王淑芳，邹才能，董大忠，等. 四川盆地富有机质页岩硅质生物成因及对页岩气开发的意义[J]. 北京大学学报（自然科学版），2014，50（3）：476-486.

[25] Ran B，Liu S G，Jansa L，et al. Origin of the Upper Ordovician-Lower Silurian cherts of the Yangtze Block, South China, and their palaeogeographic significance[J]. Journal of Asian Earth Sciences，2015（108）：1-17.

[26] 汪泽成，赵文智，张林. 四川盆地构造层序与天然气勘探[M]. 北京：地质出版社，2002.

[27] 董大忠，高世葵，黄金亮，等. 论四川盆地页岩气资源勘探开发前景[J]. 天然气工业，2014，34（12）：1-15.

[28] 苏文博，李志明，Ettensohn F R，等. 华南五峰组—龙马溪组黑色岩系时空展布的主控因素及其启示[J]. 地球科学（中国地质大学学报），2007，32（6）：819-827.

[29] 牟传龙，周恳恳，梁薇，等. 中上扬子地区早古生代烃源岩沉积环境与油气勘探[J]. 地质学报，2011，85（4）：526-532.

[30] 邹才能，董大忠，王玉满，等. 中国页岩气特征、挑战及前景（一）[J]. 石油勘探与开发，2015，42（6）：689-701.

[31] 邱振，董大忠，卢斌，等. 中国南方五峰组—龙马溪组页岩中笔石与有机质富集关系探讨[J]. 沉积学报，2016，34（6）：1011-1020.

[32] Taylor S R，Mclennan S M. The continental crust：its composition and evolution[J]. The Journal of Geology，1985，94（4）：57-72.

[33] Haskin L A，Haskin M A，Frey F A，et al. Relative and absolute terrestrial abundances of the rare earths[J]. Origin and Distribution of the Elements，1968，889-912.

[34] 马文辛，刘树根，陈翠华，等. 渝东地区震旦系灯影组硅质岩地球化学特征[J]. 矿物岩石地球化学通报，2011，30（2）：160-171.

[35] 于炳松，陈建强，李兴武，等. 塔里木盆地下寒武统底部层状硅质岩微量元素和稀土元素地球化学特征及其成因意义[J]. 地质学报，2005，79（2）：261-261.

[36] Adachi M，Yamamoto K，Sugisaki R. Hydrothermal chert and associated siliceous rocks from the northern Pacific their geological significance as indication od ocean ridge activity[J]. Sedimentary Geology，1986，47（1-2）：125-148.

[37] Chen D，Wang J，Qing H，et al. Hydrothermal venting activities in the Early Cambrian, South China：Petrological, geochronological and stable isotopic constraints[J]. Chemical Geology，2009，258（3-4）：168-181.

[38] Zhou Y，Chown E H，Guha J，et al. Hydrothermal origin of Late Proterozoic bedded chert at Gusui, Guangdong, China：petrological and geochemical evidence[J]. Sedimentology，2006，41（3）：605-619.

[39] Maliva R G，Knoll A H，Simonson B M. Secular change in the Precambrian silica cycle：Insights from chert petrology[J]. Geological Society of America Bulletin，2005，117（7）：835-845.

[40] Kametaka M，Takebe M，Nagai H，et al. Sedimentary environments of the Middle Permian phosphorite-chert complex from the northeastern Yangtze platform, China；the Gufeng Formation：a continental shelf radiolarian chert[J]. Sedimentary Geology，2005，174（3-4）：197-222.

[41] 周永章. 丹池盆地热水成因的硅质岩的沉积地球化学特征[J]. 沉积学报，1990，8（3）：75-83.

[42] Yamamoto K. Geochemical characteristics and depositional environments of cherts and associated rocks in the Franciscan and Shimanto Terranes[J]. Sedimentary Geology，1987，52（1-2）：65-108.

[43] Boström K，Kraemer T，Gartner S. Provenance and accumulation rates of opaline silica, Al, Ti, Fe, Mn, Cu, Ni and Co in Pacific pelagic sediments[J]. Chemical Geology，1973，11（2）：123-148.

[44] Sugisaki R，Yamamoto K，Adachi M. Triassic bedded cherts in central Japan are not pelagic[J]. Nature，1982，298（5875）：644-647.

[45] Yamamoto K，Nakamaru K，Adachi M. Depositional environments of "accreted bedded cherts" in the Shimato Terrane, Southwest Japan on the basis of major and minor elements compositions[J]. The Journal of Earth and Planetary Sciences, Nagoya University，1997，44：1-19.

[46] 黄虎，杜远生，杨江海，等. 水城—紫云—南丹裂陷盆地晚古生代硅质沉积物地球化学特征及其地质意义[J]. 地质学报，2012，86（12）：1994-2010.

[47] 黄虎，杜远生，黄志强，等. 桂西晚古生代硅质岩地球化学特征及其对右江盆地构造演化的启示[J]. 中国科学（地球科学），2013（2）：304-316.

[48] 黄金亮，邹才能，李建忠，等. 川南志留系龙马溪组页岩气形成条件与有利区分析[J]. 煤炭学报，2012，37（5）：782-787.

[49] 王玉满，董大忠，李建忠，等. 川南下志留统龙马溪组页岩气储层特征[J]. 石油学报，2012，33（4）：551-561.

[50] 曾庆銮. 峡东地区奥陶纪腕足类群落与海平面升降变化[C]//中国地质科学院宜昌地质矿产研究所文集（16），1991.

[51] 周名魁. 中国南方奥陶—志留纪岩相古地理与成矿作用[M]. 北京：地质出版社，1993.

[52] 李双建，肖开华，沃玉进，等. 南方海相上奥陶统—下志留统优质烃源岩发育的控制因素[J]. 沉积学报，2008，26（5）：872-880.

[53] 熊小辉，王剑，余谦，等. 富有机质黑色页岩形成环境及背景的元素地球化学反演——以渝东北地区田坝剖面五峰组—龙马溪组页岩为例[J]. 天然气工业，2015，35（4）：25-32.

[54] 李艳芳，吕海刚，张瑜，等. 四川盆地五峰组—龙马溪组页岩U-Mo 协变模式与古海盆水体滞留程度的判识[J]. 地球化学，2015a，44（2）：109-116.

[55] 李艳芳，邵德勇，吕海刚，等. 四川盆地五峰组—龙马溪组海相页岩元素地球化学特征与有机质富集的关系[J]. 石油学报，2015b，36（12）：1470-1483.

[56] Chen Cheng，Li Shuangying，Zhao Daqian，et al. The Geochemical Characteristics and Factors Controlling the Organic Matter Accumulation of the Late Ordovician-Early Silurian Black Shale in the Upper Yangtze Basin，South China[J]. Marine and Petroleum Geology，2016（76）：159-175.

[57] 张春明，张维生，郭英海. 川东南—黔北地区龙马溪组沉积环境及对烃源岩的影响[J]. 地学前缘，2012，19（1）：137-143.

[58] 牟传龙，王秀平，王启宇，等. 川南及邻区下志留统龙马溪组下段沉积相与页岩气地质条件的关系[J]. 古地理学报，2016，18（3）：457-472.

四川盆地龙马溪组页岩纳米孔隙发育特征及主控因素

梁 峰[1] 邱峋晰[2] 戴 赟[2] 张 琴[1] 卢 斌[1] 陈 鹏[1]
马 超[1] 漆 麟[3] 胡 曦[2]

（1. 中国石油勘探开发研究院 北京 100083；2. 四川页岩气勘探开发有限责任公司 四川成都 641199；
3. 中国石油集团川庆钻探工程有限公司地质勘探开发研究院 四川成都 610056）

摘　要： 上奥陶统五峰组—下志留统龙马溪组页岩是中国目前实现商业开发的唯一层系，而在四川盆地及周边不同区域页岩气单井产量却存在明显差异。本文筛选位于不同构造位置、不同压力系数、相同层系（鲁丹阶沉积早期（LM1—LM3））的 5 口典型井的 36 个页岩样品，应用地层学、岩石矿物学、地球化学、构造地质学、储层地质学等手段系统分析了页岩孔隙特征，旨在从储层微观结构分析不同地区产量差异的原因。研究表明，页岩的储集空间主要以有机质孔为主，不同构造区域页岩中微孔、中孔、大孔和总孔体积随 TOC 的增大呈现出不同的趋势，孔隙发育程度由好到坏：W202>N201>YJ1>B201>WX2。通过实验证实，页岩孔隙在高压情况下可能被压实，其压实程度与有机质孔孔径、岩石矿物组成、有机质含量、区域构造条件和压力系数密切相关，指出受构造运动影响小且压力系数较高的区域为孔隙发育的有利区。研究成果可有效地指导页岩气建产有利区优选及评价。

关键词： 四川盆地；页岩；五峰组—龙马溪组；有机质孔；控制因素；孔隙发育有利区预测

Research on Characteristic and Controlling Factors for Nano-Pore of Upper Ordovician Wufeng – Lower Silurian Longmaxi Shale in Sichuan Basin

Liang Feng[1], Qiu Xunxi[2], Dai Yun[2], Zhang Qin[1], Lu Bin[1], Chen Peng[1], Ma Chao[1], Qi Lin[3], Hu Xi[2]

(1. *PetroChina Research Institute of Petroleum Exploration & Development, Beijing* 100083; 2. *Sichuan Shale Gas Exploration and Development Co., Ltd., Chengdu Sichuan* 641199; 3. *Geological Exploration and Development Research Institute, CNPC Chuanqing Drilling Engineering Company Limited, Chengdu Sichuan* 610056)

Abstract: The Upper Ordovician Wufeng-Lower Silurian Longmaxi shale is the only layer of commercial development of shale gas in China. However, there are significant differences in the production of shale gas single wells in different areas of the Sichuan Basin and its surrounding areas. This paper is attempting to analyze those differences from the perspective of reservoir space. Pore development of 36 shale samples of 5 typical wells with different Reservoir pressure in different tectonic area in Sichuan basin which is collected from early Rhuddanian were compared by applying the biostratigraphy, petromineralogical, geochemical, structural geological and reservoir geological methods. The results indicated that the reservoir space in these shales is dominated by organic pores. The correlation relationship between total pore volume and TOC varies over shales with pores of different sizes and the degree of pore development from good to bad is: W201>N201>YJ1>B201>WX2. It is confirmed by experiments that the shale pores may be compacted under high pressure conditions, and the degree of compaction is closely related to the pore size of the organic matter, the rock mineral composition, the organic matter content, the domain structure conditions and the pressure coefficient. The area affected by the weak tectonic movement and having a high pressure coefficient is a favorable area for pore development. The research results can effectively guide the optimization and evaluation of favorable areas of shale gas.

Key words: Sichuan Basin; shale; Wufeng formation–Longmaxi formation; organic matter pores; controlling factors; Prediction of favorable areas for pore development

第一作者简介：梁峰（1982—），男，博士，高级工程师，从事页岩气地质及开发评价工作。
E-mail：Liangfeng05@petrochina.com.cn

中国南方海相页岩气资源丰富，主要分布于上奥陶统五峰组—下志留统龙马溪组（以下简称"五峰组—龙马溪组"）和下寒武统筇竹寺组及其相应层位（牛蹄塘组/水井沱组）（以下均称作筇竹寺组）的富有机质页岩中[1-5]。五峰组—龙马溪组页岩是沉积于奥陶纪晚期、志留纪早期的一套广泛分布于中上扬子地区的黑色富有机质笔石页岩。其中，五峰组一般厚度 3~5m，一般不超过10m[6]；龙马溪组富有机质页岩（富气页岩）一般不超过 20~50m[7]，是目前中国唯一获得商业气流的层系，开发区主要分布在焦石坝、长宁和威远区块[7-10]。而在四川盆地不同区域页岩气产量差异较大，除沉积构造和保存条件原因外，笔者从页岩储层的微观特征研究入手，尝试从储集空间的角度解释为何不同构造区域五峰组—龙马溪组页岩勘探开发效果产量差异的原因，以期指导中国页岩气有利区的优选及评价工作。

1 样品和方法

1.1 样品位置及特征

本次研究的目的层段为五峰组—龙马溪组页岩底部的富有机质页岩，纵向上，页岩样品沉积时间一致，主要沉积于鲁丹阶沉积早期（LM1—LM3[6]），威远地区对应龙一 $_1^1$ 小层中下部[11]，其他地区对应龙一 $_1^1$ 小层和龙一 $_1^2$ 小层[9, 12]，样品位置如图1所示。

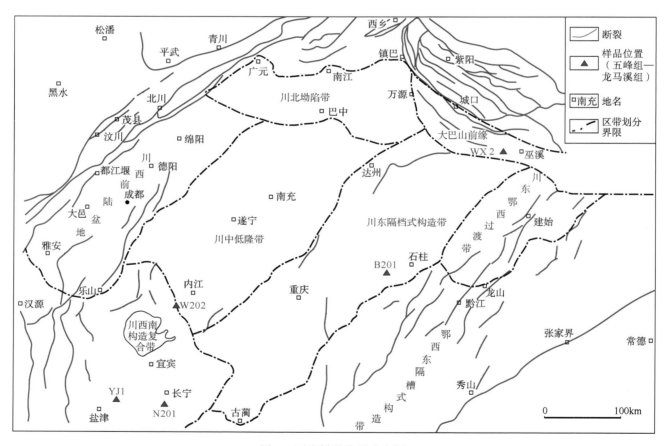

图1 页岩样品位置分布图

1.2 分析方法

笔者重点采用氮气吸附脱附法和场发射扫描电镜对页岩的孔隙特征进行分析。氮气吸附法能够对整块样品小于 200nm 的孔隙进行孔径分布的分析，能够宏观的把握整块样品的孔径分布范围，初步掌握孔隙的形态特征。场发射扫描电镜以图形化的形式确定页岩不同物质中孔隙的类型及形态，但由于所观察到的视域受限，往往只能观察到样品中比较小的部分。

样品孔隙结构参数包括孔体积和孔径尺寸的分布，上述参数主要是通过液氮吸附测试获取。

分别选取自然样和处理样各 2～3g，在 110℃下烘干 5 小时，以去除样品内水及易挥发性杂质，再对样品和仪器在 120℃下进行抽真空 2 小时，而后使用 N₂ 对样品进行回填并开始检测，通过不同条件下获得的吸附和脱附等温线求取相应的孔径分布。样品的比表面积应用通用的 BET 方法对 $P/P_0<0.3$ 范围的数据进行计算。样品的孔径尺寸的分布和孔容的分布采用 Barett-Joyner-Halenda（BJH）模型对吸附等温线进行计算，并用 Faas 方法进行校正。

FIB-SEM 是直接观察微纳米级孔隙的大小、形状和分布的方法。但是，这种方法只能提供有限视域的孔隙结构及特征。使用干金刚砂纸研磨约 1cm² 的页岩样品以形成水平表面，然后用氩离子对样品进行剖光。抛光后，样品应涂上碳以提供导电表面层。将每个样品放入 FEI Helios NanoLab 650 DualBeam FIB-SEM 用于成像。SEM 对新研磨的页岩表面进行原位成像，分辨率可到 2.5 nm，工作电压为 2 kV，工作距离为 4mm。

2 结 果

2.1 氮气吸附结果

页岩中的孔隙发育程度与 TOC 呈正相关关系。笔者所采集的页岩样品的总孔体积和 TOC 呈非常好正相关关系，相关系数 R^2 在 0.59～0.93 之间，笔者也分析了孔隙发育程度与矿物含量之间的关系，并未发现较好的相关性。故笔者认为，孔隙发育程度主要受有机质含量控制，与前人研究结果一致[13]。但值得注意的是，不同层位页岩样品孔隙发育控制因素可能存在差异。虽然页岩孔隙的发育程度与 TOC 呈正相关关系，但不同地区孔隙的发育程度与 TOC 的关系存在差异（图 2）。W202 井页岩样品斜率最高，样品孔隙最发育，其他地区样品孔隙发育程度的斜率相当，孔隙发育程度 N201 井优于 JY1 井，而 B201 井和 WX2 井孔隙发育程度较差。W202 井、N201 井和 YJ1 井相关系数较高，均超过 0.9，WX2 井和 B201 井相关系数为 0.6 左右，孔隙发育程度相当。

2.2 不同孔径孔隙发育特征

笔者通过分析发现，不同孔径的孔隙变化规律与总孔体积变化规律并不一致。笔者根据 N₂ 吸

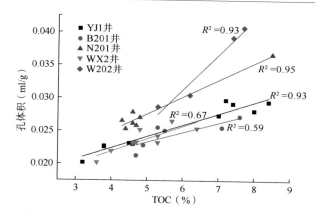

图 2 四川盆地不同地区页岩样品总孔体积与 TOC 相关关系图

附脱附实验数据，将孔隙划分为 3 类，分别为小孔（<10nm）、中孔（10～50nm）和大孔（>50nm）（其总孔体积分别用小孔体积、中孔体积和大孔体积表示），以方便分析不同孔径孔隙的变化规律。总体而言，不同孔径的孔体积与 TOC 相关关系可以分为 3 类：（1）不同孔径孔体积与 TOC 呈正相关关系（图 3a、b）。W202 井页岩样品不同孔径孔体积与 TOC 关系斜率一致，表明页岩有机质孔隙保存良好；而 N201 井页岩样品小孔和中孔斜率一致，大孔斜率下降，表明大孔已经遭到一定程度的破坏。（2）小孔、中孔总孔体积与 TOC 呈正相关关系，大孔孔体积与 TOC 呈先增大后减小的趋势（图 3c、d）。YJ1 井和 B201 井页岩样品小孔和中孔的发育程度明显不如 W202 井和 N201 井，小孔总孔体积与 TOC 的斜率高于中孔，大孔总孔体积与 TOC 呈现先增大后减小的趋势，大孔受到的破坏作用最强，中孔次之，表明该区域页岩孔隙发育程度明显不如 W202 井和 N201 井。（3）小孔、中孔总孔体积与 TOC 呈正相关关系，大孔孔体积与 TOC 呈负相关关系（图 3e）。WX2 井页岩样品小孔和中孔总孔体积与 TOC 呈正相关关系，大孔总孔体积与 TOC 呈负相关关系，表明页岩孔隙破坏程度更高。

3 讨论与认识

针对页岩中有机质孔隙演化研究表明，在页岩达到成熟、过成熟演化阶段以后（$R_0>1.2\%$），页岩中的有机质孔隙随成熟度的增大而呈现出增大、增多的趋势[14, 15]。中国中上扬子地区两套海相页岩目前均处于过成熟阶段，R_0 普遍大于

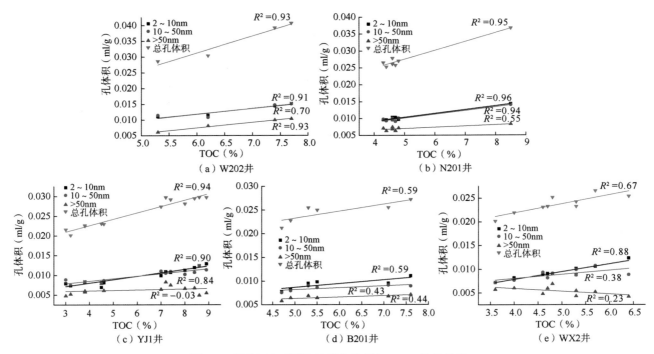

图 3　不同地区不同孔径总孔体积与 TOC 的关系图

$2.0\%^{[4, 16, 17]}$，页岩中有机质内总孔体积应随 TOC 含量的增高而呈增大趋势，但如上所述，不同构造背景条件下页岩中不同孔径孔隙体积的变化规律还是存在一定的差异的，具体原因分析如下。

3.1　页岩在高围压情况下，孔隙可以被压实破坏

崔会英[18]等通过对下马岭组低成熟海相页岩样品（$R_o=1.1\%$）开展高温高压热模拟实验，实验设定样品所处的实验温度和围压呈逐步提高趋势，以研究页岩孔隙随围压及成熟度增高的演化特征。实验结果表明，随着热模拟温度及围压的增高，页岩中的小孔、中孔孔体积及总孔体积呈现增大趋势，大孔孔体积随温度升高呈先增大后减小趋势，当模拟温度达到 500℃时，围压 60MPa 的情况下，页岩中的大孔体积开始下降。上述实验结果直接证实了海相页岩在高围压的情况下，页岩孔隙可能被压实。

3.2　页岩有机质孔孔径越大，页岩骨架支撑作用越弱，页岩孔隙越容易被破坏

页岩中的孔隙越大，越容易在外力作用下被破坏[19]。如上文分析可知，大部分地区总孔体积和不同孔径的孔体积随 TOC 的增大而呈增大趋

势，但不同孔径孔隙的总孔体积随 TOC 变化表现出不同的规律。随着页岩中有机质孔发育程度的变差，页岩中大孔总孔体积与 TOC 回归曲线斜率先开始下降，且先出现总孔体积随 TOC 增大而减小的趋势，之后中孔总孔体积与 TOC 回归曲线斜率开始下降（图 3），表明页岩中孔隙孔径越大，越容易被破坏。

此外，当岩石中的有机质含量超过一定的值，抗压强度较弱的有机质所占体积过大，会导致岩石矿物骨架更易于被地层压力或构造应力破坏，不利于有机质孔的保存[14, 20, 21]。如 YJ1 井高 TOC 页岩样品的有机质重量百分比为 8%、8.9%，体积百分比为 16.9%、17.4%（页岩以 I 型干酪根为主，有机质密度按 1.2g/cm³ 估算，岩石骨架以石英为主，密度按 2.8g/cm³ 估算），过高的有机质体积（低抗压强度）占比降低了页岩中矿物骨架的支撑能力，致使高 TOC 页岩骨架结构在同等围压的条件下首先遭到破坏。同样，页岩样品中含有硬度较大矿物成分时，页岩骨架的抗压强度会增加[22]，相对有利于页岩中孔隙的保存。如 W202 井和 N201 井所处的构造保存条件及压力系数基本相当，但 W202 井页岩样品孔隙发育程度较 N201 井好，其主要原因就是其石英矿物含量高，黏土矿物含量低（表 1），具有更加坚硬的岩石骨架，致

表 1　w202 井和 N201 井页岩样品矿物组成表

样品编号	黏土总量（%）	石英（%）	钾长石（%）	斜长石（%）	方解石（%）	白云石（%）	黄铁矿（%）
N201-6	31.3	36.7	1.5	5.2	10.5	12.7	2.1
N201-7	28.9	28.2	2.5	3.5	20.3	14.5	2.1
N201-8	15.4	47.3	0	4.6	14.1	15.2	3.4
N201-9	14.7	39.1	0	4	22.9	15.6	3.7
N201-10	19.7	36.8	1.1	4.8	15.7	19.1	2.8
N201-11	28.8	36	0.6	2.6	13.6	16	2.4
N201-12	17.5	44.2	1.1	2.7	14.4	16.9	3.2
W202-22	0	91.8	0	0	3.6	4.6	0
W202-23	0	86.3	0	2	6.8	4.8	0
W202-24	0	91.2	0	0	3.7	5.1	0
W202-25	0	82.5	0	2.2	6.8	4.8	3.8

使有机质孔隙得以更好保存。

3.3　区域构造条件越复杂，地层压力系数越低，越不利于页岩中孔隙的保存

W202 井、N201 井所处位置构造宽缓（图 4a、b），构造挤压应力相对较小，YJ1 井、B201 井和 WX2 井所处位置受到构造挤压作用强，尤其是 WX2 井，位于南大巴山构造带，构造挤压作用强烈（图 5a、c、d）。强烈的构造运动致使 YJ1 井、B201 井和 WX2 井页岩气的保存条件受到影响，虽然储层中天然气仍以甲烷为主，但地层压力均属常压气藏，压力系数分别为 1.0、1.1 和 0.7；位于宽缓构造区域的 W202 井和 N201 井保存条件较好，地层压力系数均高于 1.4。

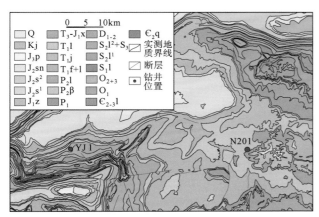

（a）YJ1井与N201井所处区域地面地质构造图

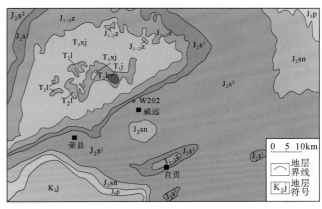

（b）W202井所处区域地面地质构造图

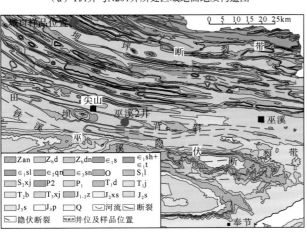

（c）WX2井及城口地区样品所处区域地面地质构造图

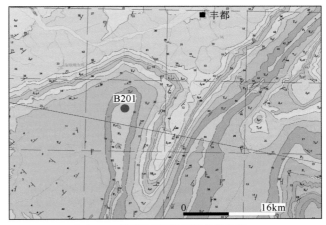

（d）B201井所处区域地面地质构造图

图 4　四川盆地不同钻井所处构造位置

位于构造宽缓部位且地层压力系数较高的 W202 井和 N201 井页岩中孔隙最发育（图 3），其有机质孔孔径大、数量多，位于构造挤压作用较强且压力系数较低的 YJ1 井、B201 井和 WX2 井样品孔隙发育程度明显变差（图 3），其孔径大小还是孔隙数量的发育情况明显不如 W202 井和 N201 井（图 5）。

笔者认为，除受沉积条件影响外，页岩储层所处的构造保存条件是影响页岩孔隙发育的主控因素。究其原因主要有以下两种：（1）强烈的构造挤压对页岩储层产生较大的挤压应力，页岩储层首先发生弹性压缩，直至岩石骨架被破坏，页岩孔隙发育程度变差；（2）构造挤压作用较强的区域一般断层较发育，保存条件差，页岩气的散失会降低页岩孔隙内部的压力，压力系数变小，致使孔隙内外的压力平衡被打破，在外部压力的作用下，页岩储层孔隙更易被压缩或破坏。

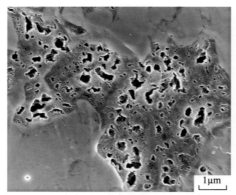

（a）N201井龙马溪组页岩扫描电镜照片（SE，35000×）

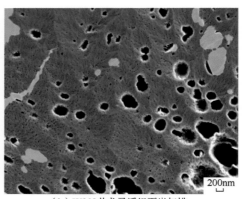

（b）W202井龙马溪组页岩扫描电镜照片（SE，14260×）

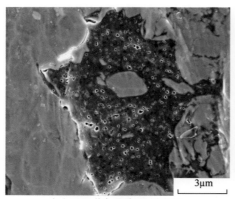

（c）WX2井龙马溪组页岩扫描电镜照片（SE，20000×）

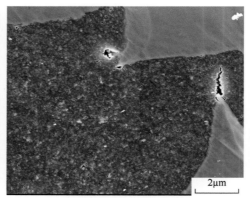

（d）YJ1井龙马溪组页岩扫描电镜照片（SE，25000×）

图 5　不同构造区域龙马溪组典型有机质孔扫描电镜图片

3.4 页岩孔隙演化模式

页岩中有机质内孔隙随着页岩性质、最大古埋深和构造位置的差异，所处的孔隙演化阶段亦存在差异。根据本文分析，初步将中上扬子地区海相页岩孔隙演化划分为两个阶段。分别为：（1）有机质孔隙极发育阶段（图 6a）：此阶段不同孔径孔体积及总孔体积与 TOC 呈正相关关系，页岩中的有机质孔隙总孔体积处于最大阶段或达到最大阶段后有机质孔开始弹性压缩阶段，但尚未破坏骨架颗粒支撑结构，此阶段页岩中孔隙发育情况

较好，利于页岩气的富集，如长宁、威远地区；（2）有机质孔隙破坏阶段（图 6b）：不同孔径孔体积被压缩，页岩中较大的孔隙和具有较高 TOC 含量页岩中的孔隙由于骨架支撑结构被部分破坏而首先被压缩，如 WX2 井、盐津 1 井和 B201 井。页岩内有机质内孔隙的演化模式如图 6 所示，个体较大的有机质代表页岩抗压能力较弱的样品（有机质含量高样品），其会最早受到影响，由于矿物骨架支撑作用相对较弱，其有机质内孔隙会先于较小有机质（有机质相对较低的样品）被压缩或破坏。从 A 阶段到 B 阶段页岩中的有机质孔隙主

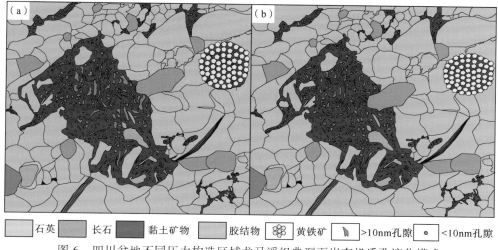

| 　 | 石英 | 　 | 长石 | 　 | 黏土矿物 | 　 | 胶结物 | 　 | 黄铁矿 | 　 | >10nm孔隙 | 　 | <10nm孔隙 |

图 6　四川盆地不同压力构造区域龙马溪组典型页岩有机质孔演化模式

体属于整体压缩阶段，较大的有机质在外部应力的作用下部分区域骨架结构首先被破坏。可以推断，随着页岩外部应力的进一步加大和页岩孔隙内气体压力的减小，较小的孔隙会被进一步压缩破坏，直至孔隙完全被破坏。

4　结　论

（1）四川盆地及周边地区页岩孔隙发育程度存在差异，不同区域页岩的总孔体积与TOC呈良好正相关关系，总孔体积主要受TOC含量控制。

（2）不同构造区域页岩中微孔、中孔、大孔和总孔体积随TOC的增大呈现出不同的趋势，体现页岩孔隙演化阶段不同，孔隙发育程度由好到坏：W202井>N201井>YJ1井>B201井>WX2井。

（3）页岩孔隙在高压情况下可能被压实，其压实程度与有机质孔孔径、岩石骨架结构、有机质含量、构造条件和压力系数密切相关，受构造运动影响小且压力系数较高的区域为孔隙发育有利区。

参考文献

[1] 邹才能，董大忠，王社教，等. 中国页岩气形成机理、地质特征及资源潜力[J]. 石油勘探与开发，2010，37（6）：641-653.

[2] 邹才能，董大忠，王玉满，等. 中国页岩气特征、挑战及前景（一）[J]. 石油勘探与开发，2015，42（6）：689-701.

[3] 黄金亮，邹才能，李建忠，等. 川南下寒武统筇竹寺组页岩形成条件及资源潜力[J]. 石油勘探与开发，2012，39（1）：69-75.

[4] 胡琳，朱炎铭，陈尚斌，等. 中上扬子地区下寒武统筇竹寺组页岩气资源潜力分析[J]. 煤炭学报，2012，37（11）：1871-1877.

[5] 梁兴，张廷山，杨洋，等. 滇黔北地区筇竹寺组高演化页岩气储层微观孔隙特征及其控制因素[J]. 天然气工业，2014，34（2）：18-26.

[6] 陈旭，樊隽轩，张元动，等. 五峰组及龙马溪组黑色页岩在扬子覆盖区内的划分与圈定[J]. 地层学杂志，2015，39（4）：351-358.

[7] 邹才能，董大忠，王玉满，等. 中国页岩气特征、挑战及前景（二）[J]. 石油勘探与开发，2016，43（2）：166-178.

[8] 郭彤楼，张汉荣. 四川盆地焦石坝页岩气田形成与富集高产模式[J]. 石油勘探与开发，2014，41（1）：28-36.

[9] 梁峰，拜文华，邹才能，等. 渝东北地区巫溪2井页岩气富集模式及勘探意义[J]. 石油勘探与开发，2016，43（3）：350-358.

[10] Zou Caineng, Yang Zhi, Pan Songqi, et al. Shale Gas Formation and Occurrence in China：An Overview of the Current Status and Future Potential [J]. Acta Geologica Sinica（English Edition），2016，90（4）：1249-1283.

[11] 梁峰，王红岩，拜文华，等. 川南地区五峰组—龙马溪组页岩笔石带对比及沉积特征[J]. 天然气工业，2017，37（7）：20-26.

[12] 赵圣贤，杨跃明，张鉴，等. 四川盆地下志留统龙马溪组页岩小层划分与储层精细对比[J]. 天然气地球科学，2016，27（3）：470-487.

[13] Lei C, Zhenxue J, Keyu L, et al. A Combination of N2 and CO2 Adsorption to Characterize Nanopore Structure of Organic-Rich Lower Silurian Shale in the Upper Yangtze Platform，South China：Implications for Shale Gas Sorption Capacity[[J]. Acta Geologica Sinica（English edition），2017，91（4）：1380-1394.

[14] Klaver J, Desbois G, Littke R, et al. BIB-SEM characterization of pore space morphology and distribution in postmature to overmature samples from the Haynesville and Bossier Shales[J]. Marine and Petroleum Geology，2015，59：451-466.

[15] Tang X, Zhang J, Jin Z, et al. Experimental investigation of thermal maturation on shale reservoir properties from hydrous pyrolysis of Chang 7 shale，Ordos Basin [J]. Marine and Petroleum Geology，2015，64：165-172.

[16] 李玉喜，聂海宽，龙鹏宇. 我国富含有机质泥页岩发育特点与页岩气战略选区[J]. 天然气工业，2009，29（12）：115-118+52-53.

[17] 梁峰，朱炎铭，马超，等. 湘西北地区牛蹄塘组页岩气储层沉积展布及储集特征[J]. 煤炭学报，2015，40（12）：2884-2892.

[18] Cui Huiying, Liang Feng, Ma Chao, et al. Pore evolution characteristics of Chinese marine shale in the thermal simulation experiment and the enlightenment for gas shale evaluation in South China [J]. Geosciences Journal，2018，in press.

[19] 杨永明，鞠杨，刘红彬，等. 孔隙结构特征及其对岩石力学性能的影响[J]. 岩石力学与工程学报，2009，28（10）：2031-2038.

[20] Milliken K L R M, Awwiller D N, Zhang T W. Organic matter-hosted pore system, Marcellus formation（Devonian），Pennsylvania[J]. AAPG Bulletin，2013，97（2）：177-200.

[21] 王飞宇，关晶，冯伟平，等. 过成熟海相页岩孔隙度演化特征和游离气量[J]. 石油勘探与开发，2013，（6）：764-768.

[22] 张威，刘新义，郑小燕. 矿物成分强度对岩石单轴抗压强度的影响[J]. 科学技术与工程，2012，12（30）：8085-8088.

页岩元素地球化学特征及古环境意义
——以渝东南地区五峰—龙马溪组为例

张　琴[1,2,3]　梁　峰[1,2,4]　王红岩[1,2]　雷治安[5]　漆　麟[6]

（1. 中国石油勘探开发研究院廊坊分院　河北廊坊　065000；2. 国家能源页岩气研发（实验）中心　河北廊坊　065000；3. 中国地质大学（北京）能源学院　北京 100083；4. 中国矿业大学资源与地球科学学院　江苏徐州　221116；5. 重庆页岩气勘探开发有限责任公司　重庆　401121；6. 中国石油集团川庆钻探工程有限公司地质勘探开发研究院　四川成都　610051）

摘　要： 为了深入研究渝东南地区奥陶纪—志留纪黑色页岩垂向上沉积环境的精细变化，选取渝东南地区黔江 1 井对五峰组—龙马溪组进行了系统采样，并开展了详细的元素地球化学研究，认为 LM1—LM3 时期古海平面最高、古生产力最高和水体还原性最强，页岩的有机质含量最高，是页岩气勘探重点区域；页岩的古生产力、氧化还原条件等地球化学元素决定的指标仅影响富有机质页岩的厚度及品质，对页岩气产量有一定影响，但并非主要影响因素。研究结果表明：（1）黔江地区五峰组—龙马溪组页岩沉积于大陆边缘环境，陆源碎屑为主要物源，沉积成岩过程中局部受到热液活动和生物作用的影响；（2）五峰组—龙马溪组页岩沉积时期经历了五峰组沉积晚期（WF1—WF4 顶部）海退和龙马溪组沉积早期（LM1—LM3）海侵；（3）黑色页岩总体形成于水体缺氧的环境，在五峰组沉积时期（WF1—WF4）由于海退处于弱氧化环境，龙马溪组沉积早期（LM1—LM3）由于海侵处于强还原条件，而在龙马溪组沉积晚期由于水体变浅，水体还原性逐渐减弱；（4）古生产力在龙马溪组沉积早期（LM1—LM3）达到最大值，生物钡 $Ba_{(bio)}$ 质量分数达到 $1025.43×10^{-6}$，向下和向上均有减小趋势；（5）相同时段位于水下古隆起附近的黔江地区的古生产力、氧化还原条件、富有机质页岩厚度及品质均不如坳陷区的巫溪 2 井，水下古隆起对富有机质页岩沉积产生了不利影响，在该区进行勘探应格外谨慎。

关键词： 五峰—龙马溪组页岩；元素特征；成岩构造；海平面；氧化还原条件；古生产力

Elements Geochemistry and Paleo Sedimentary Significance: A Case Study from the Wufeng-Longmaxi Shale in Southeast Chongqing

Zhang Qin[1,2,3], Liang Feng[1,2,4], Wang Hongyan[1,2], Lei Zhian[5], Qi Lin[6]

(1. PetroChina Research Institute of Petroleum Exploration & Development, Langfang, Hebei 065000; 2. National Energy Shale Gas Research & Development (Experimental) Center, Langfang, Hebei 065000; 3. School of Energy Resources, China University of Geosciences (Beijing), Beijing 100083; 4. School of Resources and Geosciences, China University of Mining and Technology, Xuzhou, Jiangsu 221116; 5. Chongqing Shale Gas Exploration & Development Company Limited, Chongqing 401121; 6. Geological Exploration & Development Research Institute, CNPC Chuanqing Drilling Engineering Company Limited, Chengdu, Sichuan 610051)

Abstract: In order to study the delicate changes in the vertical sediment environment of the Ordovician Wufeng and Silurian Longmaxi black shale formations and provide guidance for the exploration and development of shale gas in southeast Chongqing, Wufeng-Longmaxi shale in well QJ 1 in southeast Chongqing was selected for this study. Systematic measuring, continuous sampling and detailed element geochemistry researches were conducted. It's concluded that LM1-3 should be considered as the most favorable targets for shale gas exploration and development in southeast Chongqing because of the highest sea level, highest paleoproductivity and highly reductive conditions during that sedimentary period. Although the paleoproductivity, the redox conditions and other geochemical elements have some

基金项目：国家重点基础研究发展计划（973）项目（2013CB228000），国家油气重大专项（2017ZX05035）。

第一作者简介：张琴（1985—），女，博士，工程师，从事油气成藏及非常规油气地质方面的研究。

E-mail：zhangqin2169@petrochina.com.cn

effect on the shale gas production, they decisively affect the organic richness and the thickness of the shale. The following results were obtained: (1) Wufeng-Longmaxi shale in Qianjiang area was deposited on the passive continental margin at the southeast edge of the Yangtze platform and the clastic deposits from the continent are the major material source and some intervals are affected by hot water and biological sedimentation. (2) Wufeng-Longmaxi formation underwent sea regression in the late Ordovician and sea transgression in the early Silurian. (3) Generally, Wufeng-Longmaxi shale was formed in an environment with water poor in oxygen. During the formation of LM1-3, water bodies experienced the most intensive reduction and from both upward and downward the reduction capacity of water reduced gradually. (4) Biological productivity reached the peak in LM1-3 with the value of $Ba_{(bio)}$ reaching 1025.43×10^{-6}. (5) The paleoproductivity, redox conditions, thickness and quality of the organic-rich shale in well QJ 1 are not as good as those of the well WX2, implicating that the paleouplift of Yichang has adverse effect on the shale deposition and should be paid more attention to in later research.

Key words: Wufeng-Longmaxi shale; element geochemistry; tectonic environment; sea level change; redox environment; paleoproductivity

上奥陶统五峰组—下志留统龙马溪组页岩是目前中国页岩气勘探开发的主力层系，已在长宁、威远、昭通和涪陵获得战略突破，多口井实现工业高产[1, 2]。渝东南地区作为中国建立的首批页岩气战略调查先导试验区，已在该区实施了多口页岩气地质浅井（黔江1井、黔江2井、渝页1井、黔页1井），钻遇了厚度巨大的黑色笔石页岩，含气量局部层段达到了 3.42m³/t，显示了较好的页岩气勘探开发前景。其五峰组—龙马溪组页岩的研究也受到诸多关注，研究内容涵盖了该区构造运动特征、裂缝发育特征[3-5]、孔隙、裂缝分类特征[6, 7]、资源潜力特征[8]和沉积相特征[9]，而关于该区的成岩构造背景、氧化还原和古生产力条件等研究则鲜有报道。海相烃源岩作为富有机质层段，其发育明显受沉积环境控制。文献[10]至文献[12]分别从页岩元素地球化学特征的角度研究了W201 井、Z106 井以及渝东北的五峰组—龙马溪组页岩有机质富集主控因素并建立了有机质沉积模式，充分体现了化学元素在地质研究中的重要作用。另外，化学元素等无机参数组合上的差异可体现海洋古生产力、氧化还原条件、古生产力等控制烃源岩发育的影响因素，为从古环境特征研究烃源岩的有效性提供了新的思路。本文选取该区地质资料井（黔江1井）进行系统取心、岩心观察、笔石生物地层划分等，结合 TOC、主微量元素、矿物成分等的系统测试和分析，旨在揭示不同时期五峰组—龙马溪组页岩沉积古环境特征，从而为优质页岩分布预测提供科学依据。

1 区域地质背景

研究区位于四川盆地的东南部，为扬子陆块南部被动边缘褶皱带的一部分，其东南方向为七曜山断裂所限，该区构造活动强烈，先后经历了多次构造运动，形成了北西—南东的隔挡式褶皱和隔槽式褶皱。研究区在北东—北西向依次发育秀山凸起褶皱带、黔江凹陷褶皱带、七曜山褶皱带和金佛山凸起褶皱带（图 1a）。志留纪受强烈挤压，研究区发生海侵，在东南高、北西低的沉积基底上沉积了范围广、厚度大的上奥陶统五峰组—下志留统龙马溪组黑色笔石页岩。该区龙马溪组总厚度介于 200～600m，五峰组页岩厚度 7.8m。另外，笔者对黔江1井进行系统的笔石生物地层划分工作，以确定笔石页岩及富有机质页岩的沉积时间，黔江1井的笔石带划分如图 1b 所示。笔石带划分方法根据文献[13]进行划分，并在本文中应用其代码，WF1—WF4 分别代表 *Dicellograptus complanatus* 带、*Dicellograptus complexus* 带、*Paraorthograptus pacificus* 带、*Metabolograptus extraordinarius* 带；LM1—LM9 代表分别代表 *Metabolograptus Persculptus* 带、*Akidograptus ascensus* 带、*Parakidograptus acuminatus* 带、*Cystograptus vesiculosus* 带、*Coronograptus cyphus* 带、*Demirastrites triangulatus* 带、*Lituigraptus convolutus* 带、*Stimulograptus sedgwickii* 带和 *Spirograptus guerichi* 带；其中 WF1—WF3 属于凯迪阶，WF4—LM1 属于赫南特阶，LM2—LM5 属于鲁丹阶，LM6—LM8 属于埃隆阶，LM9 属于特列奇阶。

2 研究方法及样品采集

本次进行实验的样品主要采自黔江1井，样品位置详见图 1a。该井位于渝东南的北部黔江区，目的层位为上奥陶统五峰组—下志留统龙马溪组页岩，五峰组底界埋深为 807.1m，由于埋深相对较浅，现场测试含气量并不高，在 0.15～3.42m³/t

之间，平均含气量为 1.08m³/t，可以预见该区埋深较大区域应具有相当的页岩气勘探开发前景。黔江 1 井龙马溪组页岩上段以灰色石英粉砂岩夹粉砂质页岩为主，下段则主要发育灰黑色粉砂质页岩、黑色含碳粉砂质页岩和碳质页岩，五峰组岩性以硅质页岩为主。对五峰组—龙马溪组岩性进行统计，其中，黑色含碳粉砂质页岩总厚度约为103m，碳质页岩厚度约为 23m。

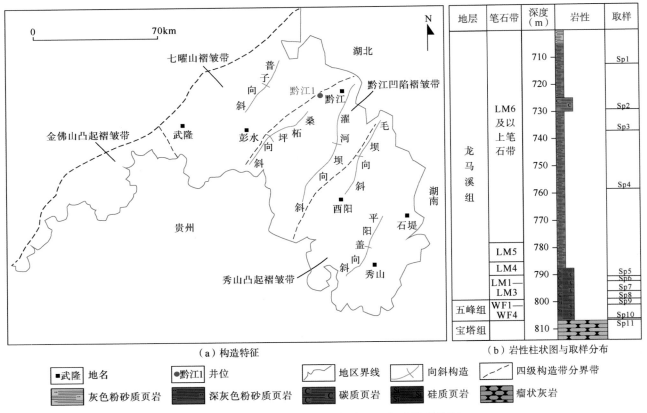

（a）构造特征

（b）岩性柱状图与取样分布

图 1　渝东南地区构造特征与黔江 1 井岩性柱状图

本次主要对样品的常量、微量和稀土元素进行测定分析，研究其元素含量和比值变化特征。元素的测试主要在核工业北京地质研究院实验室完成，常量元素采用 PW2404X 射线荧光光谱仪测试，实验温度为 20℃，相对湿度 30%。测试流程遵照 GB/T14506.28—2010。微量元素采用 Elan DCR-e 型等离子体质谱分析仪测定，测试方法和依据为 GB/T14506.30—2010，测试精度优于 5%。Ce 异常计算公式 $\delta Ce=2Ce_N/(La_N+Pr_N)$，式中 N 代表球粒陨石标准化，$\delta Ce>1$ 为正异常，$\delta Ce<0.95$ 为负异常[14]。

3　结果与讨论

样品的元素值列于表 1 至表 3。应用 Post-Archaean Australian Shale（PAAS）值[15]对微量元素进行标准化，其标准化曲线如图 2a 所示：配分曲线整体较为平坦，渝东南地区五峰组—龙马溪组 Mo、Zn、Ba、U、Cu 等元素呈显著正异常或正异常；而 Sr、Cr 等微量元素相对亏损；其他微量元素无异常。微量元素含量值随深度加深，具有增高的趋势，按其增长速度可以分为缓慢增长段（712.5～758.5m）和快速增长段（792.4～805.0m）两段。稀土元素（$\sum$REE）质量分数变化较大（133.42×10^{-6}～261.12×10^{-6}）。轻稀土元素之和（$\sum$LREE）指 La、Ce、Pr、Nd、Sm 和 Eu 元素质量分数之和，重稀土元素（$\sum$HREE）指 Gd、Tb、Dy、Ho、Er、Tm、Yb 和 Lu 元素质量分数之和。$\sum$LREE/$\sum$HREE 介于 1.19～11.66，平均值为 9.38，采用文献[16]的球粒陨石平均值对样品的稀土元素质量分数进行标准化，稀土配分具有右倾特征。

3.1　成岩构造环境

在物源追踪、构造背景识别上，常量元素的地球化学特征得到了广泛应用，已成为当前古海

表 1　样品常量元素分析结果

样品号	w_B（%）									
	SiO_2	Al_2O_3	Fe_2O_3	CaO	MgO	K_2O	Na_2O	MnO	TiO_2	P_2O_5
SP1	54.43	14.75	7.01	0.88	2.83	4.12	0.86	0.041	0.352	0.054
SP2	56.17	12.20	4.87	5.79	2.46	3.23	0.98	0.038	0.348	0.052
SP3	53.97	13.20	4.84	3.08	2.46	3.46	1.37	0.022	0.411	0.068
SP4	56.56	10.08	5.13	4.13	1.86	3.07	0.83	0.017	0.320	0.056
SP5	53.18	11.23	4.75	2.60	2.28	3.20	1.28	0.019	0.343	0.062
SP6	56.90	13.66	4.43	4.08	2.49	3.86	0.92	0.024	0.372	0.058
SP7	62.04	8.57	3.70	2.36	1.42	2.82	0.77	0.015	0.224	0.050
SP8	62.67	6.19	2.89	2.30	1.17	1.92	0.54	0.015	0.161	0.046
SP9	60.28	13.34	4.41	1.14	2.16	3.98	0.91	0.018	0.393	0.092
SP10	61.87	15.23	4.55	1.45	2.46	4.37	0.81	0.022	0.479	0.038
SP11	59.43	14.61	4.49	1.38	2.43	4.23	0.88	0.020	0.438	0.062

表 2　样品微量元素分析结果

样品号	w_B（10^{-6}）															
	V	Cr	Co	Ni	Cu	Zn	Ga	Rb	Sr	Nb	Mo	Ba	Th	U	Zr	Hf
SP1	166	104.0	29.5	45.9	47.1	115.0	27.0	233.0	111.0	16.2	1.01	1466	20.4	3.75	168	4.02
SP2	130	64.2	39.9	56.5	49.5	154.0	17.3	147.0	144.0	20.0	8.79	1228	16.0	5.99	233	4.88
SP3	111	71.3	37.3	55.0	47.0	78.8	19.0	150.0	141.0	16.8	7.35	1227	19.8	6.97	269	6.80
SP4	121	54.3	29.6	50.8	48.6	83.8	14.7	132.0	124.0	12.9	26.10	1160	16.1	8.77	186	4.62
SP5	165	62.4	31.1	49.4	41.7	111.0	16.7	144.0	127.0	14.6	5.61	1133	18.8	5.64	261	6.60
SP6	165	70.6	27.9	61.7	49.1	112.0	19.9	172.0	165.0	15.8	16.00	1433	18.4	8.17	249	5.92
SP7	570	69.9	44.8	137.0	69.5	262.0	15.7	132.0	118.0	13.5	71.50	1218	15.5	26.60	201	4.88
SP8	220	51.3	33.8	102.0	62.5	140.0	10.4	87.4	96.7	9.1	45.50	932	9.2	15.00	151	2.63
SP9	218	123.0	26.4	101.0	231.0	382.0	20.0	182.0	114.0	17.6	4.51	1244	21.6	7.10	226	5.22
SP10	109	92.0	15.0	35.4	76.7	128.0	22.4	194.0	105.0	18.3	0.48	1335	20.7	3.31	211	5.49
SP11	162	100.0	25.4	50.0	136.0	162.0	21.9	195.0	113.0	21.7	1.14	1293	21.4	4.95	248	5.13

表 3　样品稀土元素分析结果

样品号	w_B（10^{-6}）													
	La	Ce	Pr	Nd	Sm	Eu	Gd	Tb	Dy	Ho	Er	Tm	Yb	Lu
SP1	54.0	95.8	11.7	42.5	7.28	1.66	6.27	1.13	5.59	0.985	3.09	0.483	3.19	0.495
SP2	45.4	81.4	9.9	35.6	6.14	1.51	5.65	1.04	5.29	0.870	2.72	0.426	2.86	0.400
SP3	48.1	92.6	11.3	39.8	5.70	1.50	5.40	0.93	4.37	0.777	2.18	0.399	2.60	0.406
SP4	40.6	78.4	9.8	35.9	6.28	1.41	5.93	0.98	4.82	0.873	2.61	0.430	2.93	0.398
SP5	45.4	89.1	10.0	37.0	6.62	1.35	5.17	0.89	4.48	0.761	2.36	0.440	2.51	0.379
SP6	50.5	96.6	11.7	45.0	8.46	1.66	6.85	1.11	5.45	0.990	2.91	0.538	3.39	0.494
SP7	41.0	76.4	10.3	37.3	6.57	1.52	6.26	1.04	5.54	0.957	2.89	0.523	3.21	0.389
SP8	27.3	52.2	6.6	25.4	4.47	1.16	4.47	0.87	4.20	0.785	2.41	0.416	2.69	0.444
SP9	50.2	85.7	10.9	39.4	6.85	1.61	6.95	1.17	6.06	1.200	3.78	0.638	4.53	0.666
SP10	51.3	99.3	12.1	41.3	7.57	1.39	6.34	0.92	5.50	0.979	3.28	0.581	3.26	0.542
SP11	57.5	107.0	13.0	46.2	9.72	1.68	7.14	1.48	6.88	1.220	3.59	0.596	4.40	0.715

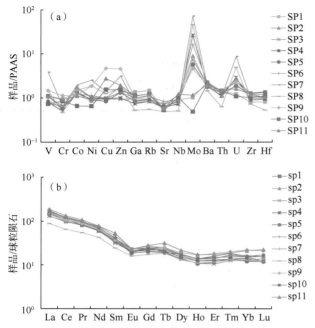

图2 黔江地区五峰—龙马溪组微量、稀土元素配分曲线
（页岩标准化值采用 PAAS 值）

洋分析的重要手段。Al、Ti 和 Fe 由于其稳定的性质，其相关比值常被用来判别沉积环境。研究区 $Al_2O_3/（Al_2O_3+Fe_2O_3）$ 比值为 0.65 ~ 0.77，均值为 0.71，Fe_2O_3/TiO_2 比值为 9.49 ~ 20.30，均值为 14.43。样品数据点在 Fe_2O_3/TiO_2—$Al_2O_3/（Al_2O_3+Fe_2O_3）$ 图中均落在"大陆边缘沉积环境"内（图3）。对陆壳中 Si 和 Al 元素研究发现陆壳中 SiO_2/Al_2O_3 比值约为 3.6[15]，因此常认为比值接近 3.6 时的物源以陆源为主，当比值超过 3.6 且值较高时，则主要是受到热水或者是生物活动的影响。研究区页岩的该项比值除在 796.1m 和 798.9m 存在两个高值，分别为 7.24 和 10.12 外，其余样品该比值主体分布在 3.69 ~ 5.61 之间，平均值为 4.33。另外在 U-Th 关系方面，U/Th<1 代表正常沉积物，U/Th>1 代表热水沉积岩。研究区仅 796.1m 与 798.9m 样品高于 1，其他样品该项比值均小于 1，因此推测，物源以水成沉积物为主，伴随有少部分热水沉积物。多名研究者均报道在扬子地台周缘五峰组—龙马溪组底部发现多层 1 ~ 2cm 斑脱岩[17-19]，且该套斑脱岩层在中国华南地区广泛分布，具有很好的对比性，表明在奥陶纪—志留纪之交发生了较大规模的火山喷发活动。上述元素的异常高值可能与当时的火山喷发活动有关。岩石中的 Si/（Si+Al+Fe）比值可以指示物源信息，

Si/（Si+Al+Fe）小于 0.9 反映物源以碎屑岩为主，Si/（Si+Al+Fe）介于 0.9 ~ 1.0 反映物源主要为生物硅。研究区该值分布在 0.71 ~ 0.87，均值为 0.77，均小于 0.90，但在 796.1m 和 798.9m 存在两个高值，分别为 0.83 和 0.87，接近 0.90 界限值，反映在此处生物作用也起到一定作用。推测为该时期的火山喷发活动带来了丰富的营养物质，这点在 P 元素含量上也得到印证，在 796.1m 和 798.9m 处的 P 质量分数分别为 $675.7×10^{-6}$ 和 $915.7×10^{-6}$，使得短期内生物繁盛，从而对物源起到较大作用。

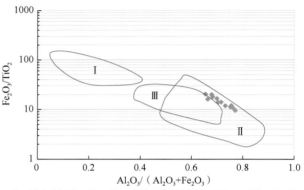

I —洋中脊沉积环境；II —大陆边缘沉积环境；III —远洋沉积环境

图3 渝东南地区五峰组—龙马溪组常量元素图解

根据上述讨论，研究区五峰组—龙马溪组主体位于大陆边缘沉积环境，陆源碎屑为主要物源，在龙马溪组底部和五峰组顶部由于火山喷发作用，并且火山活动带来的丰富营养物质，促进了生物在短期内的繁盛，使得局部沉积物具有热液和生物沉积特征。

3.2 古海平面

Ce 对环境变化反映敏感，且其在反映海平面的升降变化上越来越受到重视，Ce 在垂向剖面上的持续变化可以定量揭示海平面的连续变化[20, 21]。Ce 的存在形式主要受氧化还原条件的控制，在氧化条件下 Ce^{+3} 被氧化成 Ce^{+4}，由于 Ce^{+4} 在水中溶解度很小，因此造成海水中 Ce 相对亏损，形成 Ce 负异常，沉积物中 Ce 则表现为 Ce 正异常或者无明显负异常。海水中溶解氧浓度随着海水深度的加深而降低，在海水表层氧浓度高，导致水体中 Ce 负异常，在海水深部氧浓度降低，Ce 被活化，海水中 Ce 从负异常向正异常转变，而沉积物中 Ce 亏损，而出现 Ce 负异常。大洋中随着水体

深度增加，溶氧量逐渐降低，Ce 异常发生规律性变化，从而指示海平面升降的变化。研究区 δCe 介于 0.84 ~ 0.96，平均值为 0.90，为负异常，反应了缺氧的水体环境，且研究区 Ce 异常值发生了两次比较大异常变化。在 WF1—WF4 顶部，δCe 达到最小值 0.84，对应的海平面下降到最小值，为五峰组顶部海退；之后 δCe 开始逐渐增大，到 LM1—LM3 顶部达到最大反应海平面逐渐上升，在 LM1—LM3 顶达到最高值，为龙马溪组海进（图 4）。文献[22]至文献[24]分别从不同的角度研究和讨论了五峰组顶部的海退事件。本次研究与上述研究成果相符，证实了利用 Ce 异常在反映海平面变化上的可靠性。另外，文献[22]和文献[24]指出早志留世的笔石黑色页岩在全世界均有分布，表明了该时期的海侵是一次全球性海平面上升事件，这也与本次通过 δCe 对海平面判识相一致。根据现场测试页岩含气量在龙马溪组底部达到了最大值，反映全球海平面上升事件对有机碳保存具有至关重要的作用，丰富的物质基础为高的含气量提供了条件。

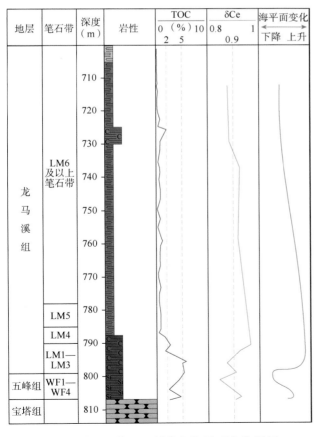

图 4　黔江 1 井 δCe 异常与海平面变化图解

3.3　氧化还原条件

缺氧是形成高有机碳含量的关键因素之一。氧含量高则有机质遭受氧化分解，有机质保存含量少，生烃潜力差。过渡元素如 V、Ni、U、Th 以及 Cr 对氧化还原条件变化敏感，是目前公认的氧化还原指标。

文献[25]指出 V/(V+Ni) 是反映氧化还原条件的有效指标，比值小于 0.46 为氧化环境，0.46 ~ 0.57 为弱氧化环境，0.57 ~ 0.83 为缺氧环境，0.83 ~ 1.00 为静海环境。文献[26]提出 V/Cr 小于 2 代表氧化环境，大于 2 代表缺氧环境。文献[27]应用 U 和 Th 的关系建立了如下关系式：$\delta U = U/[1/2(U + Th/3)]$，其中 δU 大于 1 代表缺氧环境，δU 小于 1 代表正常海水沉积。Ce/La 也被广泛应用于氧化还原环境的确定，文献[28]指出 Ce/La<1.5 为富氧环境，Ce/La 介于 1.5 ~ 1.8 为贫氧环境，Ce/La>1.8 为厌氧环境。

研究区 V/(V+Ni) 介于 0.67 ~ 0.81，均值为 0.73，均大于 0.46，指示缺氧环境。Ce/La 介于 1.71 ~ 1.96，均值为 1.86，整体均大于 1.50，反应为贫氧环境。δU 介于 0.65 ~ 1.67，平均值为 1.01。δU、V/Cr 以及 V/(V+Ni) 均具有很好的对应关系（图 5），按照氧化还原指标可以将黔江 1 井的氧化还原性强弱分为 3 段：以 WF1—WF4 代表的层段（798.9 ~ 807.2m），该层段氧化还原指标从弱氧化条件缓慢向还原条件过渡；以 LM1—LM3 代表的层段（790.0 ~ 798.9m），该层段氧化还原指标均指示强还原条件；以 LM4 及以上笔石带代表的层段（790m 及以上地层），该层段氧化还原指标又开始向弱氧化条件过渡。这系列指标的变化特征反映了五峰组—龙马溪组页岩在沉积时期海盆发生了一系列变化，这些特征与海盆的缓慢沉降、快速扩张和缓慢回升的过程相一致，同时反映了沉积环境的还原性由弱变强再变弱的特征。这也与文献[22]、文献[24]所提出的五峰笔石页岩之下存在一次较大规模的海退事件和龙马溪组底部存在一次全球范围的海侵事件的认识相一致。

3.4　古生产力

古生产力是指地质历史时期单位面积、单位时间内所产生的有机物的量。总有机碳含量（TOC）常作为评价古生产力的重要指标，但由

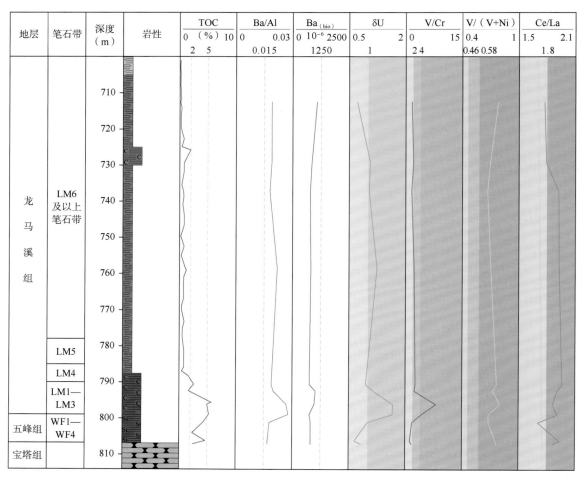

图 5　黔江 1 井五峰组—龙马溪组地球化学指标纵向变化特征

于 TOC 在保存的过程中受到成岩作用、氧化还原反应、生物作用以及碎屑的稀释作用，并不能客观反应初级生产力的状况。由于 90% 有机硅都能保存在沉积物中，因此生物成因硅常被用作有机碳初级生产力的替代指标。但有机硅的应用也存在一定局限性，因为有机硅含量变化并不单一受表层水生产力影响，温度对其也有至关重要的影响[29]。Ba 的来源有 4 种，但只有生物来源的 Ba 能够准确反映生产力高低。生源 Ba 通过文献[30]中 $Ba_{(bio)}=Ba_{(total)}-Ba_{(detrital)}=Ba_{(sample)}-Ti_{(sample)}\times(Ba_{(PAAS)}/Ti_{(PAAS)})$ 公式计算，式中 $Ba_{(detrital)}$ 代表陆源铝硅酸盐来源的 Ba。采用上述公式对黔江 1 井样品的生源 Ba 进行计算，计算值分布为 $527.31\times10^{-6}\sim1080.79\times10^{-6}$，平均值为 832.62×10^{-6}，其值的垂向分布如图 5 所示。另外，由于 Al 几乎不受沉积物成岩作用影响，使的 Ba/Al 值均比 TOC 更能反映初级生产力的高低[29,30]。五峰组—龙马溪组 Ba/Al 计算值分布介于 $0.012\sim0.028$，平均值为 0.019。$Ba_{(bio)}$ 与 Ba/Al 值在垂向上均有相同的分布趋势，最高值分布在龙马溪组底部（LM1—LM3），向上和向下均具有减小的趋势。有机碳含量与古生产力和氧化还原指标具有明显的对应关系，反映二者综合控制了有机碳的含量，而在氧化还原指标一节中也提到，水体的还原性在龙马溪组底部（LM1—LM3）最强，结合古生产力和氧化还原指标认为在渝东南地区页岩气勘探开发的主体应集中在龙马溪组底部的 LM1—LM3 层段。

4　区域对比及意义

晚奥陶世—早志留世由于秦岭地区以及华夏板块与扬子板块碰撞而造成的火山活动为海洋浮游生物大量发育提供了营养物质，同时，冈瓦纳大陆冰川的消融，使得早志留世早期海平面快速升高，水体溶氧量减少，形成缺氧环境，从而促进晚奥陶世—早志留世优质烃源岩的发育。为了明确不同古沉积环境对页岩品质的影响，将位于宜昌上升附近的黔江 1 井与位于凹陷区域的巫溪 2

井的元素地球化学指标进行了详细对比，巫溪 2 井笔石带划分据文献[31]（图 6）。

富有机质页岩（TOC>2%）的厚度是页岩气勘探开发成功的关键因素之一，巫溪地区和黔江地区富有机质页岩无论从沉积厚度还是从沉积时间上均存在较大差异。其中，黔江 1 井富有机质页岩分布在 WF1—LM3，厚度为 16.5m；而巫溪 2 井富有机质页岩从 WF1—LM9 均有分布，厚度为

90m，远远大于黔江地区。及其原因主要是黔江地区虽然与巫溪地区同属于硅泥质深水陆棚的沉积环境[31]，但巫溪 2 井位于扬子板块北缘，为秦岭洋入侵入口，水体整体较深，黔江地区则与文献[32]提出的一致：宜昌上升（湘鄂西水下隆起）紧邻，且距离南部的雪峰山隆起区较近，随着隆起作用的持续，位于南部的黔江区域首先隆升，从而使得富有机质页岩沉积到 LM4 即结束。

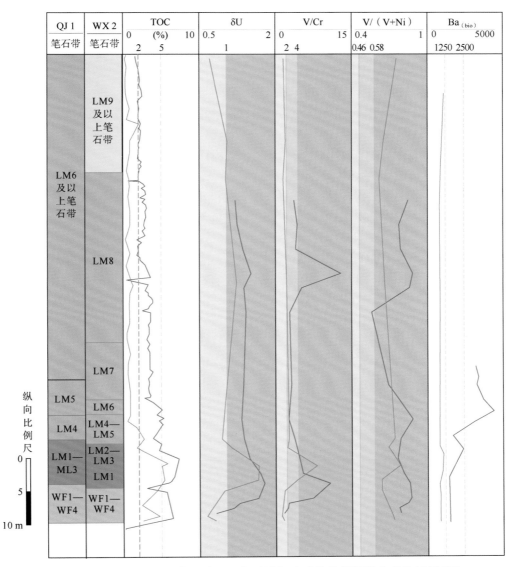

图 6　黔江 1 井与巫溪 2 井五峰组—龙马溪组地球化学指标纵向变化特征对比

在黔江 1 井富有机质页岩层段（WF1—LM3），页岩的 TOC 平均值为 3.77%，巫溪 2 井在富有机质页岩层段（WF1—LM9），页岩 TOC 平均值为 3.30%；而在与黔江 1 井相同的笔石带（WF1—LM3）页岩 TOC 为 3.10% ~ 7.30%，平均值为 5.55%，明显高于黔江 1 井。这两段页岩的沉积厚

度相似，有机质丰度存在明显差异的原因主要与巫溪 2 井更高的古生产力和更优势的氧化还原指标有关（图 6），巫溪 2 井古生产力 $Ba_{(bio)}$ 质量分数在 WF1—LM3 分布在 $1484×10^{-6} ~ 2487×10^{-6}$ 之间，均值为 $1821×10^{-6}$，$δU$ 为 0.83 ~ 1.78，均值为 1.41；V/Cr 分布在 1.64 ~ 10.70 之间，均值为 4.79；

V/（V+Ni）分布在 0.80～0.89 之间，均值为 0.84；黔江 1 井对应层段的 $Ba_{(bio)}$ 分布在 $755.90×10^{-6}$～$1025.40×10^{-6}$ 之间，均值为 $849.88×10^{-6}$；δU 为 0.65～1.67，均值为 1.12；V/Cr 分布在 1.18～8.15 之间，均值为 3.14；V/（V+Ni）分布在 0.68～0.81 之间，均值为 0.74。

同时，黔江 1 井有机碳含量与古生产力和氧化还原指标均具有明显的对应关系，说明有机质丰度是古生产力和水体氧化还原环境的综合指标，而巫溪 2 井有机碳含量与氧化还原指标具有明显对应关系，与古生产力关系不明显（图 6），这也与文献[12]研究田坝剖面得出结论一致，说明巫溪 2 井地区尽管较高的初级生产力为有机质富集提供了大量物质基础，但海水的缺氧程度才是控制这些有机质沉积富集的关键因素。

古隆起周边区域对富有机质页岩沉积厚度和有机碳含量均造成了不利的影响，从而使得黔江地区富有机质页岩发育情况整体不如巫溪地区。在相同的构造保存条件下，富有机质页岩的厚度和有机碳含量与页岩气产量密切相关，一般富有机质页岩厚度越大，有机碳含量越高，页岩气的产量也越高[33]。而富有机质页岩的厚度和品质主要受沉积时期的氧化还原条件和古生产力控制，

隆起区的古生产力与氧化还原条件均差于坳陷区，因此在页岩气有利区优选和评价方面要充分考虑水下古隆起的影响。

5 讨　论

富有机质页岩是页岩气富集的基础，而页岩能否高产则受多种因素的影响，主要包括地质因素和工程因素。其中，地质因素又包括富有机质页岩的厚度、页岩储层品质以及构造保存条件，工程因素包括水平井的巷道位置、岩石力学性质、地应力大小及方向、生产方式等。就目前威远、长宁国家级页岩气示范区而言，影响页岩气产量的主要是工程因素，包括水平井最优靶体位置及优质小层穿行长度、有效页岩钻遇率[34]、能否形成大规模网状缝（主要受最大、最小应力差及储层脆性控制）。

通过对比不同地区典型页岩气钻井的产量数据和元素地球化学数据可以看出（表 4），页岩气产量与化学元素之间并无直接关系，结合上述页岩气产量影响因素分析，笔者认为页岩的古生产力、氧化还原条件等地球化学元素决定的指标仅影响富有机质页岩的厚度及品质，对页岩气产量有一定影响，但并非主要影响因素。

表 4　典型钻井页岩气产量与元素地球化学统计表（据参考文献[10，35，36]）

井名	威 201 井	Z106 井	焦页 1 井	宁 203 井	黔江 1 井	巫溪 2 井
产量（10^4m^3）	1.08	—	20.3	1.29	—	—
TOC（%）	0.4～3.2	1.0～5.0	2.0～5.8	1.8～8.0	1.64～5.29	3.5～7.56
U/Th	0.43～3.33	0.47～2.22	0.95～3.5	0.5～5.0	0.23～1.72	0.21～1.03
Ni/Co	2.51～6.7	3.64～11.96	5.0～11.25	4.2～23.5	1.97～3.83	4.08～5.48
V/Cr	1.49～4.27	1.34～5.61	2.0～9.0	1.9～10.0	1.19～8.16	2.55～10.7

注：—表示无生产数据。

6 结　论

（1）Fe_2O_3/TiO_2、$Al_2O_3/（Al_2O_3+Fe_2O_3）$、Si/（Si+Al+Fe）、Al/（Al+Fe+Mn）和 SiO_2/Al_2O_3 等指标，揭示渝东南地区五峰组—龙马溪组页岩沉积于被动大陆边缘，其物源主要为陆源碎屑物质，由于火山活动的作用，使得局部地区沉积岩具有热液和生物作用的特征。

（2）五峰组—龙马溪组页岩整体沉积于温暖潮湿气候环境，借助 δCe 异常值识别出五峰组顶部一次大规模海退，以及龙马溪组底部的一次大

范围海侵，证实了 δCe 在海平面变化定量指示中的作用。

（3）V/（V+Ni）、δU、V/Cr 以及 Ce/La 变化表明五峰组—龙马溪组沉积时期总体为缺氧环境，在龙马溪组底部（LM1—LM3）还原性最强，向上和向下具有还原性变弱的趋势。

（4）古生产力在龙马溪组沉积早期（LM1—LM3）达到最大值，生物钡 $Ba_{(bio)}$ 质量分数达到 $1025.43×10^{-6}$，古生产力和氧化还原指标共同控制了页岩有机碳含量，由于 LM1—LM3 具有最高的古生产力和最强的还原性，应作为渝东南地区主

体勘探对象。

（5）水下古隆起在一定程度上影响了页岩的厚度和富有机质程度，在古生产力和氧化还原条件方面均不如位于坳陷内部的巫溪地区，今后页岩气有利区优选中要充分重视水下古隆起对页岩品质的影响作用。

参考文献

[1] 郑和荣，高波，彭勇民，等. 中上扬子地区下志留统沉积演化与页岩气勘探方向[J]. 古地理学报，2013，15（5）：645-656.

[2] 邹才能，董大忠，王社教，等. 中国页岩气形成机理、地质特征及资源潜力[J]. 石油勘探与开发，2010，37（6）：641-653.

[3] 张善进. 渝东南地区构造特征及其对龙马溪组页岩储层裂缝发育的控制作用[D]. 北京：中国矿业大学（北京），2014：55-58.

[4] 吴礼明，丁文龙，张金川，等. 渝东南地区下志留统龙马溪组富有机质页岩页岩储层裂缝分布预测[J]. 石油天然气学报，2011，33（9）：43-49.

[5] 王芳川，赵靖舟，丁文龙，等. 渝东南地区龙马溪组页岩裂缝发育特征[J]. 天然气地球科学，2015，26（4）：760-770.

[6] 李贤庆，王哲，郭曼，等. 黔北地区下古生界页岩气储层孔隙结构特征[J]. 中国矿业大学学报，2016，45（6）：1156-1167.

[7] 马勇，钟宁宁，程礼军，等. 渝东南两套富有机质页岩的孔隙结构特征：来自FIB-SEM的新启示[J]. 石油实验地质，2015，37（1）：109-116.

[8] 韦先海，王婷，李超，等. 渝东南复杂地质区页岩气勘探潜力[J]. 天然气技术与经济，2014，8（1）：24-28.

[9] 郭岭. 渝东南地区志留系龙马溪组黑色页岩沉积特征及其页岩气意义[D]. 北京：中国地质大学（北京），2012：102-103.

[10] Wang S F, Dong D Z, Wang Y M, et al. Sedimentary geochemical proxies for paleoenvironment interpretation of organic-rich shale: A case study of the Lower Silurian Longmaxi Formation, Southern Sichuan Basin, China[J]. Journal of Natural Gas Science & Engineering, 2016, 28: 691-699.

[11] 熊小辉，王剑，余谦，等. 富有机质黑色页岩形成环境及背景的元素地球化学反演：以渝东北地区田坝剖面五峰组—龙马溪组为例[J]. 天然气工业，2015，35（4）：25-32.

[12] 邱振，江增光，董大忠，等. 巫溪地区五峰—龙马溪组页岩有机质沉积模式[J]. 中国矿业大学学报，2017，46（5）：923-932.

[13] 陈旭，樊隽轩，张元动，等. 五峰组及龙马溪组黑色页岩在扬子覆盖区内的划分与圈定[J]. 地层学杂志，2015，39（4）：351-358.

[14] 王中刚，于学元，赵振华，等. 稀土元素地球化学[M]. 北京：科学出版社，1989：90-93.

[15] Taylor S R, Mclennan S M. The continental crust: its composition and evolution, an examination of the Geochemical record preserved in sedimentary rocks[M]. Oxford: Blachwell Scientific Pub, 1985: 312.

[16] Masuda A, Nakamura N, Tanaka T. Fine structures of mutually normalized rare earth patterns of chondrites[J]. Geochimica et Cosmochimica Acta, 1973, 37: 239.

[17] Chen X, Rong J Y, Miehell C E, et al. Late Ordovician to earliest Silurian graptolite and brachiopod biozonation from the Yangtze region, South China, with a global correlation[J]. Geological Magazine, 2000, 137（6）: 623-650.

[18] 苏文博，何龙清，王永标，等. 华南奥陶—志留系五峰组及龙马溪组底部斑脱岩与高分辨综合地层[J]. 中国科学（D辑），2002，32（3）：207-219.

[19] 张美玲，李建明，郭占峰，等. 涪陵礁石坝地区五峰组—龙马溪组富有机质泥页岩层序地层与沉积相研究[J]. 长江大学学报（自然版），2015，12（11）：17-21.

[20] Wilde P, Quinby-hunt M S, Erdtmann B D. The whole-rock cerium anomaly: A potential indicator of eustatic sea-level changes in shales of the anoxic facies[J]. Sediment. Geol, 1996, 101: 43-53.

[21] 冯洪真，Erdtmann B D，王海峰. 上扬子区早古生代全岩Ce异常与海平面长缓变化[J]. 中国科学（D辑），2000，30（1）：66-72.

[22] 苏文博. 从层序地层学观点论奥陶—志留系界线划分[J]. 华南地质与矿产，1999（1）：1-12.

[23] 戎嘉余，马科斯·约翰逊，等. 上扬子区早志留世（兰多维列世）的海平面变化[J]. 古生物学报，1984，23（6）：672-697.

[24] 陈旭，戎嘉余，樊隽轩，等. 奥陶—志留系界线地层生物带的全球对比[J]. 古生物学报，2000，39（1）：100-114.

[25] Hatch J R, Leventhal J S. Relationship between inferred redox potential of the depositional environment and geochemistry of the Upper Pennsylvanian（Missourian）Stark Shale Member of the Dennis Limestone, Wabaunsee Country, Kansas, U.S.A[J]. Chemical Geology, 1992, 99: 65-82.

[26] Jones B, Manning A C. Comparison of geochemical indices used for the interpretation of palaeo redox conditions in ancient mudstones[J]. Chemical Geology, 1994, 111（2）: 111-129.

[27] Wignall P B. Black Shales[M]. Oxford: Clarendon Press, 1994: 158.

[28] Bai S L, Bai Z Q, Ma X P, et al. Devonian Events and Biostratigraphy of South China: Chapter 3: Ce/La Ratio as Marker of Palaeoredox[M]. Beijing: Peking University Press, 1994: 21-24.

[29] 万晓樵，刘文灿，李国彪，等. 白垩纪黑色页岩与海水含氧量变化：以西藏南部为例[J]. 中国地质，2003，30（1）：36-48.

[30] 邱振，王清晨. 来宾地区中晚二叠世之交烃源岩沉积的主控因素及大地构造背景[J]. 地质科学，2012，47（4）：1085-1098.

[31] 梁峰，拜文华，邹才能，等. 渝东北地区巫溪2井页岩气富集模式及勘探意义[J]. 石油勘探与开发，2016，43（3）：350-358.

[32] 陈旭，戎嘉余，周志毅，等. 上扬子区奥陶—志留纪之交的黔中隆起和宜昌上升[J]. 科学通报，2001，46（12）：1052-1056.

[33] 邹才能，董大忠，王玉满，等. 中国页岩气特征、挑战及前景（一）[J]. 石油勘探与开发，2015，42（6）：689-701.

[34] 谢军，赵圣贤，石学文，等. 四川盆地页岩气水平井高产的地质主控因素[J]. 天然气工业，2017，（7）：1-12.

[35] 王淑芳，董大忠，王玉满，等. 四川盆地志留系龙马溪组富气页岩地球化学特征及沉积环境[J]. 矿物岩石地球化学通报，2015，34（6）：1203-1212.

[36] 李艳芳，邵德勇，吕海刚，等. 四川盆地五峰组—龙马溪组海相页岩元素地球化学特征与有机质富集的关系[J]. 石油学报，2015，36（12）：1470-1483.

可溶有机质对海陆过渡相页岩孔隙结构的定量影响

张 琴 [1,2,3]　梁 峰 [2,3]　庞正炼 [2]　周尚文 [2]　吝 文 [2]

（1. 中国地质大学（北京）能源学院 北京 100083；2. 中国石油勘探开发研究院 北京 100083；
3. 国家能源页岩气研发（实验）中心 河北廊坊 065000）

摘　要：为了定量评价可溶有机质在海陆过渡相页岩中对孔隙结构的影响作用，选取辽河坳陷东部凸起海陆过渡相石炭系太原组典型页岩样品及其对应样品的等分样，进行双氧水氧化可溶有机质处理，并对处理前后的样品分别进行有机碳含量、XRD 衍射和低压氮气吸附测试，基于测试结果系统对比，分析可溶有机质对海陆过渡相页岩孔隙结构影响作用。结果表明，无机质矿物晶体结构稳定，双氧水对样品处理会消耗可溶有机质并氧化低价铁的化合物（黄铁矿、菱铁矿），使其含量减少，而对其他无机矿物影响较小；海陆过渡相页岩有机质孔整体不发育，可溶有机质以分散的形式充填在无机质矿物孔隙中，充填的可溶有机质占总有机质的 53.06% ~ 90.38%，且主要充填在大孔和中孔中；可溶有机质去除后，样品的孔容和比表面积均增加，其累计增加量占原始样品的 72.74% ~ 121.83%和 32.8% ~ 52.74%。原始有机质含量以及可溶有机质占比是影响样品处理后孔容和孔面积增量的主要影响因素。

关键词：孔隙结构；可溶有机质；定量影响；海陆过渡相；页岩；石炭系；渤海湾盆地

The Quantitative Influence of Soluble Organic Matter on Pore Structure in Transitional Shale

Zhang Qin[1,2,3], Liang Feng[2,3], Pang Zhenglian[2], Zhou Shangwen[2], Lin Wen[2]

(1. *School of Energy Resources, China University of Geosciences (Beijing), Beijing* 100083; 2. *PetroChina, Research Institure of Petroleum Exploration & Development, Beijing* 100083; 3. *National Energy Shale Research & Development (Experimental) Center, Langfang, Hebei* 065000)

Abstract: In order to quantitatively evaluate the influence of organic matter on the pore structure in transitional shale, representative samples of Taiyuan Formation from eastern uplift of Liaohe Depression were selected for research. Methods include quantitative mineral analysis by X-ray diffraction (XRD), RockEval pyrolysis, and low pressure nitrogen adsorption. Nitrogen adsorption is effective in quantifying the volume of small pores that are below the detection limit of imaging techniques. Analyses were performed on aliquot samples in the natural state and after soluble organic matter (SOM) removal by treatment with hydrogen peroxide (H_2O_2). The results indicated that the crystal structure of inorganic minerals is stable and the SOM removal process oxidizes and decreases or removes pyrite and siderite from the samples. All other inorganic phases remain unaffected. Compared with marine shale, OM pores are undeveloped, and the SOM filled in inorganic pores and matrix in the form of discrete particles or as laminations in the transitional shale samples. The cumulative fraction of total SOM actually held in inorganic pores ranges from 53.06% to 90.38%, and it mainly filled in mesopores and macropores. After SOM removal, the pore volume and pore surface area of samples both increase. The cumulative increase fraction of pore volume ranges from 72.14 % to 121.83% and the cumulative increase fraction of pore area ranges from 32.8% to 52.74%. The original TOC content and the SOM proportions control the pore volume and pore area increasement.

Key words: pore structure; SOM; quantitative influence; transitional facies; Shale; Carboniferous; Bohai Bay Basin

页岩中的有机质可分为可溶有机质（饱和烃、芳香烃、非烃和沥青质等）以及不可溶有机质（干酪根），目前中国页岩气勘探开发的重点为南方下古生界海相页岩，其等效镜质组反射率集中分布

基金项目：国家科技重大专项（201705035）资助。

第一作者简介：张琴（1985—），女，工程师，从事非常规油气地质研究。

E-mail：412726132@qq.com

在 2.0%～4.0%[1-3]，对于这类页岩可溶有机质裂解为气体组分，残余可溶有机质已经很少，因此并不影响海相页岩孔隙结构。而作为资源量仅次于海相页岩的海陆过渡相页岩，由于其成熟度普遍较低（R_o<1.5%），大量可溶有机质分布在页岩储层当中，从而对页岩储层的孔隙结构特征和甲烷的吸附特征产生重要的影响[4-9]。开展可溶有机质对孔隙结构的影响，有利于深入认识其孔隙结构特征，为后期的开发及工艺提供理论基础。

关于可溶有机质的抽提目前主要采用氯仿、甲醇—丙酮—氯仿（MAC）三元混合溶剂、四氢呋喃溶剂、CS_2/NMP 混合溶剂等进行索氏抽提，以及 CO_2 流体超临界抽提[10-17]，但是不同的抽提方法获得的可溶有机质的量差异巨大[16-18]，导致无法根据抽提量准确评价可溶有机质对储层孔隙结构的影响。采用氧化可溶有机质方法定量其影响也常有报道，关于氧化剂目前较为常用的是 NaOCl 和 H_2O_2。NaOCl 需要在碱性条件下（pH 为 8.5～9）才能发挥较强氧化性[19]，释放的游离氯会引起中毒，且与有机质的氧化反应引入了新的杂质；而 H_2O_2 虽然氧化半衰期比 NaOCl 长[20]，但毒性小，反应不会引入新的杂质，因此得到了比 NaOCl 更为广泛的应用。近期 LIAO 等[11, 21]采用氧化强度中等的 H_2O_2 分析纯对沥青质进行氧化处理，从而对里面包裹的原油成分进行分析，取得很好应用效果。KUILA 等[19]采用氧化性更强的 NaOCl 对不同成熟度样品进行了可溶有机质的去除，认为氧化剂不会对干酪根及其他黏土矿物造成影响。本次研究为避免实验过程中对环境和实验员造成危害，且防止干酪根被氧化降解，选取氧化性略弱的双氧水作为氧化试剂，对辽河坳陷东部凸起海陆过渡相典型页岩样品进行可溶有机质的处理，并将自然样与经双氧水处理过的等分样进行孔隙结构参数的比较，目的在于定量评价海陆过渡相页岩中可溶有机质对页岩孔隙结构的影响。

1 实验样品与方法

1.1 样品

样品取自辽河坳陷东部凸起佟 2905 井石炭系太原组页岩。矿物成分分析在国家能源页岩气研发（实验）中心完成，总有机碳含量（TOC）与热成熟度（R_o）分析在壳牌休斯顿实验室完成。TOC 通过 LECO CS230 碳硫分析仪采用燃烧法获取；R_o 通过光片制样，测试油浸镜质组反射率。测试结果显示 4 块原始自然样品 TOC 均大于 2%，分布在 2.84%～5.31% 之间，R_o 分布在 1.15%～1.52% 之间；矿物成分以黏土和石英为主，黏土矿物含量分布在 44.7%～52.9% 之间，石英含量分布在 33.9%～38.6% 之间，菱铁矿的含量也较高，分布在 3.4%～14.3% 之间，缺少碳酸盐岩矿物组分，其他如斜长石、黄铁矿等含量则均较低（表 1）。黏土矿物以伊/蒙混层为主，分布在 30%～58% 之间，其次为高岭石分布在 19%～46% 之间，伊利石和绿泥石的含量较少，除 T16 号样以外，含量均低于 15%。

表 1　辽河坳陷东部凸起佟 2905 井石炭系太原组页岩样品分析数据　　　　　　　　　单位：%

样品号	w（TOC）	R_o	石英	斜长石	菱铁矿	黄铁矿	锐钛矿	黏土	有机质去除效率
T1	5.31	1.15	33.9	5.4	12.0	4.0	0	44.7	87.76
T1y	0.65		33.6	7.9	6.4	0	3.0	49.1	
T9	2.84	1.43	38.6	1.4	5.9	2.4	3.1	48.6	40.14
T9y	1.70		49.1	1.4	3.9	0	0	45.6	
T15	4.27	1.17	35.2	1.7	14.3	1.6	2.3	44.9	62.53
T15y	1.60		41.4	5.9	4.9	0	0	47.8	
T16	3.82	1.52	38.5	1.6	3.4	0	3.6	52.9	83.25
T16y	0.64		38.5	1.9	0	0	0	59.6	

注：T1、T9、T15 和 T16 为原始自然样品，T1y、T9y、T15y 和 T16y 为自然样品用 H_2O_2 去除可溶有机质后的样品。

1.2 样品制备

选择具有代表性的原样 200g，将原样用机械方法破碎，过 200 目筛后，将过筛样品等分成 2 份。一份（原样）进行 TOC、R_o、矿物成分和氮气吸附测试；另一份则用双氧水对原样进行可溶有机质处理。氮气吸附实验在国家能源页岩气研发（实验）中心完成，仪器型号为 Micromeritic ASAP2420。为加速反应的进行，去有机质的处理在 70℃的恒温水浴锅中进行，将浓度为 30%的 H_2O_2 分析纯缓缓加入样品，由于本次实验的样品有机质含量均较高，因此加入 H_2O_2 后，剧烈气泡，持续不断加入 H_2O_2 溶液，并不断搅拌直至样品不冒泡为止。然后继续在水浴锅中加热一段时间，使过剩的 H_2O_2 完全分解。之后，对样品用去离子水冲洗，并用离心机离心处理，离心完后倒掉上部清液，这一步骤反复进行数次。最后将离心后的样品放入 60℃的恒温箱中进行烘干，烘干后的样品再进行 TOC、矿物成分和液氮吸附测试。有机质去除效率计算方法为：有机质去除效率（%）＝（原自然样有机质含量−处理样有机质含量）/原自然样有机质含量× 100，经计算样品的有机质去除效率分布在 40.14% ~ 87.76%，平均去除效率为 68.42%（表 1）。说明可溶有机质是烃源岩中有机碳含量的主要组成部分，这也与宋一涛、关平等[18, 22]的认识相一致。

2　实验结果

2.1　孔隙结构参数

自然样的比表面积分布在 7.95 ~ 13.61m^2/g 之

间，BJH 总孔体积为 0.016 ~ 0.023mL/g，平均孔直径为 8.53 ~ 10.04nm。经过双氧水处理的样品比表面积、BJH 总孔体积以及平均孔直径均比原始自然样高，BET 比表面积分布在 13.23 ~ 16.56m^2/g之间，BJH 总孔体积为 0.027 5 ~ 0.047 9mL/g，平均孔直径分布在 13.10 ~ 15.42nm 之间。

2.2　等温吸附曲线特征

两组样品的等温升压吸附曲线和等温降压脱附曲线并不重合，均存在吸附回滞环，回滞环出现在相对压力为 0.45 ~ 1.00 之间，表明样品中含有一定量的中孔和大孔。自然样的等温吸附量分布在 13.95 ~ 15.61m^3/g 之间，其中最大值出现在样品 T16；经过双氧水处理，样品等温吸附量明显增高，分布在 19.11 ~ 31.25m^3/g 之间，最大吸附量仍为 T16。根据等温吸附曲线特征，可以将等温曲线分为两类：第 Ⅰ 类为 T1、T9 和 T15，这一类的特征为随着相对压力增加，处理后样品的等温吸附量均高于自然样品的等温吸附量；第 Ⅱ 类为 T16，这一类曲线的特征表现为在低压阶段（P/P_0< 0.45），处理后的样品等温吸附量略低于自然样品等温吸附量，在高压阶段处理后样品的等温吸附量高于自然样品的等温吸附量（图 1）。

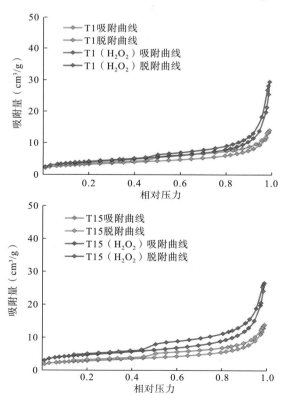
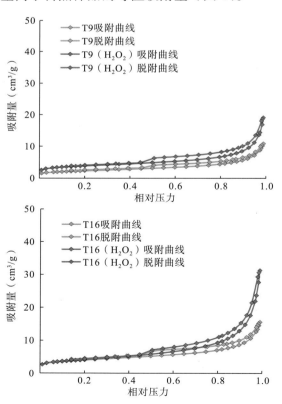

图 1　样品处理前后等温吸附曲线

2.3 孔径尺寸与孔容、比表面积的关系

页岩样品的孔径分布在可溶有机质去除前后表现出不同特征（图 2）。两组实验样品的孔容增量随孔径分布均呈现出双峰模式，此双峰的孔径值分别为 3nm 和 70nm。第 I 类样品（T1、T9 和

T15）可溶有机质去除后，随着孔径增大，样品的孔容在 1.7～160nm 之间，均表现为比原始样品增大的趋势，且当孔径大于 10nm 后，孔容急剧增加，样品 T9 增幅小于其他样品（曲线斜率小）。第 II 类样品（T16）可溶有机质去除后，样品的孔容值在孔径小于 3nm 时发生降低，而在孔径大于 10nm

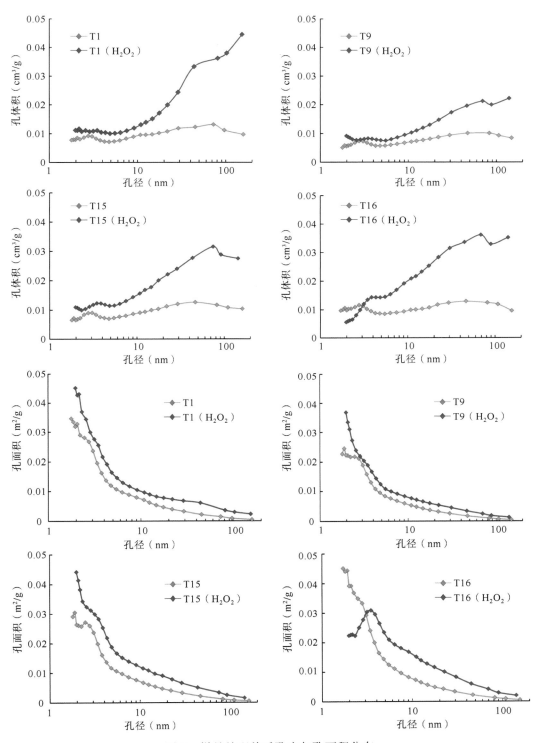

图 2　样品处理前后孔容与孔面积分布

时，孔容值发生急剧增加。

除去可溶有机质后的样品，其比表面积均比原始样品高。样品比表面积的分布特征也随着吸附等温线的不同而呈现出不同的特征。对于第Ⅰ类样品（T1、T9 和 T15）随着孔径尺寸的增大，比表面积减小，自然样和处理样的两条曲线并没有相交之处。对于第Ⅱ类样品（T16），处理样的比表面积分布曲线与自然样曲线在 3nm 处相交，处理样的比表面积在孔径尺寸小于 3nm 时发生降低，明显低于自然样的比表面积；当孔径大于 3nm 比表面积表现出高于原始样的特征（图 2）。

3 讨 论

3.1 实验方法分析

对可溶有机质的去除，主要采用 H_2O_2 进行氧化处理，部分学者认为这样处理过的样品会使页岩中主要矿物成分发生变化。为此本文对处理前后样品均进行了 XRD 矿物成分分析，发现处理后的样品由于受到 H_2O_2 氧化作用，低价的菱铁矿、黄铁矿的峰值发生了变化（处理样的峰值明显降低或者直接消失），其他峰值则没有发生变化，与自然样品重叠效果良好（图 3a），说明黏土矿物和石英等矿物结构稳定，并不会受到 H_2O_2 处理的影响。关于氧化处理可溶有机质是否带来孔隙形态变化，本文采用原位观察的方法对页岩孔隙结构形态进行定性表征。首先将抛光页岩样品进行扫描电镜观察，然后将样品在 30% H_2O_2 分析纯中浸泡 15 天。为了消除由于浸泡导致页岩中析出产物对观察造成的影响，再次将页岩样品抛光 30 分钟，然后进行扫描电镜观察。发现同一区域的页岩孔隙结构形态并没有因为双氧水的浸泡而发生改变（图 3b）。MAYER 等[23, 24]分别采用离心和焙烧方法对比了样品前后的孔隙形态和结构，同时，ZHU 等[25]重复了 MAYER 的焙烧实验，也没有观察到页岩中孔结构的变化，表明页岩样品结构稳定，不会受上述实验方法的影响。

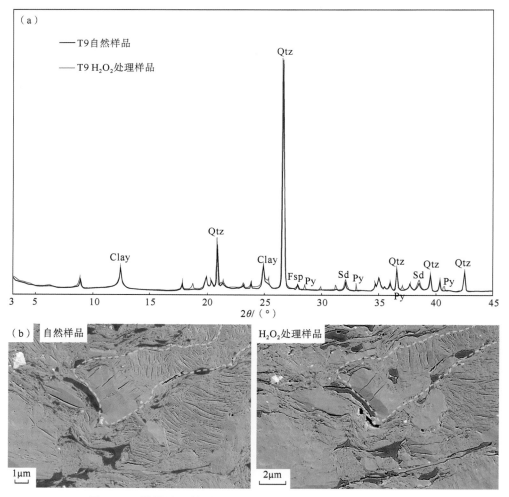

图 3 T9 样品处理前后的 XRD 图谱（a）与 SEM 照片（b）

3.2 页岩纳米孔隙结构

通过对比原始自然样和处理样的孔容可以看出，自然样和处理样孔容分布曲线在孔径尺寸为 3 nm 时均存在一个峰值，根据 KUILA 等[26]对黏土矿物和页岩比表面积和孔径分布研究表明，3nm 孔容分布峰值是伊/蒙混层黏土矿物孔径分布特征。本次研究测试的 4 块样品，黏土矿物以伊/蒙混层黏土为主，其含量占整个黏土矿物含量的 30%～58%，同样证实了该峰值是与伊/蒙混层黏土有关。

对于第 I 类样品（T1、T9 和 T15），可溶有机质去除，在整个氮气吸附测试的孔径分布范围内，样品的孔容值和比表面积值均高于自然样的孔容值（图 2）。虽然 T1、T9 和 T15 自然样有机质丰富（TOC 为 2.84%～5.31%），但由于干酪根为 III 型，导致干酪根中孔隙并不发育，而可溶有机质则主要作为填充物，充填在黏土矿物产生的孔隙结构中，堵塞孔隙；随着可溶有机质被氧化，这类被可溶有机质填充的无机孔隙得以暴露出来，从而使处理样的孔容值高于自然样的孔容值。XIONG 等[1, 27]分别采用二氯甲烷和氯仿对鄂尔多斯盆地处于低熟—成熟阶段的长 7 段页岩进行可溶有机质抽提，发现虽然二者抽提出的可溶有机质含量不等，但均表明可溶有机质堵塞了大量的孔隙，占据的孔隙比例可高达 80%。另外，MAYER 等[23, 24]研究也表明，有机质是以分散形式而不是单层连续的形式分布在无机质当中。处理样的孔容值在大于 10nm 发生了急剧的增加，表明可溶有机质主要填充在较大孔隙中。对于第 II 类样品（T16），处理样的孔容值和比表面积值均在孔径小于 3nm 时低于自然样的孔容和比表面积值，而在孔径大于 3nm 之后，处理样的孔容和比表面积值又高于自然样。这类样品孔容与比表面积值的增加，表明被可溶有机质充填的中孔和大孔通过对可溶有机质氧化处理而暴露出来，这与第 I 类样品相似。而 T16 孔容值和比表面积值降低部分的原因可能存在两种情况：第一，样品 T16 可溶有机质中的残余沥青质本身也发育一定的微孔隙，这在扫描电镜观察中也得到了证实。由于 T16 号样品的 R_o 达到了 1.52%，为几个样品中最高，因此 T16 可溶有机质可能发生了少量裂解，从而生成了部分孔隙，虽然对可溶有机质氧化去除能使被其填充的微孔隙暴露出来，但同时也破坏了可溶有机质中自身发育的孔隙，而可溶有机质中发育的孔隙明显多于无机质中被揭示出来的孔隙，导致了处理样的孔容值和比表面积值均低于自然样。第二，T16 样品中可溶有机质中发育的微孔隙经过 H_2O_2 处理，被改造成了较大的孔隙，从而使得微孔隙部分的孔体积和面积减小。具体原因还需要进一步改进研究方法，再做深入探讨。

3.3 有机质孔隙充填定量评价

通过第 2.3 节和第 3.1 节的论述可知，可溶有机质在海陆过渡相页岩中填充了大量的无机孔隙，根据有机质密度以及差异孔体积（差异孔体积指样品处理前后孔体积的差值）和孔比表面积，就可以定量地评价有机质对页岩孔隙结构的影响。由于本次实验样品量有限，因此并没有对有机质的密度进行详尽的测试和分析，MAYER 等采用高分辨率测比重方法对美国大量的海相页岩和黏土样品的有机质密度进行了测试，其测试值分布在 1.14～1.86g/cm³[23, 24]之间。因此本文采用其测试的平均值 1.3g/cm³，作为 4 块样品的有机质密度值对其进行定量计算。

按照 Wagai 和 Mayer 等[24, 28]提出的"单层被覆"假设，即有机质以单分子层（或单层当量）的形式均匀地填充在矿物颗粒间的孔隙中，页岩中孔容的增加以及比表面积的增加均是由于可溶有机质消耗、无机质孔暴露所形成的，那么孔隙系统中实际填充的可溶有机质体积即为样品处理前后孔容的增加值。充填不同尺寸孔隙可溶有机质含量占总有机质的百分比可用式（1）进行计算：

$$OM_P = \frac{\rho_{OM} \Delta V_w}{w(TOC)} \times 100 \qquad (1)$$

式中 OM_P——可溶有机质实际占比，%；

       ρ_{OM}——有机质密度，1.3g/cm³；

       ΔV_w——样品去除可溶有机质后孔径为 w 时孔隙体积的增加值；

       $w(TOC)$——自然样品总有机质含量，%。

经计算发现，可溶有机质在孔隙中的实际占比在孔径尺寸小于 10nm 时较小，而在更大的孔隙上，占比则加大。样品的实际可溶有机质累计填充比例分布在 53.06%～90.38%之间，在大于 50nm

孔隙中可溶有机质实际填充比例为 20.03% ~ 36.97%，中孔（2 ~ 50nm）填充比例为 26.03% ~ 53.42%，微孔（<2nm）充填比例最小，为 0.27% ~ 0.57%（图 4）。Xiong 等[27]通过抽提实验也同样证实可溶有机质主要是填充在大于 30nm 的大孔和小于 10nm 的中孔中，微孔中充填比例很小。

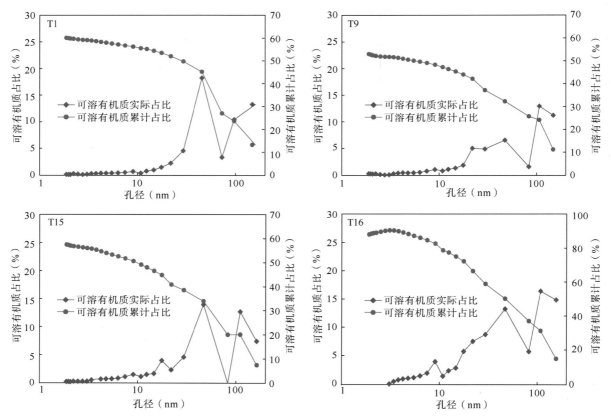

图 4 可溶有机质去除后样品的有机质占比与实际累计占比分布

可溶有机质充填在孔隙中，对样品孔容和比表面积均造成了影响，使得样品的比表面积与孔容值均减小。通过可溶有机质去除，就可溶有机质对孔容和比表面积影响做了定量的评价。4 个样品的孔容增加幅度具有相似的变化趋势：孔径尺寸小于 10nm，孔容值增加缓慢，为平缓的曲线；随着孔径值增大，孔容增加曲线迅速上扬；当孔径达到 80nm 时，孔容增加值下降，随后又接着上升。孔容的累计增加值分布在（1.16 ~ 2.59）× $10^{-2}cm^3/g$ 之间；体积增量在大孔（>50nm）为 32.19% ~ 54.79%，中孔（2 ~ 50nm）为 35.68% ~ 71.13%，微孔（<2nm）为 -3.15% ~ 2.36%；新增孔容累计值占原自然样总孔容的 72.74% ~ 121.83%（图 5），说明可溶有机质孔隙填充体积基本与自然样品现有总孔隙量相当。第 Ⅰ 类样品孔面积随孔径变化曲线具有相似性，均为可溶有机质去除后孔面积值增加；第 Ⅱ 类样品则由于残余沥青质中微孔部分被破坏，而使得在微孔部分孔面积值

下降。孔面积累计增加值分布在 2.07 ~ 4.15m^2/g 之间，孔面积增量在大孔（>50nm）为 3.46% ~ 4.87%，中孔（2 ~ 50nm）为 22.27% ~ 44.21%，微孔（<2 nm）为 -13.89% ~ 9.32%；孔面积累计增量为 32.8% ~ 52.74%（图 6），新增的比表面积约为原自然样比表面积的一半。T16 号样品在微孔部分由于对可溶有机质发育微孔的破坏，使得孔容和比表面积不仅没有增加，反而出现降低，同时也说明 4 块样品整体上有机质孔隙均不发育，而是以充填孔隙的形式分布在无机质中。

由于采用氮气吸附分析只能对孔径尺寸为 1.7 ~ 160nm 的孔隙进行表征，因此对这一表征范围的介孔和宏孔的孔容、孔比表面积均与页岩初始 TOC 含量进行了相关性分析，发现有机质含量与介孔和宏孔的孔容、孔比表面积均为线性负相关关系。进一步说明了页岩中的可溶有机质有相当一部分呈可溶有机质的形式充填在孔隙当中，从而造成有机质含量的增加，使得孔容和比表面

积均减小。同时，可溶有机质占比与累计孔容增量和累计孔面积增量均呈很好的正相关性，相关系数均在 0.9 以上，同样说明了可溶有机质对孔隙的填充作用。

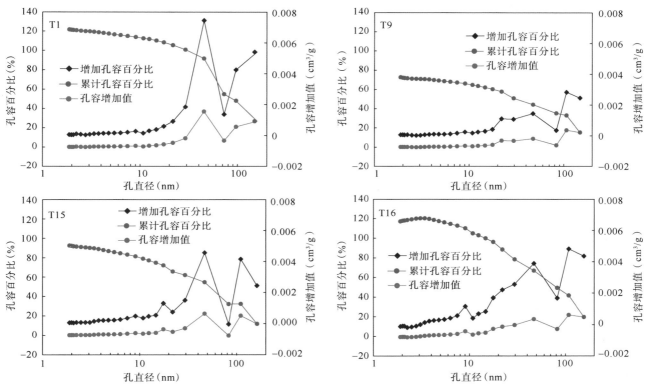

图 5　可溶有机质去除后样品的孔容增加值及百分比分布

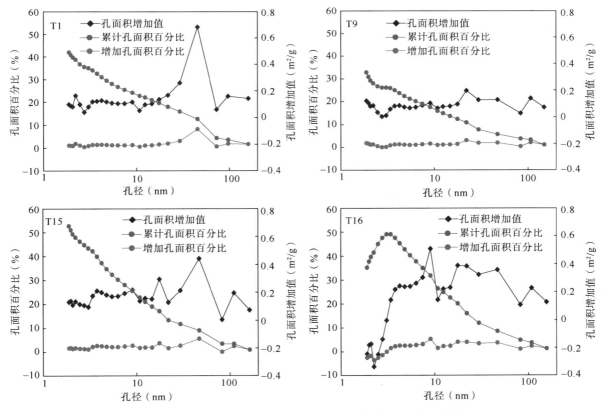

图 6　可溶有机质去除后样品的孔面积增加值及百分比分布

4 结 论

（1）海陆过渡相页岩中有机质孔总体不发育，有机质呈分散状态分布在无机质中或无机质形成的孔隙中。有机质累计充填比例为 53.06%～90.38%，且主要充填在大孔和中孔中。

（2）可溶有机质的去除使得被充填孔隙得以揭示，从而处理后样品的孔容和比表面积均有所增加。孔容的增加主要体现为大孔和中孔孔容增加，新增的孔容累计值占原自然样总孔容的 72.74%～121.83%；孔面积增加主要表现为中孔孔面积增加，孔面积累计增量为 32.8%～52.74%。

（3）黏土矿物晶体结构稳定，通过 H_2O_2 去除有机质并不会改变黏土矿物等无机物之间的孔隙结构特征。有机质含量以及可溶有机质占比是影响样品处理后孔容和孔面积增量的主要影响因素。

参考文献

[1] Xiong Fengyang, Jiang Zhenxue, Li Peng, et al. Pore structure of transitional shales in the Ordos Basin, NW China: effects of composition on gas storage capacity[J]. Fuel, 2017, 206: 504-515.

[2] 聂海宽, 金之钧, 边瑞康, 等. 四川盆地及其周缘上奥陶统五峰组—下志留统龙马溪组页岩气"源—盖控藏"富集[J]. 石油学报, 2016, 37（5）: 557-571.

[3] 张林晔, 李钜源, 李政, 等. 湖相页岩有机储集空间发育特点与成因机制[J]. 地球科学（中国地质大学学报）, 2015, 40（11）: 1824-1833.

[4] Pan Lei, Xiao Xianming, Zhou Qin. The influence of soluble organic matter on shale reservoir characterization[J]. Journal of Natural Gas Geoscience, 2016, 1（3）: 243-249.

[5] Zhu Yaling, Vieth-hillebrand A, Wilke F D H, et al. Characterization of water-soluble organic compounds released from black shales and coals[J]. International Journal of Coal Geology, 2015, 150-151: 265-275.

[6] 彭钰杰, 刘鹏, 吴佩津. 页岩有机质热演化过程中孔隙结构特征研究[J]. 特种油气藏, 2018（5）: 1-5.

[7] 车世琦. 四川盆地涪陵地区页岩裂缝测井定量识别[J]. 特种油气藏, 2017, 24（6）: 72-78.

[8] 向葵, 胡文宝, 严良俊, 等. 页岩气储层特征及地球物理预测技术[J]. 特种油气藏, 2016, 23（2）: 5-8, 151.

[9] 彭钰杰, 朱炎铭. 挤压应力对川东南渝南龙马溪组页岩孔隙的影响[J]. 特种油气藏, 2016, 23（2）: 132-135.

[10] 蔡进功, 卢龙飞, 丁飞, 等. 烃源岩中黏土与可溶有机质相互作用研究展望[J]. 同济大学学报（自然科学版）, 2009, 37（12）: 1679-1684.

[11] Liao Zewei, Geng Ansong, Gracia A A, et al. Saturated hydrocarbons occluded inside asphaltene structures and their geochemical significance, as exemplified by two Venezuelan oils[J]. Organic Geochemistry, 2006, 37（3）: 291-303.

[12] 廖泽文, 耿安松. 沥青质轻度化学氧化降解产物中正庚烷可溶组分的特征[J]. 石油实验地质, 2003, 25（1）: 45-52.

[13] 钱门辉, 蒋启贵, 黎茂稳, 等. 湖相页岩不同赋存状态的可溶有机质定量表征[J]. 石油实验地质, 2017, 39（2）: 278-286.

[14] 彭清华, 杜佰伟, 谢尚克, 等. 羌塘盆地昂达尔错地区侏罗系烃源岩生物标志物特征及其指示意义[J]. 石油实验地质, 2017, 39（3）: 370-376.

[15] 汪双清, 沈斌, 孙玮琳. 稠油开采过程中储层内有机质分异研究[J]. 特种油气藏, 2011, 18（3）: 112-115, 141.

[16] 朱雷, 朱丹, 马军, 等. 沉积物中可溶有机质氯仿抽提低毒性替代试剂的研究[J]. 石油天然气学报, 2012, 34（3）: 55-70.

[17] 陆现彩, 胡文宣, 符琦, 等. 烃源岩中可溶有机质与黏土矿物结合关系：以东营凹陷沙四段低熟烃源岩为例[J]. 地质科学, 1999, 34（1）: 59-77.

[18] 宋一涛, 廖永胜, 张守春. 半咸—咸水湖相烃源岩中两种赋存状态可溶有机质的测定及其意义[J]. 科学通报, 2005, 50（14）: 1531-1534.

[19] Kuila U, Mccarty D K, Derkowski A, et al. Nano-scale texture and porosity of organic matter and clay minerals in organic-rich mudrocks[J]. Fuel, 2014, 135: 359-373.

[20] 张梦妍, 包承宇, 陈静文, 等. 化学氧化剂（H_2O_2、$NaOCl$）作用下高岭土—胡敏酸复合体中有机碳的稳定性[J]. 环境化学, 2014, 33（7）: 1149-1154.

[21] Liao Zewei, Graciaa A, Geng Ansong, et al. A new low-interference characterization method for hydrocarbons occluded inside asphaltene structures[J]. Applied Geochemistry, 2006, 21（5）: 833-838.

[22] 关平, 徐永昌, 刘文汇. 烃源岩有机质的不同赋存状态及定量估算[J]. 科学通报, 1998, 43（14）: 1556-1559.

[23] Mayer M L. Relationships between mineral surfaces and organic carbon concentrations in soils and sediments[J]. Chemical Geology, 1994, 114（3/4）: 347-363.

[24] Mayer L M, Schick L L, Hardy K R, et al. Organic matter in small mesopores in sediments and soils[J]. Geochimica et Cosmochimica Acta, 2004, 68（19）: 3863-3872.

[25] Zhu H Y, Ding Z, Lu C Q, et al. Molecular engineered porous clays using surfactants[J]. Applied Clay Science, 2002, 20（4/5）: 165-175.

[26] Kuila U, Prasad M. Specific surface area and pore-size distribution in clays and shales[J]. Geophysical Prospecting, 2013, 61（2）: 341-362.

[27] Xiong Fengyang, Jiang Zhenxue, Chen Jianfa, et al. The role of the residual bitumen in the gas storage capacity of mature lacustrine shale: a case study of the Triassic Yanchang shale, Ordos Basin, China[J]. Marine and Petroleum Geology, 2016, 69: 205-215.

[28] Wagai R, Mayer L M, Kitayama K. Extent and nature of organic coverage of soil mineral surfaces assessed by a gas sorption approach[J]. Geoderma, 2009, 149（1/2）: 152-160.